复杂岩性储层测井评价技术与应用
——以高原咸化湖盆为例

令狐松 张审琴 段朝伟 张程恩 等编著

石 油 工 业 出 版 社

内 容 提 要

本书以柴达木盆地油气田为例,从油田勘探开发需求出发,针对柴达木盆地高原咸化湖盆的混积岩低渗透储层评价、复杂断块油气藏流体识别以及高矿化度水淹层精细评价等几项难题,在岩石物理、岩性识别、储层有效性评价、流体识别及水淹层解释等方面开展研究,形成了一套适用于高原咸化湖盆混积岩、复杂断块储层、水淹层的测井评价技术。

本书适合石油勘探开发工作者及大专院校相关专业师生参考使用。

图书在版编目(CIP)数据

复杂岩性储层测井评价技术与应用:以高原咸化湖盆为例/令狐松等编著. — 北京:石油工业出版社, 2021.2

ISBN 978-7-5183-4453-6

Ⅰ.①复… Ⅱ.①令… Ⅲ.①复杂岩性-储集测井-研究 Ⅳ.①P618.130.2

中国版本图书馆CIP数据核字(2020)第253696号

出版发行:石油工业出版社

(北京安定门外安华里2区1号 100011)
网 址:www.petropub.com
编辑部:(010)64523736
图书营销中心:(010)64523633
经 销:全国新华书店
印 刷:北京中石油彩色印刷有限责任公司

2021年2月第1版 2021年2月第1次印刷
787×1092毫米 开本:1/16 印张:14.25
字数:350千字

定价:120.00元
(如发现印装质量问题,我社图书营销中心负责调换)
版权所有,翻印必究

《复杂岩性储层测井评价技术与应用
——以高原咸化湖盆为例》
编 写 人 员

令狐松　张审琴　段朝伟　张程恩　马丽娟

单沙沙　李　纲　刘春雷　李亚锋　张凤生

徐永发　徐文远　杨洪明　梁晓宇　崔式涛

李婷婷　徐国祯　李世毅　王国民

前　言

柴达木盆地位于青藏高原北部，西北为阿尔金山，南为昆仑山，北界为祁连山，地势自西北向东南缓倾，海拔在 2600~3000m，是中国地势最高的内陆盆地。受青藏高原持续隆升，气候长期寒冷干旱影响，湖盆持续咸化，渐新世—中新世时期古盐度达到 15‰~16‰，上新统—第四系古盐度达到 21‰~60‰，形成常年内陆封闭性大型咸化湖盆。特殊高原咸化沉积环境为储层早期富集烃类奠定了充足的物质基础，其高含量的盐类矿物为研究区烃源岩高效排烃起到了决定性作用。因此可以说柴达木盆地独特的咸化湖盆沉积环境孕育了高丰度油气资源基础。

柴达木盆地典型咸化湖盆区块测井解释面临的主要问题有：(1) 储层具有低孔、低渗透特征，非均质性强，储层类型划分困难；(2) 储层构造复杂，纵向上存在多个油气水动力系统，油气水混储现象严重，油气水定性、定量评价困难；(3) 主力油田水淹情况严重，储层水淹后测井响应不典型，亟须开展水淹机理分析并建立相应解释标准。针对咸化湖盆典型区块测井评价面临的难题，依托中国石油天然气股份公司重大科技专项"柴达木盆地建设高原大油气田勘探开发关键技术研究与应用"（2016E-0108），以柴西为研究的核心目标区，力图解决储层评价存在的各种问题，形成富有特色的咸化湖盆油气储层测井识别与定量评价技术，为油气勘探增储上产及储量计算提供支持。

本书共包含五个章节的内容，第一章包括咸化湖盆典型区块储层的地层特征、构造特征、沉积相特征与岩石学特征；第二章包括低渗透储层成因及分类、岩性识别、储层建模及流体性质识别；第三章包括岩石物理实验、储层参数建模、流体识别方法、复杂断块构造识别方法及流体分布规律、产能预测；第四章包括储层特征、机理分析、水淹层定性解释、定量标准建立及剩余油评价；第五章为应用效果，利用以上成果对重点井进行处理与解释，以加深对地区测井响应的认识，检验与完善解释模型方法。

本书相关研究工作得到"柴达木盆地建设高原大油气田勘探开发关键技术研究与应用"项目的支持。在本书的撰写过程中，陆大卫专家、长江大学郭海敏教授、西南石油大学司马立强教授对本书提出了宝贵意见。正是他们的无私帮助才使得本书在内容和系统上更加完善。本书参考了国内外众多学者的研究工作，借此机会一并表示感谢。

本书的顺利出版，离不开石油工业出版社的大力支持，在此表示衷心感谢！

由于作者水平有限，书中欠妥之处在所难免，恳请读者批评指正。

目　　录

第1章　柴达木高原咸化湖盆油气田概况 ………………………………………………… (1)
1.1　低渗透油气藏地质概况 ……………………………………………………………… (2)
　　1.1.1　地层特征 ……………………………………………………………………… (2)
　　1.1.2　构造特征 ……………………………………………………………………… (3)
　　1.1.3　沉积相特征 …………………………………………………………………… (4)
　　1.1.4　岩石学特征 …………………………………………………………………… (6)
1.2　复杂断块油气藏地质概况 …………………………………………………………… (10)
　　1.2.1　地层特征 ……………………………………………………………………… (10)
　　1.2.2　构造特征 ……………………………………………………………………… (12)
　　1.2.3　沉积相特征 …………………………………………………………………… (13)
　　1.2.4　岩石学特征 …………………………………………………………………… (14)
1.3　高含水油藏地质概况 ………………………………………………………………… (20)
　　1.3.1　地层特征 ……………………………………………………………………… (20)
　　1.3.2　构造特征 ……………………………………………………………………… (21)
　　1.3.3　沉积相特征 …………………………………………………………………… (21)
　　1.3.4　岩石学特征 …………………………………………………………………… (21)

第2章　低渗透油气藏测井评价技术 ……………………………………………………… (23)
2.1　储层特征概述 ………………………………………………………………………… (23)
　　2.1.1　小梁山油田储层特征 ………………………………………………………… (23)
　　2.1.2　南翼山油田储层特征 ………………………………………………………… (31)
2.2　低渗透储层成因及分类方法 ………………………………………………………… (37)
　　2.2.1　低渗透储层成因研究 ………………………………………………………… (37)
　　2.2.2　低渗透储层分类方法 ………………………………………………………… (43)
2.3　低渗透储层岩性识别及储层参数建模 ……………………………………………… (49)
　　2.3.1　岩性识别方法 ………………………………………………………………… (49)
　　2.3.2　储层参数建模 ………………………………………………………………… (53)
2.4　低渗透储层流体性质识别 …………………………………………………………… (65)
　　2.4.1　小梁山油田流体性质识别 …………………………………………………… (65)
　　2.4.2　南翼山油田流体性质识别 …………………………………………………… (69)

第3章　复杂断块油气藏测井评价技术 …………………………………………………… (72)
3.1　储层特征概述 ………………………………………………………………………… (72)
　　3.1.1　岩性特征 ……………………………………………………………………… (72)

3.1.2　物性特征 …………………………………………………………………(73)
　　3.1.3　含油性特征 ………………………………………………………………(75)
　　3.1.4　岩性、物性与含油性关系 ………………………………………………(75)
　　3.1.5　储层测井响应特征 ………………………………………………………(76)
　3.2　储层参数建模 …………………………………………………………………(79)
　　3.2.1　泥质含量的确定 …………………………………………………………(79)
　　3.2.2　孔隙度计算模型 …………………………………………………………(80)
　　3.2.3　渗透率计算模型 …………………………………………………………(82)
　　3.2.4　含油饱和度计算模型 ……………………………………………………(83)
　　3.2.5　电阻率高侵模拟及校正 …………………………………………………(86)
　3.3　储层流体识别方法 ……………………………………………………………(90)
　　3.3.1　常规测井流体识别技术 …………………………………………………(90)
　　3.3.2　阵列声波流体识别技术 …………………………………………………(93)
　　3.3.3　录井油气区分技术 ………………………………………………………(97)
　　3.3.4　核磁共振流体识别技术 …………………………………………………(97)
　　3.3.5　介电扫描流体识别技术 …………………………………………………(102)
　　3.3.6　地层动态测试识别技术 …………………………………………………(105)
　3.4　复杂断块构造识别与流体分布规律 …………………………………………(107)
　　3.4.1　复杂断块油气藏构造模型 ………………………………………………(107)
　　3.4.2　复杂断块油气藏流体分布规律 …………………………………………(111)
　3.5　储层产能预测技术 ……………………………………………………………(117)
　　3.5.1　开发阶段产能预测 ………………………………………………………(118)
　　3.5.2　勘探阶段储层测井产能动态预测 ………………………………………(125)

第4章　高含水油田水淹层及剩余油评价技术 …………………………………(141)
　4.1　原始油藏储层特征 ……………………………………………………………(141)
　　4.1.1　储层岩性特征 ……………………………………………………………(141)
　　4.1.2　储层测井响应特征 ………………………………………………………(142)
　4.2　开发阶段储层特征 ……………………………………………………………(144)
　　4.2.1　开发阶段储层变化规律 …………………………………………………(144)
　　4.2.2　开发阶段测井响应特征 …………………………………………………(145)
　4.3　水淹层定性解释 ………………………………………………………………(147)
　4.4　水淹层定量解释 ………………………………………………………………(149)
　　4.4.1　水淹机理分析 ……………………………………………………………(149)
　　4.4.2　地层水模型建立 …………………………………………………………(156)
　　4.4.3　储层静态参数模型计算 …………………………………………………(164)
　　4.4.4　油水相对渗透率及产水率计算 …………………………………………(166)
　　4.4.5　水淹层定量评价及级别划分 ……………………………………………(168)
　4.5　剩余油评价 ……………………………………………………………………(171)

  4.5.1　PNN 计算剩余油饱和度 ………………………………………………（171）
  4.5.2　多因素水淹指数计算剩余油饱和度 ……………………………………（174）
  4.5.3　过套管电阻率剩余油评价 ………………………………………………（182）
  4.5.4　剩余油平面分布规律研究 ………………………………………………（185）
第 5 章　应用实例 …………………………………………………………………（190）
 5.1　低渗透储层测井评价实例 ……………………………………………………（190）
  5.1.1　小梁山油田应用效果 ……………………………………………………（190）
  5.1.2　南翼山油田应用效果 ……………………………………………………（192）
 5.2　复杂断块油气藏测井评价实例 ………………………………………………（196）
 5.3　主力油田水淹层测井评价实例 ………………………………………………（200）
  5.3.1　提高水淹层识别的准确性 ………………………………………………（200）
  5.3.2　精细裸眼井剩余油评价、细化水淹级别 ………………………………（207）
  5.3.3　PNN 测井剩余油评价 ……………………………………………………（210）
参考文献 ……………………………………………………………………………（215）

第1章 柴达木高原咸化湖盆油气田概况

柴达木盆地位于青藏高原北部，处于古亚洲构造域与喜马拉雅构造域结合部，盆地呈不规则菱形，西北为阿尔金山，南有昆仑山，北界为祁连山，面积 $12.1×10^4 km^2$，中—新生界沉积岩面积 $9.6×10^4 km^2$。盆地内主要发育了中生界和新生界，沉积岩最大厚度超过17000m。盆地内海拔一般在2600~3000m，西部山区局部可达3500m，地形总的呈西高东低、边缘高中间低的特点。盆地内气候干旱、气温寒冷，植被奇缺，氧气稀薄，自然环境条件极差。地表多为戈壁沙滩、盐泽地、风蚀残丘。

自1954年开始勘探，截至2007年底，柴达木盆地共发现地面构造140个，构造总面积 $26984km^2$，圈闭总面积 $4809km^2$。共发现潜伏圈闭132个，地层圈闭面积 $6069.3km^2$。

现有国土资源部批准勘查区块18个，总面积 $86430.877km^2$，其中柴西勘探项目6个，面积 $26991.003km^2$；柴北缘勘探项目7个，面积 $32888.382km^2$；三湖天然气勘探项目5个，面积 $26551.492km^2$。共完成二维数字地震74236km，其中一级品42254km。三维地震 $4251km^2$，受地表及地质条件影响，地震勘探程度不均。

柴达木盆地于1955年开始钻探，共钻各类探井2074口，进尺 $293.24×10^4 m$，平均井深为1414m，大于4500m的井有67口，大于5000m的井有10口，获工业油流井495口，最深的探井是位于红三旱三号构造的旱2井，井深6018m。

柴达木盆地已探明油田16个（尕斯库勒、花土沟、跃进二号、狮子沟、尖顶山、七个泉、红柳泉、乌南、咸水泉、南翼山、油泉子、开特米里克、冷湖、鱼卡、南八仙、马北），气田6个（涩北一号、涩北二号、台南、马海、盐湖、驼峰山）。探明含油面积 $225.75km^2$，石油地质储量 $34765.48×10^4 t$；控制含油面积 $72.77km^2$，石油地质储量 $5999.31×10^4 t$；预测石油地质储量 $41505.3×10^4 t$。探明含气面积 $362.25km^2$，天然气地质储量 $3066.38×10^8 m^3$；控制含气面积 $109.81km^2$，天然气地质储量 $644.16×10^8 m^3$；预测天然气地质储量 $2345.64×10^8 m^3$。潜在石油资源量 $13.28×10^8 t$，潜在天然气资源量 $18943.82×10^8 m^3$。盆地石油总资源量为 $21.5×10^8 t$，天然气总资源量为 $25000×10^8 m^3$。

柴达木盆地主要油气田分布在盆地三个区域东部、北缘和西部（图1-1）。涩北一号气田、涩北二号气田和台南气田位于盆地东部，为第四系湖相沉积地层，岩性主要为粉砂岩、泥质粉砂岩和泥岩。南八仙油田位于盆地北缘，为古近系—新近系河流相沉积地层，岩性主要为粉砂岩、细砂岩、泥质粉砂岩、钙质粉砂岩、含砾砂岩和泥岩。马北油田也位于盆地北缘，主要有马北一号油田和马北三号油田，为古近系河流相沉积地层和基岩地层，主要岩性有粗、中、细砂岩，含砾砂岩，砾岩和花岗片麻岩。尕斯库勒油田、砂西油田、跃进二号油田、跃西油田、跃东油田、油砂山油田、乌南油田、红柳泉油田、七个泉油田、花土沟油田、狮子沟油田、南翼山油田和大风山油田等13个油田位于盆地西部。

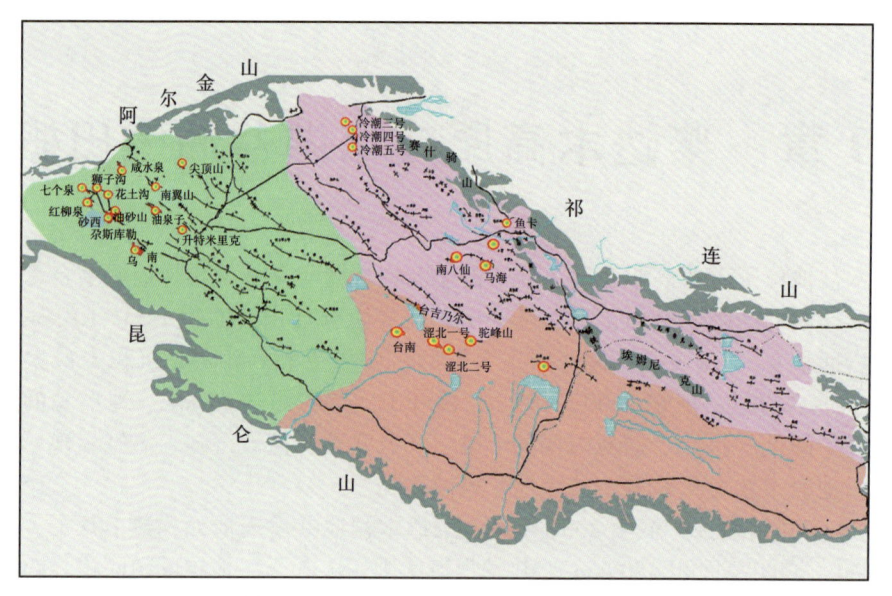

图 1-1　柴达木盆地主要油气田分布图

1.1　低渗透油气藏地质概况

1.1.1　地层特征

柴达木盆地是在古老柴达木地块上发育起来的中—新生代内陆沉积盆地。从侏罗纪开始就有了自己的演化发展史，其经历了三次构造运动的改造，尤其是伴随着青藏高原的隆起，盆地的发展演化也达到了鼎盛时期，随着周缘山系的不断抬升盆地面貌形成，盆地内最大沉积厚度达 $1.7×10^4$ m。根据基底形态、断裂体系及沉积特征划分为北缘块断带、西部坳陷及三湖新坳陷三个一级构造单元。

以小梁山油田为例，据钻井、测井资料，小梁山构造井下（梁 3 井）共钻遇七个泉组（Q_{1+2}）、狮子沟组（N_2^3）、上油砂山组（N_2^2）、下油砂山组（N_2^1）、上干柴沟组（N_1）和下干柴沟组上段（E_3^2）六套地层（表 1-1），现自上而下将其地层岩性分述如下：

（1）七个泉组（Q_{1+2}）视厚度 166.7m，以灰色、棕灰色泥岩为主，夹少许灰棕色、黑灰色泥岩，少许膏质、砂质泥岩，夹有白色膏盐。与下伏地层不整合接触。

（2）狮子沟组（N_2^3）视厚度 824m，上部以浅灰黄色、黄色、浅灰色泥岩为主，夹白色膏盐；中下部以浅灰色、灰黄色泥岩与膏质泥岩互层为主，夹有薄层盐岩、泥质粉砂岩及细砂岩。与下伏地层整合接触。

（3）上油砂山组（N_2^2）视厚度 1043m，上部以灰色泥岩、蓝灰色泥岩和膏质泥岩呈不等厚互层为主，夹少量泥岩与砂质泥岩和钙质泥岩；下部以灰色泥岩、钙质泥岩、泥灰岩为主。与下伏地层整合接触。

（4）下油砂山组（N_2^1）视厚度 1166m，以灰色泥岩、泥灰岩、钙质泥岩、钙质砂岩互层为主，夹砾岩、泥质粉砂岩、砂质泥岩及鲕状灰岩。与下伏地层整合接触。

(5) 上干柴沟组（N₁）视厚度836m，中上部以灰色泥岩为主，夹灰质泥岩、泥灰岩、灰质砂岩，下部浅灰色泥岩、灰质泥岩呈略等厚互层，夹泥灰岩、灰质砂岩和少量砂质泥岩。与下伏地层整合接触。

(6) 下干柴沟组上段（E_3^2）未钻穿，视厚度1163.1m，上部浅灰色泥岩与含膏泥岩、石膏质泥岩呈不等厚互层，夹多层灰质泥岩、碳酸盐岩及砂质岩。中下部灰色泥岩与灰质泥岩、泥灰岩、灰质砂岩呈不等厚互层，夹石灰岩、生物灰岩和砂质泥岩。

表1-1 小梁山地层表

地层				砂层组	标志层	岩性描述
界	系	统	组	代号			
新生界	第四系		七个泉组	Q_{1+2}			视厚度100~450m。岩性以灰褐色膏泥岩、白色膏岩呈不等厚互层，夹砂质泥岩、粉岩及少量方解石。与下伏地层不整合接触
新生界	新近系	上新统	狮子沟组	N_2^3	I II III IV V	$K_1(T_0)$ K_1^1 K_1^2 K_1^3 K_1^4 $K_2(T_1)$	视厚度700~900m。 中上部：浅灰色、软泥岩与含膏软泥岩不等厚互层，夹薄层泥质盐岩、盐质泥岩、灰质泥岩、砂质泥岩、泥质粉砂岩及细砂岩。下部：浅灰色泥岩与灰质泥岩、含膏岩呈不等厚互层。 与下伏地层整合接触
新生界	新近系	中新统	上油砂山组	N_2^2	VI VII VIII IX X XI XII	K_2^2 K_2^3 K_2^4 K_2^5 K_2^6 K_3	视厚度1000~1100m。 上部：浅灰色浅灰色泥岩、泥灰岩、灰质泥岩、灰质砂岩间互层，夹薄层藻灰岩、粉砂岩、砂质泥岩、泥质粉砂岩。下部：灰色、浅灰色泥岩、泥灰岩、泥晶灰岩，夹粉砂岩、藻灰岩呈不等厚互层。与下伏地层整合接触
新生界	新近系	中新统	下油砂山组	N_2^1			视厚度1043m。浅灰色泥岩、灰质泥岩、灰质砂岩间互，夹砾岩、泥质粉砂岩、砂质泥岩及鲕状灰岩。与下伏地层整合接触
新生界	古近系	渐新统	上干柴沟组	N_1		$K_5(T_2)$ $K_8(T_3)$	浅灰色泥岩与灰质泥岩、泥灰岩不等厚互层，夹多层灰质砂岩及砂质泥岩、泥质粉砂岩。与下伏地层整合接触
新生界	古近系		下干柴沟组	E_3^2		$K_{11}(T_4)$	浅灰色泥岩与含膏泥岩、石膏质泥岩呈不等厚互层，夹多层灰质泥岩、灰质岩、灰质砂岩、石膏质砂岩及薄层砂质泥岩、泥质粉砂岩。与下伏地层整合接触

1.1.2 构造特征

小梁山构造位于青海省柴达木盆地西部北区，是盆地西部坳陷区茫崖坳陷亚区小梁山凹陷的一个三级构造。小梁山构造解释主要依托2011年实施的宽方位高密度三维地震采集资料，解释三维地震资料面积约125km²。地震资料品质好，能够满足精细构造解释及地层圈闭的识别。通过制作梁101、梁102、梁103、梁104、梁3、梁4、梁5、梁6等8

口井的合成记录，发现测井信息与叠前地震资料对应较好，地质界面同地震反射波同相轴有很好的对应关系，做到了井震统一。在此基础上，分别对 T_0、K_1^1、K_1^2、K_1^3、K_1^4、T_1、K_2^1、K_2^2、K_2^3、T_2'、T_2、T_3、T_4、T_6 等全套标准层，以及Ⅰ砂组、Ⅱ砂组、Ⅲ砂组、Ⅳ砂组、Ⅴ砂组、Ⅵ砂组、Ⅶ砂组、Ⅷ砂组和Ⅸ砂组等的顶部进行了精细构造解释，编制了相应的构造图，并用钻井分层进一步对构造图进行了校正，构造图质量较高，小梁山构造新近系构造形态明确、断裂组合清楚，圈闭可靠，能满足新增控制储量含油面积圈定。

小梁山构造发育断层较多，主控断层梁南、梁北断层发育于构造翼部，断层走向基本与构造走向一致，延伸长度16km左右，断开层位 T_1—T_6，断距从上而下逐渐增大。两断层为相向而倾逆断层，呈"Y"字形，对小梁山构造和圈闭起控制作用，使构造形成典型的两断夹一隆模式，是油气向上运移的良好通道。

主要发育控制浅层构造的两条大型逆断层梁南断层和梁北断层的具体情况如下（表1-2）。

表1-2 小梁山断裂要素统计表

断层名称	断层性质	断开层位	目的层最大断距（m）	断层产状		
				走向	倾向	延伸长度（km）
梁南	逆	T_0—T_4	260（T_1）	北西	北东	17.8
梁北	逆	T_0—T_6	115（T_1）	北西	南西	11.7

梁南断层：位于小梁山构造南翼，为一条浅层北东倾的逆断层，北西走向，大致与构造走向平行，在工区内延伸长度17.3km。该断层断面从上到下整体均比较陡，纵向上断距上大下小，控制形成了一明显的冲起构造。该断层位于小梁山断背斜构造的南翼下倾方向，因此在作为很好的油气运移通道之外，还能对油气起到保存的作用。

梁北断层：位于构造北翼，在主体构造与小梁山凹陷过渡区，走向近北西向，在东部转向近北北西向，呈宽缓的弧形，在工区内延伸约10.8km。倾向近南西，与梁南断层相对，断面倾角上陡下缓。与梁南断层呈"Y"字形，一起控制着小梁山构造。该断层距离小梁山凹陷较近，可作为很好的油气运移通道。

1.1.3 沉积相特征

在对钻井岩心沉积相特征综合研究基础上，结合小梁山地区的构造和气候背景，认为小梁山浅层（N_2^3 和 N_2^2）为湖泊沉积体系，据此建立研究区的沉积模式（图1-2），用以指导研究区的岩相古地理展布的研究。

根据岩心观察结合测井、录井资料，确定湖泊相为小梁山浅层的沉积相类型，根据特殊的构造、气候背景，主要发育滨浅湖亚相和浅湖亚相，两者在岩石类型、颜色、沉积构造等方面具有明显的区别。由于新近纪柴达木盆地整体为干燥气候，小梁山地区的滨浅湖亚相与常规滨浅湖亚相相比，表现为间歇暴露的蒸发环境特征，结晶大量的蒸发盐矿物，如石膏、硬石膏、石盐等。

小梁山地区 N_2^3 主要为滨浅湖相泥坪，中间发育砂坪、灰坪，夹薄层的藻滩相沉积，储层分布相对稳定。狮子沟组沉积相平面图（图1-3）表明小梁山地区处于滨浅湖亚相的砂坪、灰坪发育区。

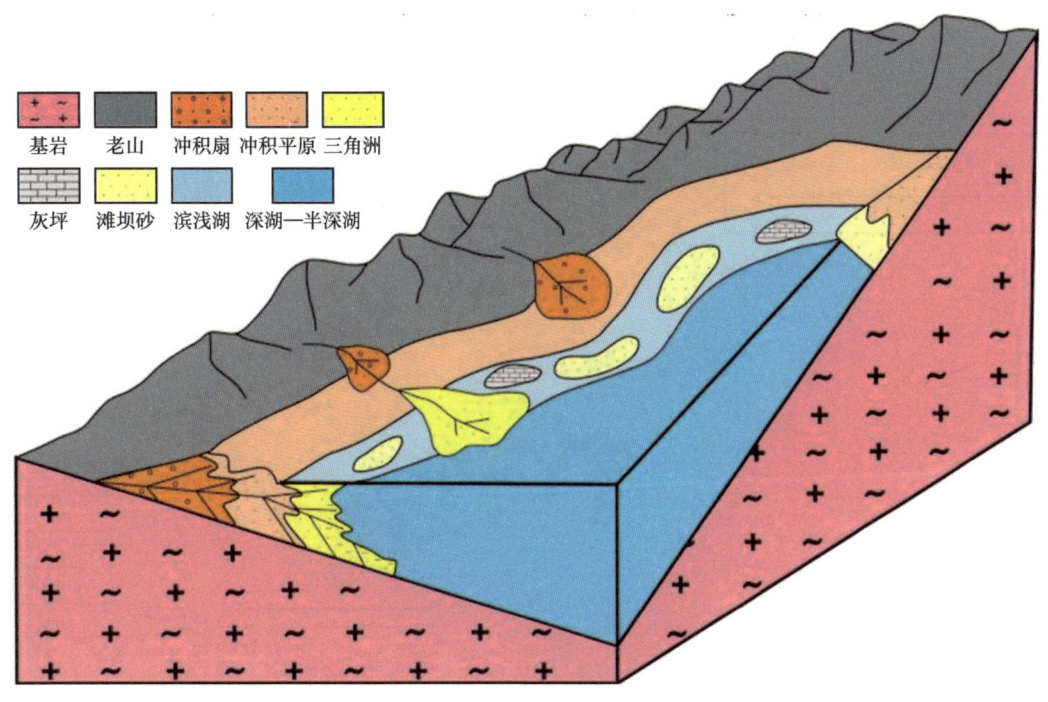

图 1-2 小梁山地区浅层沉积相模式图

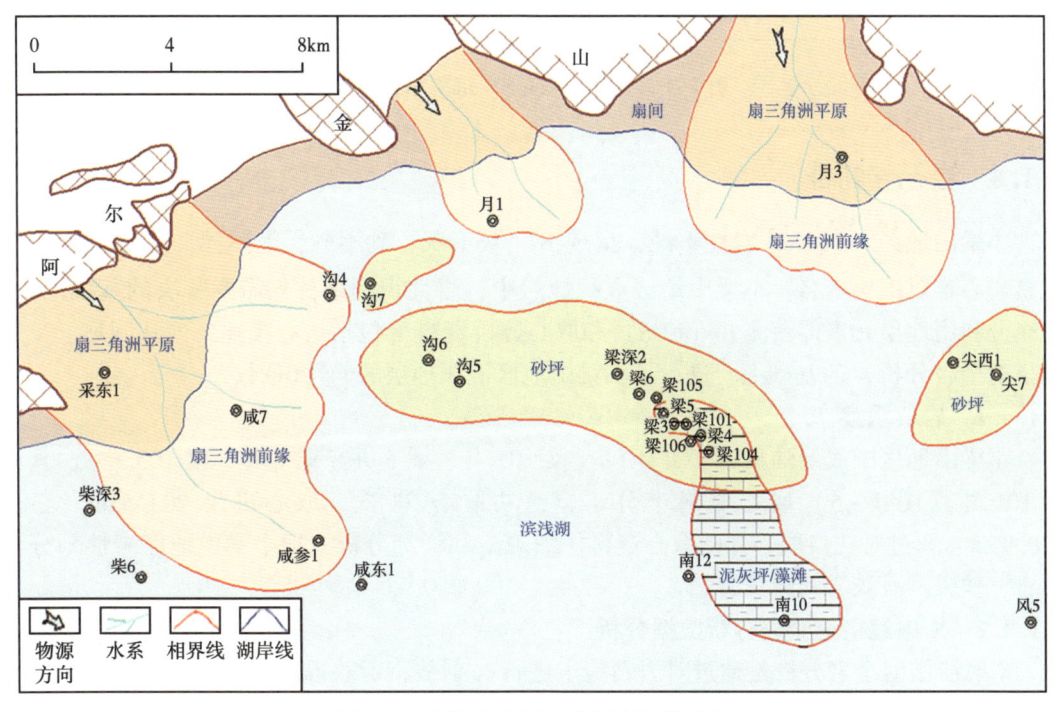

图 1-3 小梁山地区 N_2^3 沉积相模式图

N_2^2 上油砂山组下部近南北向灰坪分布稳定，连通性好，隔夹层相对较发育。上油砂山组沉积相平面图（图1-4）表明小梁山地区主要为浅湖亚相的碳酸盐岩沉积，呈北部砂坪发育，南部灰坪发育的特征。

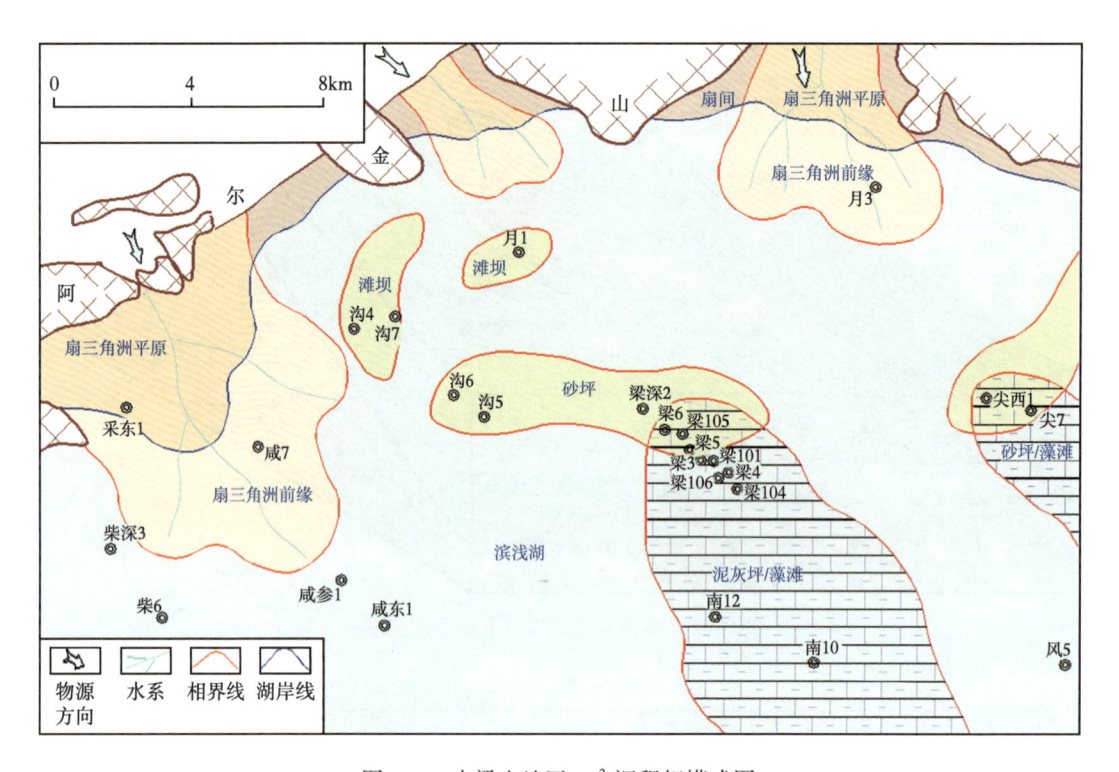

图1-4 小梁山地区 N_2^2 沉积相模式图

1.1.4 岩石学特征

小梁山地区 N_2^3、N_2^2 岩性不纯，呈现出"灰不灰、砂不砂、泥不泥"的特征，肉眼观察岩心难以准确定名。小梁山地区混积地层中，岩性识别是首先需要解决的基础问题。在充分利用地层元素俘获测井（ECS）和取心分析资料（包括岩心描述、薄片观察、X射线衍射全岩分析）的基础上，进行了小梁山地区混积地层的岩性识别。

1.1.4.1 岩心观察

小梁山地区中浅层油藏取心井4口（梁101井、梁5井、梁6井、梁105井），其中梁101井（图1-5）取心资料十分丰富，共取心34次，取心进尺203.55m，心长188.95m。通过对几口取心井的取心资料仔细观察和详细分析，把小梁山地区岩性划分为泥岩、砂岩、石灰岩和藻灰岩。

1.1.4.2 X射线衍射全岩分析数据分析

X射线衍射全岩分析是通过对岩石粉末进行X射线衍射获得岩石的矿物组成，小梁山地区对梁101井和梁6井的岩心进行了X射线衍射全岩分析，从而确定测试岩石的类型。通过小梁山地区 N_2^3、N_2^2 的全岩矿物分析含量直方图（图1-6、图1-7）可以看出，小梁山地区的泥质含量高，泥灰砂比例各占1/3。

图 1-5 梁 101 井取心照片

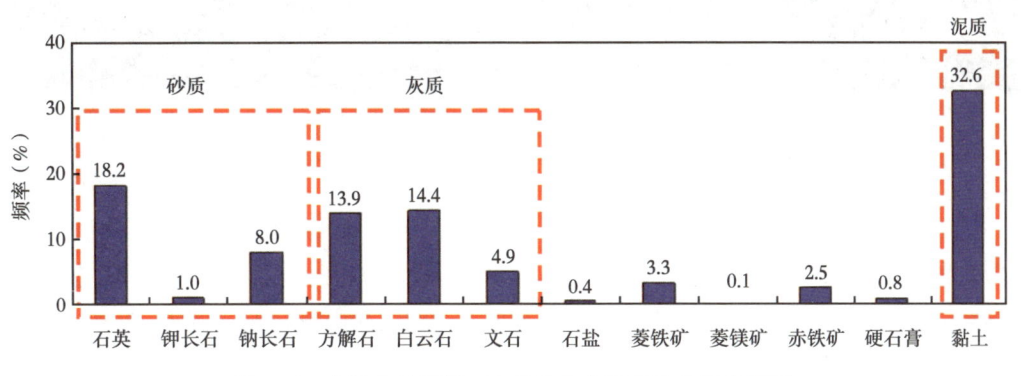

- 760.5m，棕黄色油浸细砂岩
- 灰色灰泥岩：顺层微裂缝与块状结构，层理发育
- 1351.7m，灰色藻灰岩，滑塌构造
- 1364.5m，灰色泥晶灰岩，致密块状

图 1-6 小梁山地区梁 101 井 N_2^3 全岩矿物分析含量图

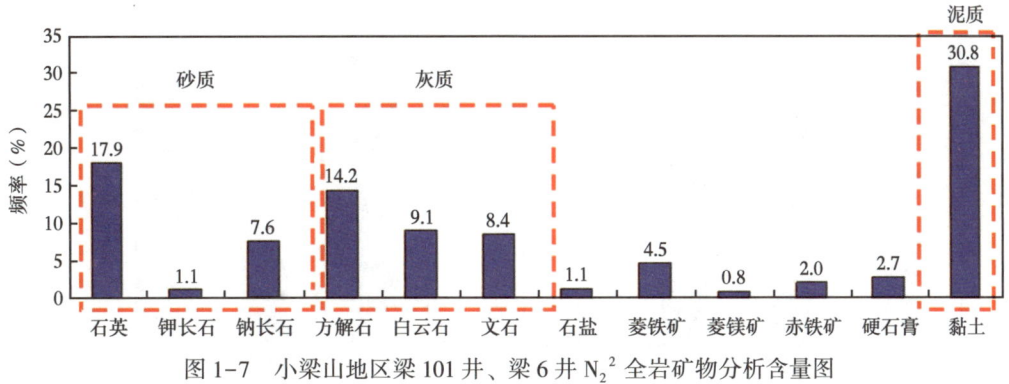

图 1-7 小梁山地区梁 101 井、梁 6 井 N_2^2 全岩矿物分析含量图

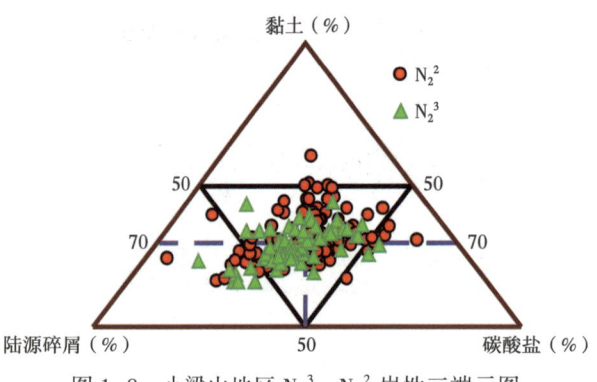

图1-8 小梁山地区 N_2^3、N_2^2 岩性三端元图

根据 X 射线衍射全岩分析数据制作了碳酸盐岩、陆源碎屑、黏土三端元图（图1-8），可以看出：N_2^3、N_2^2 的岩性基本上是碳酸盐岩、陆源碎屑、黏土三种成分各占 1/3，具有非常典型的混积特征。

1.1.4.3 铸体薄片分析

针对 4 口取心井（梁 101 井、梁 5 井、梁 6 井、梁 105 井），一共制作了 183 个铸体薄片样品进行观察分析。通过镜下薄片观察，岩性描述中很纯岩性样品极少，大多都是比如灰质泥岩、粉砂质泥岩、灰质砂岩、泥质砂岩、砂质泥晶灰岩等"含××—××质—××岩"，这说明小梁山地区砂岩、石灰岩和泥岩三种岩性混积，小梁山地区岩性识别十分困难（图1-9）。

（a）含粉砂灰质泥岩　（b）含粉砂泥质泥晶灰岩　（c）含极细粒砂灰泥质粉砂岩　（d）藻泥晶灰岩

图1-9 小梁山地区 N_2^3、N_2^2 典型铸体薄片（25×，单偏光）

通过铸体薄片的岩性描述资料，制作了 N_2^3、N_2^2 的岩性频率分布直方图（图1-10），可以看出 N_2^3 泥岩的比例占 38.67%，砂岩占 33.33%，而石灰岩略小于 1/3，占 28%，三种岩性基本各占 1/3，但是砂岩要略多于石灰岩的含量；N_2^2 泥岩的比例占 37.89%，砂岩占 21.05%，石灰岩占 41.05%，石灰岩比例明显高于砂岩，说明 N_2^2 石灰岩更多，但是总

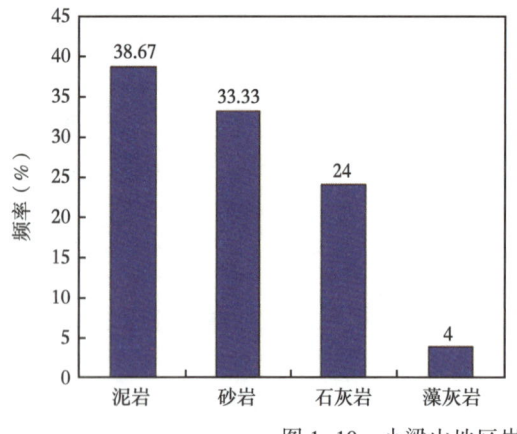

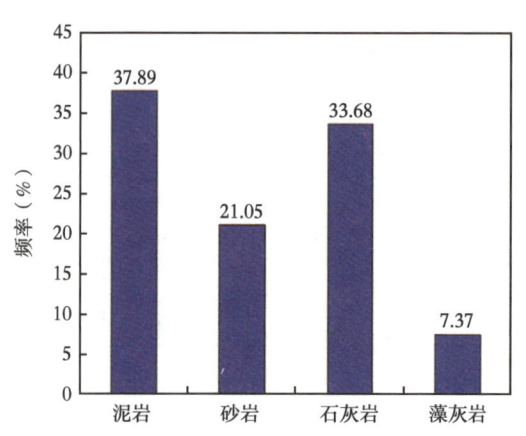

图1-10 小梁山地区岩性统计频率分布直方图

体上三种岩性各占 1/3。

1.1.4.4 地层元素俘获测井

地层元素俘获测井（ECS）是一种全面评价储层的测井技术，通过测量记录非弹性散射与俘获时产生的瞬发 γ 射线，剥谱分析直接得到地层元素含量，通过氧化物闭合模型和综合处理解释可定量得到地层的矿物含量，从而得到地层岩性的数据。小梁山地区选取梁6井 N_2^3、N_2^2 两个地层各一个深度段进行了 ECS，研究发现，砂岩、碳酸盐岩、泥岩在含量上大致呈 1:1:1 的比例，其中 N_2^3 的砂岩含量和泥质含量高于碳酸盐岩（图 1-11），说明 N_2^3 砂灰混积中砂岩占优（图 1-12），N_2^2 的碳酸盐岩含量和泥质含量高于砂岩，说明 N_2^2 砂灰混积中碳酸盐岩占优。

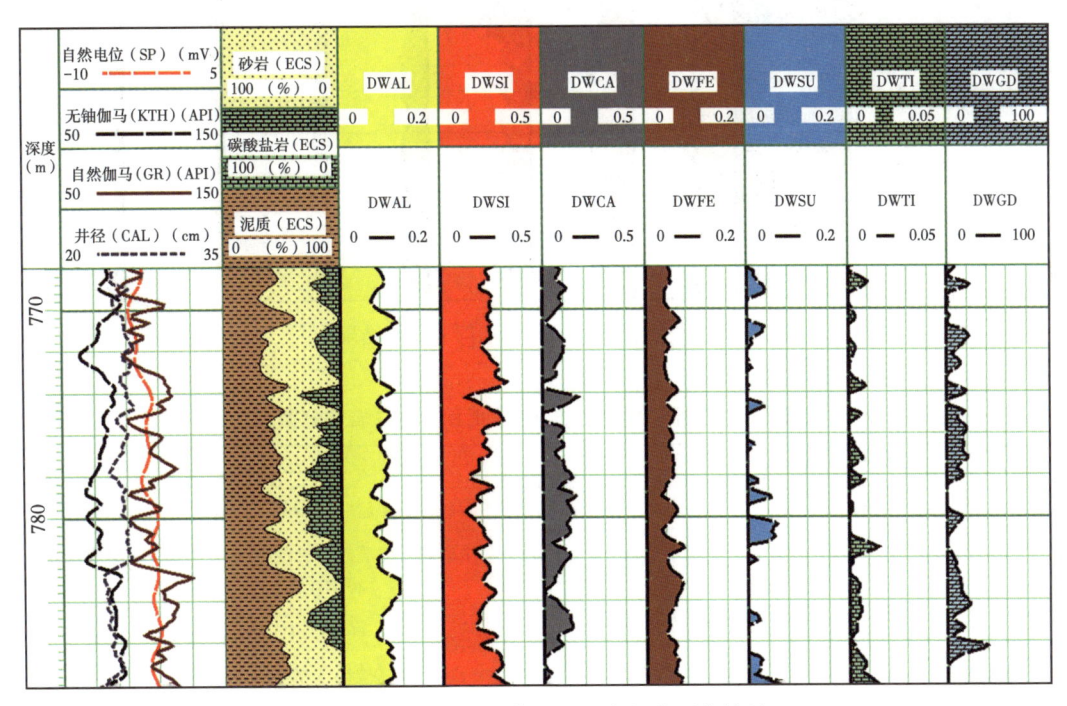

图 1-11 梁6井 N_2^3 地层元素俘获测井结果

通过以上的分析已经发现小梁山地区砂岩、石灰岩和泥岩三种岩性混积，岩性非常复杂，但是由于最终岩性识别要与测井资料建立关系，因此有必要将复杂问题适当简化，即对混积岩岩性进行测井归类。混积岩岩性测井归类主要考虑三方面的因素：（1）矿物成分的差异，矿物成分不同则骨架参数也会不同；（2）矿物成分含量的简化、归并，当矿物成分太复杂时，需要将几种相近的矿物归为一种，同时测井对岩性的定名应以主要考虑含量占主导地位的矿物；（3）孔隙结构的差异，孔隙结构不同则岩石物性、渗透性会不同，直接导致测井响应存在差异。

针对柴达木盆地小梁山地区混积岩特征，在进行测井评价时，可将其分为泥岩类、砂岩类、碳酸盐岩类三大类岩性。其中泥岩类包括泥岩、灰质泥岩、粉砂质泥岩、含粉砂灰质泥岩、含灰粉砂质泥岩等；砂岩类包括灰质砂岩、泥质砂岩、泥灰质砂岩、含灰泥质砂岩、含泥灰质砂岩等；碳酸盐岩类可进一步分为泥晶灰岩类和藻灰岩类（表 1-3）。

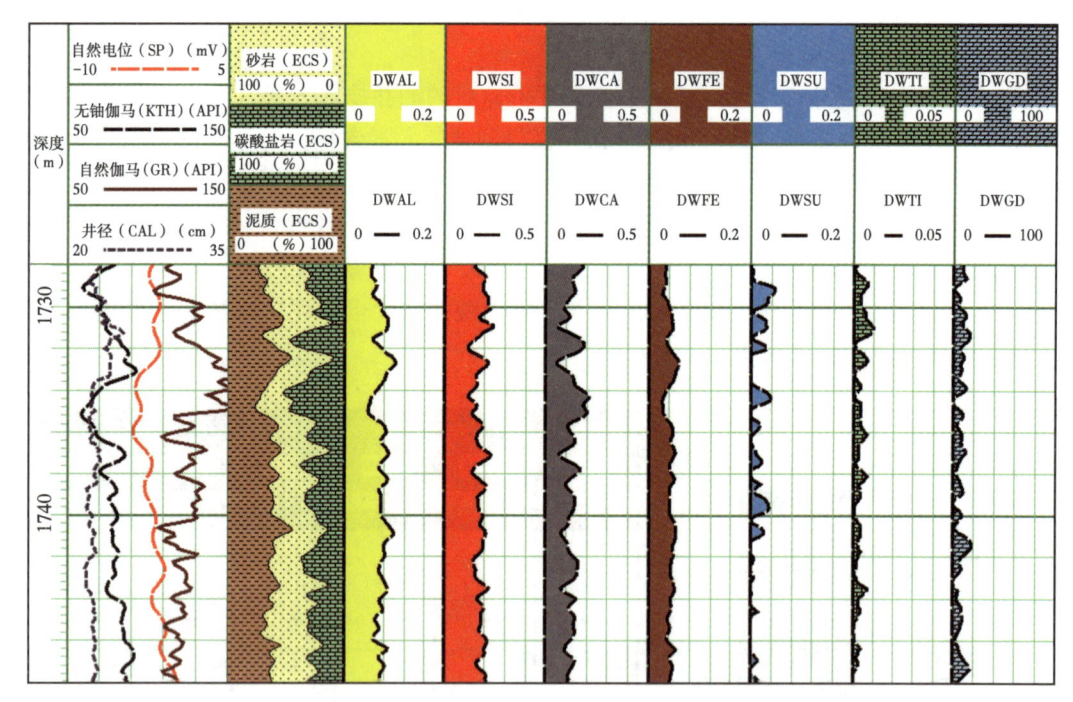

图 1-12 梁 6 井 N_2^3 元素俘获测量结果

表 1-3 小梁山地区 N_2^3、N_2^2 混积岩测井岩性分类

岩性大分类（测井）		岩性细分类（岩心分析）
泥岩类		泥岩、灰质泥岩、砂质泥岩、含砂灰质泥岩、含灰砂质泥岩等
砂岩类		砂岩、灰质砂岩、泥质砂岩、泥灰质砂岩、含灰泥质砂岩、含泥灰质砂岩等
碳酸盐岩类	泥晶灰岩类	泥晶灰岩、含泥晶灰岩、泥质晶灰岩、含砂泥晶灰岩、砂质泥晶灰岩等
	藻灰岩类	藻灰岩、砂质藻灰岩、藻云质灰岩、鲕状灰岩等

1.2 复杂断块油气藏地质概况

1.2.1 地层特征

以英东油田为例，其位于青海省柴达木盆地西部茫崖坳陷区英雄岭冲断隆起带南缘，油砂山大断裂东段的上盘，北邻油砂山油田，西邻尕斯库勒油田，南接乌南油田。油砂山地面构造整体为一由南东向北西方向抬升的北西向大型鼻隆构造，构造面积约 220km²，圈闭面积 116km²，闭合度 2100m，自西向东在鼻隆背景上依次发育油砂沟、七一沟和大乌斯三个高点，出露地层则由老变新，依次为 N_2^1、N_2^2、N_2^3。

新近纪末至第四纪早期，阿尔金山、昆仑山和祁连山等盆缘山系剧烈抬升，沉积地层遭受剥蚀，在柴西地区形成大量褶皱。阿尔金山前在遭受剥蚀的同时，形成一系列断鼻构造，油砂山地面构造就形成于这一时期。

英东油田各构造单元均受断裂的控制呈北西向展布。油砂山—大乌斯构造带各浅层构造的形成及圈闭的展布均受油砂山断裂控制而形成，圈闭依附于油砂山断裂展布。英东一号构造位于油砂山构造带东段的七一沟高点上。英东油砂山断层下盘整体为一断鼻构造，被近东西向的次级断层分割成小断块沿油砂山断层分布。

英东地区目前共钻探了 N_2^3、N_2^2、N_2^1、N_1、E_3^3、E_3^1 六套地层，其中主要含油气层位为 N_2^2—N_2^1（表1-4）。

表1-4 英东油田地层简表

组	代号	砂层组	标志层	厚度（m）	岩性岩相简述
上油砂山组	N_2^2	0 Ⅰ Ⅱ Ⅲ Ⅳ Ⅴ Ⅵ Ⅶ Ⅷ Ⅸ Ⅹ Ⅺ Ⅻ	K_2 K_2^6 K_3	900~1200	辫状三角洲前缘亚相棕灰色、棕褐色、棕黄色、灰色泥岩、砂质泥岩、粉砂岩、细砂岩、含砾不等粒砂岩互层
下油砂山组	N_2^1	Ⅰ Ⅱ Ⅲ Ⅳ Ⅴ Ⅵ Ⅶ Ⅷ Ⅸ Ⅹ Ⅺ Ⅻ	 K_4 K_5	1000~1200	辫状三角洲前缘亚相和滨浅湖亚相灰色细砂岩、砂质泥岩，棕褐色砂质泥岩、粉砂岩及棕灰色泥岩、砂质泥岩、泥质粉砂岩互层为主
上干柴沟组	N_1			1000~1300	滨浅湖亚相灰色泥岩以褐灰色泥岩、砂质泥岩为主

各地层岩性简述如下：

狮子沟组（N_2^3）：岩性以棕黄色泥岩、砂质泥岩为主，夹浅黄色泥岩、砂质泥岩、粉砂岩、细砾岩、砾状砂岩及灰黄色泥岩，棕黄色粉砂岩、泥质粉砂岩等。厚度0~810m。

上油砂山组（N_2^2）：岩性以棕灰色、棕褐色、棕黄色、灰色泥岩、砂质泥岩，棕灰色泥岩和灰色粉砂岩、细砂岩、含砾不等粒砂岩互层为主，夹灰黄色泥岩、砂质泥岩，灰色粗砂岩、含砾粗砂岩、中砂岩、含砾细砂岩、砾状砂岩、泥质粉砂岩和棕黄色砾状砂岩、粉砂岩及棕灰色含砾不等粒砂岩、细砂岩。厚度900~1200m。

下油砂山组（N_2^1）：岩性以灰色细砂岩、砂质泥岩，棕褐色砂质泥岩、粉砂岩及棕灰色泥岩、砂质泥岩、泥质粉砂岩互层为主，夹灰色泥岩、泥质粉砂岩、细砂岩和棕褐色泥质粉砂岩及棕灰色含砾不等粒砂岩、含砾细砂岩。一般厚度1000~1200m。

上干柴沟组（N_1）：岩性为深灰色、灰色、褐灰色泥岩、钙质泥岩、砂质泥岩、泥质粉砂岩。厚度1000~1300m。

下干柴沟组上段（E_3^2）：岩性为深灰色、灰色泥岩、钙质泥岩、砂质泥岩、泥质粉砂岩，夹少量褐灰色泥岩。一般厚度1300m。

下干柴沟组下段（E_3^1）：岩性以灰色、棕褐色泥岩、砂质泥岩、灰白色细砂岩及钙质泥岩为主，夹浅灰色、棕褐色粉砂岩、砂质泥岩、钙质粉砂岩、灰色泥质粉砂岩、钙质粉砂岩，棕灰色泥岩和灰白色粉砂岩等。厚度400~600m。

1.2.2 构造特征

受周缘山系的影响，英东地区形成了冲断和扭动兼具的地质结构，西段冲断强烈，油砂山断层纵向断距最大达1500m，上盘抬起较高，形成复杂冲断背斜，断层发育，地层破碎，东段则以扭动为主，断距相对较小，形成相对简单的断背斜或断鼻；下盘中层则为受油砂山断层牵引、依附油砂山断层而形成断鼻构造形态。

在区域上，英东构造带属于英雄岭南缘狮子沟组—油砂山组构造带东段，受构造样式的影响，存在浅、中、深三套构造层。浅层构造为油砂山断层上盘冲起构造，构造主要发育于新近系，断层发育，构造破碎，细节复杂，中层构造为受油砂山断层牵引在其下盘发育的新近系构造，这两套构造均为英东地区现今发现的主要含油气构造。

油砂山断层上盘浅层构造形态总体为油砂山组构造向东的延伸部分，受应力差异的影响，在局部形成背斜、断背斜及断鼻等构造圈闭，英东地区从西向东依次发育了英东二号构造、英东一号构造、英东三号构造，目前均已发现油气。

英东一号构造位于英东三维工区中部、砂新1井西南，构造整体呈完整的背斜形态，在英东1号断层的作用下，构造高部位被英东2号、英东3号、英东4号等断层复杂化，从南北向地震剖面看，英东一号构造南北翼均较陡，南翼陡带较窄，靠近英东1号断层地层陡立（地面能见局部倒转），次级断层发育，地层破碎；北翼分两部分，靠近构造主体地层较陡，延伸至英东6号断层，英东6号断层往北地层明显变缓。受断层作用，从南向北依次分为A块、B块、C块和D块，各个块的结构和形态存在较大差异，K_3层各个块构造迭合面积12.52km²，K_4层各个块构造迭合面积8.73km²（表2-4）。

英东一号构造A块：为构造的西南翼，表现为英东1号断层和英东2号断层（西段为英东3号断层）夹持的断块，在K_3^3上构造图上，被英东9号断层分隔为东西两块；在K_3^3以下构造图上，被英东9号断层和英东13号断层分隔为三块，分别为西块、中块和东块，西块钻遇井较多，有英东118、英东108、英东115、英东107、英东117等井，存在

2个高点，分别位于英东118井以东和英东113井以北，均呈断鼻形态；中块位于英东9号断层和英东13号断层之间，钻遇井有英东105、英东116等井，形态为向西南倾伏的断鼻；东块钻遇井有英试1-1、英试6-1等井，呈向东南倾伏的宽缓断鼻。从K_3构造图上看，A块的西高点埋深1850m（注：圈闭描述均为海拔高度），幅度170m，面积1.2km^2，而位于东高点的K_3高点埋深1790m，幅度150m，面积1.50km^2；东块高点埋深1340m，闭合幅度320m，面积1.17km^2。

英东一号构造B块：位于英东一号构造南翼，在K_3构造图上，表现为英东2号断层和英东3号断层夹持的断块，被英东12号断层、英东4号断层分隔形成三个断鼻、断块构造，西块呈向西南倾伏的断鼻形态，钻遇井有英东107、英试7-1、英试2-1、英试8-1、英试15-1等井，K_3高点埋深1920m，幅度140m，面积1.27km^2，在英试12-1井和英试15-1井之间有英东15号断层分隔；东块呈向东南倾伏的断鼻，钻遇井有英东103、英东104、英试4-1、英试5-1等井，K_3高点埋深2050m，闭合幅度160m，面积1.15km^2；南块呈向南倾伏的断鼻，钻遇井有砂37（英试1-1井）、英东114、砂45等井，K_3高点埋深2030m，闭合幅度410m，面积1.34km^2。

英东一号构造C块：为构造主体，位于英东7号断层下盘（南侧）、英东3号断层上盘，是整个英东一号构造的最高部位，存在2个高点，分别位于英东119井以西和英东108井以东，被英东5号断层分割，在K_3构造图上，呈南北两个断背斜形态。其中107井区高点埋深2250m，闭合幅度320m，面积4.64km^2，该区域根据钻井及油气水关系，在构造顶部解释出英东10号断层和英东14号断层两条四级断层，进一步复杂化了英东一号构造主体；英东118井区位于英东5号断层下盘及英东7号断层下盘之间，高点埋深2260m，闭合幅度160m，面积1.74km^2，构造顶部解释出英东25号四级断层，将英118井区分割成了东西两个断鼻。

英东一号构造D块：位于英东6号断层以北，为英东构造北翼受6号断层控制，在其下盘形成的断鼻构造，高点位于砂41井与英东106井之间，有砂41、英东106、英东109等井钻遇该圈闭高部位，钻遇地层主要为K_4以下。在K_4^5构造图上，高点埋深1220m，闭合幅度120m，面积2.35km^2。

1.2.3 沉积相特征

英东地区发育有辫状三角洲前缘亚相和滨浅湖亚相。N_2^1沉积期，该区主要为滨浅湖滩坝沉积，末期过渡为三角洲前缘亚相沉积；N_2^2沉积期，以三角洲前缘亚相沉积为主。整体表现为湖退进积的沉积特征。

三角洲前缘沉积岩性组合为棕灰色的含砾中砂岩、细砂岩、粉砂岩等，夹灰色泥岩、粉砂质泥岩，砂地比约为0.5~0.8。砂岩单层厚度变化大，最厚可达6m。交错层理较发育，粒序上正韵律发育，也见反韵律发育。粒度概率积累曲线以二段式为主，少量三段式，表明水动力相对较弱，以悬浮和跳跃组分为主（少量滚动组分）。悬浮组分约占30%，处于水下分流河道前端，沉积受牵引流和湖浪改造的影响。通过岩心观察并结合各种分析化验资料综合分析表明：该区沉积微相类型以水下分流河道为主，次为河口坝、席状砂。

（1）水下分流河道微相：岩性以浅灰色、灰色粗砂岩、中砂岩、细砂岩、粉砂岩为主，常见冲刷面，发育斜层理、交错层理及河道底部滞留沉积，接触关系表现为底部突变式、顶部渐变式，电测曲线表现为钟形、略齿化钟形。

该区水下分流河道沉积发育且多期叠置，是主要的油气储集体之一。岩性组合表现出多期正粒序相互叠置的特征。早期河道沉积被后期河道沉积冲刷，多期冲刷叠置形成较厚的砂体，岩心上见多期的冲刷面及河道底部滞留沉积，测井曲线表现为齿状箱形或钟形叠置的特征，具有单一不完整型水下分流河道和单一完整型水下分流河道两种。

（2）河口坝微相：受控于辫状三角洲沉积，河口坝微相砂体分布局限，是该区重要的沉积微相类型。其主要表现为下细上粗的反粒序特征，岩性从下向上为泥质岩—粉砂岩—细砂岩的组合，顶部为突变接触，底部为渐变接触，测井曲线表现为漏斗形。

（3）席状砂微相：主要分布于水下分流河道侧缘及河口坝前缘，呈带状、席状展布。该区席状砂主要为棕灰色粉砂岩、泥质粉砂岩，单层厚度较薄，常小于2m，发育波状层理和水平层理，测井曲线表现为指形及舌形特征。

滨浅湖亚相岩性组合为灰色泥岩、粉砂质泥岩与灰色、棕灰色、棕黄色细砂岩、粉砂岩、泥质粉砂岩互层沉积。正韵律、反韵律的沉积都比较发育。一般单层砂岩厚度都小于2m，多数为几十厘米砂岩与泥岩频繁互层，砂地比约为0.3。层理类型以波状、透镜状层理及浪成砂纹交错层理为主，表现为湖浪作用较强的水动力条件。概率积累粒度曲线为两段式，缺失滚动组分，悬浮组分占50%以上。其中滩坝砂体是主要的油气储集体。

滩坝微相：主要分布于滨浅湖亚相中，多分布于湖泊边缘、湖湾、三角洲前缘的前端或侧翼，远离河流入口处。滩坝微相砂体的组成物质来自附近的三角洲或其他近岸浅水砂体，经湖浪和湖流再搬运、被反复的淘洗、筛选，砂岩的成熟度较高，砂岩所含泥质杂基少。自然伽马曲线表现为齿化钟形，垂向上表现为加积的特征。

1.2.4 岩石学特征

1.2.4.1 上油砂山组（N_2^2）

英东地区上油砂山组（N_2^2）储层具有成分成熟度中等、结构成熟度中—高、杂基含量相对较低、碎屑颗粒粒度细、胶结物含量中等、成岩作用整体较弱等基本特征。

经岩心粒度分析资料表明，上油砂山组砂岩粒度较细，主要为中—细砂岩（图1-13），碎屑颗粒直径主要区间为中砂—极细砂（0.12~0.4mm），细砂、极细砂含量较高。岩石类型分布相对稳定，主要为岩屑长石砂岩及长石岩屑砂岩（图1-14），其中石英平均含量43.4%，长石平均含量37.6%，岩屑平均含量18.2%。成分成熟度指数［石英/（长石+岩屑）］为0.78，成分成熟度中等。砂岩的结构成熟度中—高，整体上分选性以好为主，长石风化程度中等—较深，磨圆度为次棱角—次圆状，碎屑颗粒接触关系以点式接触为主；杂基含量较少，分布于粒间，岩石胶结类型为孔隙型。

岩屑成分主要为酸性喷出岩、花岗岩和少量的浅变质岩（千枚岩、板岩，少量石英片岩）和碳酸盐岩，局部分布云母碎片。从岩屑成分比例（图1-15）看，火山岩和变质岩平均约7%，碳酸盐岩仅为3.6%，岩石骨架颗粒相对偏刚性，结构较稳定，抗压实能力相对较强。

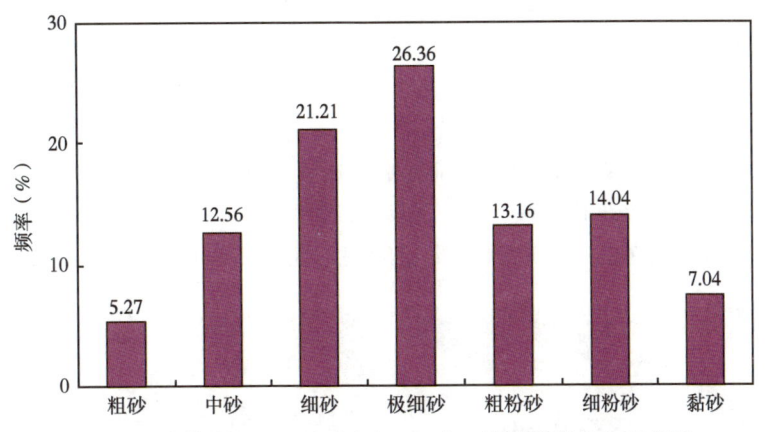

图 1-13　英东地区上油砂山组（N_2^2）储层粒度分布频率图

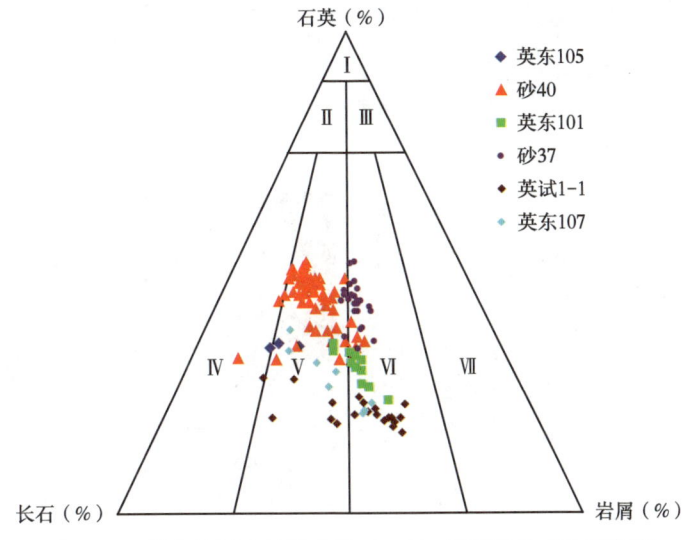

图 1-14　英东地区上油砂山组（N_2^2）储层岩性成分三角图

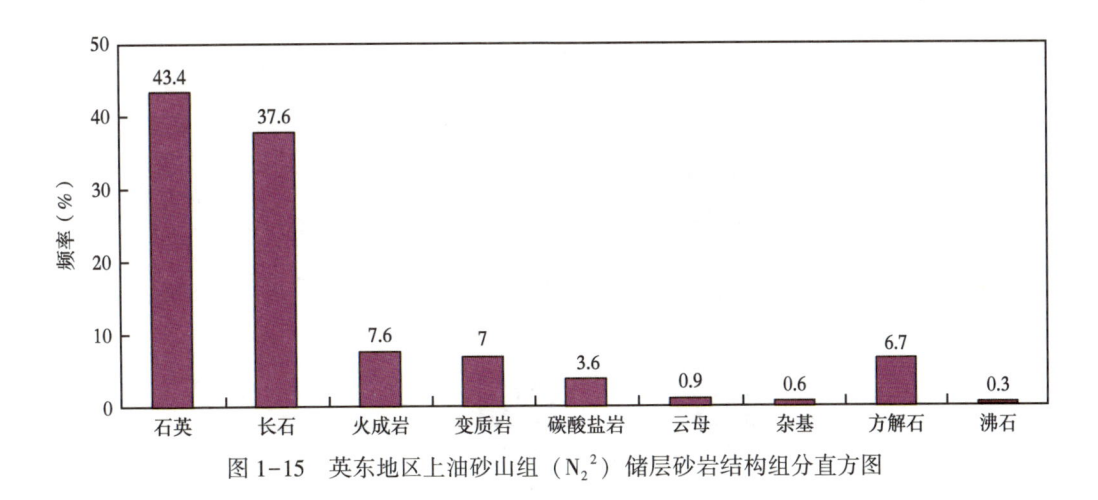

图 1-15　英东地区上油砂山组（N_2^2）储层砂岩结构组分直方图

胶结物含量中等，平均占7%，主要为方解石胶结物，分布不均匀，局部含量高可占15%；另含少量沸石类矿物，其中浊沸石以孔隙胶结形式存在，方沸石则呈自生矿物充填于孔隙之中。杂基主要为云母绿泥石质黏土和灰泥质，含量较低，平均含量仅为0.6%，说明搬运距离远，淘洗比较充分。主要分布于粒间孔和孔隙喉道中，呈孔隙充填式胶结；或分布于碎屑颗粒表面呈黏土膜状，特别是喉道中的分布，对渗透率的影响比较大。

储层孔隙较发育且分布相对较均匀，孔隙连通性较好。砂岩储集空间以原生粒间孔为主，占81.5%，次为溶蚀孔占15.5%，少量的裂隙孔占2.8%（图1-16、图1-17）。

砂37井 656.76m细中砂岩 粒间孔，溶蚀扩大，粒内缝（-）100×

砂37井 640.96m中粗砂岩 粒间孔发育，压裂粒内缝（-）100×

砂37井 553.89m粗中砂岩 粒间孔发育，少量孔、裂隙孔（-）100×

砂37井 433.86m含灰极细砂岩 构造缝，沿缝溶蚀明显（-）100×

图1-16 英东地区上油砂山组（N_2^2）储层孔隙类型图版

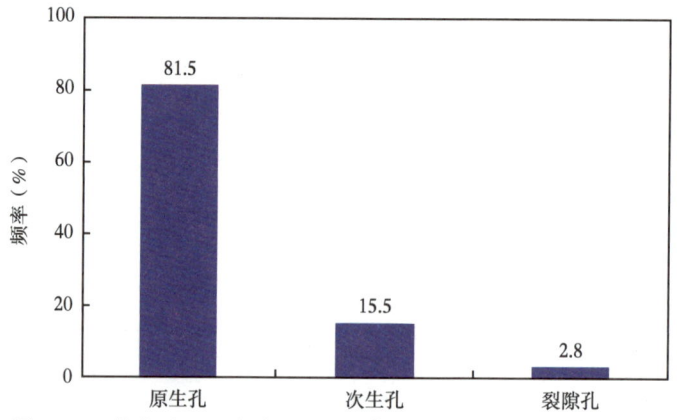

图1-17 英东地区上油砂山组（N_2^2）储层孔隙类型频率直方图

1.2.4.2 下油砂山组（N_2^1）

英东地区下油砂山组（N_2^1）以 K_4 为界限划分为两个 3 级层序。K_4 以上以辫状三角洲前缘亚相与滨浅湖亚相交互沉积为主，砂体较发育。而 K_4 以下主要为滨浅湖亚相沉积，砂体欠发育。与 K_4 上部砂岩相比，K_4 下部砂岩砂地比小（图 1-18），碳酸盐胶结物含量增高（图 1-19），砂岩粒度偏细（图 1-20、图 1-21）。因此在储层特征上亦加以区分，将 N_2^1 分为上部（由 I—VIII 砂组组成）及下部（由 IX—XII 砂组组成）。

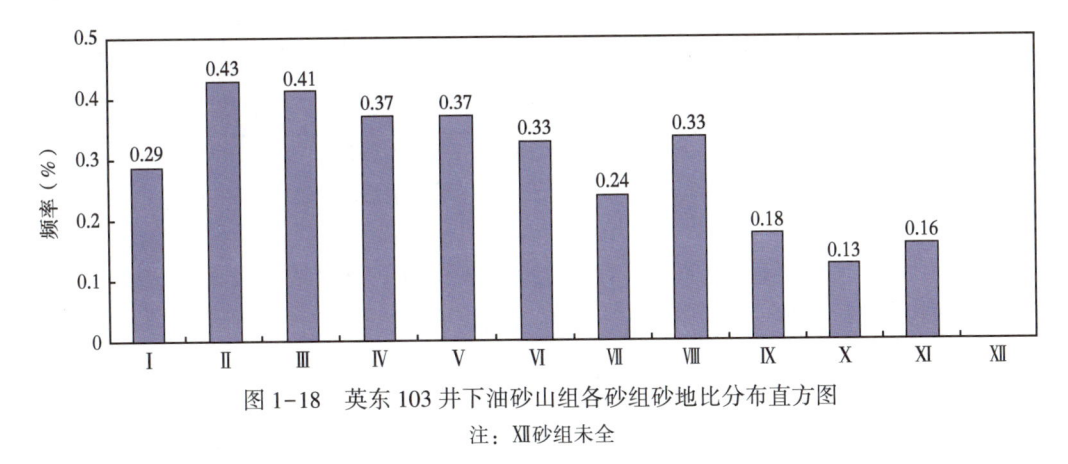

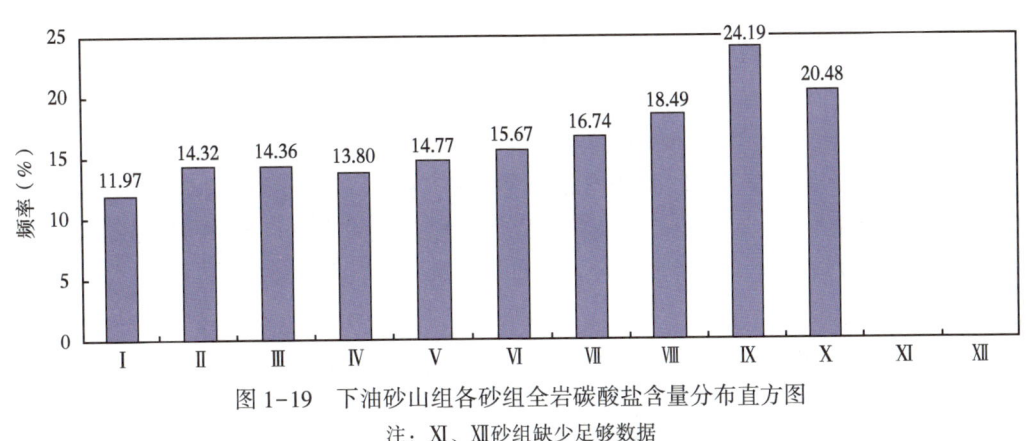

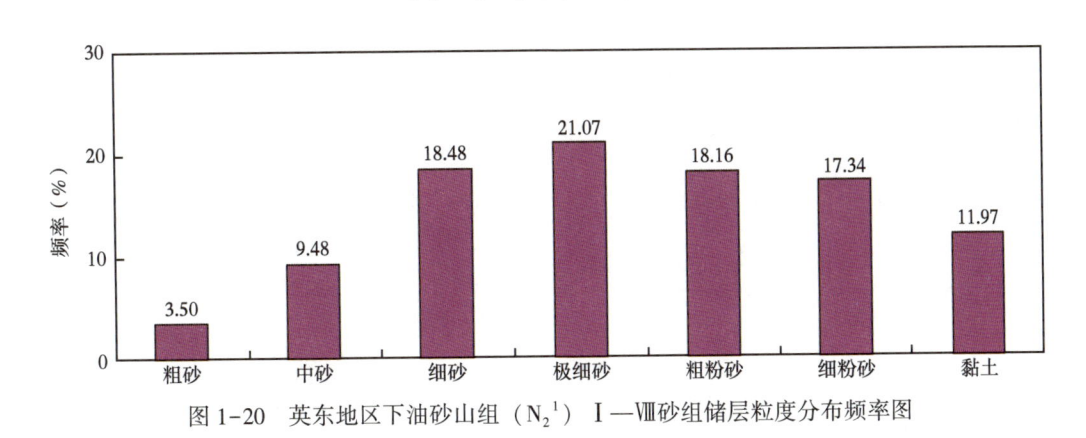

图 1-18 英东 103 井下油砂山组各砂组砂地比分布直方图
注：XII 砂组未全

图 1-19 下油砂山组各砂组全岩碳酸盐含量分布直方图
注：XI、XII 砂组缺少足够数据

图 1-20 英东地区下油砂山组（N_2^1） I—VIII 砂组储层粒度分布频率图

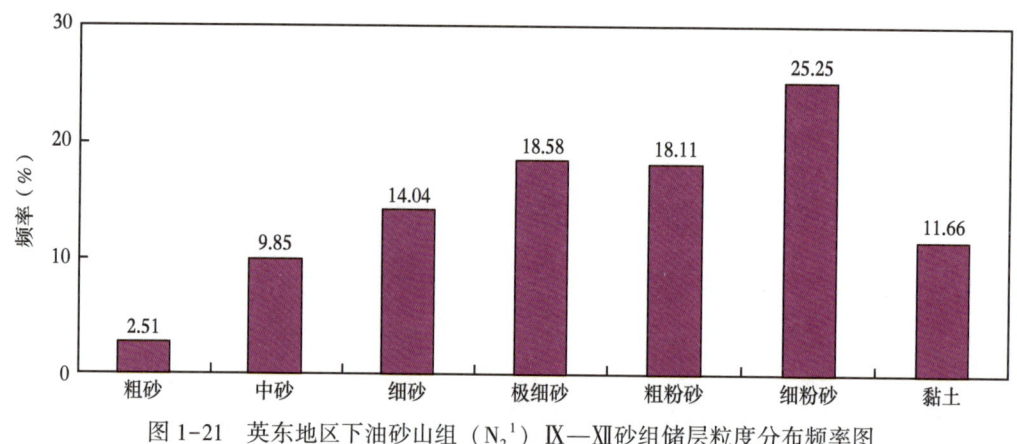

图 1-21　英东地区下油砂山组（N_2^1）Ⅸ—Ⅻ砂组储层粒度分布频率图

下油砂山组（N_2^1）储层整体上具有成分成熟度中等、结构成熟度中等、杂基含量相对较低、碎屑颗粒粒度细、胶结物含量中—低、成岩作用整体较弱等基本特征。经岩心粒度分析资料及薄片鉴定表明，下油砂山组Ⅰ—Ⅷ砂组砂岩粒度较细，主要为细砂—粉砂岩（图 1-20），碎屑颗粒直径主要区间为细砂—粉砂（0.03~0.25mm），细砂—粉砂含量较高。而Ⅸ—Ⅻ砂组较上部更细，主要为极细砂—粉砂岩，粉砂岩含量明显增多（图 1-21）。岩石类型分布相对稳定：（1）上部主要为岩屑长石砂岩［图 1-22（a）］。其中石英平均含量 33.6%，长石平均含量 29.3%，岩屑平均含量 18.8%。（2）下部主要为岩屑长石砂岩及长石砂岩［图 1-22（b）］，其中石英平均含量 33.6%，长石平均含量 36.7%，岩屑平均含量 14.1%。下部岩屑成分相对减少。成分成熟度指数［石英/（长石+岩屑）］为 0.70，成分成熟度中等。砂岩的结构成熟度中等，整体上分选性以好为主，长石风化程度中等—较深，磨圆度为次棱角—次圆状，碎屑颗粒接触关系以点式接触为主，部分为点—线接触；杂基含量较少，分布于粒间，岩石胶结类型为孔隙型。

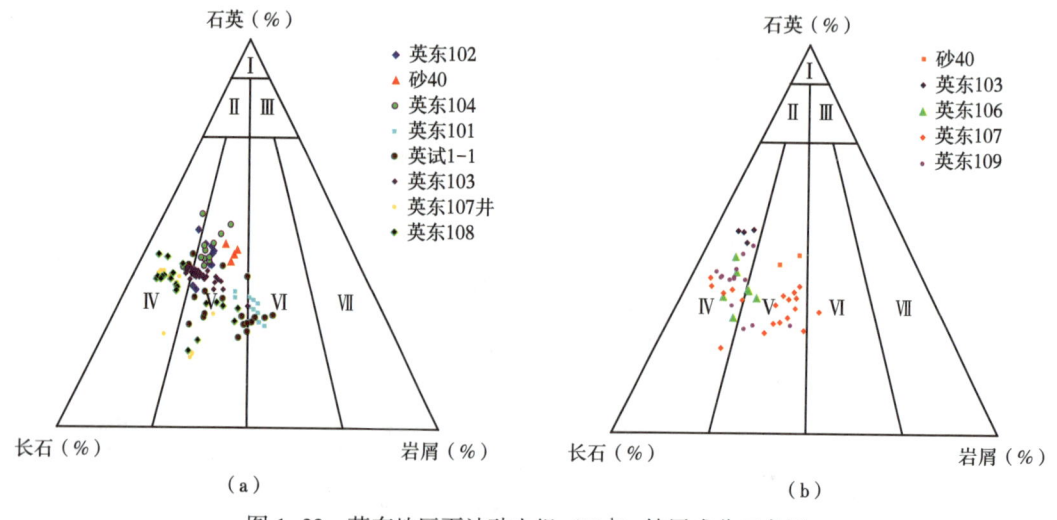

图 1-22　英东地区下油砂山组（N_2^1）储层成分三角图

岩屑成分主要为酸性喷出岩、花岗岩和少量的浅变质岩（千枚岩、板岩、少量石英片岩）和碳酸盐岩，局部分布云母碎片。从岩屑成分比例（图1-23）看，火山岩（10.4%）和变质岩（5.5%）含量相对较高，碳酸盐岩仅为1.6%，整体上岩石骨架颗粒相对偏刚性，结构较稳定抗压实能力相对较强。

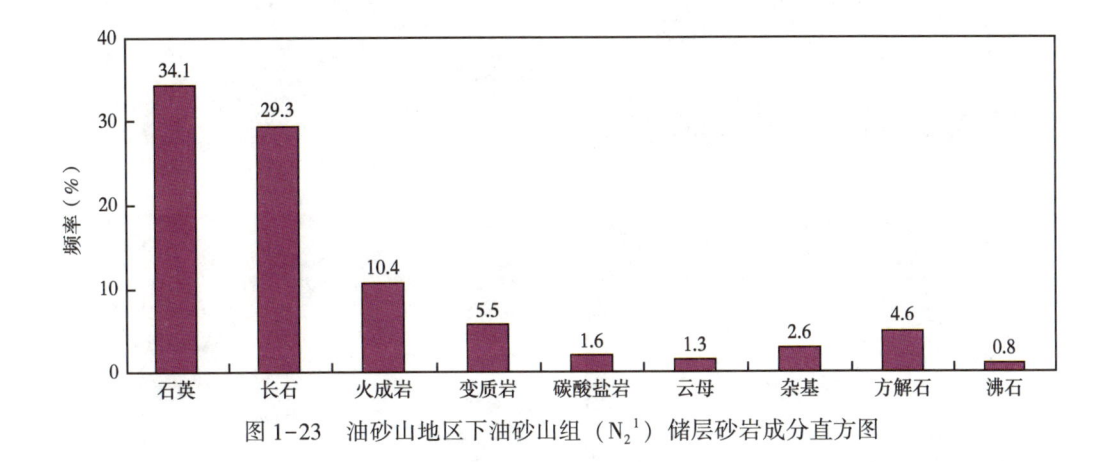

图1-23 油砂山地区下油砂山组（N_2^1）储层砂岩成分直方图

杂基含量较低、胶结物含量中等，局部含量高，分布不均匀。主要分布于粒间孔和孔隙喉道中，或分布于碎屑颗粒表面呈黏土膜状，特别是喉道中的分布，对渗透率的影响比较大。杂基主要为云母绿泥石质黏土和灰泥质，含量较低，平均含量为2.6%，说明淘洗较充分。

储层孔隙较发育且分布相对较均匀，孔隙连通性较好。砂岩储集空间以原生粒间孔为主，占76.2%，次为次生溶蚀孔占22.6%，少量的裂隙孔占1.2%（图1-24、图1-25）。

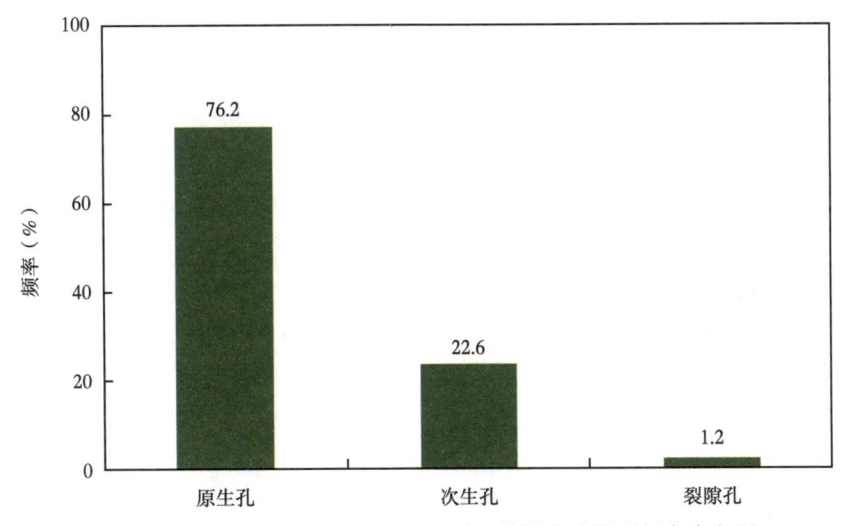

图1-24 英东地区下油砂山组（N_2^1）储层孔隙类型频率直方图

砂40井 1050.32m N21细粒岩屑长石砂岩
裂隙孔发育,沿裂隙孔发生溶蚀扩大(-)100×

英东104井 1253.57m N21细粒岩屑长石砂岩
原生孔为主,少量溶蚀孔(-)50×

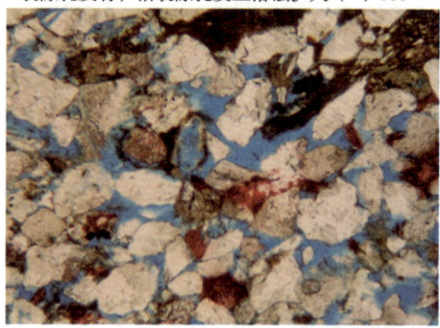

英东102井 1653.8m N21细粒岩屑长石砂岩
铸模孔(-)100×

英东102井 1612.05m N21细粒岩屑长石砂岩
溶孔相对量占30%(-)100×

图1-25 英东地区下油砂山组（N_2^1）储层孔隙类型图版

1.3 高含水油藏地质概况

1.3.1 地层特征

以尕斯库勒油田为例，其自下而上分为 E_3^1、E_3^2 及 $N_1—N_2^1$ 油藏。该区域自上而下钻遇地层为：第四系七个泉组（Q_{1+2}），视厚度 420~780m；新近系上新统狮子沟组（N_2^3），视厚度 290~390m；上油砂山组（N_2^2），视厚度 450~550m；下油砂山组（N_2^1），视厚度 490~580m；新近系中新统上干柴沟沟组（N_1），视厚度 650~880m；古近系渐新统的下干柴沟组（E_3）上部（E_3^2），视厚度 500~700m；下干柴沟组（E_3）下部（E_3^1），视厚度 190~270m；古近系古新统—始新统路乐河组（E_{1+2}），视厚度 540m；其下为基岩。

油田自上而下共钻遇五套油层，即 N_2^2（上油砂山组）、N_2^1（下油砂山组）、N_1（上干柴沟组）、E_3^2（下干柴沟组上部）和 E_3^1（下干柴沟组下部）。N_1 下部和 E_3^2（下干柴沟组上部）为生油层。

1984年前，尕斯库勒油田 $N_1—N_2^1$ 油藏纵向上分为 4 个油层组，84 个小层。随着完钻井数的增加和地质认识的深入，油藏纵向被划分为 19 个油层组，187 个小层。

尕斯库勒油田 $N_1—N_2^1$ 油藏油层分布、厚度及产状比较复杂，具有"薄、多、散、杂"的特点。平面上油层分布受构造控制，主要分布在断层起遮挡作用的构造上倾部位，以上盘最富集，除少数油层连片分布外，多数油层在平面上连续性较差，为零星分布，相对面言，上盘最好，下盘北区次之，下盘南区最差。纵向上油层主要分布在K_3标准层以上60m至K_7标准层之间，平均井段长1000m，上盘油层主要集中在K_4—K_5标准层之间，下盘北区从K_3标准层以上60m左右至K_7标准层都有油层分布，但比较零乱，下盘南区油层不多，主要分布在K_5标准层以下的井段中。油层厚度变化也较大，单层有效厚度最小为0.5m（跃483井），最大为12.3m（跃764井），一般为1.5~3.0m，以1.5~2.0m居多；单井含油层数由1层1.4m（跃10-37井）至94层193.7m（跃新765井）。

1.3.2 构造特征

尕斯库勒油田其主体部位原为跃进一号构造，该构造位置属茫崖拗陷区，尕斯断陷亚区红柳泉跃进一号断鼻带上的一个三级构造，位于狮子沟组—油砂山组大逆断层下盘，包括深部E_3^1油藏和中浅部N_1—N_2^1油藏，Ⅱ号及油砂山大逆断层上盘的浅部为油砂山油田。其北端以Ⅺ断层为界，东翼与扎哈凹陷相接，南端以阿拉尔断裂与跃进二号油田相邻，西翼南端以Ⅲ号断层为界，西翼北端与砂西油田相连，区内构造、生油层和储油层均发育，是盆地油气最富集的地区。

尕斯库勒油田N_1—N_2^1油藏主要受构造控制，同时也受岩性影响，油藏中存在三种圈闭类型：构造圈闭、断层圈闭和岩性圈闭，其中构造圈闭和断层圈闭是尕斯库勒油田N_1—N_2^1油藏的主要圈闭类型。本油藏油水分布的主要特点是：高部位含油，低部位含水，主要含油区的上倾部位均为断层遮挡控制，且各断块的含油层位、油水界面及油层富集程度相差较大，同时油藏中还有一些零星分布的岩性尖灭油砂体，属典型的岩性圈闭。北区主要是构造圈闭，局部受岩性影响；南区北部Ⅱ号逆断层附近为构造—岩性圈闭，南部是在构造背景下的岩性圈闭油藏。总体而言，尕斯库勒油田N_1—N_2^1油藏为一岩性—构造油藏。

1.3.3 沉积相特征

尕斯库勒油田N_1—N_2^1油藏是在区域湖退背景下沉积的辫状河三角洲—浅湖沉积体系。从Ⅺ油组到Ⅰ油组总体为向上变浅的反旋回沉积序列。在剖面上，Ⅺ油组到Ⅹ油组主要为三角洲前缘—滨浅湖沉积，Ⅸ油组到Ⅳ油组主要为三角洲前缘沉积，Ⅲ油组到Ⅰ油组主要为辫状河三角洲平原沉积。平面上，主要物源方向有北西方向、南西方向。储层砂岩包括近源的辫状河和远源的网状河、湖泊等三种沉积体系，其中辫状河沉积体系最发育。纵向上，从Ⅺ油组到Ⅰ油组依次主要发育湖泊相、辫状河三角洲相、辫状河相。

1.3.4 岩石学特征

尕斯库勒油田N_1—N_2^1油藏为碎屑岩储层，岩石中碎屑以石英、长石为主，其次为沉积岩和变质岩岩块，岩石类型以长石砂岩、岩屑砂岩为主，岩屑长石砂岩、长石岩屑砂岩为次。碎屑含量约占80%，胶结物约占20%，主要成分有方解石和白云石、铁土质为主，其次为云母和泥灰质胶结。

岩心分析显示，储集砂岩中碎屑成分石英含量在23.7%~38.4%，平均为34.78%；长石含量在13.7%~23.5%，平均为19.99%；岩屑含量在8.9%~27.2%，平均为16.83%；储集岩胶结物较发育，主要以碳酸盐岩类的方解石胶结物为主，含量在0.3%~27.1%，平均为8.5%；次为白云石，含量在2%~20.3%，平均为12.29%，另还含有铁质胶结物，含量在0.5%~17.1%，平均为5.47%。胶结物对储层物性影响最大，随胶结物含量增多，储层物性呈下降趋势，见表1-5。

表1-5 N_1—N_2^1油藏取心井岩石薄片鉴定分析结果

井名	薄片块数	碎屑含量（%）	泥质含量（%）	方解石含量（%）	碳酸盐岩总含量（%）
7640	94	78.0	6.0	8.0	13.5
新6551	39	79.0	2.26	5	7.21
342	106	81.0	7.7		18.6
634	383	72.2	7.2		14.5
332	43	78.4	7.6	7.1	13.4
48	41	78.3	7.7	5.6	
58	52	73.8	10.2	10.6	
62	23	83.1	8.4	3.4	
平均/累计	781	78.0	7.1	6.6	13.4

从7640井全岩矿物分析，岩石石英含量为38.2%，长石含量为20.9%，碳酸盐岩含量为13.5%，这一结果与岩石薄片分析基本一致。

统计18口取心井中岩心厚度（表1-6、图1-26）储层厚度1377.6m，其中粉砂岩厚度为740.8m，占53.8%，而砾岩、砾状砂岩、含砾砂岩厚度为376m，占27.3%，中—细砂岩占15.7%，因此，储层中粉砂岩以及砾状—含砾砂岩为主要储层类型。

表1-6 N_1—N_2^1油藏岩心中储集层岩石类型组成统计

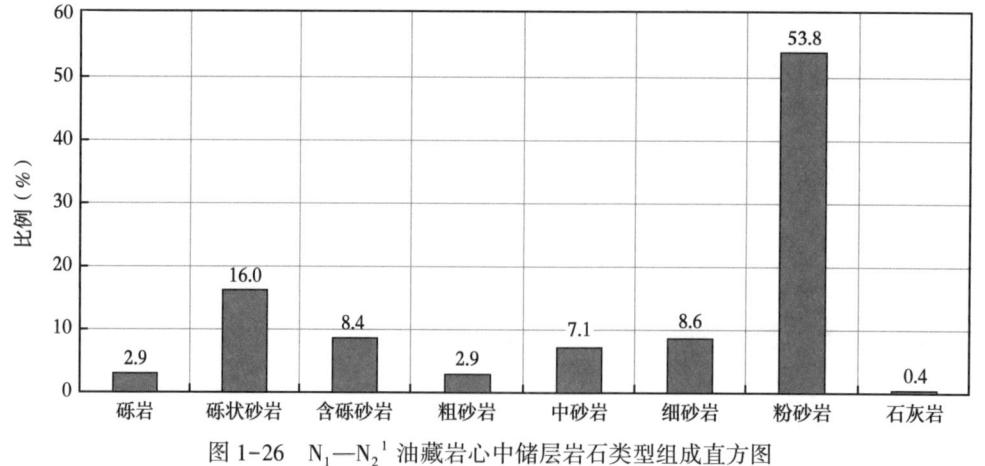

岩心描述	砾岩	砾状砂岩	含砾砂岩	粗砂岩	中砂岩	细砂岩	粉砂岩	石灰岩
厚度（m）	40.3	220.3	115.4	40.5	97.2	118.0	740.8	5.2
比例（%）	2.9	16.0	8.4	2.9	7.1	8.6	53.8	0.4

图1-26 N_1—N_2^1油藏岩心中储层岩石类型组成直方图

第 2 章 低渗透油气藏测井评价技术

柴西北中浅层为低渗透储层，岩性复杂，岩性、物性与含油性之间的控制关系尚不十分明确，本章主要利用分析化验资料进行小梁山地区及南翼山地区"四性"关系的研究工作。目的就是利用储层岩性、含油性、物性的特征资料，建立三者与电性特征的关系，然后依据各自特征关系确定储层特征的测井描述方法，实现储层有效孔隙度、空气渗透率、含油饱和度和泥质含量等参数的精细解释及储层油气水层识别、有效厚度、物性、电性解释标准建立及测井地质学应用等储层评价工作。

2.1 储层特征概述

2.1.1 小梁山油田储层特征

2.1.1.1 岩性特征

根据取心井岩心分析描述，小梁山储层岩性主要有以下几种：粉砂岩、泥晶灰岩、藻灰岩和石灰岩。整体来看，小梁山地区 N_2^2 和 N_2^3 层位均发育泥晶灰岩，除此之外，N_2^3 还发育灰质粉砂岩和泥质粉砂岩，N_2^2 层位发育石灰岩和含泥灰岩，如图 2-1 所示。

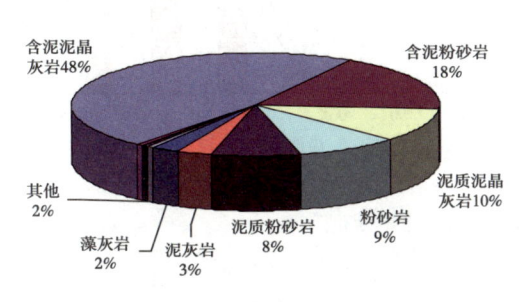

(a) 小梁山地区 N_2^3 层位储层岩性饼状图

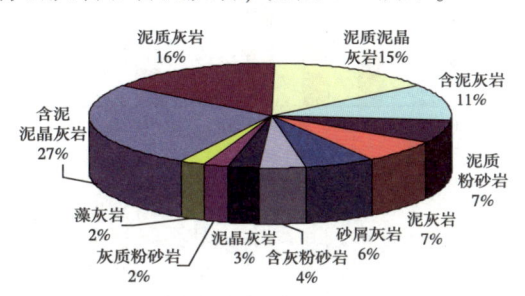

(b) 小梁山地区 N_2^2 层位储层岩性饼状图

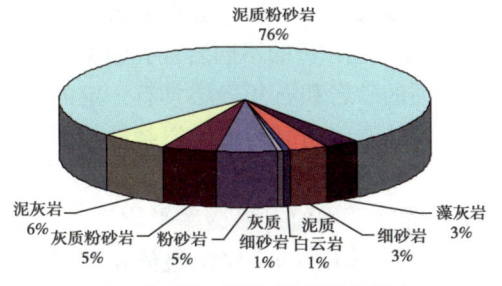

(c) 梁101井 N_2^3 层位储层岩性饼状图

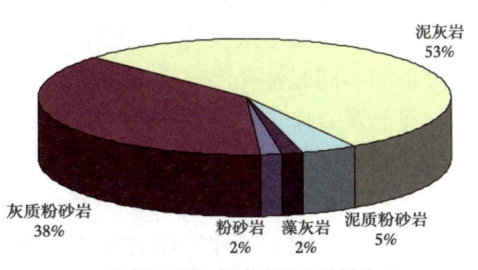

(d) 梁101井 N_2^2 层位储层岩性饼状图

图 2-1 小梁山地区岩石类型饼状图

2.1.1.2 物性特征

根据提供的各井岩心的孔隙度资料分析，岩心分析孔隙度范围为10.1%~35.8%，平均为26.5%；岩心分析渗透率范围为0.05~100mD。

N_2^3平均孔隙度为28.4%，平均渗透率为4.25mD；去掉下限后，平均孔隙度为29.1%，平均渗透率为4.61mD。

N_2^2平均孔隙度为21.0%，平均渗透率为3.43mD；去掉下限后，平均孔隙度为22.3%，平均渗透率为3.91mD。

整体来看，N_2^3属于高孔低渗透地层，N_2^2属于中孔低渗透地层，如图2-2所示。

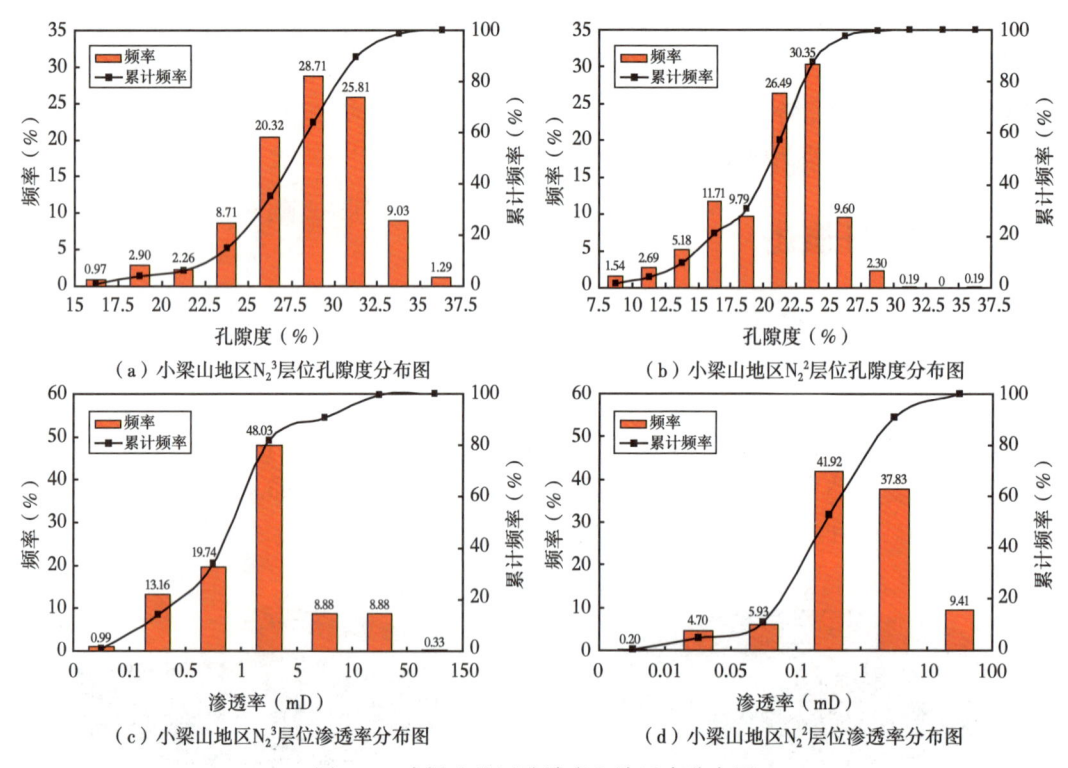

图2-2 小梁山地区孔隙度和渗透率分布图

2.1.1.3 岩性、物性与含油性关系

（1）岩性与物性关系。

储层的岩性决定了其物性特征。小梁山储层的岩性较为混杂，薄片分析岩石主要成分以黏土矿物、泥质、灰质为主。图2-3和图2-4分别为岩心分析的不同岩性孔渗交会图和薄片分析的不同岩性孔渗交会图。可以看出，相对较纯的砂岩和石灰岩层具有一定的孔渗关系，泥晶灰岩作为过渡性岩性，孔渗关系较差，当含陆源碎屑时与粉砂岩物性相似，当含碳酸盐岩碎屑时与石灰岩物性相似。

图2-5和图2-6分别为岩心分析的不同岩性的孔隙度平均值及渗透率平均值对比图。对比二者可以发现，三种岩性的整体孔隙度、渗透率差别不大，N_2^3层位整体孔隙度要高于N_2^2层位，这说明位于底部的N_2^2层位受压实作用的影响更强。从铸体薄片上也可以看到溶蚀孔洞及微裂缝的存在，说明N_2^2存在着一定的溶蚀作用。

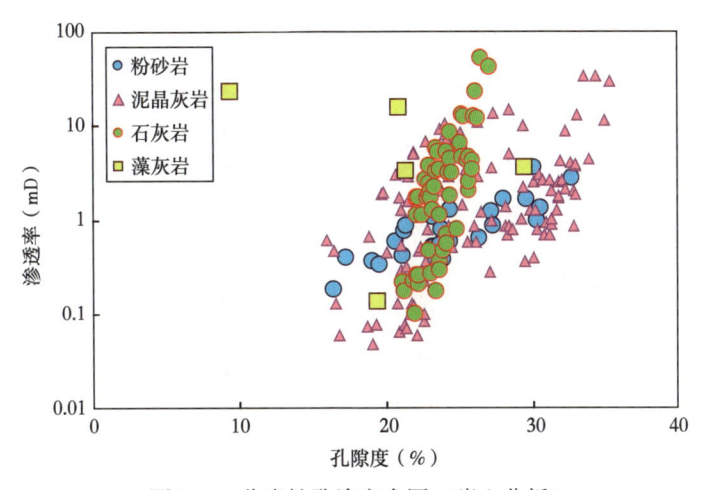

图 2-3　分岩性孔渗交会图（岩心分析）

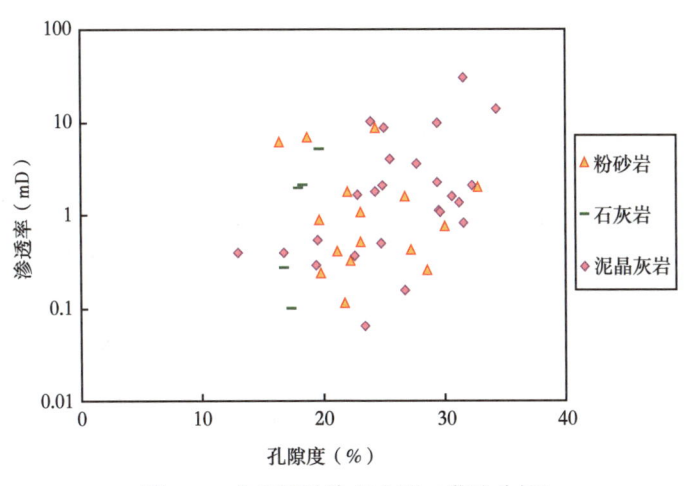

图 2-4　分岩性孔渗交会图（薄片分析）

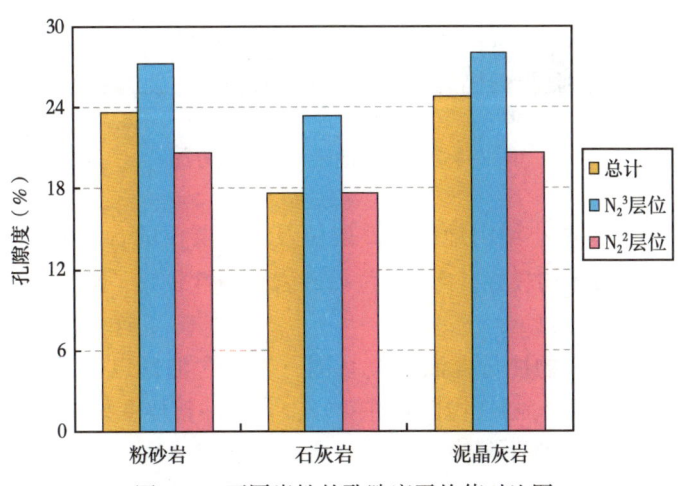

图 2-5　不同岩性的孔隙度平均值对比图

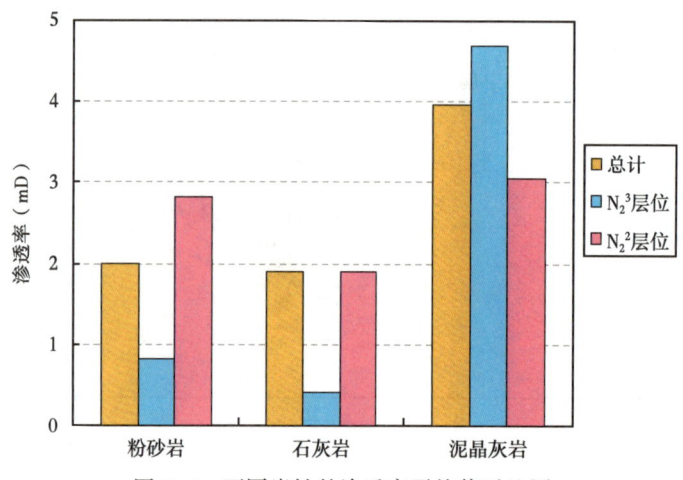

图 2-6　不同岩性的渗透率平均值对比图

（2）岩性与含油性关系。

根据岩心描述，含油级别有油浸、油斑、油迹、荧光。其中粉砂岩、泥晶灰岩、藻灰岩和石灰岩是主要储层，含油级别比较高。粉砂岩的含油级别主要为油浸和荧光，其次为油迹和油斑（图 2-7）。

图 2-7　小梁山地区含油性直方图

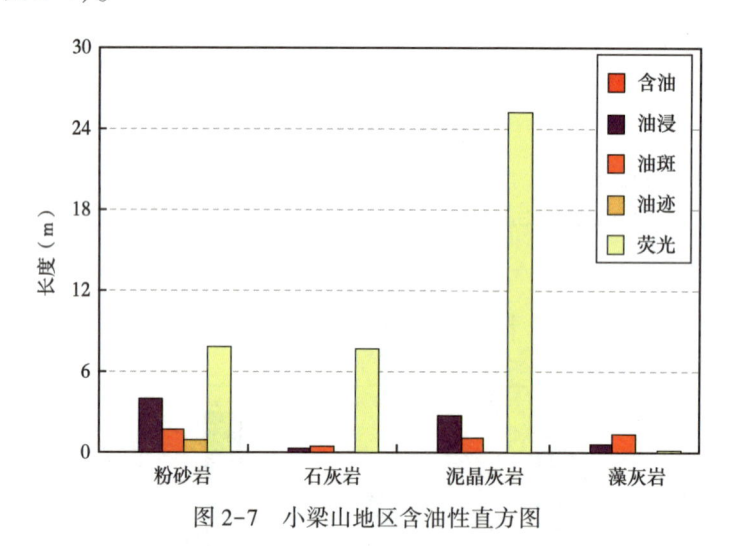

图 2-8、图 2-9 分别为小梁山地区 N_2^3 层位及 N_2^2 层位的含油性直方图。可以看出，N_2^3 及 N_2^2 层位含油性整体均较好，N_2^3 层位粉砂岩含油性较好，N_2^2 层位泥晶灰岩较好。

（3）物性与含油性关系。

图 2-10 为小梁山地区物性与含油性关系图，岩石含油性以荧光为主，油浸亦多见，少量油斑和油迹。整体来看，随着物性条件变好，含油性整体变好，荧光分布较散。从图中可以看出小梁山地区含油性下限为油迹。

2.1.1.4　岩性与电性关系

电性曲线对不同的岩性有不同的响应特征，因此可以通过电性曲线识别岩性。

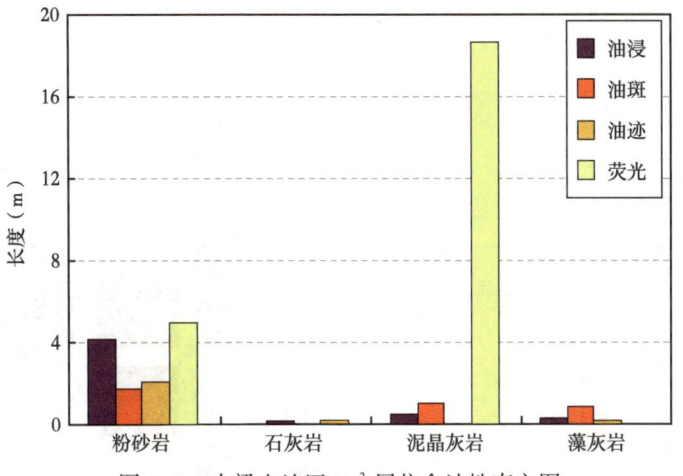

图 2-8　小梁山地区 N_2^3 层位含油性直方图

图 2-9　小梁山地区 N_2^2 层位含油性直方图

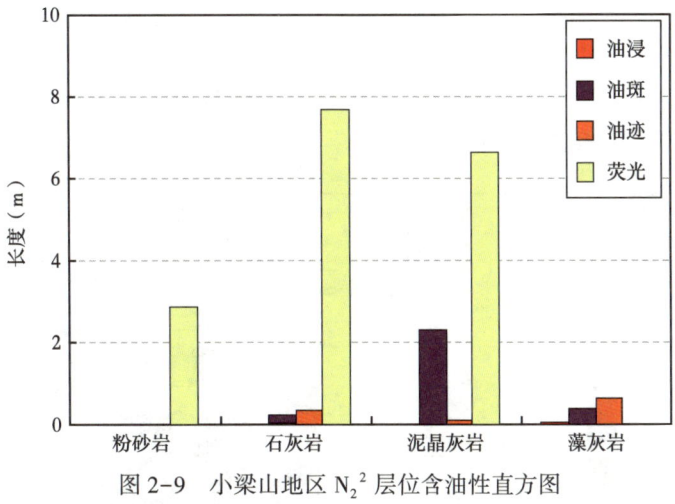

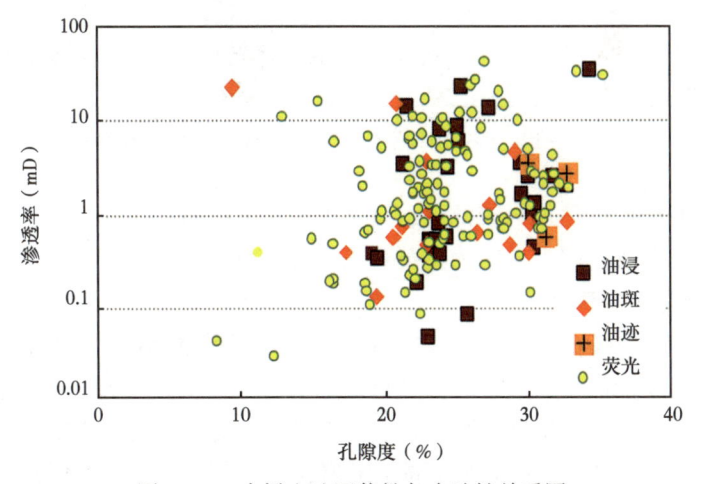

图 2-10　小梁山地区物性与含油性关系图

砂岩电性特征：自然伽马低值，自然电位异常幅度大，声波时差较高值，电阻率较低值，在电成像图上显示为较暗黄色（图2-11）。

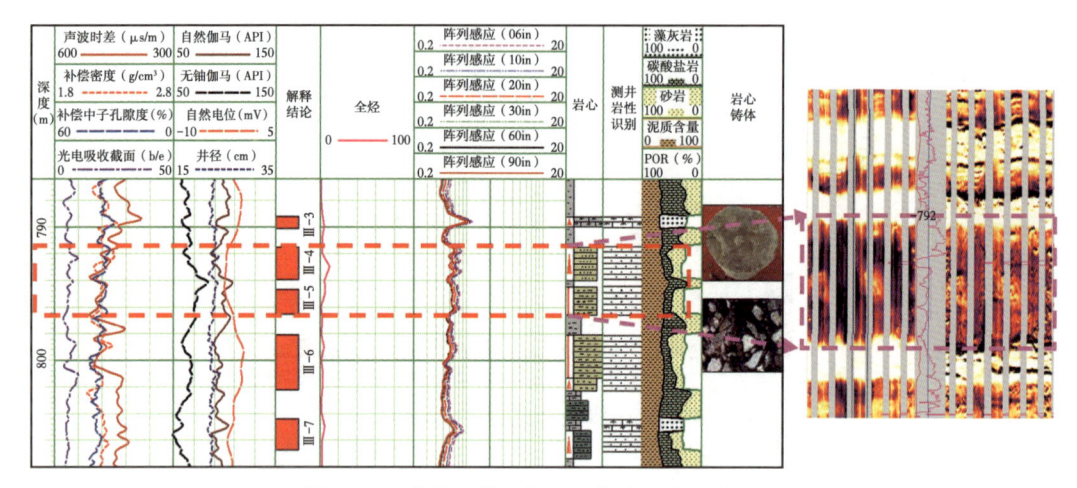

图2-11 小梁山构造梁101井砂岩岩电关系图

石灰岩电性特征：自然伽马低值，自然电位负异常或无，声波时差低值，电阻率高值，在电成像上显示为橙黄色（图2-12）。

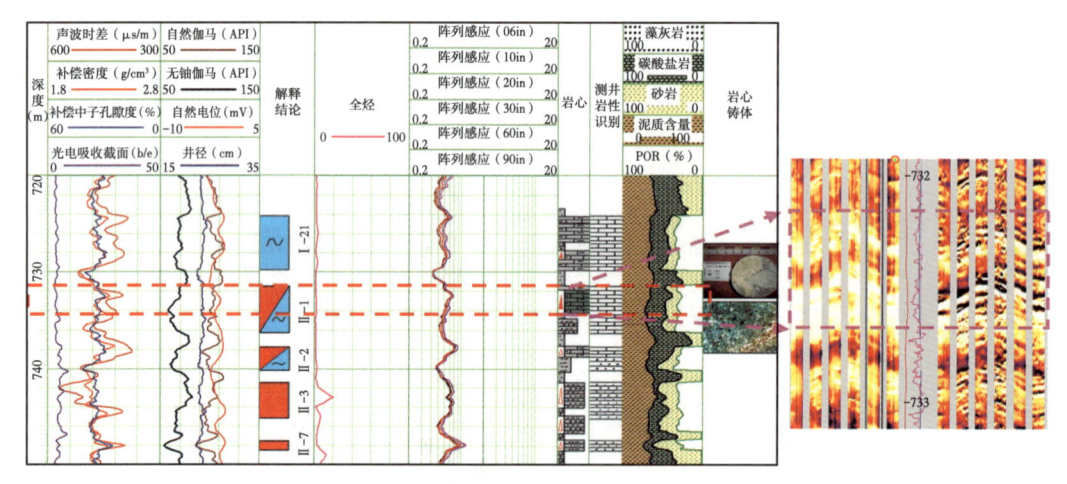

图2-12 小梁山构造梁101井石灰岩岩电关系图

藻灰岩电性特征：自然伽马较低值，自然电位负异常或不明显，声波时差低值，电阻率、密度高值，在电成像图上显示为亮黄色或白色（图2-13）。

2.1.1.5 储层测井响应特征

本区储层电性基本特征为：砂岩储层自然电位有一定负异常，自然伽马中低值，声波时差高值，补偿密度低值；碳酸盐岩储层自然电位有一定负异常或无异常，自然伽马中低值，声波时差中高值，补偿密度中高值；随着储层碳酸盐岩含量增加，声波时差降低，补偿密度变大；储层含油时，电阻率明显高于围岩，N_2^3油层深感应电阻率一般在$0.65\Omega\cdot m$以上；N_2^2当深感应电阻率一般在$0.9\Omega\cdot m$以上；储层含水时，深感应电阻率明显降低。

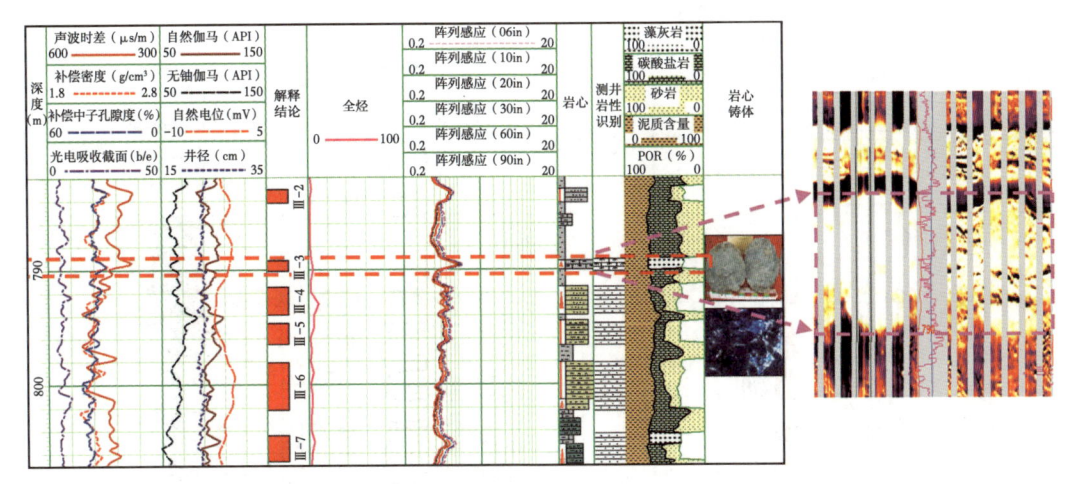

图 2-13 小梁山构造梁 101 井藻灰岩岩电关系图

将补偿声波与深感应电阻率以一定刻度在泥岩处重叠，能较好地显示储层的含油性。

（1）油层特征。

图 2-14 为梁 101 井 N_2^2 层位油层典型曲线图，Ⅳ-8 号、Ⅳ-9 号、Ⅳ-10 号层测井曲线之间匹配关系较好，自然伽马低值，感应电阻率数值增高，声波时差增大，岩性密度值减小。测井计算有效孔隙度为 22%~28%，深感应电阻率为 1.0~1.5Ω·m，岩性密度为 2.25~2.15g/cm³。2010 年 10 月对 1260.5~1264.0m、1267.0~1270m 井段压裂试油，压裂后抽汲，日产油 1.71t，累计产油 20.66t，试油结论为油层。

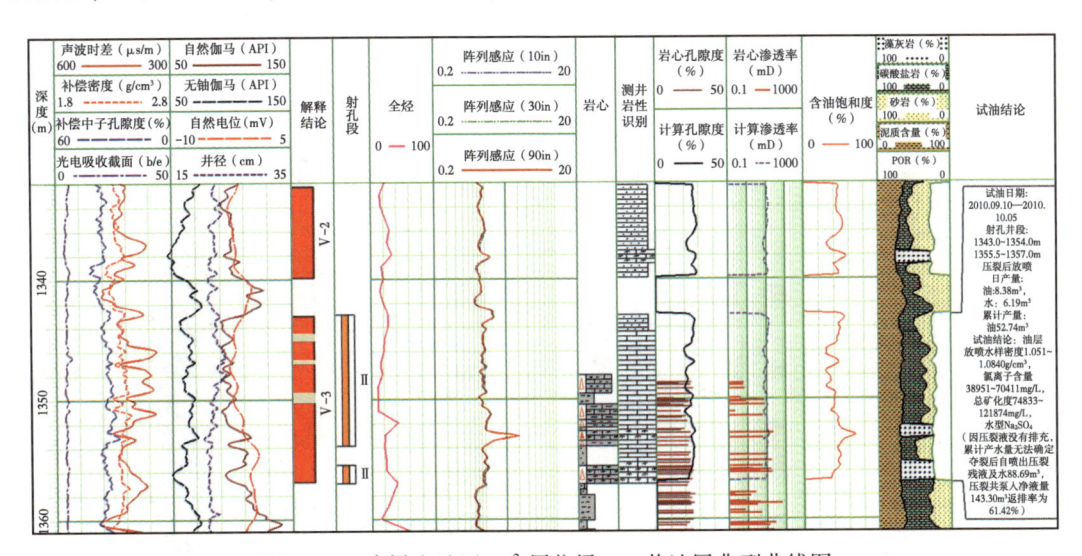

图 2-14 小梁山地区 N_2^2 层位梁 101 井油层典型曲线图

图 2-15 为梁 101 井 N_2^3 层位油层典型曲线图，Ⅲ-4 号、Ⅲ-5 号层测井曲线之间匹配关系较好，自然电位负异常，自然伽马低值，声波时差增大，岩性密度减小。感应电阻率增高，测井计算有效孔隙度在 25%~30%，深感应电阻率为 0.65Ω·m，岩性密度在 2.18g/cm³。2010 年 10 月对 791.5~796.5m 井段进行试油，酸化后抽汲，日产油 2.01t，

累计产油 16.78t，试油结论为油层。

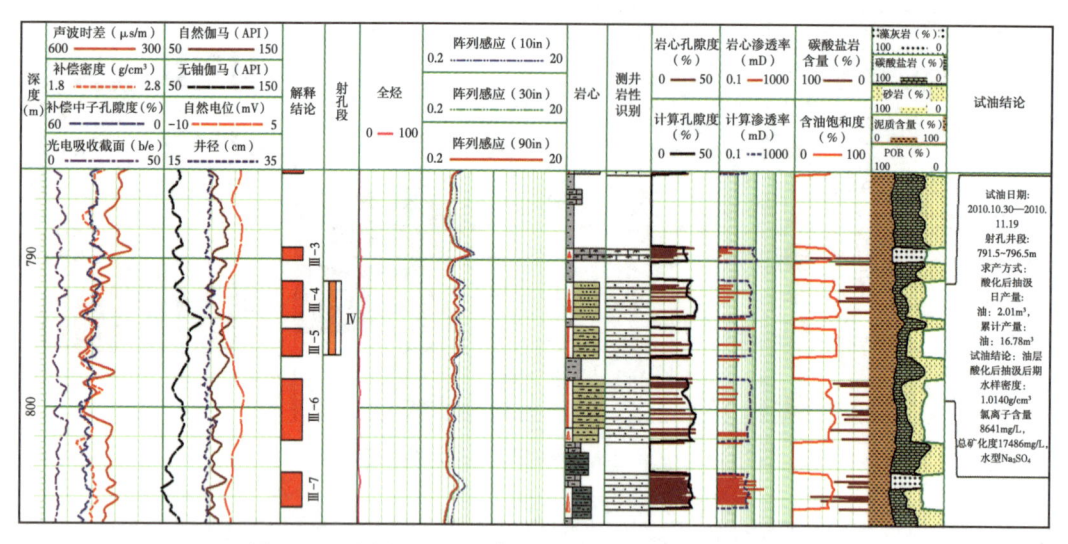

图 2-15 小梁山地区 N_2^3 层位梁 101 井油层典型曲线图

(2) 油水同层特征。

图 2-16 为梁 101 井 N_2^2 层位油水同层典型曲线图，Ⅵ-3 号、Ⅵ-4 号、Ⅵ-5 号层测井曲线之间匹配关系较好，自然电位负异常，自然伽马低值，声波时差增大，岩性密度减小。感应电阻率增高，测井计算有效孔隙度约为 20%。2010 年 8 月对 1451.0~1453.0m、1457.5~1459.0m、1463.0~1466.0m 井段射孔，压裂后抽汲，日产油 2.51t，日产水 23.71m³，试油结论为油水同层。

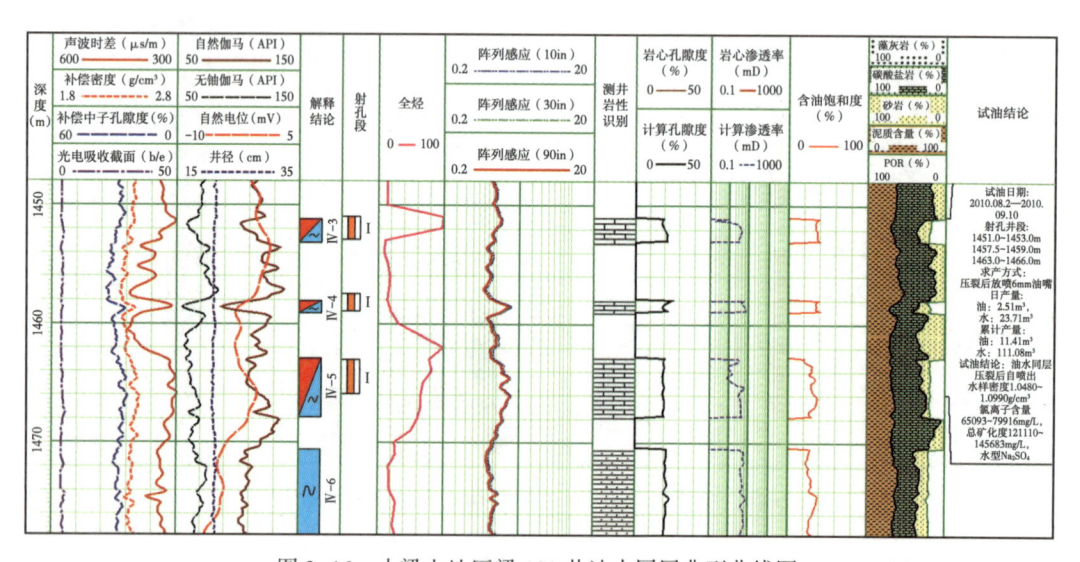

图 2-16 小梁山地区梁 101 井油水同层典型曲线图

(3) 水层特征。

图 2-17 为梁 102 井水层典型曲线图，Ⅴ-3 号层 1561.0~1566.0m 井段测井计算有效孔隙度为 19%~20%，深感应电阻率为 0.7~1.0Ω·m，岩性密度为 2.34~2.42g/cm³；声波时

差在310~345μs/m。对1561.0~1566.0m井段射孔，日产水6.12t，无油。试油结论为水层。

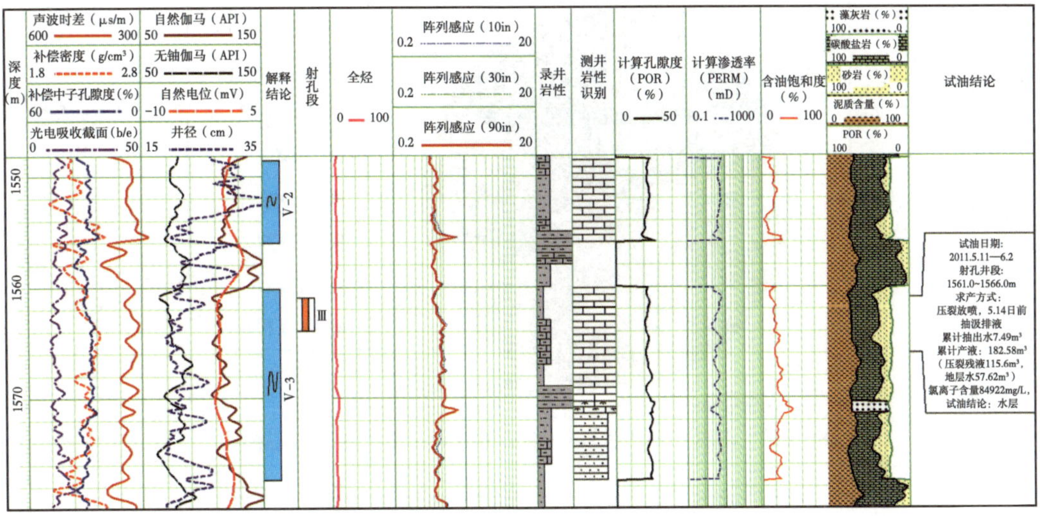

图2-17 小梁山地区梁102井水层典型曲线图

从测井、试油和岩心分析化验资料表明，梁101井N_2^3、N_2^2层组的藻灰岩、细砂岩储层，含油级别较高，大多表现为油斑、油浸级别，粉砂岩、泥晶灰岩储层含油级别大多数显示为荧光，也有油浸和油斑。在含油产状为油浸级别的含油岩心中，粉砂岩最多，其次是泥灰岩。不管是哪类储层，对应的测井电阻率均明显增大；从物性上来看，藻灰岩、砂岩储层段的补偿声波明显高于含泥泥晶灰岩、石灰岩储层，藻灰岩、砂岩储层段的岩性密度明显低于石灰岩储层。因此认为，储层"四性"关系整体表现出岩性控制物性，物性反映含油性的特点。

综上所述，小梁山油田储层具有良好的"四性"关系，即储层岩性越纯，含油级别越高，孔隙度、渗透率越大，电阻率越高，试油产量越高；反之，储层泥质含量越大，含油级别就越低，孔隙度、渗透率越小，电阻率越低，试油产量越低，油层、水层能够比较清楚地从电性特征上区分开来。

2.1.2 南翼山油田储层特征

2.1.2.1 岩性特征

根据南翼山油田浅层油藏Ⅴ油组8口井476.58m厚岩心描述分析资料证实，岩性主要为灰质泥岩、泥岩、泥灰岩，夹少量砂质泥岩、泥云质泥岩、碎屑灰岩、藻灰岩。3口井53块薄片鉴定结果表明，Ⅴ油组储层岩性主要以碳酸盐岩类为主，具体分为藻灰岩类和石灰岩类储层两类，还发育有少量含灰砂岩，如图2-18、图2-19所示。

2.1.2.2 物性特征

南翼山油田浅层油藏Ⅴ油组4口井893块样品的孔隙度与渗透率分析结果表明，孔隙度变化范围在3%~15%，平均为9.29%，渗透率变化范围在0.001~35.7mD，平均为1.45mD。图2-20、图2-21分别为南翼山油田浅层油藏Ⅴ油组孔隙度和渗透率分布直方图。图中可以看出，孔隙度集中在5%~15%，储层孔隙度跨越低孔、中孔两个级别，整

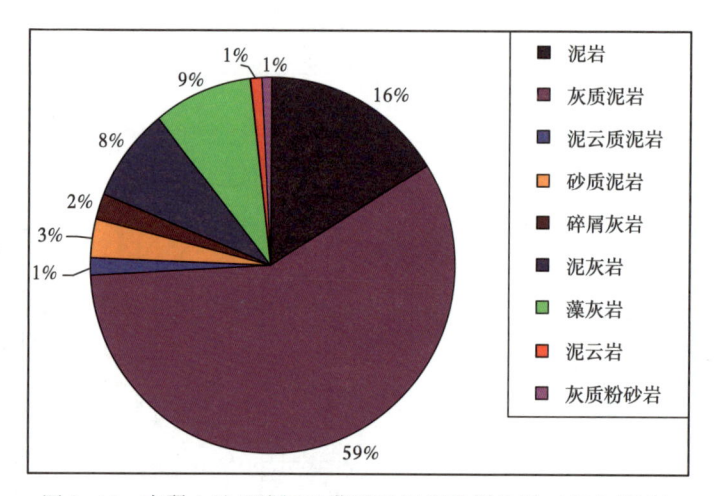

图 2-18　南翼山油田浅层油藏Ⅴ油组岩性饼状图（岩心描述）

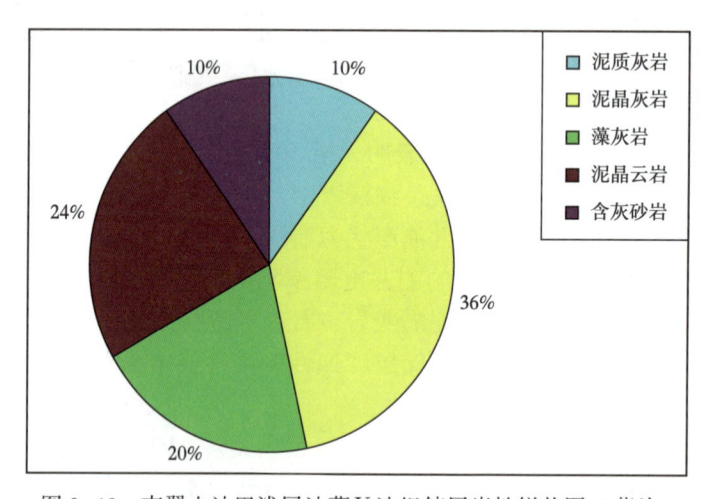

图 2-19　南翼山油田浅层油藏Ⅴ油组储层岩性饼状图（薄片）

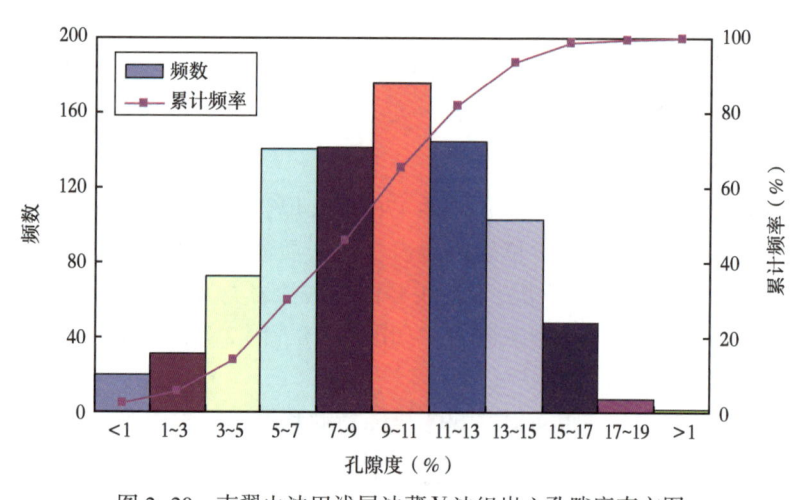

图 2-20　南翼山油田浅层油藏Ⅴ油组岩心孔隙度直方图

体上属于低孔隙度储层。渗透率集中在 0.01~10mD，整体上属于特低渗透储层。

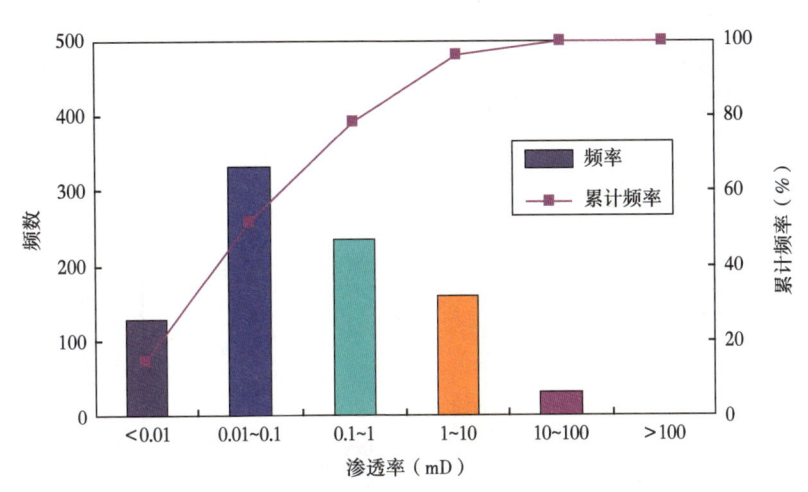

图 2-21 南翼山油田浅层油藏 V 油组岩心渗透率直方图

2.1.2.3 岩性、物性与含油性关系

（1）岩性与物性关系。

南翼山油田浅层油藏 V 油组储层主要发育藻灰岩、泥晶灰岩、泥晶云岩、碎屑灰岩、云质灰岩等。图 2-22 是南翼山油田浅层油藏 V 油组岩性与物性关系图，从图中可以看出：藻灰岩物性最好，且孔渗关系相关性好。而泥晶云岩、泥晶灰岩、云质灰岩孔隙度与渗透率相关性差。随着灰质的增加，孔隙度变化不大，渗透率变化明显。孔隙度为 8%~15%，渗透率基本大于 0.2mD。

（2）岩性与含油性关系。

对 V 油组的 7 口井 70 块取心资料统计表明，储层以油迹、油斑为主，部分为荧光，少量油浸级别，如图 2-23 所示。通过对 V 油组 7 口井 70 块含油岩心统计分析（图 2-

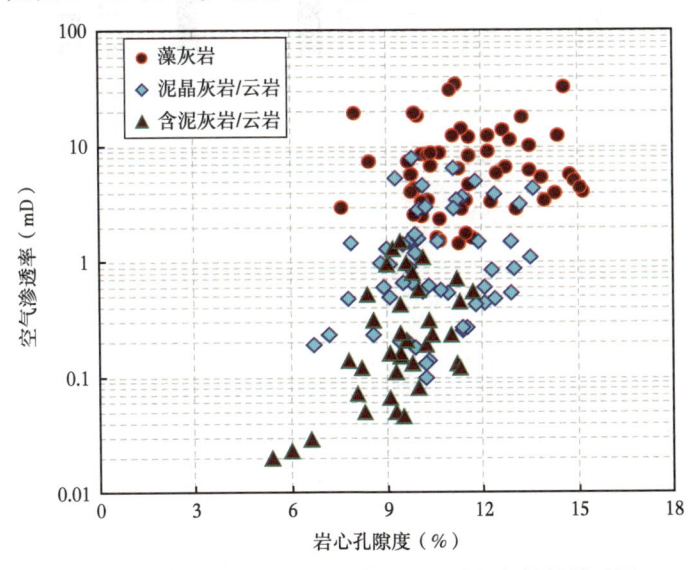

图 2-22 南翼山油田浅层油藏 V 油组岩性与物性关系图

24），储层含油性以油迹、油斑为主，少量油浸；由岩心观察发现藻灰岩岩心表面溶孔发育，含油为油斑或油迹，是南翼山油田浅层油藏重要的储集岩，粉砂岩含油一般为荧光，石灰岩主要是荧光，也有油斑、油迹级别。泥灰岩主要是荧光、油迹级别，云岩既有荧光、又有油浸级别。

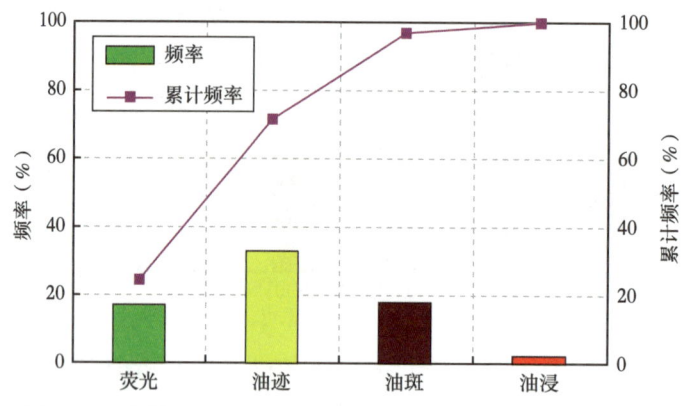

图 2-23 南翼山油田浅层油藏 V 油组岩心含油级别分布直方图

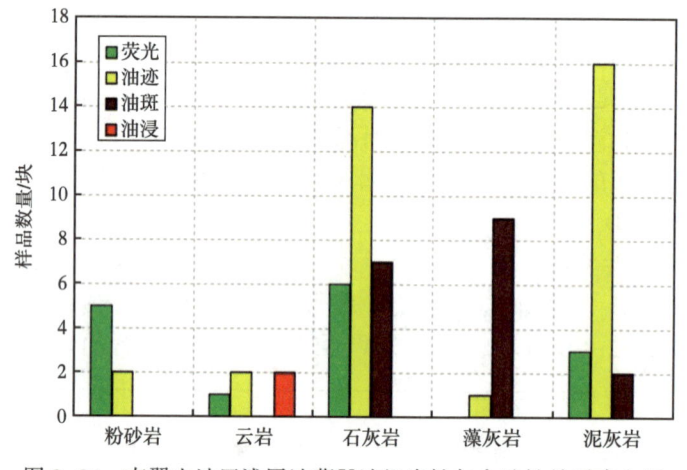

图 2-24 南翼山油田浅层油藏 V 油组岩性与含油性关系直方图

（3）物性与含油性关系。

统计南翼山油田浅层油藏 V 油组 5 口井 90 块样品数据可知：随着含油级别的增加，孔渗均增大，有较好一致性（图 2-25）。

2.1.2.4 岩性与电性关系

选取南翼山油田浅层油藏 V 油组 5 口井 36 个小层，结合薄片资料以及岩心描述确定其岩性。岩性主要为泥晶灰岩、泥晶云岩、藻灰岩、泥质灰岩、泥质云岩。图 2-26 是南翼山油田浅层油藏 V 油组岩性与电性关系图，从图中可看出藻灰岩的电阻率明显高于泥晶灰/云岩和泥质碳酸盐岩的电阻率。

2.1.2.5 储层测井响应特征

统计了南翼山油田浅层油藏 V 油组共 20 口井 44 个层的试油试采资料，分别分析了油层、油水同层、水层各测井曲线的响应特征，见表 2-1。

图 2-25 南翼山油田浅层油藏Ⅴ油组物性与含油性关系图

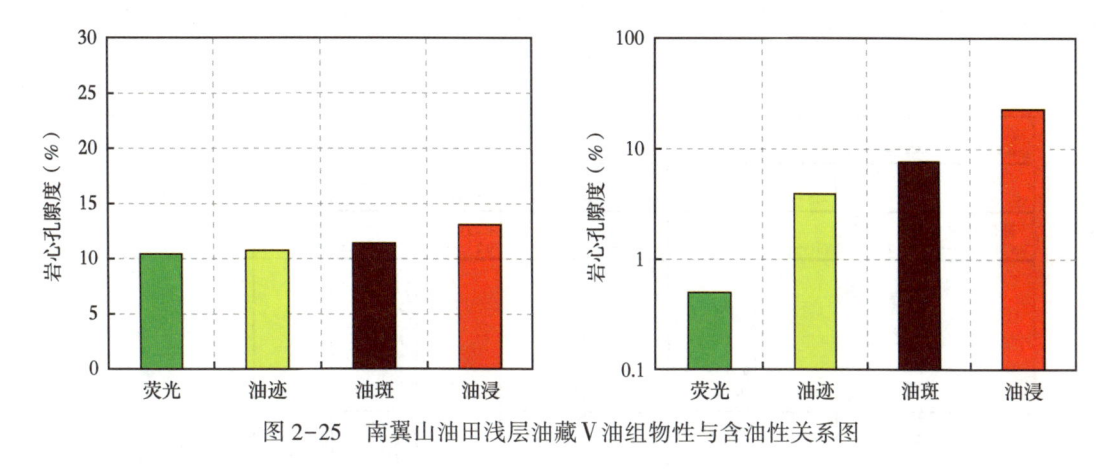

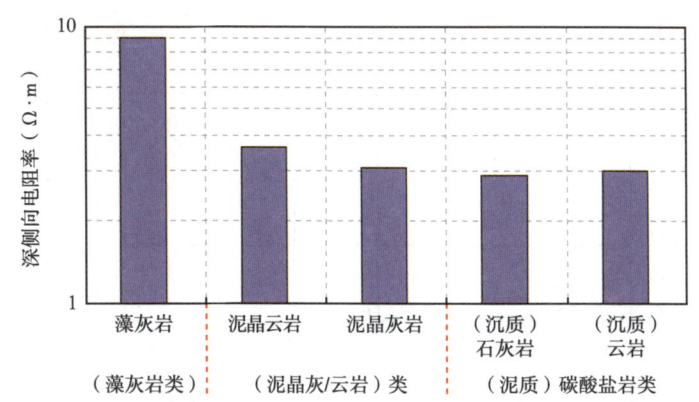

图 2-26 南翼山油田浅层油藏Ⅴ油组岩性与深侧向电阻率关系

表 2-1 南翼山油田浅层油藏Ⅴ油组储层流体测井响应特征表

参数	油层 最小~最大	油层 平均	油水同层 最小~最大	油水同层 平均	水层 最小~最大	水层 平均
自然伽马（API）	66.9~110.1	84.2	68.43~101.84	82.79	74.96~117.26	96.03
声波时差（μs/m）	227.1~280.8	249.00	226.73~288.58	248.66	208.92~243.04	228.05
补偿中子（%）	15.1~23	20.2	18.17~27	23.16	17.13~21.42	18.9
补偿密度（g/cm^3）	2.47~2.60	2.52	1.93~2.63	2.42	2.38~2.71	2.51
侧向电阻率（Ω·m）	3.2~13.4	6.06	2.92~10.44	4.8	2.03~7.46	4.31
感应电阻率（Ω·m）	4.18~7.18	5.34	2.42~5.79	3.87	1.93~6.43	3.71

南翼山油田浅层油藏Ⅴ油组油层的测井响应特征主要表现为：自然伽马呈低值响应，三孔隙度曲线呈中—低孔隙特征，电阻率呈高值响应特征，电阻率明显高于围岩，双感应电阻率和双侧向电阻率接近；油水同层的测井响应特征一般表现为自然伽马呈低值响应（68.43~101.84API），三孔隙度曲线呈中—低孔隙特征，电阻率呈中—高值响应特征，深侧向电阻率及深感应电阻率明显高于围岩；水层测井响应特征：自然伽马呈中—低值响应（74.96~117.26API），三孔隙度曲线明显呈中—低孔隙特征，电阻率呈低值响应特征，深侧向电阻率及深感应电阻率低或略高于围岩。整体看来，南翼山油田浅层油藏Ⅴ油组三孔

隙度曲线反映孔隙度为中—低孔特征，油层的电阻率最高，随着含水的增加，电阻率呈降低的趋势（图2-27至图2-29）。

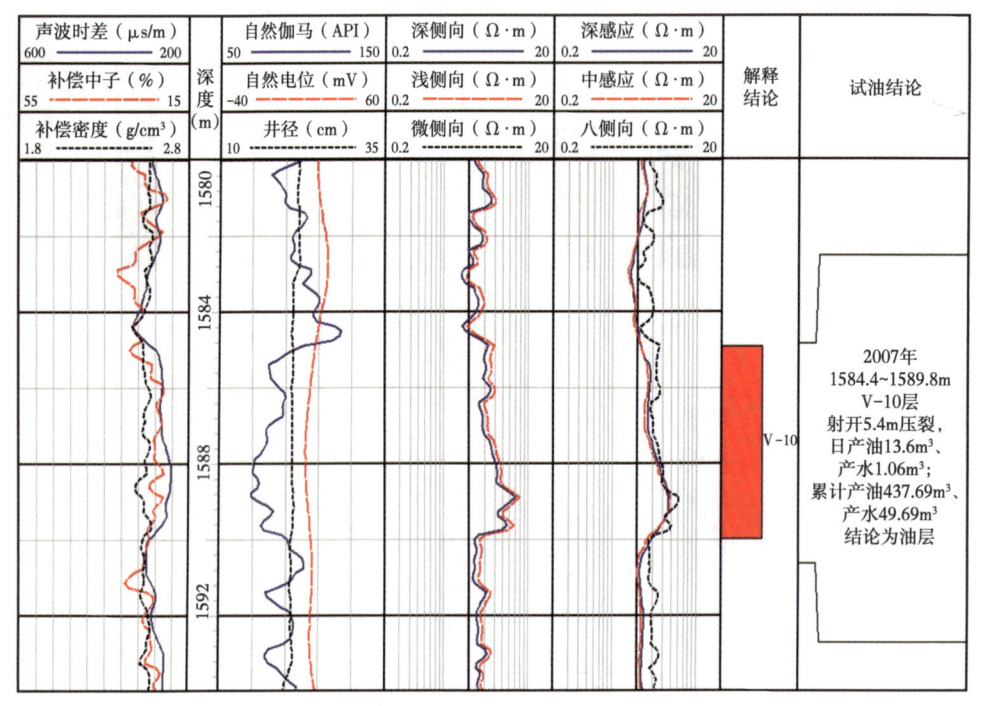

图2-27 浅3-6井油层曲线图

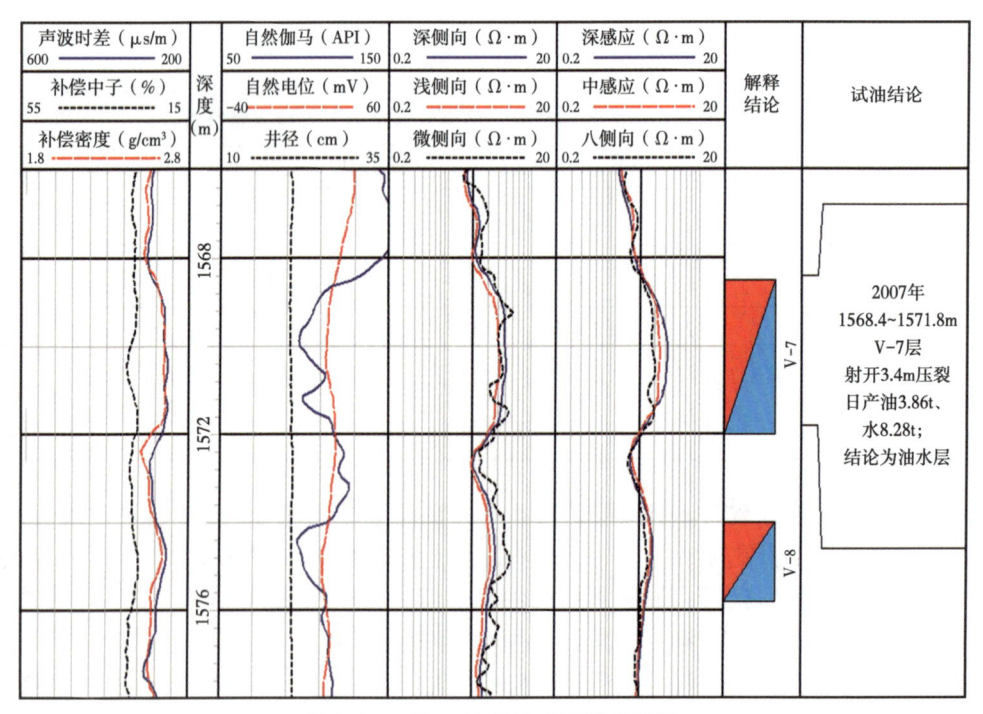

图2-28 浅3-09井油水同层曲线图

"四性"关系综合研究表明：总体上岩性含灰越多，物性越好，含油级别越高，储层侧向电阻率越大。南翼山油田浅层油藏常规测井系列能够很好地反映储层岩性、物性和含油性的变化规律，为下一步开展测井解释研究奠定了基础。

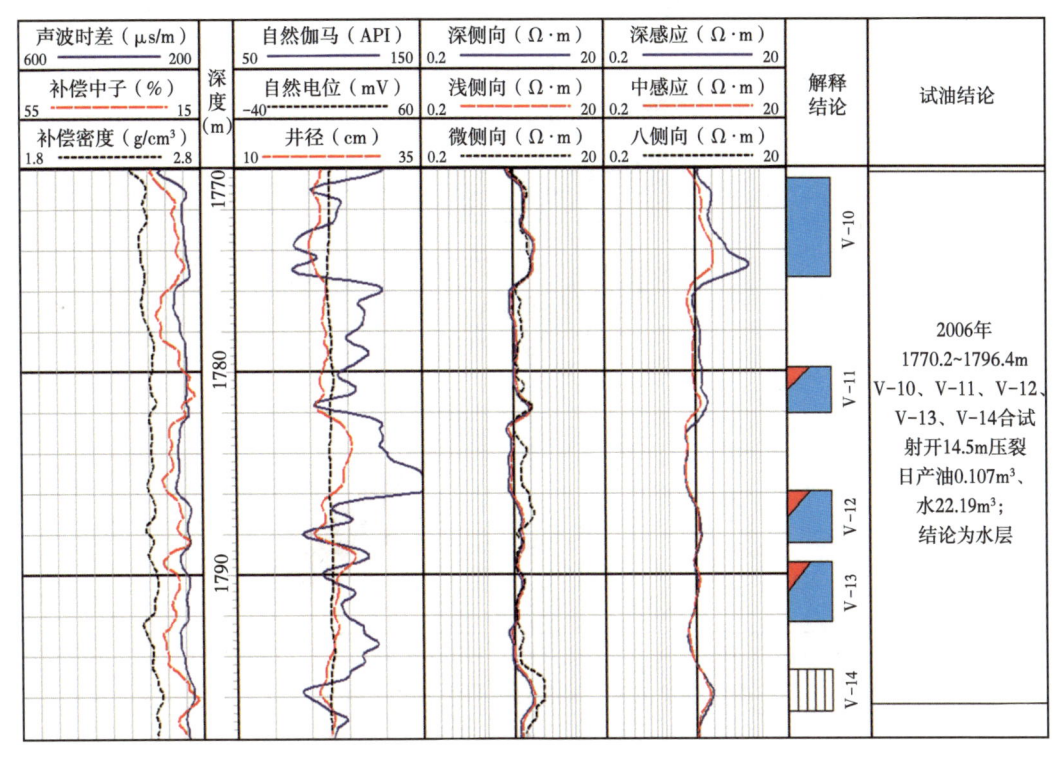

图2-29 浅21-19井水层曲线图

2.2 低渗透储层成因及分类方法

在地层岩性油气藏中的储层主要以低渗透储层为主，在低渗透背景下寻找相对好的优质储层成为特别关注的研究课题。随着对低渗透储层油气勘探的不断深入，在普遍低渗透率储层发育区常常可以找到相对优质的储层段。因此，加强对低渗透储层特征的研究，了解低渗透储层的形成机理，寻找低渗透储层中相对优质储层的形成与分布规律，有利于对低渗透储层的勘探开发及岩性油气藏的勘探。

低渗透储层的形成主要受沉积和成岩作用的影响。其中，沉积作用是形成低渗透储层的最基本因素，它决定了后期成岩作用的类型和强度；成岩作用是形成低渗透储层的关键，特别是成岩早期强烈的压实和胶结作用对形成低渗透储层起了决定性作用。下面以小梁山地区为例分别介绍低渗透成因及储层分类方法。

2.2.1 低渗透储层成因研究

2.2.1.1 储层的岩石学特征

（1）碎屑成分特征。

碎屑岩由碎屑成分和填隙物（包括杂基和胶结物）两部分组成，岩屑成分占50%以上。碎屑岩的性质主要由碎屑成分决定。碎屑成分除陆源矿物碎屑外，还有各种岩石碎屑。岩石碎屑以矿物集合体的形式存在，其成分反映了母岩的岩石类型。

小梁山地区储层砂岩主要为岩屑砂岩（体积百分含量为25%～50%）（图2-30），颜色以灰色、深灰色为主。镜下薄片鉴定分析表明砂岩成分成熟度低，结构成熟度低。

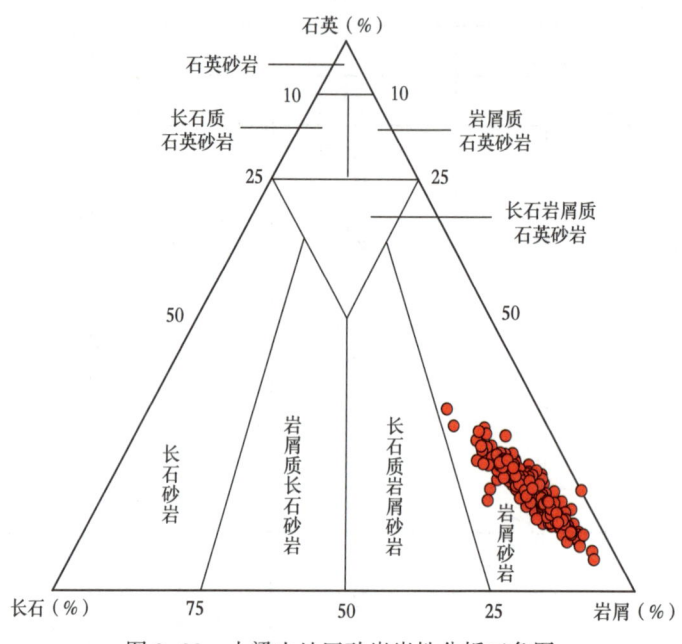

图2-30 小梁山地区砂岩岩性分析三角图

薄片分析储层岩石成分石英和泥质含量较高。孔隙以原生孔隙为主，次生孔隙为辅，发育一定量的裂缝（图2-31）。

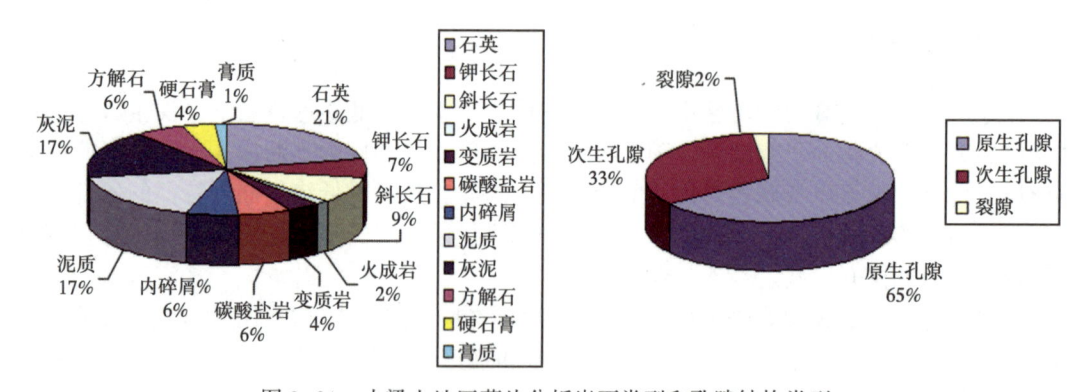

图2-31 小梁山地区薄片分析岩石类型和孔隙结构类型

成分成熟度指碎屑岩中最稳定组分的相对含量。结构成熟度指碎屑沉积物经风化、搬运和沉积作用的改造，使之接近终极结构特征的程度。成分成熟度和结构成熟度高是小梁山地区中孔低渗透储层的一大特点，主要表现为岩屑的含量较高，粒度分布范围较宽，颗粒大小混杂，分选和磨圆较差，泥质等悬移物质含量高。由于这一特征，使得沉积物在成岩过程中抗压实能力低，压实强度大，从而使孔隙度大大减小，储层物性变差。一般情况下，储集岩的物性与石英碎屑的含量呈正相关关系。石英颗粒的格架能够避免强烈的压实作用，使得原生孔隙较为发育，由于石英总体含量比较低，因此石英含量低是本区的低渗成因之一。

（2）填隙物成分特征。

根据全岩矿物分析，小梁山地区整体碳酸盐平均含量为35.5%，黏土平均含量为30.6%，石英+长石平均含量达26.7%（图2-32）。填隙物主要为黏土杂基、碳酸盐和赤铁矿等胶结物。其中碳酸岩矿物主要包括方解石、白云石和文石，钙质胶结现象普遍；另外存在一定的铁磁性矿物胶结，如赤铁矿、菱铁矿和黄铁矿，整体占总胶结物的14%（图2-33），部分的成像图和核磁共振测井曲线上也可以很好地反映出铁磁性矿物的特征。

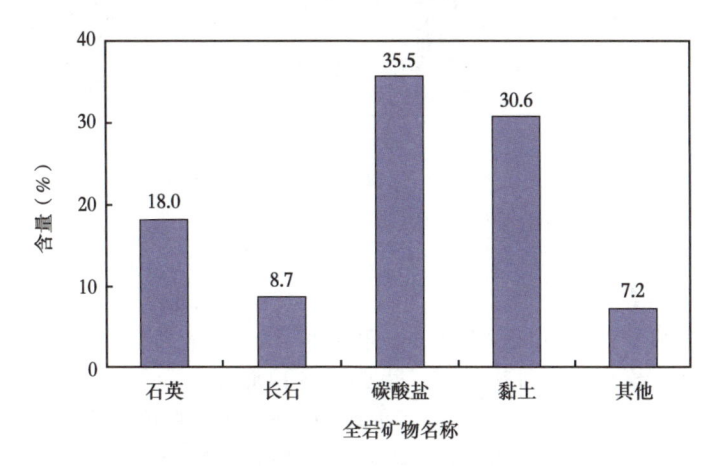

图2-32 梁101全岩矿物统计

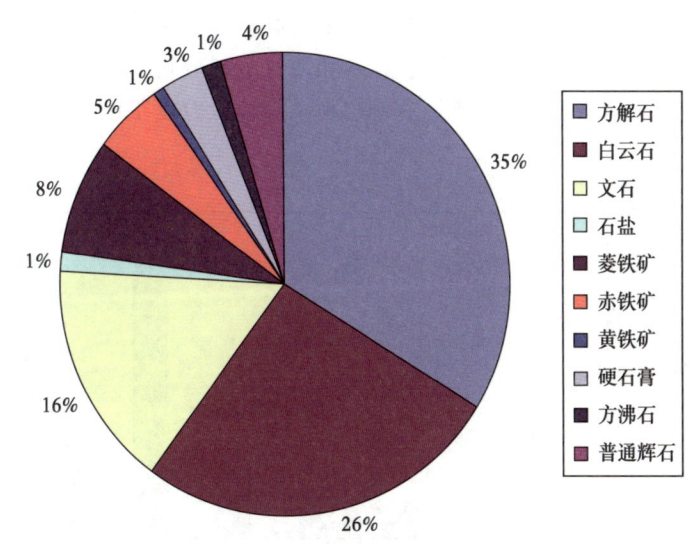

图2-33 小梁山地区填隙物成分图

小梁山地区的次生黏土矿物有伊利石、伊/蒙混层、绿泥石等黏土含量较高，其中伊利石含量为43.6%，伊/蒙混层含量为25%，绿泥石含量为22.4%，如图2-34所示。小梁山地区黏土矿物构成的储集空间以大量的黏土矿物晶间束缚孔隙为主，可渗流的孔隙只占其很少的一部分，不但孔隙细，且连通性差，因此渗透率一般也差。另外绿泥石遇酸溶解，并释放出铁离子。当酸耗尽时，会再沉淀为胶状的 Fe（OH）$_3$ 晶体，而使孔隙堵塞。

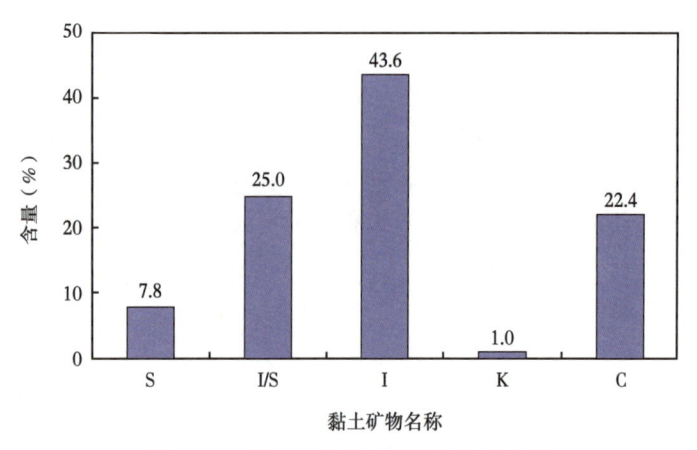

图 2-34　梁 101 井黏土矿物统计直方图

（3）粒度结构特征。

砂岩储层物性与粒度有着直接的关系。粗粒砂岩是在水动力比较强的环境中形成的，具有较好的孔渗性。根据岩心分析资料，小梁山区块储层孔隙度为 2.8%~36.21%，平均为 23.53%；渗透率为 0.003~139.60mD，平均为 3.53mD。粒度分析资料表明，小梁山区块储层粒度偏细，主要为细粉砂级（图 2-35）。储层颗粒接触方式以点接触为主，胶结类型以孔隙、基底、孔隙—基底型为主，磨圆度为次圆状、次棱角状。一般砂岩的孔隙度和渗透率随粒径的减小而降低，粒度越细杂基含量越高，储层主要形成微孔隙，而这些微孔隙对有效孔隙度和渗透率贡献小。从岩心观察和薄片资料分析，本区储层岩性以细粉砂和泥为主，少量粗粉砂、极细砂、细砂、中砂。小梁山地区粒度很细，是本区低渗透的重要影响因素。

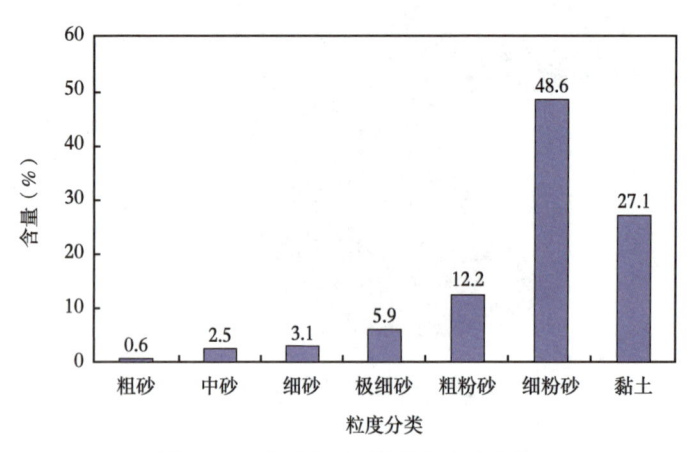

图 2-35　小梁山地区储层粒度直方图

2.2.1.2 沉积作用影响

柴西地区自经历 E_{1+2}—N_1^1 的湖侵后，N_2^1 开始进入湖退阶段，湖盆沉积中心自西南向北东方向迁移。N_2^2—N_2^3 沉积时期柴西地区广泛发育较深湖亚相、浅湖亚相和滨湖亚相，为碳酸盐岩的普遍分布提供了沉积背景。N_2^2 沉积时期为浅湖—半深湖亚相沉积；N_2^3 沉积时期随着湖盆沉积中心的进一步往北东方向迁移，主要沉积浅湖相。N_2^3—N_2^2 沉积时期，小梁山地区离物源区较远，但该时期柴达木盆地的区域构造活动性较强，气候变得更加干旱，阵发性或季节性洪水时常注入湖盆，将细粒的泥质和粉砂质带入小梁山地区。这是该地区 N_2^2—N_2^3 纵向上岩性变化大的主要原因。加之湖盆水动力条件弱，沉积物表现出碎屑组分复杂、塑性岩屑与杂基含量高、成分成熟度低、分选差、粒度细、悬浮总体高等特点，这种环境的沉积直接导致了砂岩原始孔隙度和渗透率低，且极易被压实。

根据区域沉积格局和沉积作用特点，在以往研究成果的基础上，通过对研究区内 3 口取心井的岩心观察，结合区内多口井的测井资料，根据区内钻遇地层的岩性、沉积结构、沉积构造、沉积序列、测井曲线等相指标的综合分析，研究层段内主要可识别出滨浅湖、半深湖沉积亚相及其包含的沉积微相（表 2-2）。

表 2-2 小梁山地区浅层沉积相与沉积微相划分方案

沉积相	沉积亚相	沉积微相
湖泊相	蒸发性滨湖	灰坪、泥坪、砂坪、藻滩
	浅湖	灰坪、泥坪、砂坪、藻滩

根据小梁山地区浅层重点探井岩心观察，结合测井录井资料，确定湖泊相为小梁山地区浅层的沉积相类型，根据特殊的构造、气候背景，主要发育蒸发性滨湖亚相和浅湖亚相，两者在岩石类型、颜色、沉积构造等方面上具有明显的区别。由于新近纪柴达木盆地整体为干燥气候，小梁山地区的蒸发性滨湖亚相与常规滨湖亚相相比，表现为间歇暴露的蒸发环境，发育大量的蒸发盐矿物，如石膏、硬石膏、石盐等。

砂层组沉积期剧烈的构造运动和炎热的气候条件，蒸发性滨湖亚相是干燥环境下发育蒸发性盐类矿物的一种滨湖亚相类型，位于洪水线与枯水线之间，即水深减小到波浪发生破碎形成激浪，其冲流和退流对湖岸进行反复冲洗的地带。该相带是湖泊沉积物堆积的重要地带，沉积物主要受波浪作用的影响，形成了一种独具特色的砂泥岩间互、分布稳定的沉积类型，由于波浪的淘洗作用，泥质含量低，填隙物多为方解石胶结物。极细的岩性降低了储层渗透率。沉积因素不仅控制着岩石原始孔隙度和渗透率，而且对后期的成岩作用及强度起重要的影响作用。

2.2.1.3 成岩作用影响

根据成岩阶段划分方案及划分标志，结合小梁山区块储层自生矿物组合、分布、演化及其形成顺序，黏土矿物的转化、岩石结构特点、有机质成熟度和古地温资料，其中对储层物性影响起决定性作用的主要有压实、胶结、溶蚀等三方面因素。其中对低渗透起影响的主要是压实作用，其次为胶结作用。

小梁山地区浅层现今埋藏浅，成岩较弱，成岩作用类型包括压实作用、溶蚀作用、胶结作用、泥晶白云化及破裂作用。特征有：(1) 弱压实作用。表现为岩心疏松，取心收获率低等。(2) 胶结作用较弱。胶结物含量较低，一般小于2%，主要为微晶方解石、少量的石盐和硬石膏胶结物。(3) 溶蚀作用一般。大量的微孔中可能存在微弱的溶蚀，主要在藻灰岩和白云化的组分中见到，整体表现不强，对孔隙的物性改善作用有限。(4) 泥晶白云化作用普遍存在但规模有限，铸体薄片中可见较明显的白云石化现象，在显微电镜中见较多的白云石菱形晶体。(5) 破裂作用相对较强。主要包括顺层缝和局部发育的裂缝，尤其是顺层缝对渗透性具有贡献（图2-36）。

梁101井 1398.97~1399.12m 岩石疏松　　梁101井 789.34m 藻泥晶灰岩 溶蚀孔发育，半充填方解石等（-）100×

梁101井 754.15m 弱压实 微孔发育（-）200×　　梁101井 729.06m 含泥泥晶灰岩 晶间微孔和顺层缝发育（-）25×

图2-36　小梁山地区浅层储层成岩作用类型图版

小梁山地区浅层成岩作用简单，在浅埋后背斜构造抬升的成岩背景下，演化序列为少量的硬石膏析出—弱压实作用—顺层缝形成—泥晶白云化作用—弱溶蚀作用—弱胶结作用，其中压实作用贯穿整个成岩过程但整体上较弱，是储层物性主控因素。小梁山地区浅层的成岩阶段为早成岩阶段A期。结合梁6井N_2^2的1660~1680m井段取心已经相对比较致密的情况分析，该地区早成岩A期与B期的界限推测为1500~1800m。

深层主要受压实作用影响。随着埋藏深度的增加，压实强度增加，孔隙度减小、物性变差。另外，沉积物的组成、分选性、粒度、磨圆度等对机械压实作用也有相同程度的影响。储层中软颗粒（如黏土杂基、云母、泥岩岩屑等）含量较高。在较长的埋藏过程中，因强烈的压实作用，造成储层大量原生孔隙度丢失，渗透率变差。图2-37和图2-38分别为梁101井埋藏深度与声波时差、岩心分析孔隙度的关系图。可以看出，压实作用使得储层物性变差。但是压实作用不仅是物性降低的主要原因，而且更容易使矿物成熟度差的砂岩产生致密化。随着埋藏深度的增加，在无烃聚集的情况下，砂岩成岩作用持续进行。

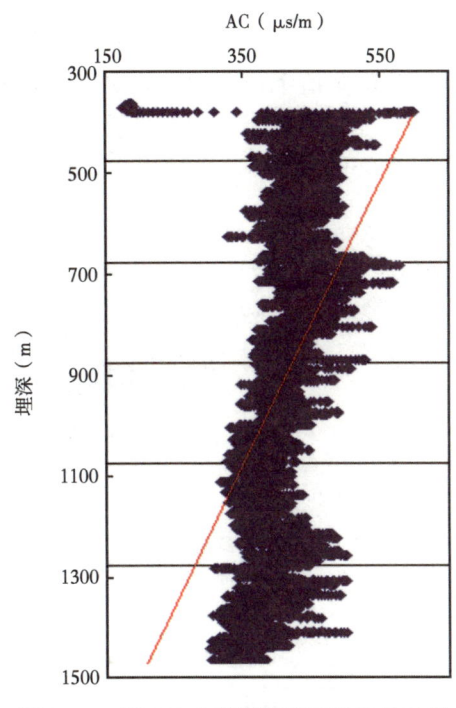

图 2-37 梁 101 井埋深与声波时差关系图 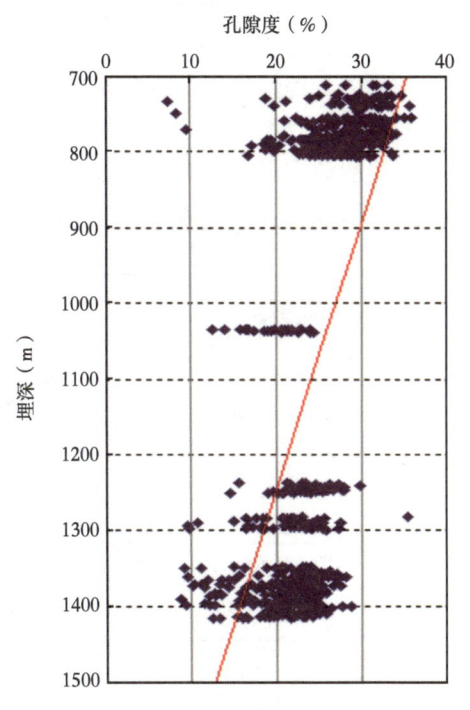　　图 2-38 梁 101 井埋深与孔隙度关系图

2.2.2 低渗透储层分类方法

2.2.2.1 孔喉结构特征研究

针对小梁山地区复杂的岩性特征，选用测定毛细管压力法来研究其孔隙结构特征。测定毛细管压力的方法有半渗透隔板法、离心机法、动力毛细管压力法、水银注入法等。研究区毛细管压力实验采用的是水银注入法，又称压汞法。

根据小梁山地区的取心资料情况，从取心资料丰富的梁 101 井中选取 81 个样品进行了压汞分析。通过对压汞资料毛细管压力参数的统计（表 2-3），以及压汞曲线图、孔喉半径分布图等图件的制作来研究分析了小梁山地区的孔隙结构特征，发现小梁山地区不同的岩性孔隙结构有一定的差异。

表 2-3　梁 101 井浅层储层孔隙结构特征参数统计表

层位	深度（m）	项目	孔隙度 ϕ（%）	渗透率 K（mD）	排驱压力（MPa）	最大连通孔喉半径（μm）	最大进汞饱和度（%）	饱和度中值压力（MPa）	饱和度中值半径（μm）	退汞效率 W_e（%）
N_2^3	747-791	最小值	8.3	0.04	1.3	0.07	78.1	4.3	0.03	36.5
		最大值	36	31.4	11	0.56	97.8	25	0.17	68.1
		平均值	27.6	6.4	4.7	0.2	91.1	11.0	0.08	60.6
N_2^2	1347-1417	最小值	11.1	0.06	3.5	0.04	76.1	5	0.01	29.8
		最大值	26.7	18.8	20.7	0.21	96.2	70	0.15	63.2
		平均值	21.4	2.3	8.5	0.1	88.7	21.7	0.04	55.1

（1）不同岩性压汞曲线特征。

压汞曲线整体上表现为：曲线更向左上方靠拢，倾斜，无或近似的高平台，为细歪度，分选较差，曲线特征参数表现为排驱压力大，较小的中值半径，较小的主流孔喉半径（图2-39）。相比较而言，N_2^3排驱压力相对于N_2^2低，主流孔喉半径相对稍粗。由于小梁山地区浅层的地层压力较大，井深790m地层压力为6.96MPa，因此在地层中存在一定数量的微孔可以连通，对流体的渗透性做出贡献。

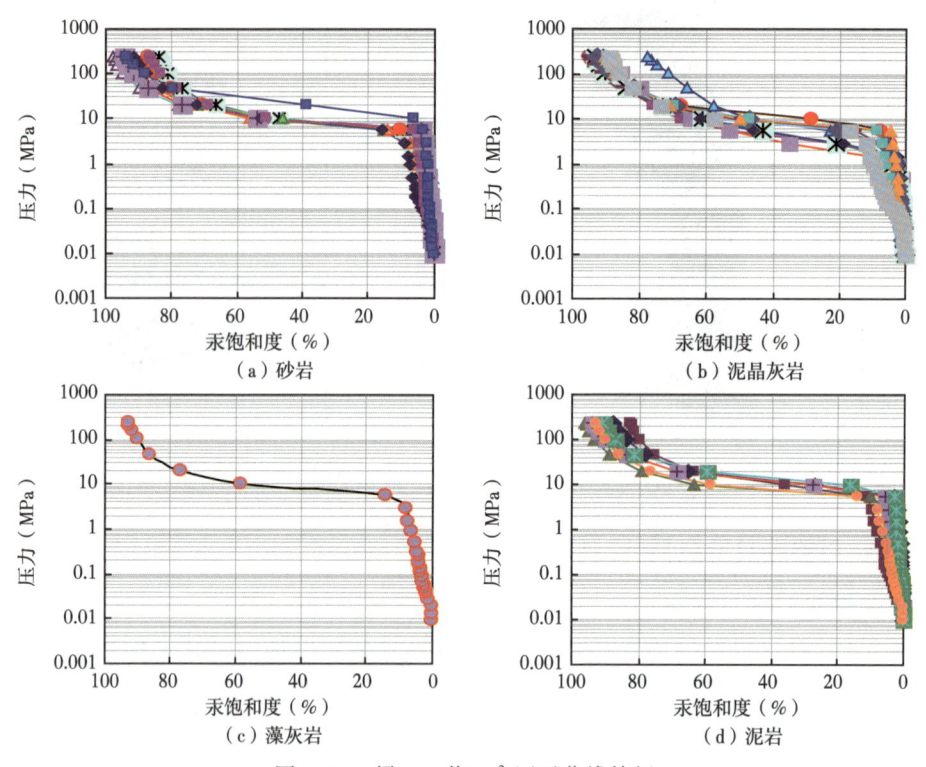

图2-39 梁101井N_2^3压汞曲线特征

根据分岩性的压汞曲线特征统计，藻灰岩具有相对较低的排驱压力，砂岩和泥晶灰岩排驱压力其次，泥岩排驱压力最高；同时N_2^3排驱压力要低于N_2^2排驱压力；N_2^3中砂岩较泥晶灰岩孔隙结构更好，排驱压力更低；N_2^2中泥晶灰岩较砂岩略好一些（图2-40）。

（2）孔喉特征参数与物性的关系。

利用压汞曲线得到了15个能够反映孔喉特征的参数——最大进汞饱和度、最小进汞饱和度S_{Hgmin}、汞饱和度S_{Hg}、退汞效率、排驱压力、最大连通喉道半径、平均孔喉半径r、均质系数、结构系数、分选系数S_p、相对分选系数、主流喉道半径、特征参数、偏度及峰态，并对它们进行物性相关分析，发现分选系数、平均孔喉半径与物性相关性最好（图2-41）。

图2-42、图2-43分别为分选系数及平均孔喉半径与孔渗的关系图。本区N_2^2及N_2^3均为低渗透层，物性主要由渗透率决定，由于岩性的变化影响使得渗透率求取相对困难，因此可以结合微观参数S_p及r进行储层评价。

2.2.2.2 基于Q的储层分类方法

微观孔隙结构研究表明分选系数、平均孔喉半径与物性相关性最好，因此对于小梁山

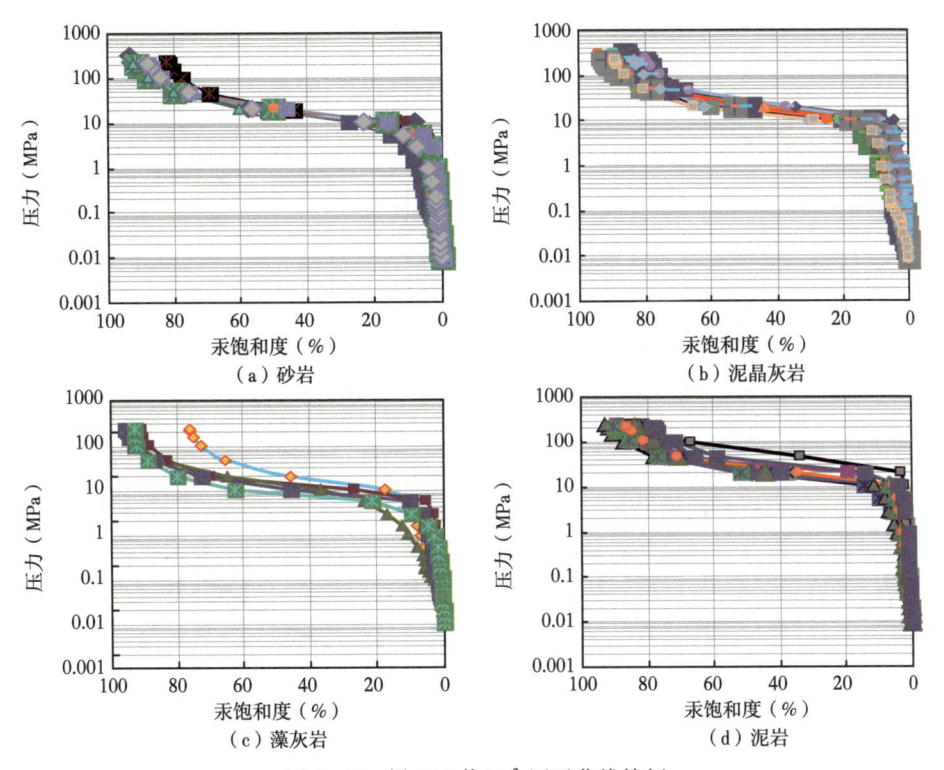

（a）砂岩　（b）泥晶灰岩　（c）藻灰岩　（d）泥岩

图 2-40　梁 101 井 N_2^2 压汞曲线特征

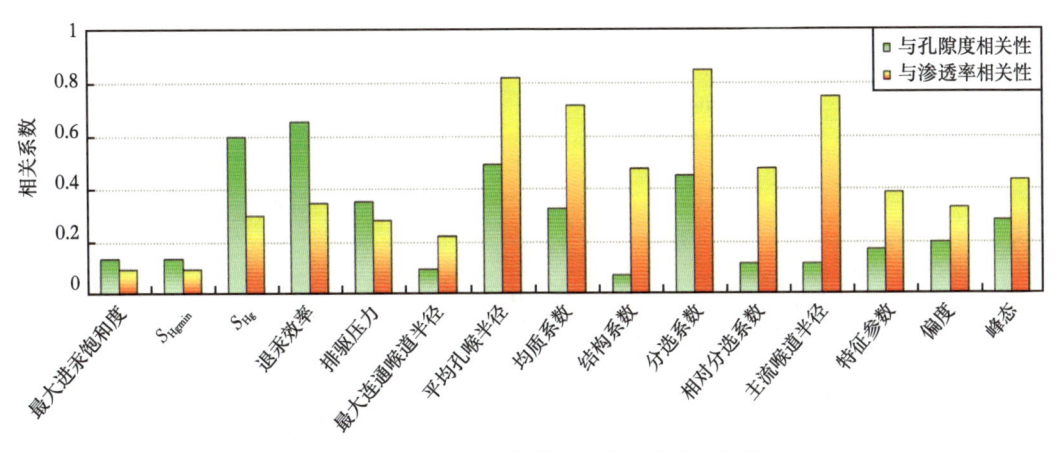

图 2-41　孔喉特征参数与物性相关性对比图

地区低渗透储层利用分选系数与平均孔喉半径的乘积作为评价储层孔隙结构的综合参数 Q。其中分选系数反映孔喉大小分布的均一程度，平均孔喉半径反映了储层孔喉的平均分配位置，两者的有效结合达到最佳匹配时认为是最优的低渗透储层，其计算公式：

$$Q = \sqrt{S_p r} \tag{2.1}$$

通过对测井曲线分析，建立了 N_2^3 及 N_2^2 层位的孔隙结构综合参数的模型（图 2-44、图 2-45）。

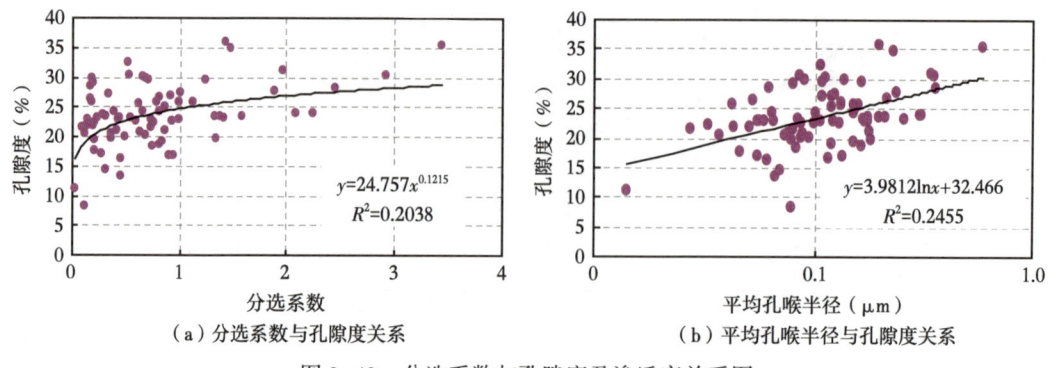

图2-42 分选系数与孔隙度及渗透率关系图

(a) 分选系数与孔隙度关系

(b) 平均孔喉半径与孔隙度关系

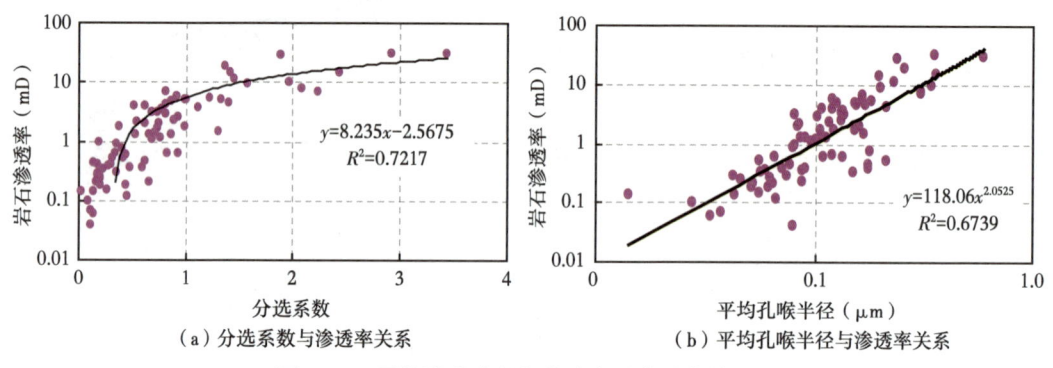

图2-43 平均孔喉半径与孔隙度及渗透率关系图

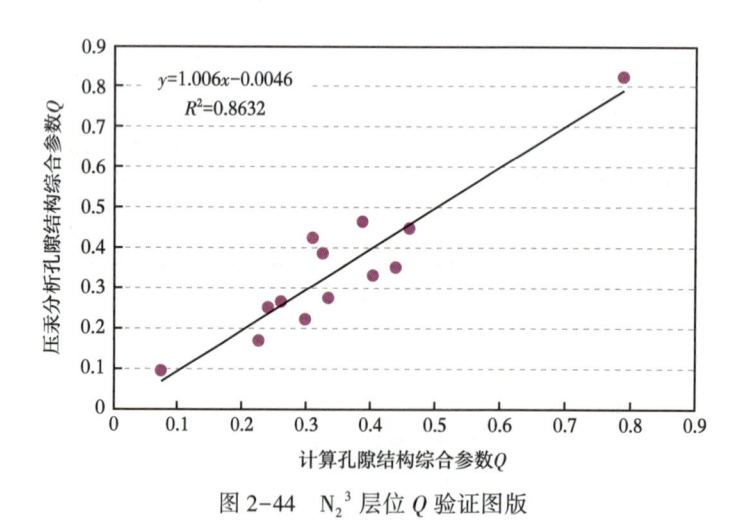

(a) 分选系数与渗透率关系

(b) 平均孔喉半径与渗透率关系

图2-44 N_2^3 层位 Q 验证图版

N_2^3 层位，通过多元回归对13个样品点建立了测井曲线 CNL、DEN、RT90 与孔隙结构综合参数 Q 的模型，相关性 $R=0.93$，公式如下：

$$Q = 0.0196\text{CNL} - 0.171\text{DEN} + 592e^{-15.95\text{RT90}} \tag{2.2}$$

N_2^2 层位，通过多元回归对27个样品点建立了测井曲线 AC、CNL、DEN、RT90 与孔

隙结构综合参数 Q 的模型，相关性 $R=0.81$，公式如下：

$$Q = 0.0011\mathrm{AC} + 0.01\mathrm{CNL} - 0.1418\mathrm{DEN} + 0.146\mathrm{RT90} - 0.363 \quad (2.3)$$

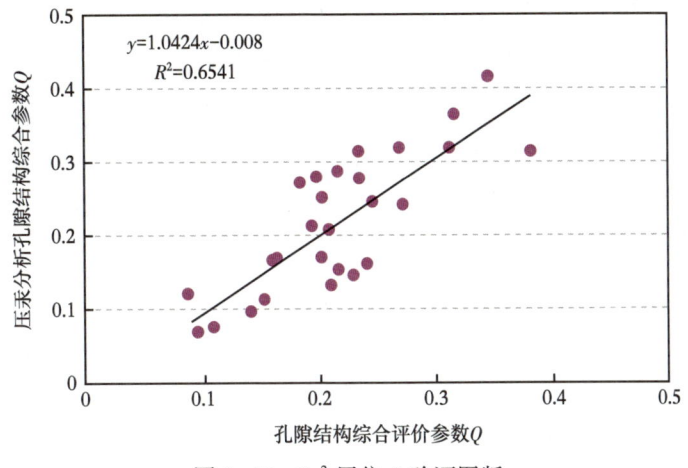

图 2-45 N_2^2 层位 Q 验证图版

在孔隙结构的基础上，开展储层分类，建立测井曲线与储层分类标准 Q 之间的关系，从而评价储层的有效性。图 2-46 为利用 Q 进行储层分类示意图。Q 的分布有明显的三段式，可将储层孔隙结构分为三类。当 $Q>0.4$ 时，表现为较好的孔喉特征，为 I 类储层；中间段 Q 在 $0.09\sim0.4$，为 II 类储层；当 $Q<0.09$ 储层孔隙结构较差，为 III 类储层。

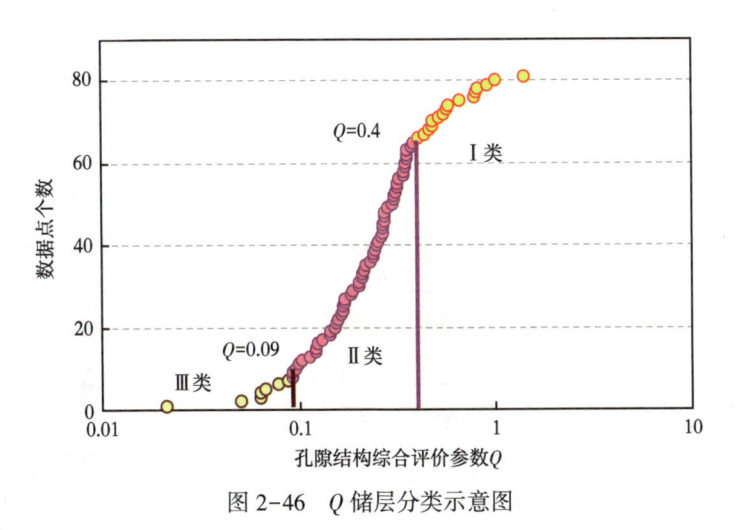

图 2-46 Q 储层分类示意图

储层有效厚度分类评价是利用测井、岩心、试油等资料，研究有效厚度对产能的贡献，根据其贡献大小进行有效厚度分类。而储层的产能与储层类型密切相关，因此，本次储层有效厚度分类评价是在储层分类评价基础上，研究不同类型储层的有效厚度品质（即有效厚度对产能的贡献）。为今后开展产能预测奠定基础、开发方案调整提供技术支持。

利用 Q 对梁 101 井进行储层分类评价，结果如表 2-4 和图 2-47 所示。

表 2-4 利用孔隙结构因子 Q 进行储层分类方案

储层类型		I 类	II 类	III 类
储集空间类型		原生孔隙为主、少量粒内溶孔	原生孔隙	原生孔隙
主要岩性		藻灰岩、泥晶灰岩	细砂岩、粉砂岩	泥质粉砂岩
孔隙度（%）		27.6~36	14.5~31.1	13.4~23.5
渗透率（mD）		4~30.2	0.6~28.7	0.07~9.4
孔隙结构类型		中高孔，粗喉道	高孔隙，中细喉道	中低孔，细喉道
压汞参数	平均喉道半径（in）	>0.07	>0.04	>0.01
	排驱压力（MPa）	<5.6	<7.8	<10.2
	分选系数	0.1~3.5	0.06~2.92	0.03~2.24
	最大进汞量（%）	89.28	84.13	78.26
	退汞效率（%）	>45.62	>40.21	>30.48
沉积微相类型		灰坪、砂坪	灰坪、砂坪	砂坪、泥坪
测井响应特征		三孔隙曲线显示物性好，电阻率值较高，一般表现为常规的高阻储层特征	三孔隙度曲线显示物性较好，电阻率值较高，深感应大于 $0.6\Omega\cdot m$	三孔隙度曲线显示物性相对较差，电阻率值较高，范围广
产能（日产）		一般产量大于 2t/d，不经增产措施即可获得很好的工业油气流	一般小于 2t/d，储层改造增产效果明显	自然产能很低，改造后也不能获得工业油气流

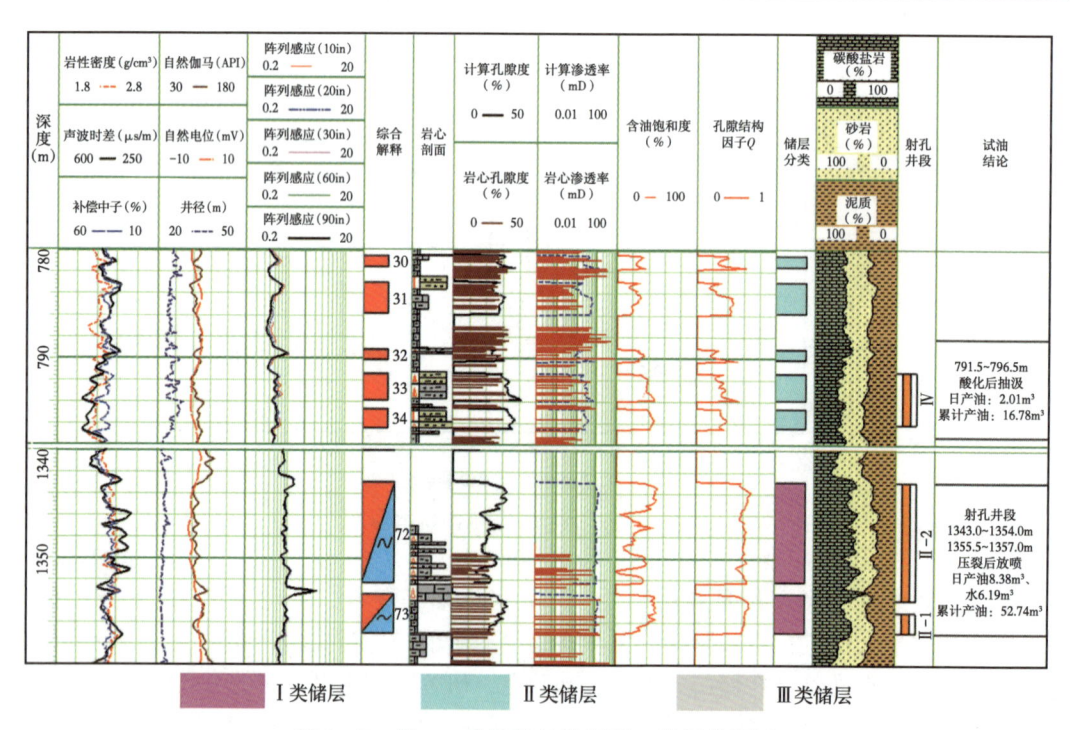

图 2-47 梁 101 井孔隙结构因子 Q 储层分类图

2.3 低渗透储层岩性识别及储层参数建模

2.3.1 岩性识别方法

柴西北地区受气候条件及沉积条件的综合影响，混积特征明显，岩性复杂，识别极其困难。以小梁山地区为例，在大量的岩心分析及薄片描述基础上，进行基于常规测井曲线的定性交会识别、物理参数的定量计算识别，以及结合电成像图像形成岩性识别库3种方式进行，在小梁山地区取得了很好的应用效果。

2.3.1.1 定性方法识别岩性

根据基础资料整理，本次基于常规图版法的岩性识别中用到的测井特征值，包括 AC、DEN、CNL、RD、RS、RILD、RILM、GR、PE、CAL、M、N，在此基础上通过蛛网图来定性描述各类岩性的分布规律，借此筛选能够较好地区分各类储层岩性的测井值，通过分层位建立岩性识别图版，分析认为 N_2^3 层位 RD—CNL 交会图版能够较好地将灰质泥岩与泥晶灰岩区分开，如图 2-48 所示；N_2^2 层位 RILD—DEN 交会图版能够较好地将灰质泥岩与泥晶灰岩区分开，如图 2-49 所示。

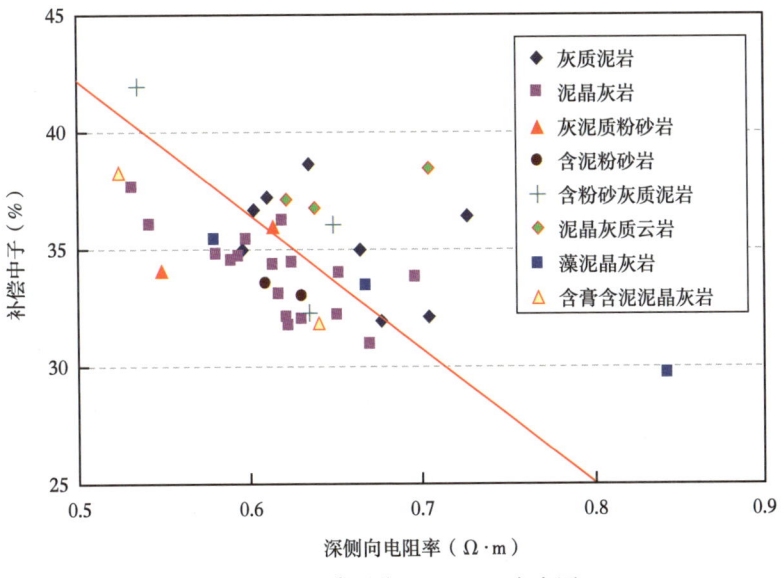

图 2-48 N_2^3 层位 RD—CNL 交会图

另外，对于本区储层中普遍存在的4种岩性，分别为粉砂岩、石灰岩、泥晶灰岩及藻灰岩，综合 GR、AC、RT 及 PE 曲线采用"逐步剥离法"进行识别。首先，根据 GR—RT 交会图识别出藻灰岩。本区藻灰岩由于沉积条件不同，既存在高自然伽马类型又存在低自然伽马类型，且不存在冷西地区藻灰岩明显的三孔隙度特征，但普遍高阻，根据 RT>1.05Ω·m 这一原则可识别出藻灰岩（图 2-50）。其次，利用 GR—AC 交会图识别泥晶灰岩。认为数据点落在 AC>600-6.957GR 及 GR>103API 一侧时为泥晶灰岩（图 2-51）。最后，根据 PE=6.8b/e 区分粉砂岩和石灰岩。其中粉砂岩 PE<6.8b/e，石灰岩 PE>6.8b/e（图 2-52）。

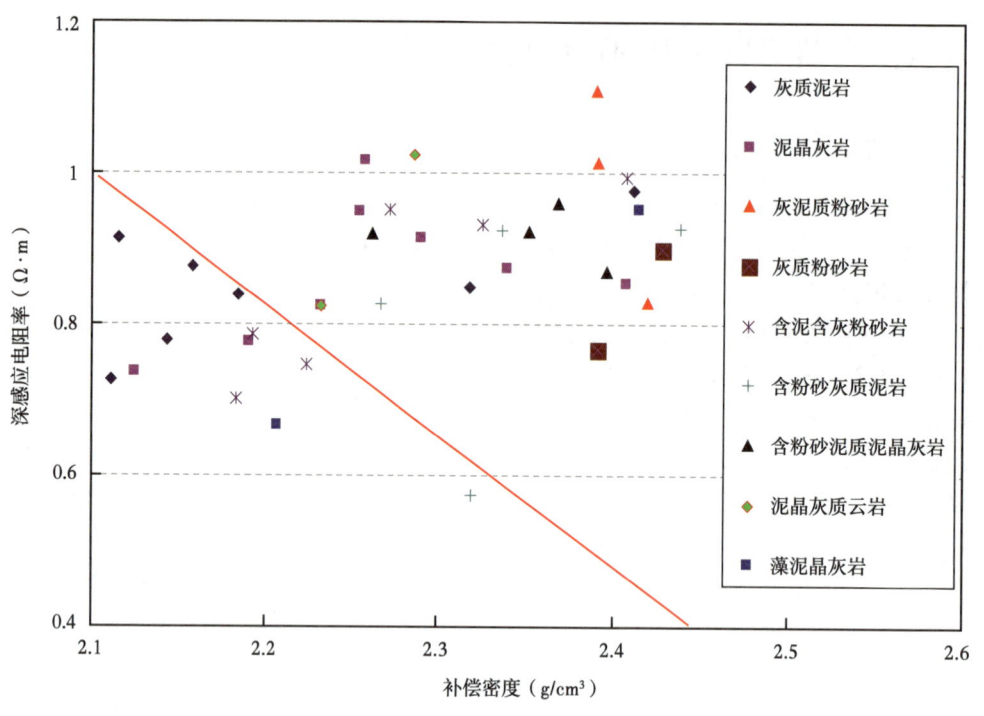

图 2-49　N_2^2 层位 RILD—DEN 交会图

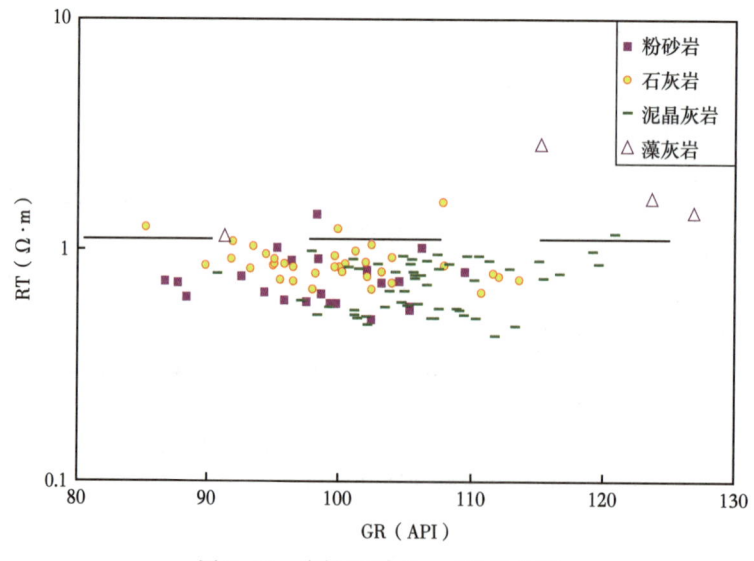

图 2-50　岩性识别 GR—RT 交会图

2.3.1.2　定量方法识别岩性

由于本区岩性复杂，单独利用测井曲线进行定性识别仍然存在一定问题。因此对本区影响岩性的 3 个物理参数——泥质含量 V_{sh}、碳酸盐含量 V_{ca} 及砂岩含量 V_{sd} 进行建模，并通过交会图分析，可以很好地对石灰岩类及砂岩类储层进行区分。图 2-53 和图 2-54 分别为梁 101 井碳酸盐含量与砂岩含量交会图及碳酸盐含量与泥质含量交会图，可以明显看出，

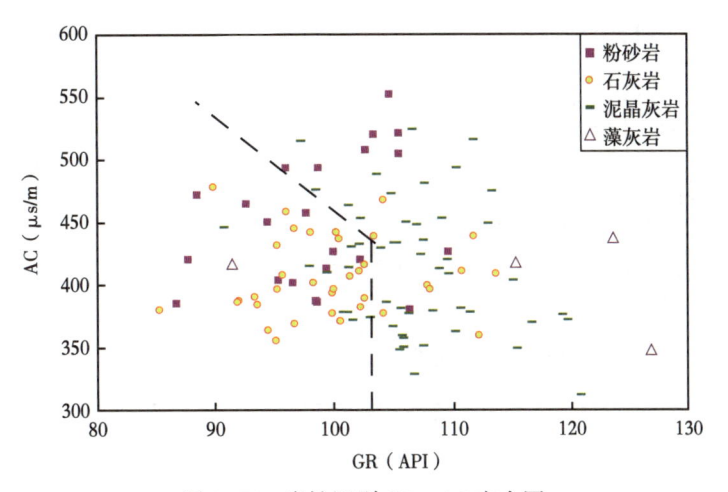

图 2-51 岩性识别 GR—AC 交会图

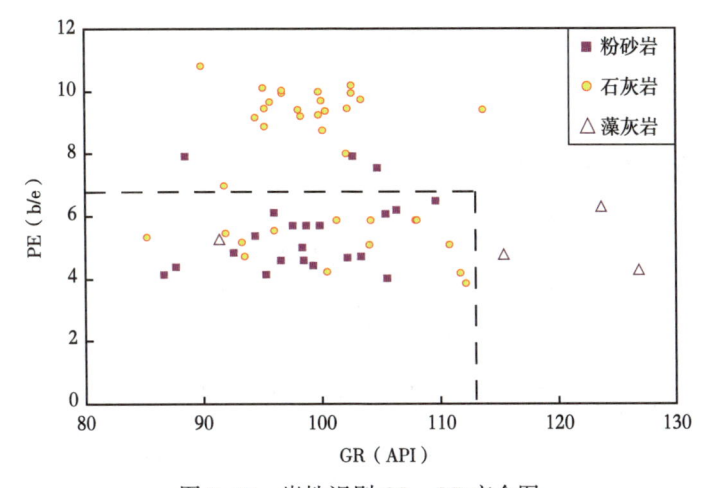

图 2-52 岩性识别 GR—PE 交会图

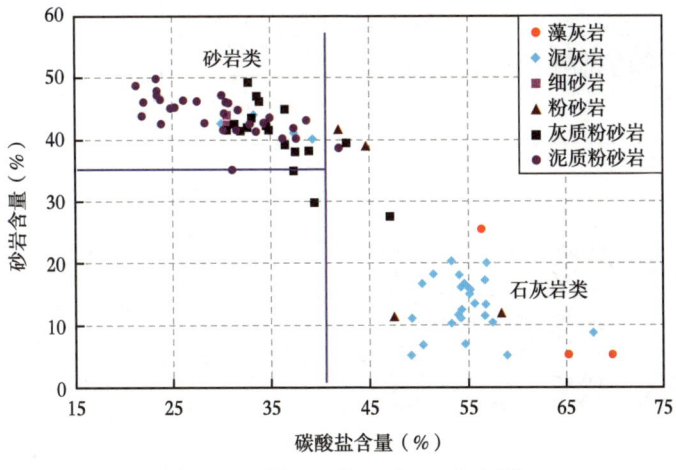

图 2-53 梁 101 井 V_{ca} 与 V_{sd} 交会图

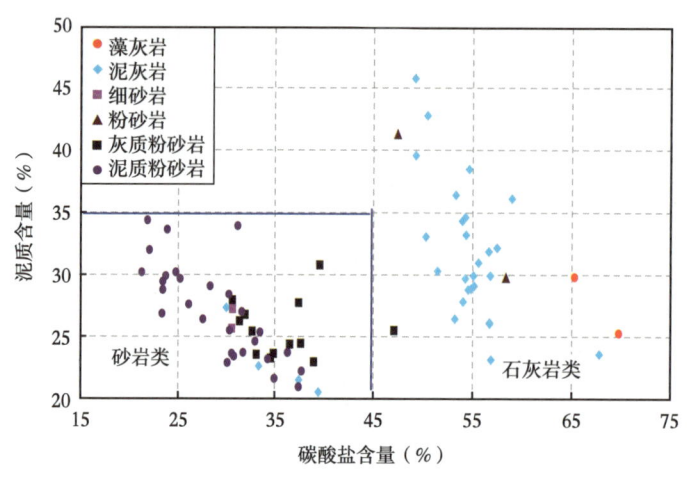

图 2-54 梁 101 井 V_{ca} 与 V_{sh} 交会图

当 $V_{ca}>45\%$、$V_{sd}<30\%$ 时，为石灰岩类储层（主要包括藻灰岩、泥灰岩）；当 $V_{sd}>35\%$、$V_{sh}<35\%$ 时，$V_{ca}<45\%$ 时，为砂岩类储层（包括细砂岩、粉砂岩、灰质粉砂岩、泥质粉砂岩）。

2.3.1.3 结合电成像形成岩性识别库

由于常规资料交会图版的局限性，因此采用电成像结合取心资料对主要岩性泥晶灰岩、粉砂岩（灰质、泥质）、藻灰岩进行标定，形成了一套"成像刻度岩心、岩心刻度常规"的岩性识别技术。表 2-5 为小梁山地区几种主要岩性的成像图像模式、典型岩性照片、电成像特征、常规曲线特征及岩心描述特征表。

表 2-5 小梁山岩心刻度的电成像岩性特征表

岩性	岩心图像	成像图像模式	电成像及常规曲线特征
泥灰岩			电成像图特征：XRMI 动态、静态图上接近白色、亮黄色为主，呈条带状，与上下围岩界线较清晰，动态图中可看出夹有不等厚的泥质条带。常规曲线特征：GR 中—低值，电阻率中—高值，AC、CN 中—低值，DEN 中—高值
（灰质、泥质、粉砂岩）			电成像图特征：粉砂岩类与泥灰岩相比，XRMI 颜色偏暗，层内多为块状层理，当泥质含量增加时，图像亮度变暗，同时可见砂泥岩平行层理和方位相对的椭圆井眼；当层内灰质含量较多时，图像中可见亮色条带。常规曲线特征：粉砂岩常规测井曲线特征：GR 中—低值，储层含不同流体时，三孔隙曲线为油、水层常规响应特征

续表

岩性	岩心图像	成像图像模式	电成像及常规曲线特征
藻灰岩			电成像图特征：XRMI 图像藻灰岩特征其总体形态呈"拱丘状"、"絮状"或"云朵状"模式，也有呈"结核状"或"纹层状"亮色条带，内部构造不均匀，层理无规律，图像呈亮黄色灰白色，与上下围岩有明显的反差，边缘较乱，非均质性较强，部分有溶蚀现象。 常规曲线特征：GR 低值，电阻率高值，三孔隙明显低孔响应

2.3.2 储层参数建模

2.3.2.1 小梁山油田储层参数建模

（1）泥质含量计算。

通过对全岩分析泥质含量和测井曲线进行分析，得出 N_2^3 及 N_2^2 储层泥质含量与测井曲线 AC、自然伽马相对值 ΔGR 之间有一定的相关性，通过二元回归建立 N_2^3 及 N_2^2 储层泥质含量解释模型，如图 2-55、图 2-56 所示。

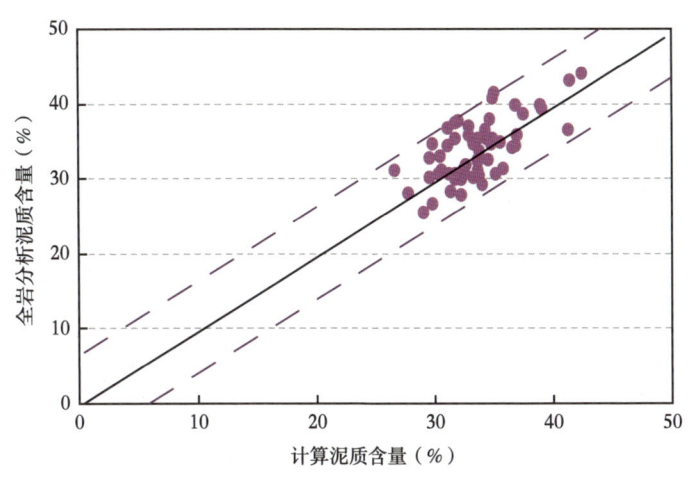

图 2-55 N_2^3 层位泥质含量模型验证图版

对 N_2^3 层位 60 个样品点建立泥质含量模型，相关性 $R=0.81$：

$$V_{sh} = 0.0965 AC + 9\Delta GR - 24.16 \tag{2.4}$$

对 N_2^2 层位 40 个样品点建立泥质含量模型，相关性 $R=0.91$：

$$V_{sg} = 0.0845 AC + 28\Delta GR - 16.162$$

$$\Delta GR = \frac{GR - GR_{min}}{GR_{max} - GR_{min}} \tag{2.5}$$

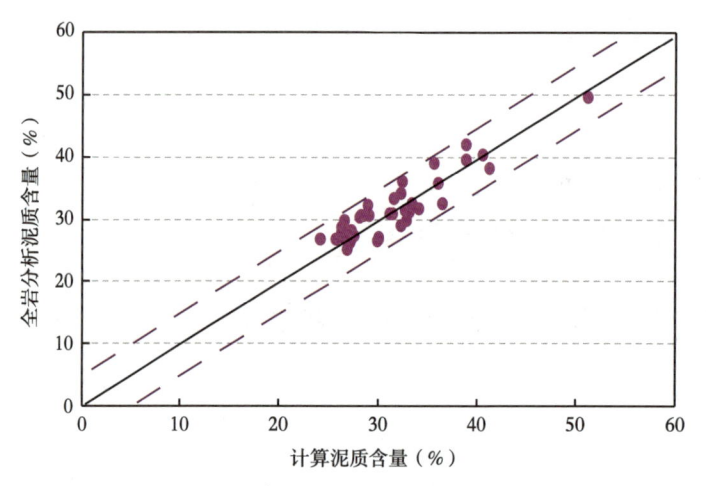

图 2-56 N_2^2 层位泥质含量模型验证图版

式中 V_{sh}——泥质含量，%；

ΔGR——自然伽马相对值；

GR——自然伽马测井值，API；

GR_{min}，GR_{max}——分别为测井自然伽马极小值和极大值，API。

（2）碳酸盐岩含量计算。

通过对全岩分析碳酸盐岩含量和测井曲线进行分析，得出 N_2^3 储层碳酸盐岩含量与深侧向电阻率 RS、声波时差及自然伽马相对值之间有一定的相关性。对 60 个样本点通过多元回归建立 N_2^3 储层碳酸盐岩含量解释模型，相关性 $R=0.88$，如图 2-57 所示：

$$V_{ca} = 62.04\lg(RS) - 0.117AC - 1.53\Delta GR + 74.01 \tag{2.6}$$

对 40 个样本点通过多元回归建立 N_2^2 储层碳酸盐岩含量解释模型，相关性 $R=0.81$，如图 2-58 所示：

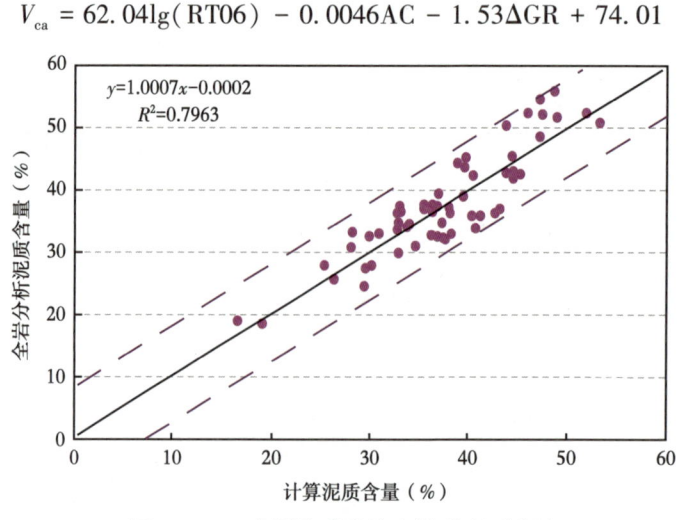

$$V_{ca} = 62.04\lg(RT06) - 0.0046AC - 1.53\Delta GR + 74.01 \tag{2.7}$$

图 2-57 N_2^3 层位碳酸盐岩模型验证图版

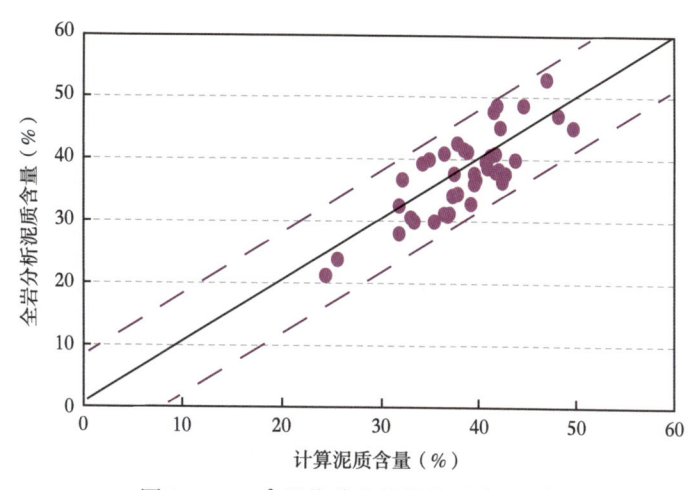

图 2-58　N_2^2 层位碳酸盐岩模型验证图版

元素俘获测井（ECS）可以应用于评价地层各元素含量和识别岩性，精度较高。梁 6 井 750~940m 井段进行了 ECS，利用解释模型计算所得的碳酸盐岩含量及泥岩含量与 ECS 所得的结果进行对比，具有很好的一致性（图 2-59），碳酸盐岩含量计算相对误差为 8.5%（图 2-60），泥质含量计算相对误差为 7.2%（图 2-61），满足精度要求。

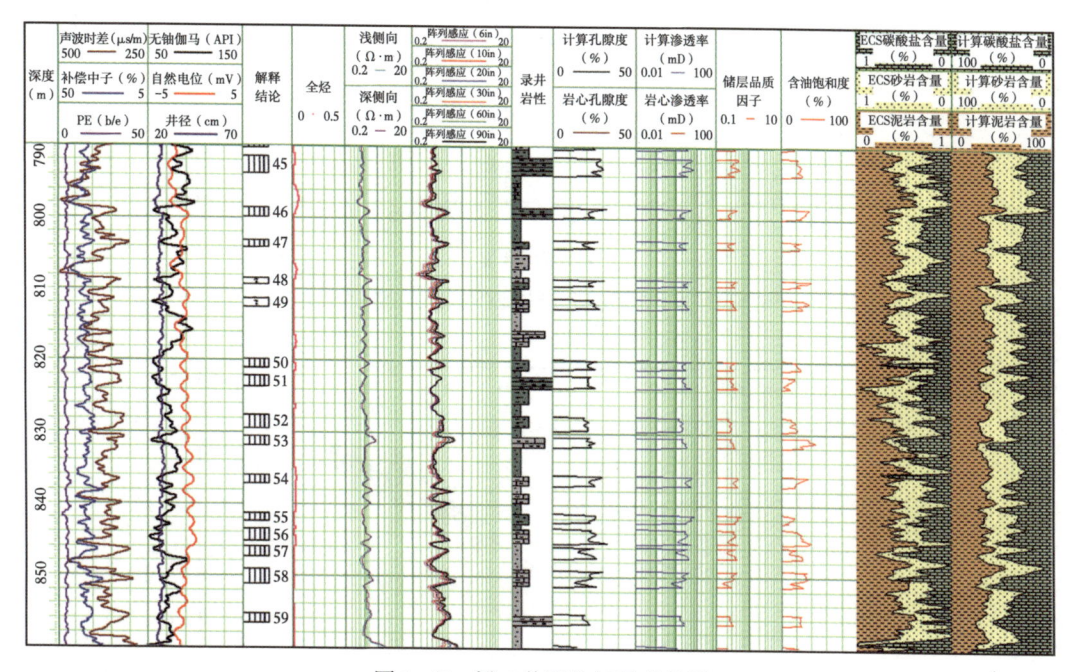

图 2-59　梁 6 井测井解释成果图

（3）孔隙度计算。

对岩心分析孔隙度和测井曲线进行分析，得出 N_2^3 及 N_2^2 储层孔隙度与声波测井时差 AC、补偿中子 CNL 之间有很好的相关性，通过二元回归建立 N_2^3 及 N_2^2 储层孔隙度解释模型，如图 2-62、图 2-63 所示。

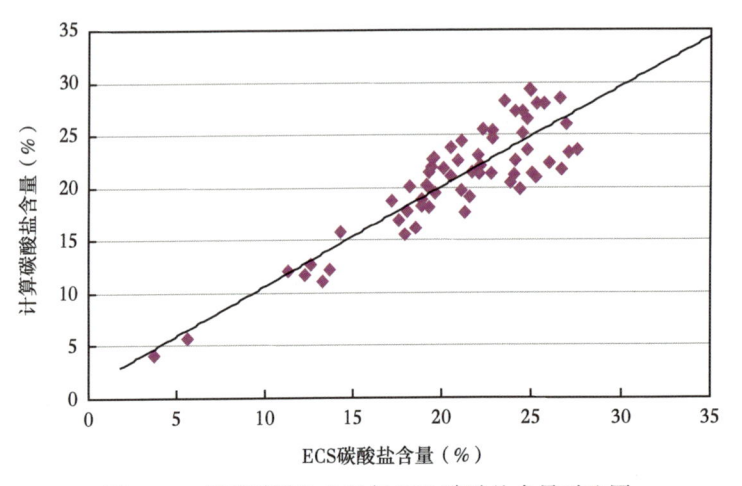

图 2-60 计算碳酸盐含量与 ECS 碳酸盐含量对比图

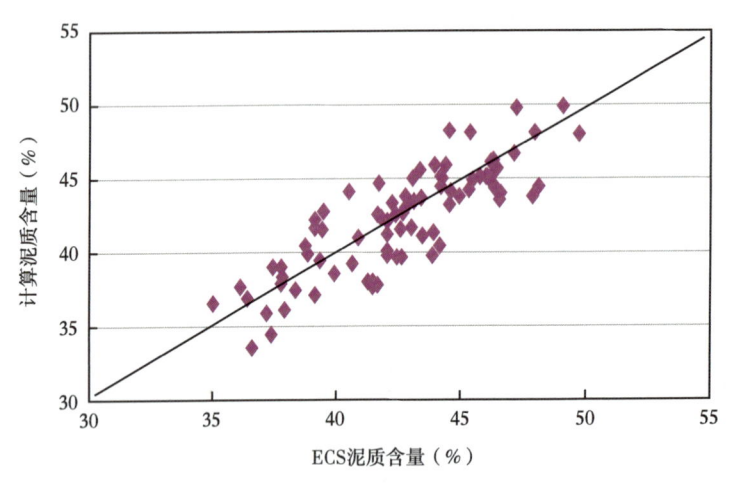

图 2-61 计算泥质含量与 ECS 泥质含量对比图

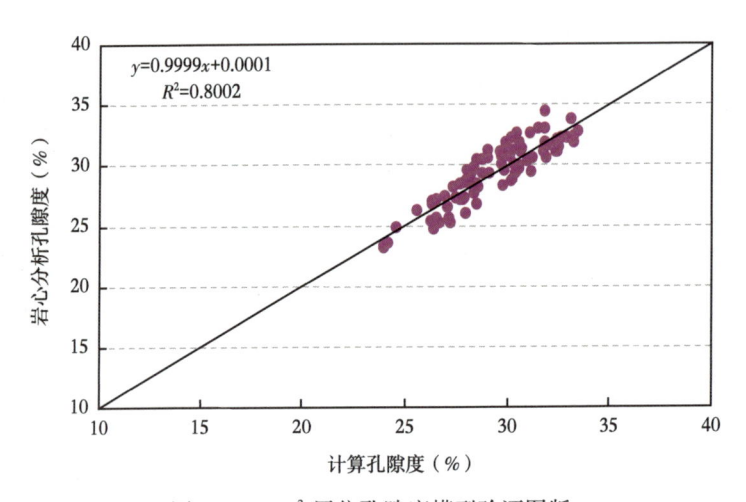

图 2-62 N_2^3 层位孔隙度模型验证图版

对 N_2^3 层位 90 个样品点建立孔隙度模型，相关性 $R=0.89$：

$$\phi = 0.0754AC + 0.8CNL - 30.64 \tag{2.8}$$

对 N_2^2 层位 92 个样品点建立孔隙度模型，相关性 $R=0.9$：

$$\phi = 0.095AC + 1.4615CNL - 60.8 \tag{2.9}$$

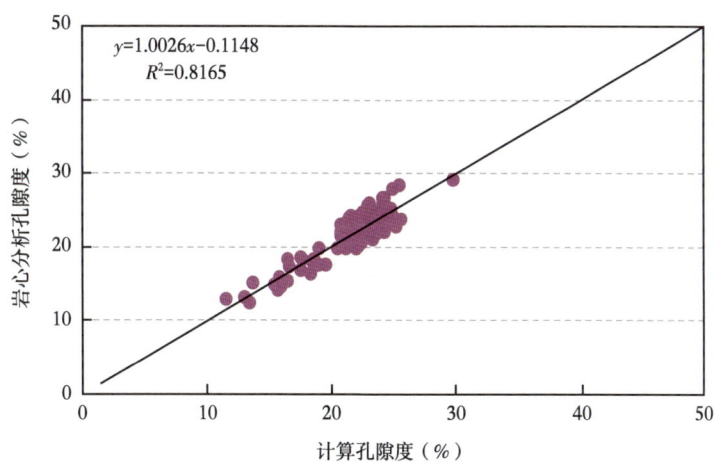

图 2-63　N_2^2 层位孔隙度模型验证图版

（4）渗透率计算。

岩性复杂、孔隙结构复杂使得柴西北地区渗透率变化较大，既存在高孔低渗透储层，又存在中低孔低渗透储层，完全依赖孔隙度进行渗透率计算在本区精度较差。孔隙结构参数 Q 由于能够有效反映储层的微观特性，与物性具有很好的相关性，因此在本区通过对岩心分析渗透率和储层参数进行分析，得出 N_2^3 及 N_2^2 储层渗透率与 Q 之间有一定的相关性，建立了 N_2^3 及 N_2^2 储层渗透率解释模型（图 2-64、图 2-65），公式如下。

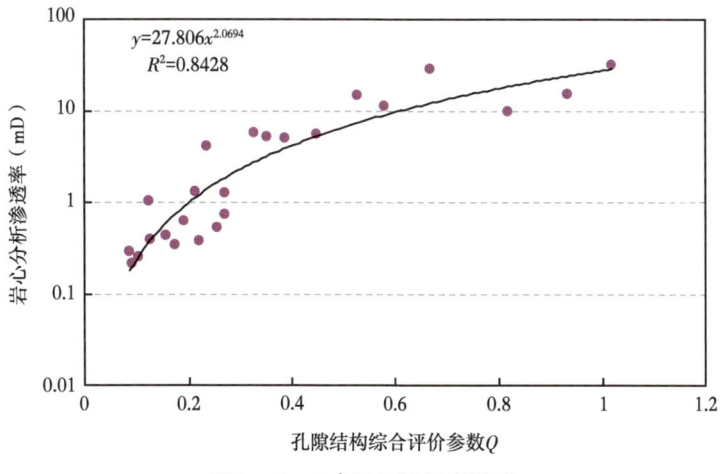

图 2-64　N_2^3 层位渗透率模型

图 2-65　N_2^2 层位渗透率模型

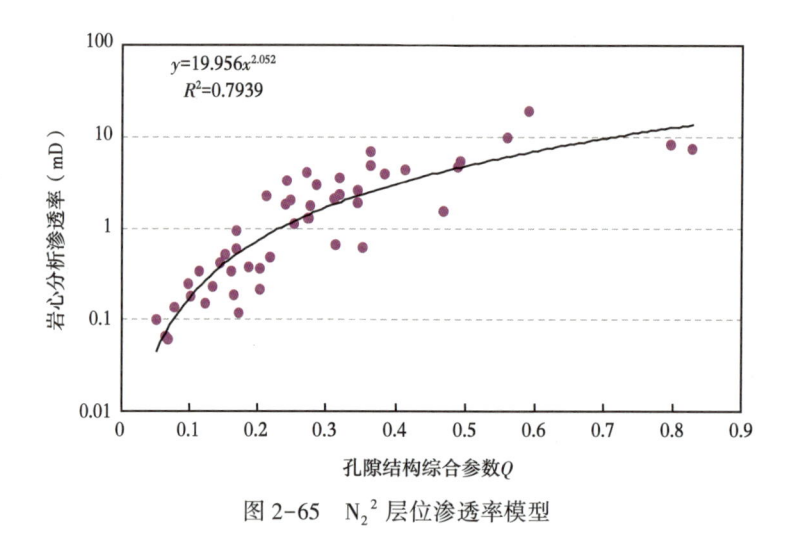

对 N_2^3 层位 25 个数据点建立渗透率模型，相关性 $R=0.92$：

$$K = 27.806Q^{2.069} \tag{2.10}$$

对 N_2^2 层位 48 个数据点建立渗透率模型，相关性 $R=0.89$：

$$K = 19.956Q^{2.052} \tag{2.11}$$

（5）饱和度计算。

利用传统的阿尔奇公式计算含油饱和度，其中计算参数由测井、试油和岩电实验确定，其公式如下：

$$S_o = 1 - \sqrt[n]{\frac{abR_w}{R_t\phi^m}} \tag{2.12}$$

式中　S_o——含油饱和度，%；
　　　ϕ——储层有效孔隙度，%；
　　　R_w——地层水电阻率，$\Omega \cdot m$；
　　　R_t——地层电阻率，$\Omega \cdot m$；
　　　a，b——岩性系数；
　　　m——胶结指数；
　　　n——饱和度指数。

对于 R_w，由 3 口井 4 个层试油水分析资料，将其矿化度换算到地层条件下的等效 NaCl 溶液电阻率，通过回归建立地层水电阻率随深度变化的关系式为：

$$R_w = -0.004516\ln(Dep) + 0.05658 \tag{2.13}$$

式中　Dep——地层深度，m。

对于 R_t，多数井有深感应和深侧向，在淡水钻井液测井中，地层水矿化度较高时，采用感应电阻率较合适。因此，小梁山油田地层电阻率采用感应电阻率。

小梁山地区分岩性建立 m 与孔渗之间交会图，其中图 2-66 及图 2-67 分别为砂岩和

石灰岩储层 m 与孔隙度的关系图。

饱和度指数通过油驱水实验，记录驱替过程中岩样的出水量（V_m）和相应电阻率（R_t）。小梁山地区共进行了 21 块岩样的电阻增大率和含水饱和度测量，同样，N_2^3、N_2^2 层位样品点分别回归，电阻增大率与含水饱和度关系如图 2-68 及图 2-69 所示。

综合分析，对于 N_2^3，满足 $a=1$，$b=1.0117$，$n=1.799$；对于 N_2^2，满足 $a=1$，$b=1.0054$，$n=1.9406$。

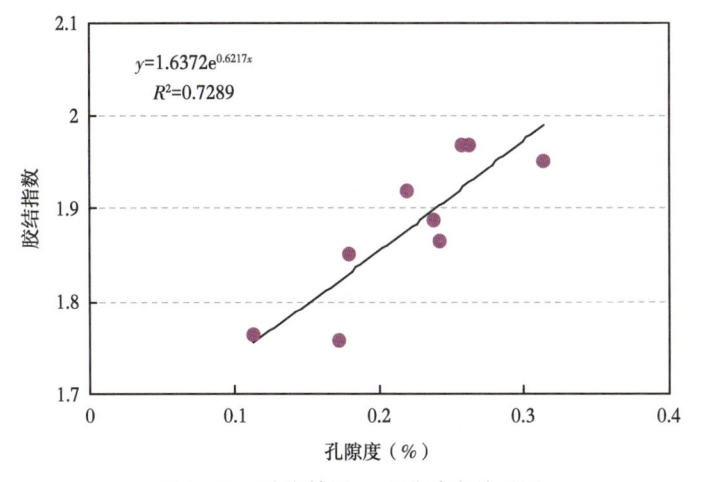

图 2-66 砂岩储层 m 和孔隙度关系图

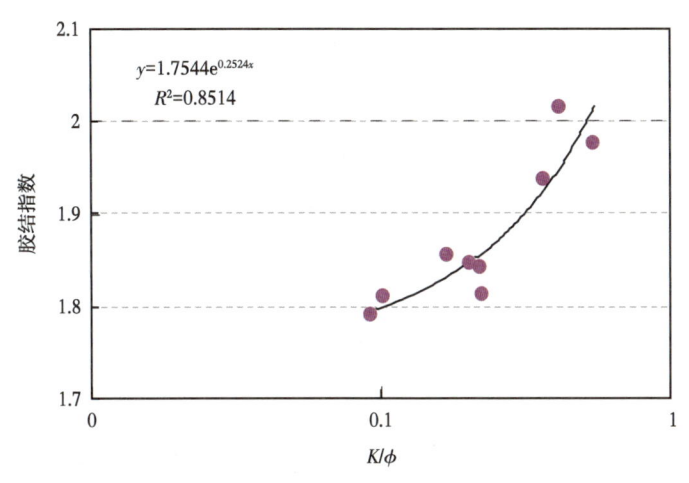

图 2-67 石灰岩储层 m 和孔渗关系图

2.3.2.2 南翼山油田储层参数建模

（1）泥质含量计算。

南翼山油田浅层油藏 V 油组共收集 3 口井 51 块粒度和薄片分析样品，样品分析密度及数量可以满足泥质含量计算建模要求，综合利用粒度和薄片分析资料确定的泥质含量与常规测井曲线建立关系来建立该油组的泥质含量计算模型。分不同测井系列建立两种泥质含量计算公式。

①泥质含量与自然伽马相对值的关系模型（图 2-70）：

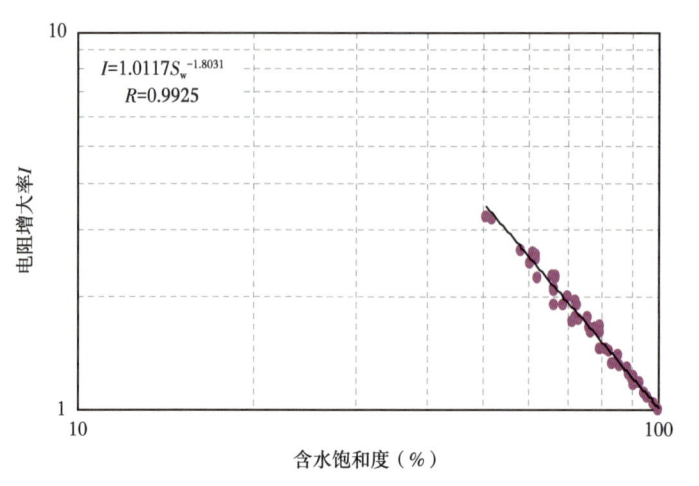

图 2-68 小梁山地区 N_2^3 岩电 S_w—I 关系图

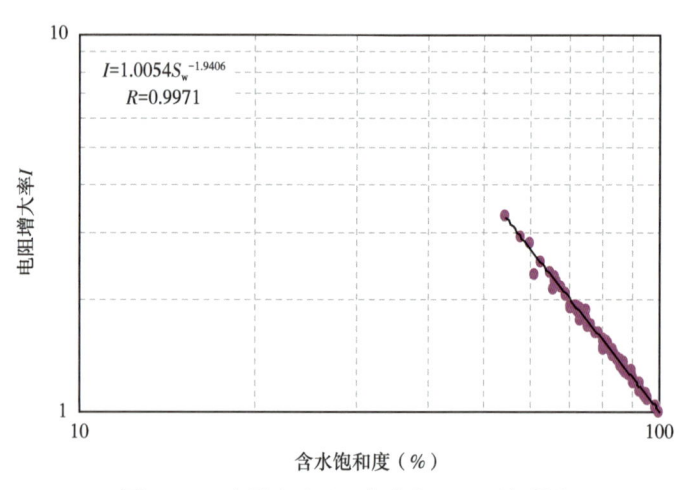

图 2-69 小梁山地区 N_2^2 岩电 S_w—I 关系图

自然伽马相对值与泥质
含量关系图

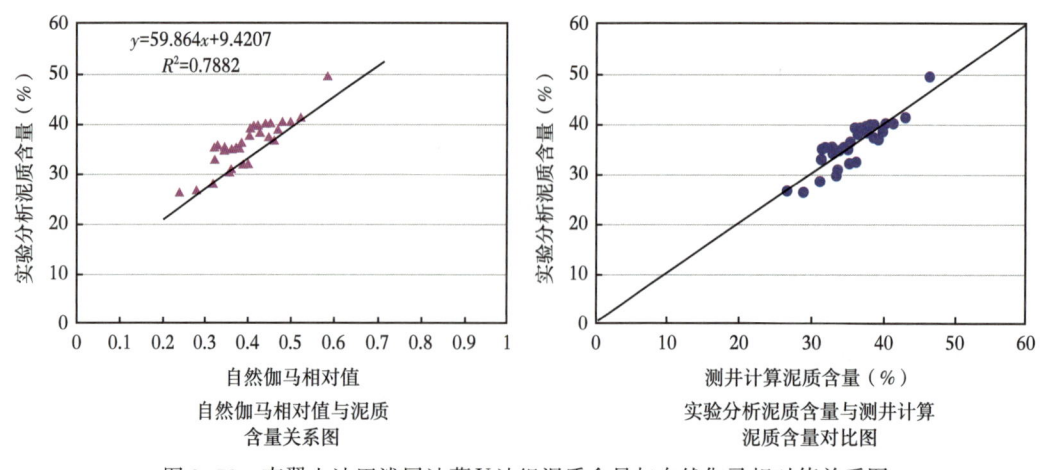

实验分析泥质含量与测井计算
泥质含量对比图

图 2-70 南翼山油田浅层油藏 V 油组泥质含量与自然伽马相对值关系图

$$V_{\mathrm{sh}} = 59.864\Delta\mathrm{GR} + 9.4207 \tag{2.14}$$

②泥质含量与补偿中子的关系模型（图 2-71）：

$$V_{\mathrm{sh}} = 2.5364\mathrm{CNL} - 18.57 \tag{2.15}$$

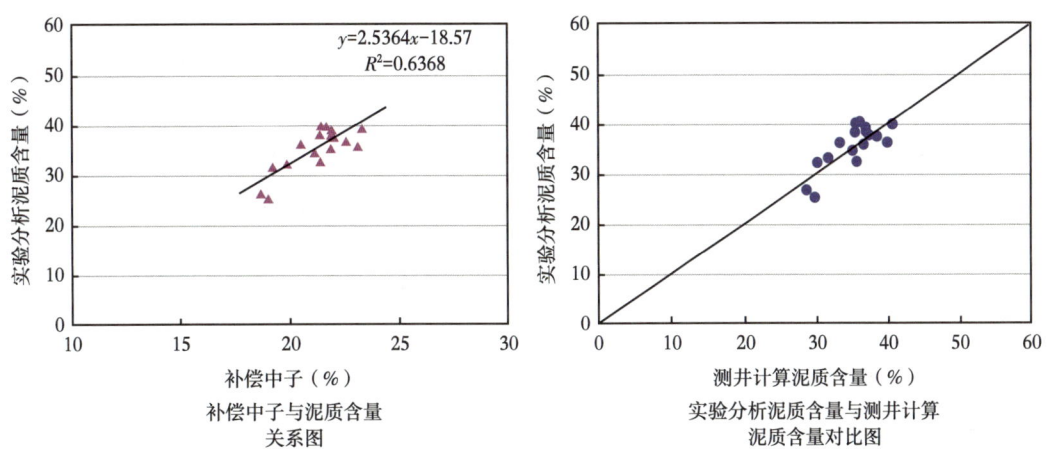

图 2-71　南翼山油田浅层油藏 V 油组泥质含量与补偿中子值关系图

（2）碳酸盐含量计算。

V 油组共分析碳酸盐含量样品 455 块，其中南 102 井 443 块、南 105 井 12 块样品分析密度及数量满足碳酸盐含量计算建模要求，因此利用实验分析数据与自然伽马、浅侧向电阻率关系建立 V 油组的碳酸盐含量计算模型（图 2-72、图 2-73），碳酸盐含量计算公式如下：

$$V_{\mathrm{ca}} = 137.11\mathrm{e}^{-2.6156\times\Delta GR} \tag{2.16}$$

$$V_{\mathrm{ca}} = 43.825\ln(\mathrm{RS}) - 8.946 \tag{2.17}$$

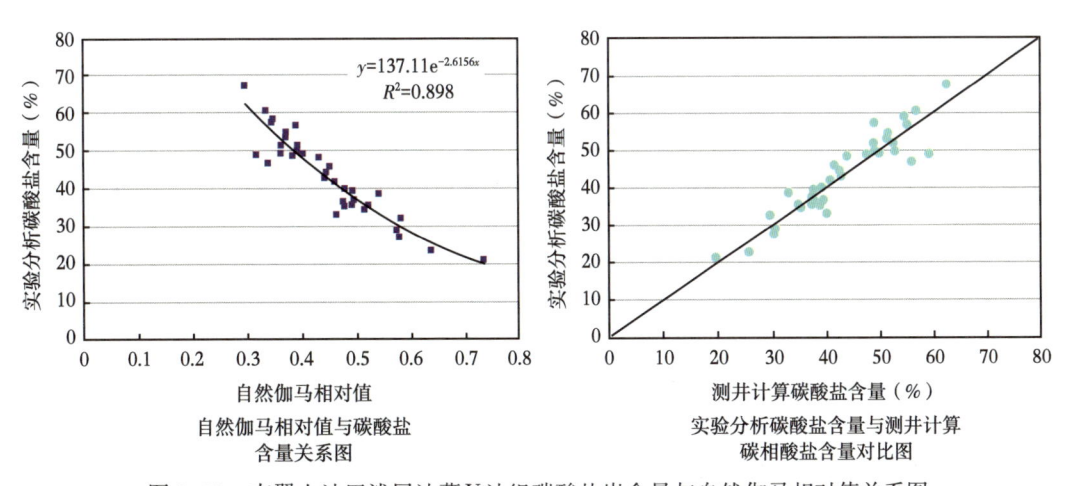

图 2-72　南翼山油田浅层油藏 V 油组碳酸盐岩含量与自然伽马相对值关系图

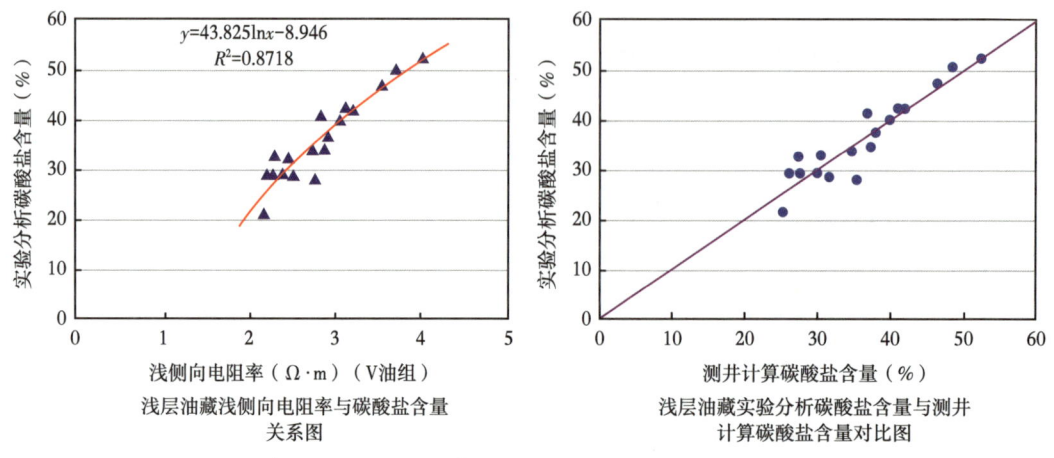

图 2-73 南翼山油田浅层油藏Ⅴ油组碳酸盐含量与浅侧向电阻率关系图

（3）孔隙度计算。

分藻灰岩和其他岩性建立了孔隙度模型。应用 5 口井 43 个层 390 块岩样做岩心分析孔隙度与校正后声波时差（图 2-74）及岩心分析孔隙度与补偿密度的关系图（图 2-75），其中有声波时差曲线的 43 个层，有补偿密度的 43 个层。

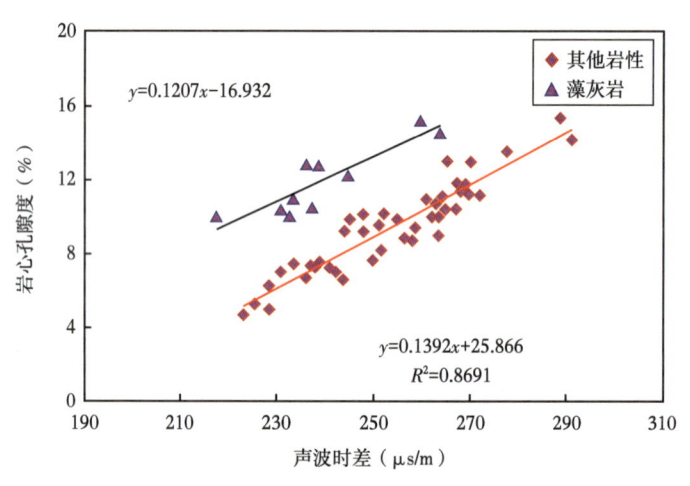

图 2-74 南翼山油田浅层油藏Ⅴ油组孔度与声波时差关系图

岩心分析孔隙度与声波时差及补偿密度的相关性都较好，为了更准确地计算有效孔隙度，建立声波时差和补偿密度与有效孔隙度的二元解释模型，相对误差 6.1%。

（4）渗透率计算。

Ⅴ油组收集了 6 口井 837 块渗透率岩样，通过分析将Ⅴ油组孔渗关系划分为三种类型（图 2-76）：藻灰岩类储层（孔渗高，红色岩样点）、泥晶灰岩、泥晶云岩类储层（孔渗一般，蓝色岩样点）、泥质灰岩类储层（黑色岩样点）。

在此基础上，优选 6 口井 41 层孔渗分析数据，按层读取孔渗平均值分岩性建立孔渗关系如图 2-77 所示，可以看出各大类岩性孔渗相关性较好，并有一定的分布区间。

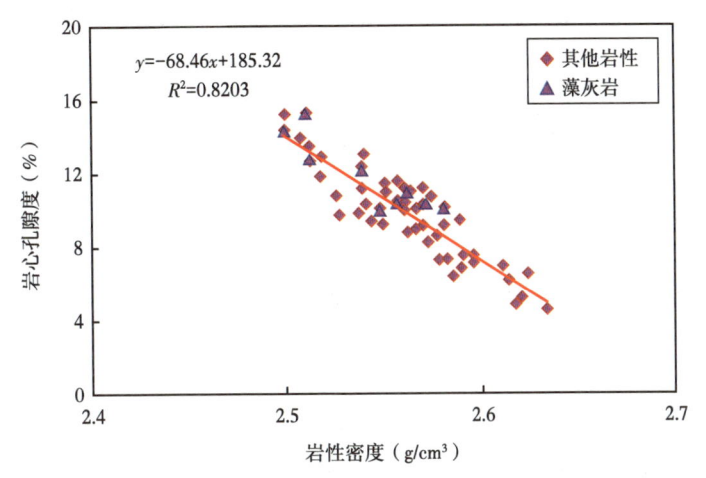

图 2-75 南翼山油田浅层油藏Ⅴ油组孔隙度与密度关系图

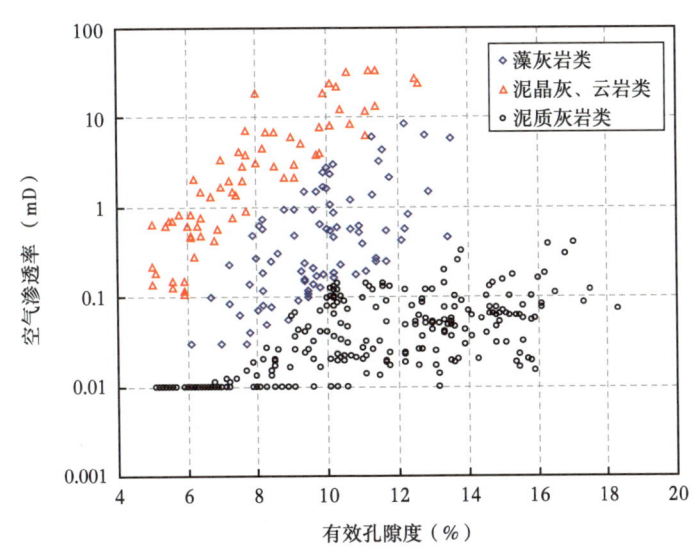

图 2-76 南翼山油田浅层油藏Ⅴ油组孔渗关系图

渗透率解释模型表达式为：

藻灰岩类：

$$K = 0.0013 \mathrm{e}^{0.6969\phi} \qquad (2.18)$$

泥晶灰岩、泥岩类：

$$K = 0.0004 \mathrm{e}^{0.9384\phi} \qquad (2.19)$$

泥质灰岩类：

$$K = 0.0043 \mathrm{e}^{0.2089\phi} \qquad (2.20)$$

（5）饱和度计算。

原始含油饱和度是在原始状态下储层中石油体积占有效孔隙体积的百分数。影响含油饱和度的因素有岩石物性、孔隙结构、流体性质和油藏高度。确定饱和度的方法有岩心资料直接测定、测井资料定量计算、毛细管压力计算和其他间接确定方法于南翼山油田岩电实验分析资料和测井资料较齐全配套，因此本书仍基于阿尔奇公式来计算储层原始含油饱和度。其中计算参数由测井、试油和岩电实验确定。

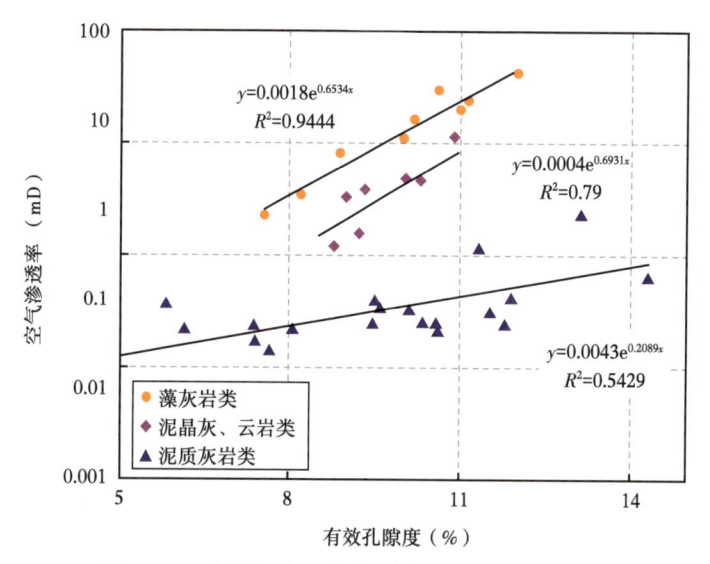

图 2-77　南翼山油田浅层油藏 V 油组孔渗关系图

$$S_w = \sqrt[n]{\frac{abR_w}{R_t\phi^m}} \qquad (2.21)$$

根据 71 个地层水分析资料得到等效 NaCl 溶液矿化度，再将其换算到油层条件下的地层水电阻率。通过回归建立地层水电阻率随深度变化的关系式为：

$$R_w = 0.0938 - 0.0104\ln(\text{Dep}) \qquad (2.22)$$

V 油组收集到浅 3-6 井、浅 3-09 井共 40 块岩电实验样品数据，将 V 油组以渗透率等于 1mD 为界，分别拟合得到饱和度，如图 2-78 至图 2-80 所示。统计分析认为，V 油组储层岩电参数取值为：当 $K \geq 1\text{mD}$ 时，$a = 0.9991$、$b = 0.9905$、$m = 1.7704$、$n = 2.8712e^{-0.0392K}$；当 $K < 1\text{mD}$ 时，$a = 1.0963$、$b = 1.0055$、$m = 1.9050$、$n = 1.9072$。

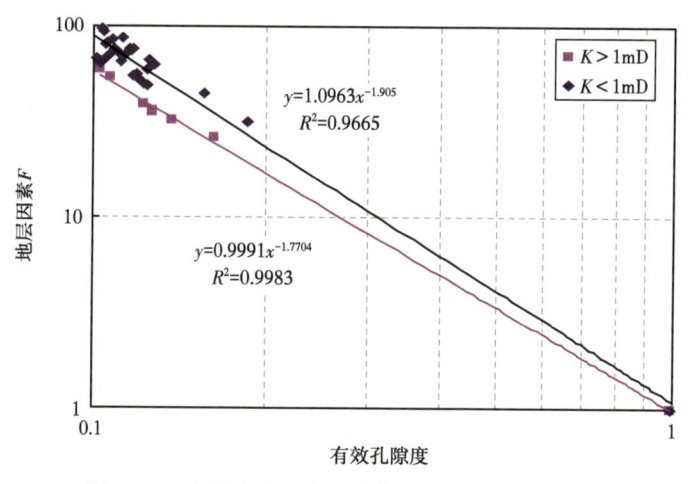

图 2-78　南翼山油田浅层油藏 V 油组 ϕ—F 关系图

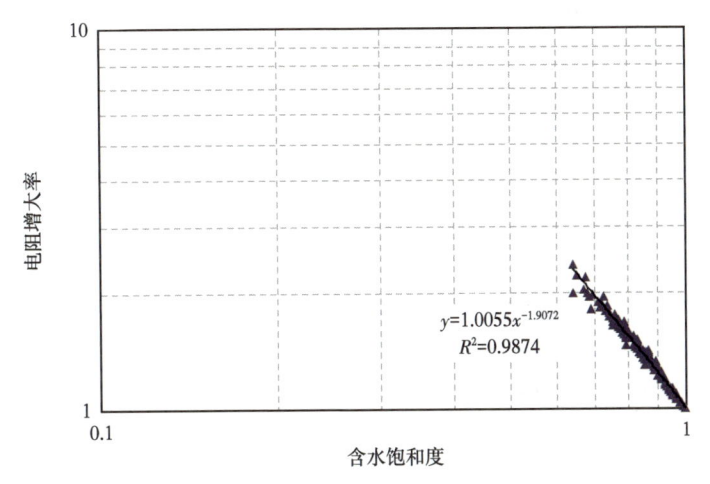

图 2-79　南翼山油田浅层油藏Ⅴ油组 S_w—I 关系图（K<1mD）

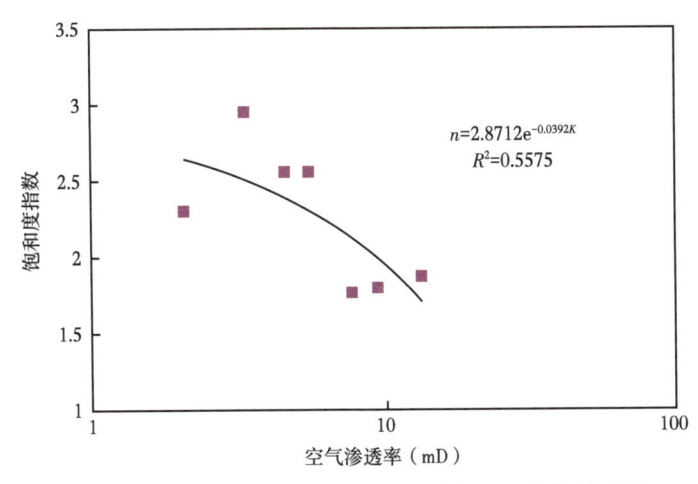

图 2-80　南翼山油田浅层油藏Ⅴ油组空气渗透率与饱和指数关系图（K>1mD）

2.4　低渗透储层流体性质识别

2.4.1　小梁山油田流体性质识别

小梁山油田由于其独特的沉积环境及地质构造条件，形成了本区碳酸盐岩与砂泥岩混积的特点，同时由于构造的影响导致流体识别相对比较困难。具体表现为：（1）岩性与物性的综合影响使得油水层电阻率差别不大；（2）个别层由于灰质含量增加，导致电阻率升高，增大了流体识别难度；（3）横向上受到岩性、断层多因素的影响，导致油水关系复杂。

研究时针对本区岩性复杂、油水区分困难的特点，提出了分岩性制定流体识别图版的方案。对本区 6 口探井及 5 口开发井的试油层位进行数据分析，同时结合录井资料集 BP 神经网络技术，形成了一整套流体识别技术。

(1) 常规定性解释图版。

进行流体识别时，常规测井图版包括定性识别图版和定量识别图版，本次采用了分岩性建立的补偿中子—深感应电阻率、补偿声波—深侧向电阻率、补偿声波—深侧向电阻率/深感应电阻率及孔隙度—深感应电阻率这几种图版。

①砂岩储层。

由图2-81所示，砂岩储层定性解释标准如下。

气层：AC>500μs/m，CNL>42%；

油层：AC>450μs/m，RILD>0.7Ω·m；

油水同层：AC>360μs/m，CNL>32%，RILD>0.7Ω·m，RLLD>0.9Ω·m；

水层：AC<360μs/m，CNL<32%，RILD<0.7Ω·m。

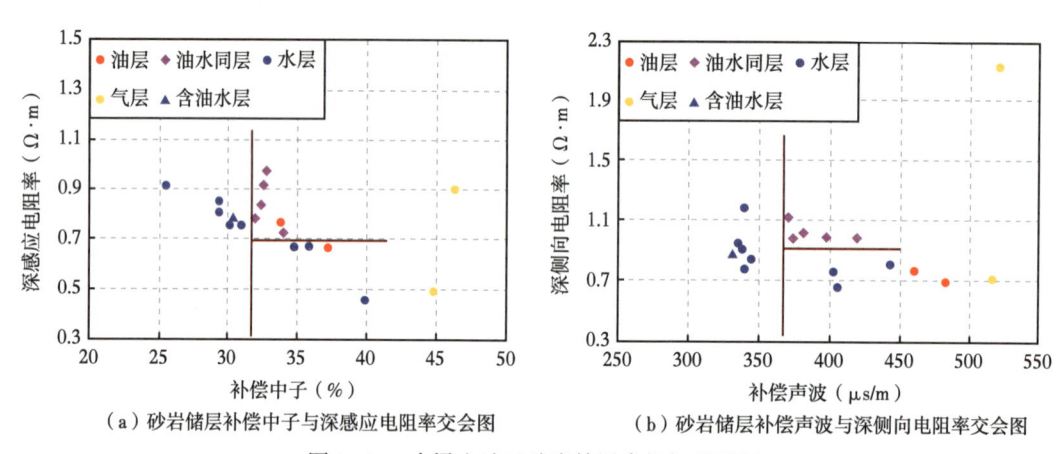

(a) 砂岩储层补偿中子与深感应电阻率交会图　　(b) 砂岩储层补偿声波与深侧向电阻率交会图

图2-81　小梁山油田砂岩储层常规解释图版

②石灰岩储层。

如图2-82所示，石灰岩储层定性解释标准如下。

气层：AC>400μs/m，CNL>45%，RLLD/RILD>0.8；

油层：AC>400μs/m，CNL>35%，RILD>1.1，RLLD/RILD<0.8；

油水同层：AC<400μs/m，CNL>27%，RILD>1.1；

水层：AC<360μs/m，RLLD/RILD>0.8。

(2) 常规定量解释图版。

根据小梁山油田21块岩心岩电实验结果及储层参数模型，对该区分岩性建立孔隙度—深感应电阻率交会图，进行定量识别图版。

如图2-83所示，砂岩储层定量解释标准如下。

油层：$\phi \geq 24\%$，$S_o \geq 45\%$；

油水同层：$\phi \geq 20\%$，$30\% \leq S_o \leq 45\%$；

水层：$\phi \geq 20\%$，$S_o \leq 30\%$；

干层：$\phi \leq 20\%$。

石灰岩储层定量解释标准如下。

油层：$\phi \geq 25\%$，$S_o \geq 45\%$；

油水同层：$\phi \geq 18\%$，$35\% \leq S_o \leq 45\%$；

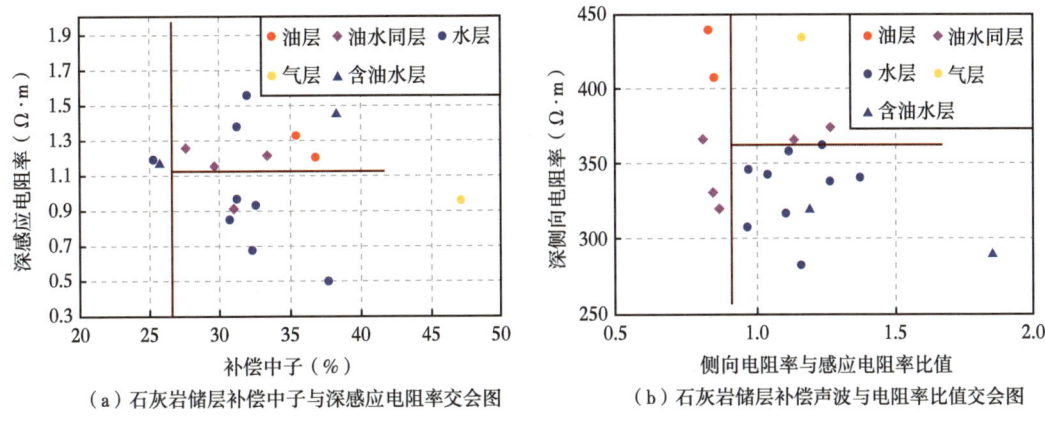

(a)石灰岩储层补偿中子与深感应电阻率交会图　　(b)石灰岩储层补偿声波与电阻率比值交会图

图 2-82　小梁山油田石灰岩储层常规解释图版

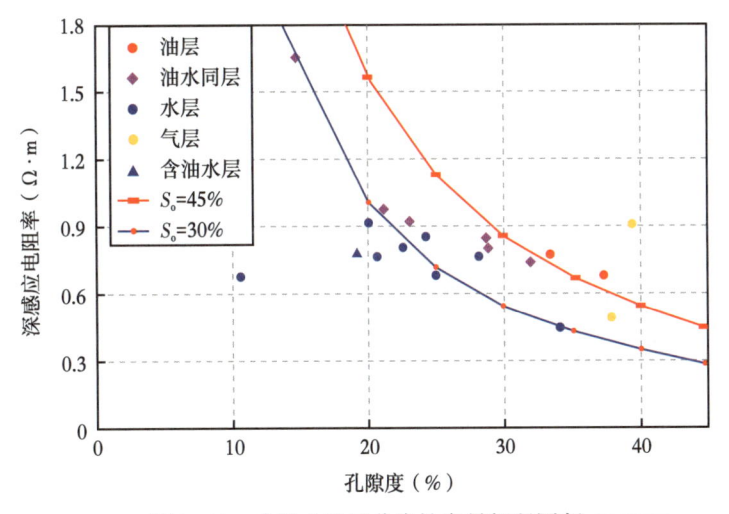

图 2-83　小梁山油田分岩性定量解释图版

水层：$\phi \geq 18\%$，$S_o \leq 35\%$；

干层：$\phi \leq 18\%$。

(3) 录井解释图版。

本书收集整理了小梁山油田 8 口井 38 个层位的气测资料和试油资料，进行了探索性的研究，其中建立图版用层数据 30 个，6 个层只有 C_1，1 个层只有 C_1、C_2，另外 1 层无气测数据，结合地区实际情况，考虑到参数的合理优选和资料的保真，比较了皮克斯勒图版、湿度图版、三角形图版等气测解释方法，认识如下：

①烃组分不全的一般是干层或水层，组分中只有 C_1 或只有 C_1、C_2 时，储层为水层；

②环形网状解释图版可以有效地识别水层，如图 2-84 所示；

③通过优化处理三角形图版确定参数 S，与湿度比值建立图版可以较好地区分油气水层，如图 2-85 所示；

④$\lg C_1/\lg(C_2+C_3+C_4+C_5)$ 与 $\lg C_1/\lg C_2$ 建立图版可以有效地区分油气水层。

67

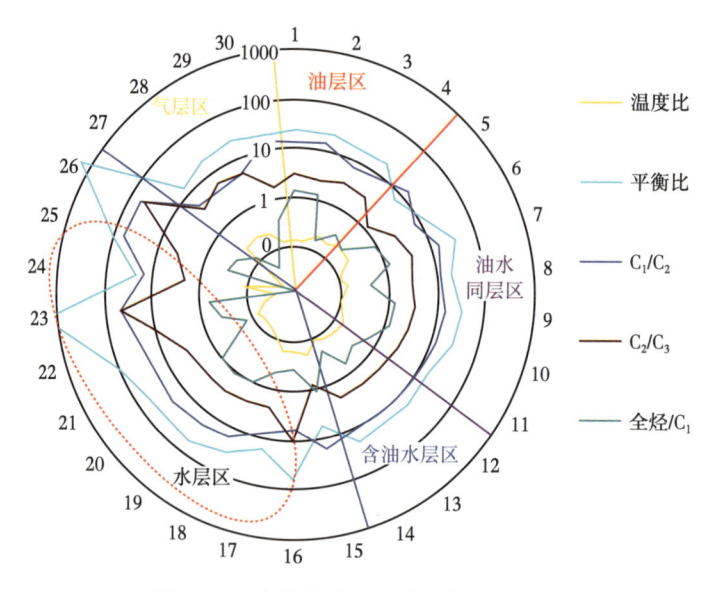

图 2-84　小梁山油田环形网状解释图版

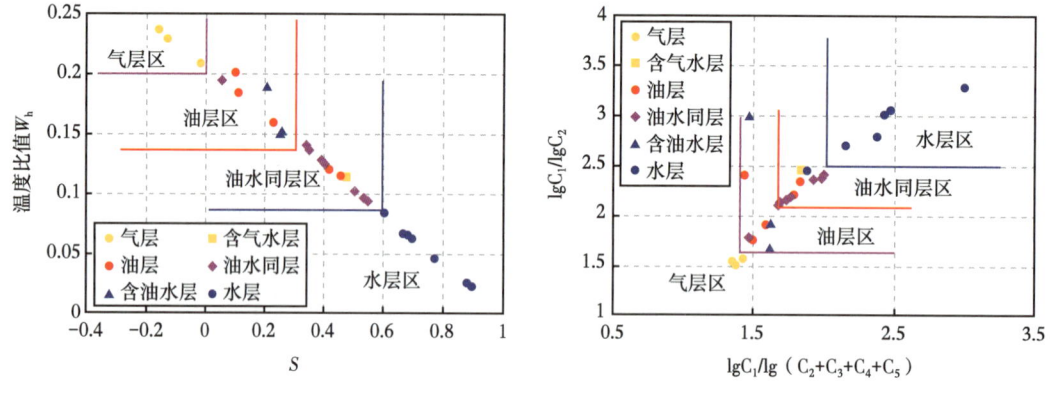

图 2-85　小梁山油田气测录井定性解释图版

W_h：湿度比值＝$(C_2+C_3+C_4+C_5)K/(C_1+C_2+C_3+C_4+C_5)$，$K=1$；$S=1-(C_2+C_3+C_4)/(0.2\sum C)$

（4）BP 神经网络解释图版。

在样本库建立起来以后，需要建立一个合适的人工神经网络，然后通过训练过程让网络从样本库中获取输入特征量与输出岩性之间的非线性关系。这个过程就是人工神经网络的学习过程。在 MATLAB 中提供建立一个 BP 神经网络的函数、提供可选择的训练（学习）函数，从而实现样本的训练。

在建立起基于岩性样本的网络模型之后，就可以通过训练好的网络来自动识别岩性。MATLAB 神经网络工具箱提供 sim 函数可实现该功能。

对于砂岩储层选取中子、声波、深感应电阻率、深侧向电阻率，通过设计七层神经网络，利用 S 形正切函数 tansig 作为传递函数，以及 trainlm 训练函数，对 18 个砂岩储层进行训练，得出的训练网络能很好地识别油气水层，如图 2-86 所示。对于石灰岩储层选取中子、声波、深感应电阻率、RLLD/RILD，通过设计四层神经网络，利用 S 型正切函数

tansig 作为传递函数，以及 trainlm 训练函数，对 18 个石灰岩储层数据进行训练，训练的网络能很好地识别油气水层，如图 2-87 所示。

图 2-86　小梁山油田砂岩储层 BP 神经网络识别效果及误差分析图

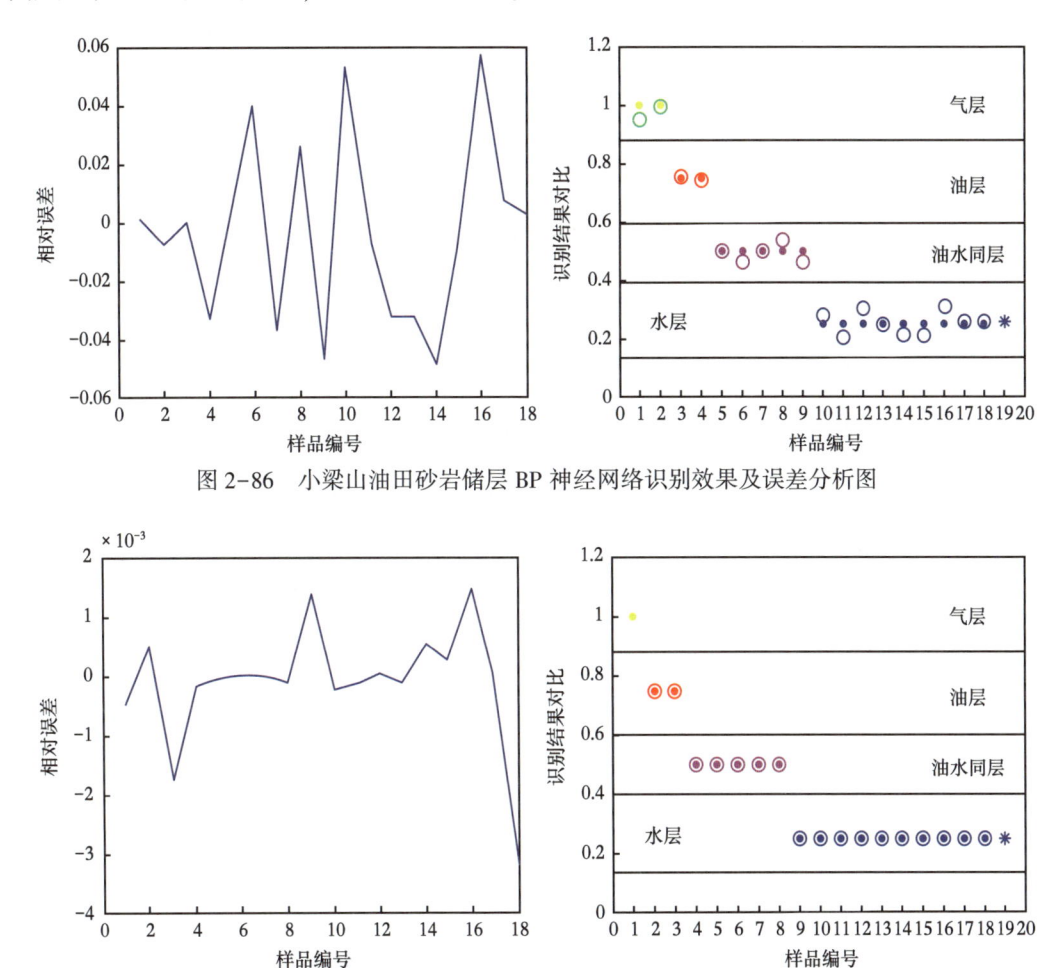

图 2-87　小梁山油田石灰岩储层 BP 神经网络识别效果及误差分析图

2.4.2　南翼山油田流体性质识别

（1）常规定性解释图版。

南翼山油田浅层油藏 V 油组共收集 22 口井 49 层试油试采资料，其中油层 8 层，5 层单试，3 层合试；油水同层 23 层，10 层单试，13 层合试；水层 13 层，4 层单试，9 层合试；干层 5 层，5 层合试；主力产层为 V-10、V-25。通过提取油水层响应敏感曲线建立了油水层识别图版，分别为补偿中子与深感应电阻率比值与深感应电阻率交会图（图 2-88）、深感应电阻率与围岩电阻率差值和声波时差交会图（图 2-89）。

（2）主成分分析解释图版。

通过交会图分析优选出对 V 油组油水层测井响应比较敏感的参数：AC、CNL、RILD、DEN、ΔR（RILD-R 围岩）、ϕ、S_o。利用主成分分析方法提取第 1、第 2 主成分进行判别分析。由于研究区域一部分井缺少中子曲线，因此制定两个判别图版以适应不同需求（图 2-90、图 2-91）。

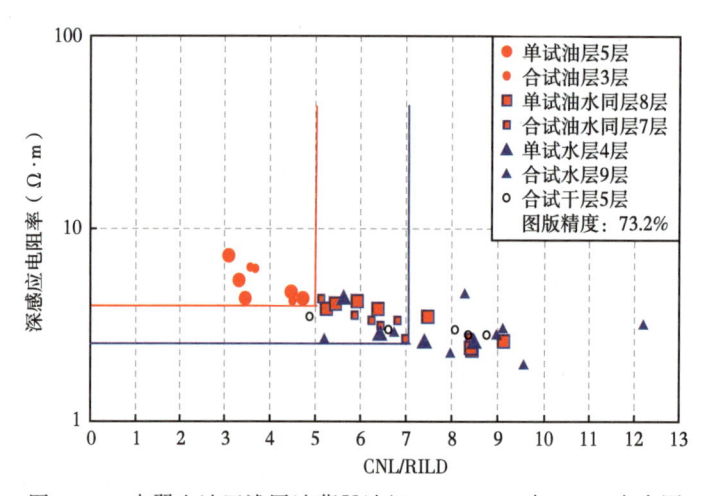

图 2-88　南翼山油田浅层油藏 V 油组 CNL/RILD 与 RILD 交会图

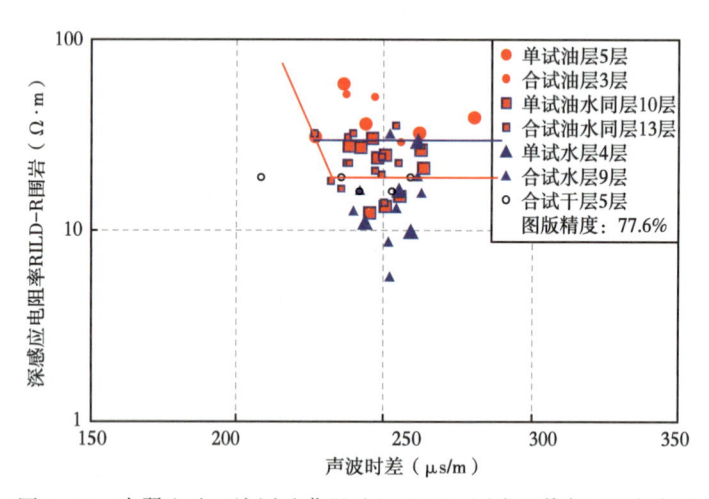

图 2-89　南翼山油田浅层油藏 V 油组 RILD-围岩差值与 AC 交会图

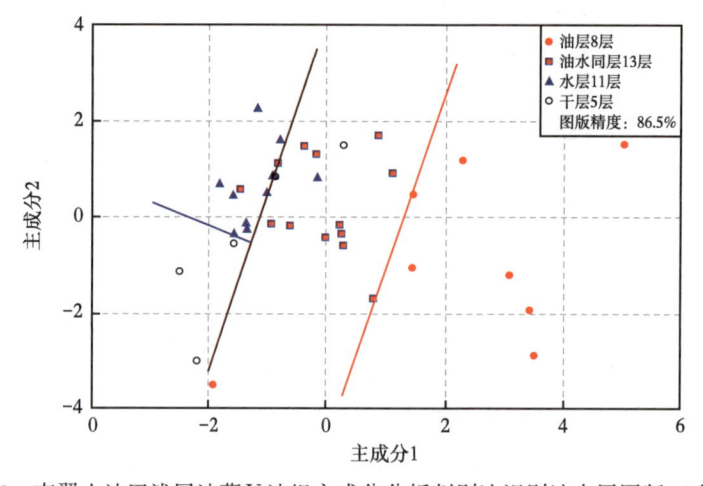

图 2-90　南翼山油田浅层油藏 V 油组主成分分析判别法识别油水层图版（有中子）

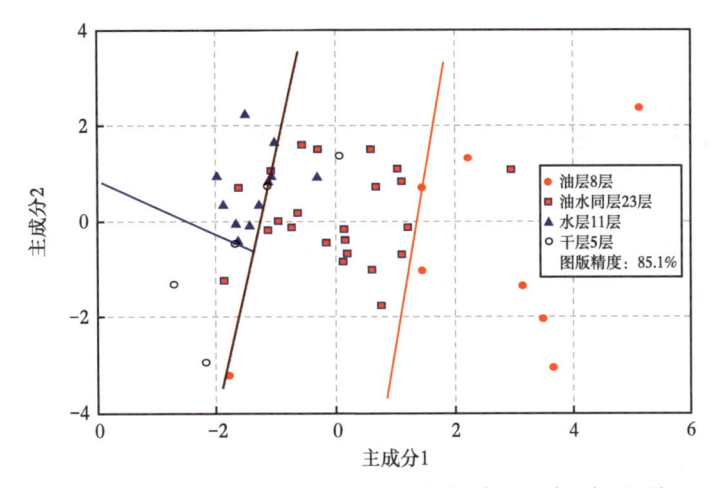

图 2-91　南翼山油田浅层油藏Ⅴ油组主成分分析判别法识别油水层图版（无中子）

其中有中子曲线的判别方法的参数为声波、密度、中子、深感应电阻率、深感应电阻率与围岩差值、孔隙度以及含油饱和度，其主成分分析公式如下：

$$F_1 = 0.1819\text{AC} - 0.3066\text{DNE} + 0.0884\text{CNL} + 0.4815\text{RILD} + 0.4736\Delta R + 0.3543\phi + 0.5334S_o \tag{2.23}$$

$$F_2 = 0.6017\text{AC} - 0.0560\text{DEN} + 0.2002\text{CNL} + 0.3996\text{RILD} - 0.4046\Delta R + 0.5089\phi + 0.1116S_o \tag{2.24}$$

无中子曲线的判别方法的参数为声波、密度、深感应电阻率、深感应电阻率与围岩差值、孔隙度以及含油饱和度，其主成分分析公式如下：

$$F_1 = 0.1519\text{AC} - 0.2885\text{DEN} + 0.4932\text{RILD} + 0.4858\Delta R + 3629\phi + 0.5317S_o \tag{2.25}$$

$$F_2 = 0.6393\text{AC} - 0.1227\text{DEN} + 0.3864\text{RILD} - 0.3961\Delta R + 0.5039\phi + 0.1272S_o \tag{2.26}$$

第3章　复杂断块油气藏测井评价技术

英东区块存在多个断层，在复杂构造条件下纵向上存在多个油气水动力系统，油气水混储现象尤为突出，油气识别成为测井评价的难点。

3.1　储层特征概述

3.1.1　岩性特征

N_2^1—N_2^2 岩石类型基本一致，均为岩屑长石砂岩和长石岩屑砂岩；成分成熟度和结构成熟度中等；粒度以细砂、粉砂为主，由 N_2^1 到 N_2^2 粒度呈增大趋势，如图3-1至图3-5所示。

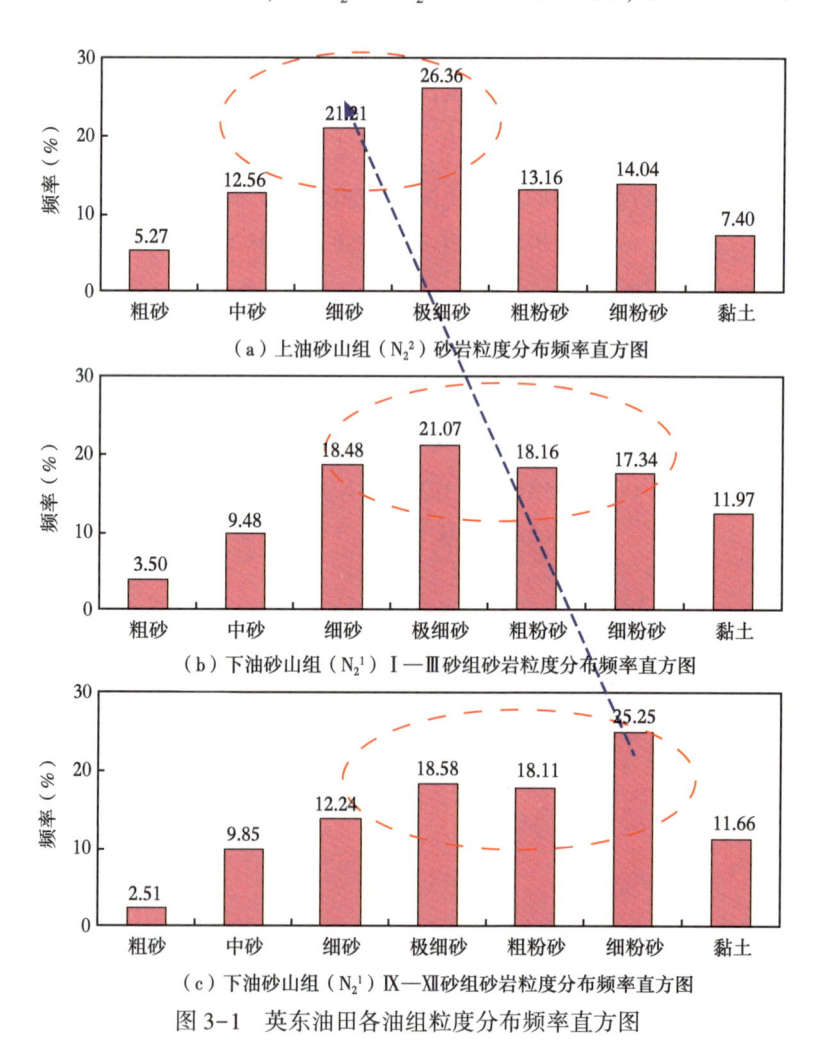

（a）上油砂山组（N_2^2）砂岩粒度分布频率直方图

（b）下油砂山组（N_2^1）Ⅰ—Ⅲ砂组砂岩粒度分布频率直方图

（c）下油砂山组（N_2^1）Ⅸ—Ⅻ砂组砂岩粒度分布频率直方图

图3-1　英东油田各油组粒度分布频率直方图

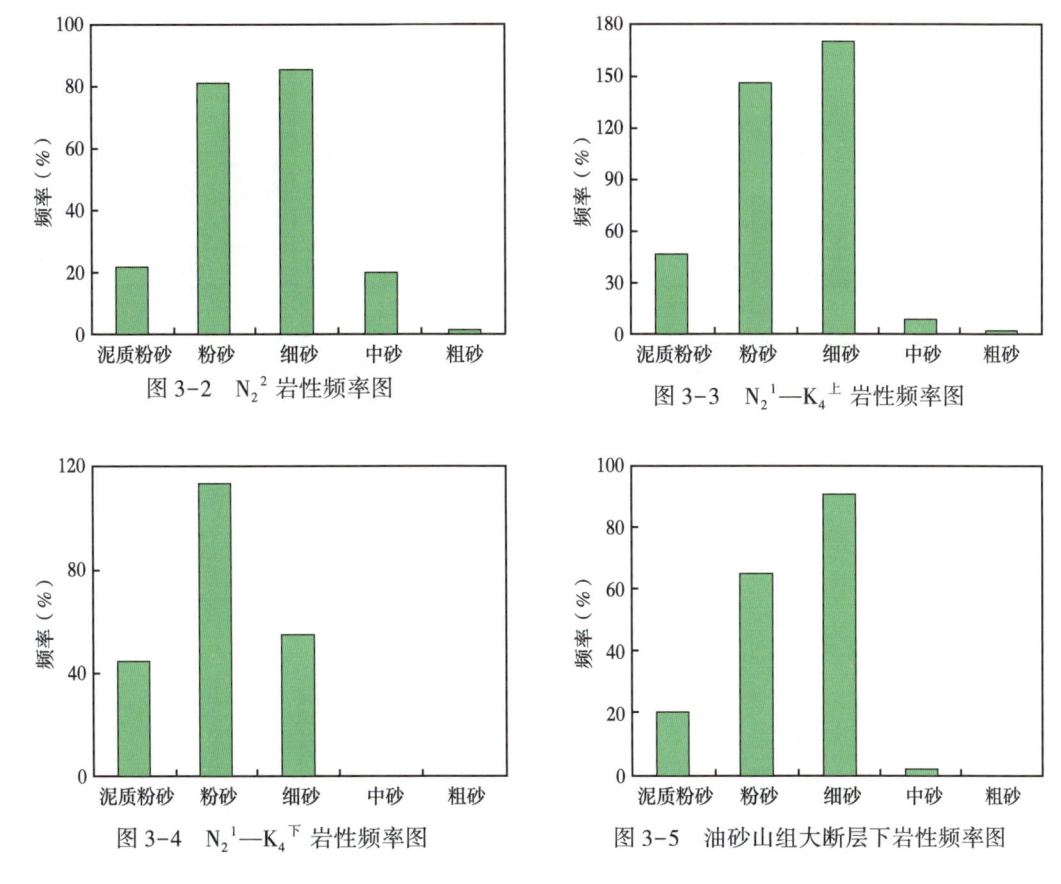

第3章　复杂断块油气藏测井评价技术

图 3-2　N_2^2 岩性频率图

图 3-3　N_2^1—$K_4^上$ 岩性频率图

图 3-4　N_2^1—$K_4^下$ 岩性频率图

图 3-5　油砂山组大断层下岩性频率图

3.1.2　物性特征

根据 264 块样品分析可得，N_2^2 孔隙度峰值集中在 16.0%~30.0%，平均为 22.1%；渗透率峰值在 2.0~1000.0mD，平均为 230.8mD；属于中孔中低渗透储层，如图 3-6 所示。

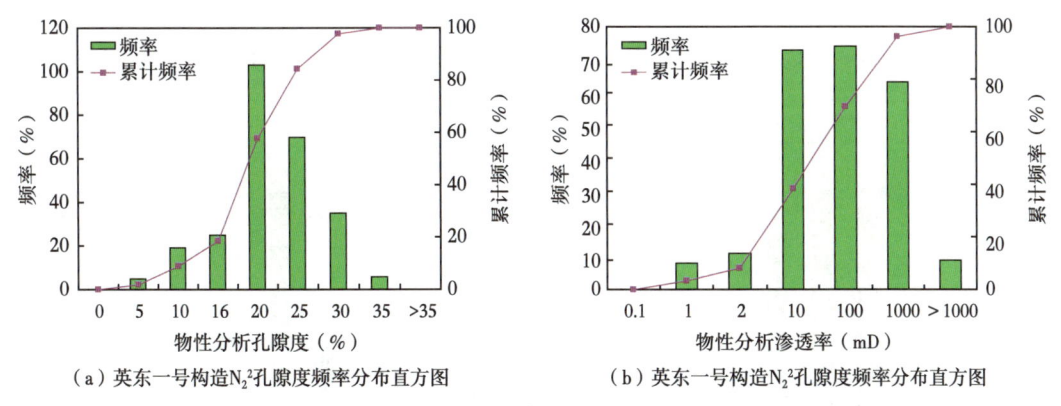

（a）英东一号构造N_2^2孔隙度频率分布直方图

（b）英东一号构造N_2^2孔隙度频率分布直方图

图 3-6　英东油田 N_2^2 储层孔渗频率直方图

根据 404 块样品分析可得，N_2^1—$K_4^上$ 孔隙度峰值集中在 12.0%~25.0%，平均为 18.3%；渗透率峰值在 0.5~1000.0mD，平均为 82.9mD；属于中低孔、中低渗透储层，如图 3-7 所示。

73

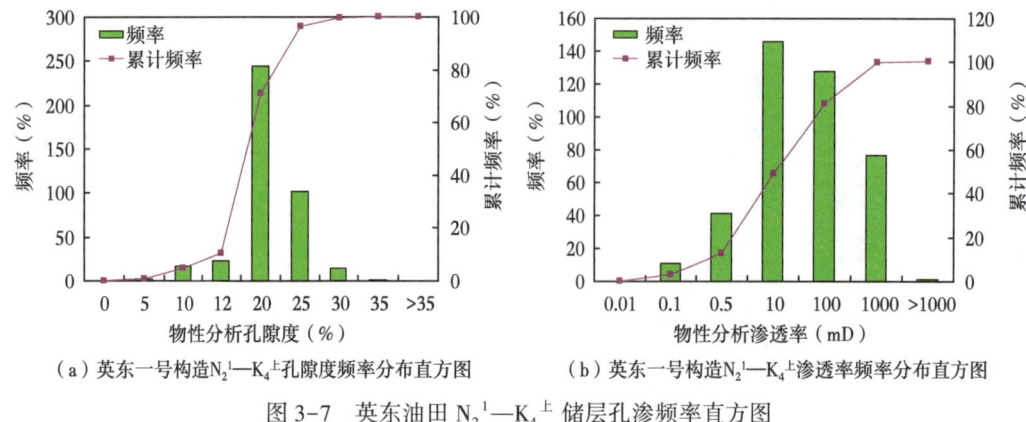

(a)英东一号构造N_2^1—$K_4^上$孔隙度频率分布直方图 　　(b)英东一号构造N_2^1—$K_4^上$渗透率频率分布直方图

图 3-7　英东油田 N_2^1—$K_4^上$ 储层孔渗频率直方图

根据 243 块样品分析可得，N_2^1—$K_4^下$孔隙度峰值集中在 11.0%~20.0%，平均为 15.0%；渗透率峰值在 0.3~100.0mD，平均为 17.9mD；属于低孔、特低渗透储层，如图 3-8 所示。

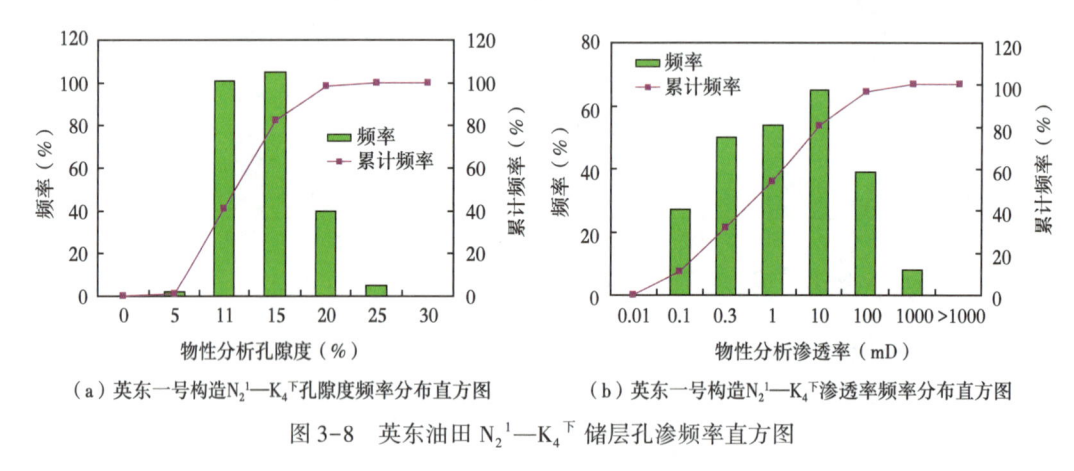

(a)英东一号构造N_2^1—$K_4^下$孔隙度频率分布直方图 　　(b)英东一号构造N_2^1—$K_4^下$渗透率频率分布直方图

图 3-8　英东油田 N_2^1—$K_4^下$ 储层孔渗频率直方图

根据 241 块样品分析可得，下盘孔隙度峰值集中在 10.0%~25.0%，平均为 15.8%；渗透率峰值在 0.1~1000.0mD，平均为 42.5mD。属于中低孔、低渗透—特低渗透储层，如图 3-9 所示。

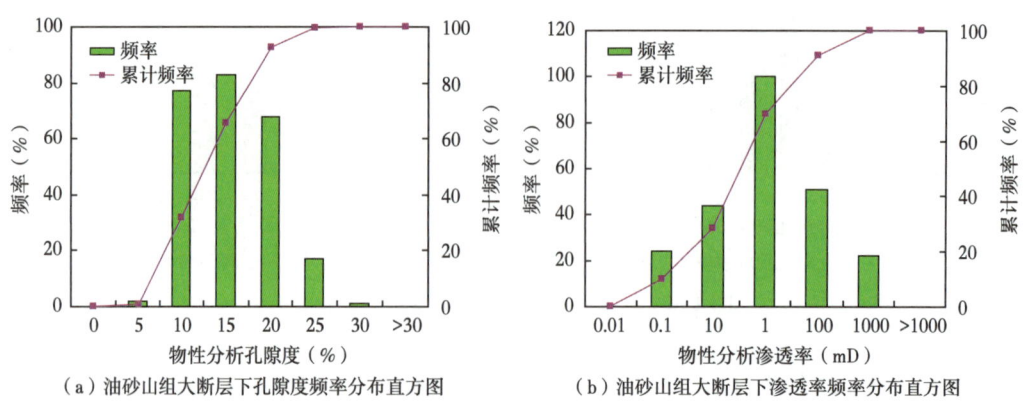

(a)油砂山组大断层下孔隙度频率分布直方图 　　(b)油砂山组大断层下渗透率频率分布直方图

图 3-9　英东油田下盘储层孔渗频率直方图

3.1.3 含油性特征

储层含油级别：N_2^2、N_2^1储层含油级别主要为油斑、油浸、含油；其中N_2^2油斑、油浸级别比例较大，$N_2^1—K_4^上$油浸级别比例较大；$N_2^1—K_4^下$油斑所占比重最大，其次为油迹、油浸；下盘主要为油斑、油浸，如图3-10至图3-13所示。

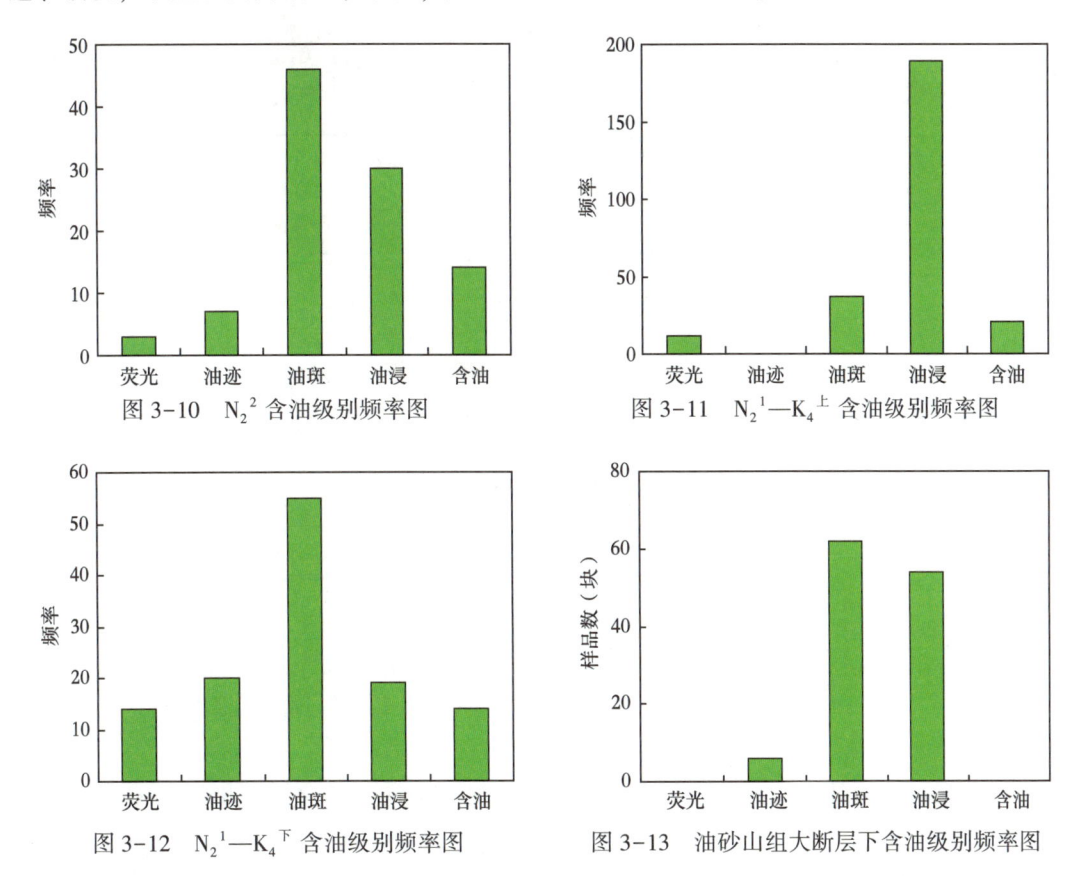

图3-10 N_2^2含油级别频率图

图3-11 $N_2^1—K_4^上$含油级别频率图

图3-12 $N_2^1—K_4^下$含油级别频率图

图3-13 油砂山组大断层下含油级别频率图

3.1.4 岩性、物性与含油性关系

3.1.4.1 岩性与物性的关系

图3-14为英东油田N_2^2、$N_2^1—K_4^上$、$N_2^1—K_4^下$油藏不同岩性孔隙度与渗透率关系图。根据岩心物性分析及岩性描述资料，随着岩性颗粒变粗，其物性变好，细砂岩、中砂岩物性整体上要好于粉砂岩。结合岩性—物性关系图与储层物性下限的关系，英东油田N_2^2、$N_2^1—K_4^上$、$N_2^1—K_4^下$油藏岩性下限均为粉砂岩。

3.1.4.2 岩性与含油性的关系

如图3-14所示，其中N_2^2储层中粉砂岩、细砂岩占绝对多数，储层岩性与含油关系为：中粗砂岩占比例小，含油性为油斑、油浸和含油级别；细砂岩所占比例最大（50%），含油级别覆盖了油迹、油斑、油浸、含油，其含油级别以油斑、油浸、含油为主；粉砂岩所占比例次之（38%），含油级别覆盖了油迹、油斑、油浸、含油，主要以油斑为主。$N_2^1—K_4^上$储层中粉砂岩、细砂岩占绝对多数，储层岩性与含油性关系为：细砂岩所占比

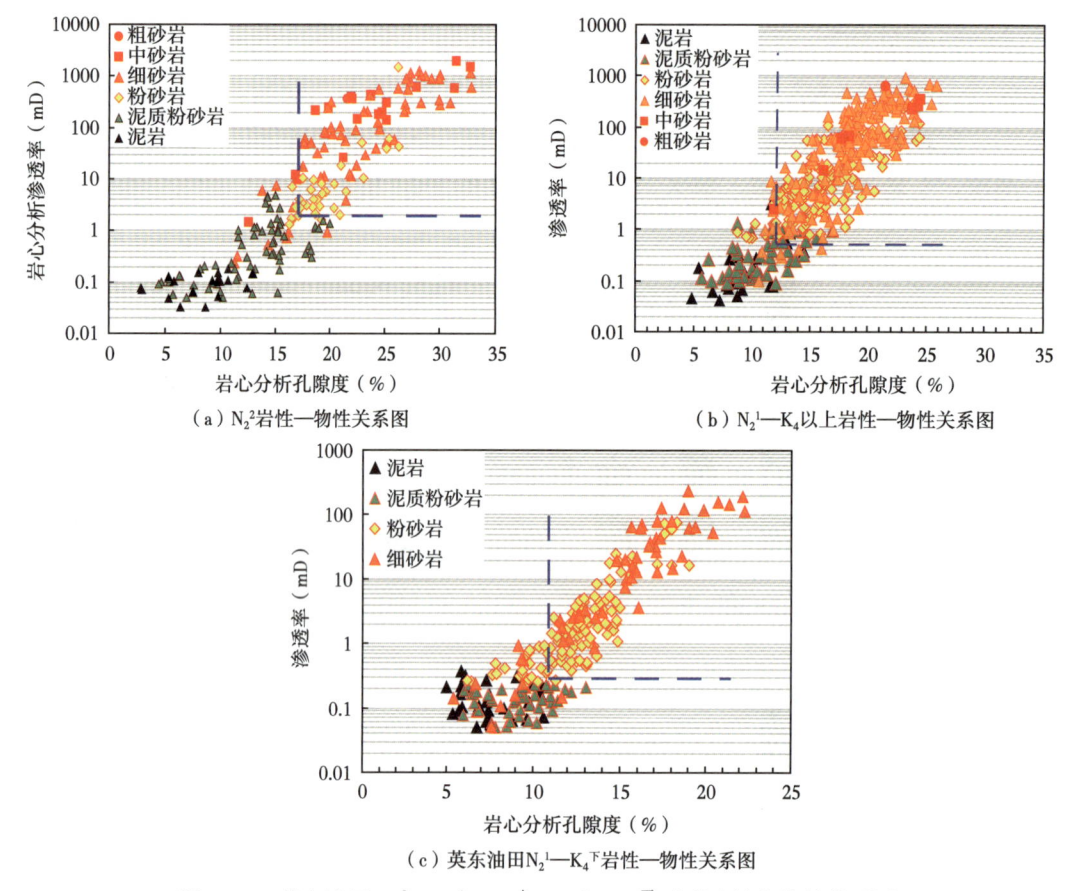

图3-14 英东油田 N_2^2、N_2^1—$K_4^上$、N_2^1—$K_4^下$ 油藏岩性与物性关系图

例最大（95%），含油级别覆盖了荧光、油迹、油斑、油浸，其含油级别以油浸为主；中砂岩、粉砂岩所占比例较低，含油级别分别为油浸、油迹。N_2^1—$K_4^下$ 储层中粉砂岩、细砂岩占绝对多数，储层岩性与含油性关系为：粉砂岩所占比例为54%，细砂岩所占比例次之（46%），含油级别覆盖了荧光、油迹、油斑、油浸、含油，其含油级别以油斑为主；中砂岩、粉砂岩没有见到含油级别，如图3-15所示。

3.1.4.3 物性与含油性的关系

整体来看，物性越好，含油级别越高。综合上述资料并结合试油资料，确定 N_2^2 油藏储层含油性级别下限为油斑；N_2^1—$K_4^上$、N_2^1—$K_4^下$ 油藏储层含油性级别下限为荧光，如图3-16所示。

3.1.5 储层测井响应特征

本区储层测井响应特征主要表现为：自然电位负异常，声波时差中—高值、密度测井中—低值。当储层的岩性、物性一定时，电阻率大小是含油性的反映。储层含油时阵列感应电阻率及双侧向电阻率明显高于围岩，对于饱含油的层深、浅感应测井曲线出现正差异；储层含水时，双感应电阻率明显变低，与围岩电阻率接近或低于围岩。

第3章 复杂断块油气藏测井评价技术

（a）N_2^2油藏岩性—含油性关系图

（b）N_2^1—$K_4^上$岩性—含油性关系图

（c）N_2^2—$K_4^下$岩性—含油性关系图

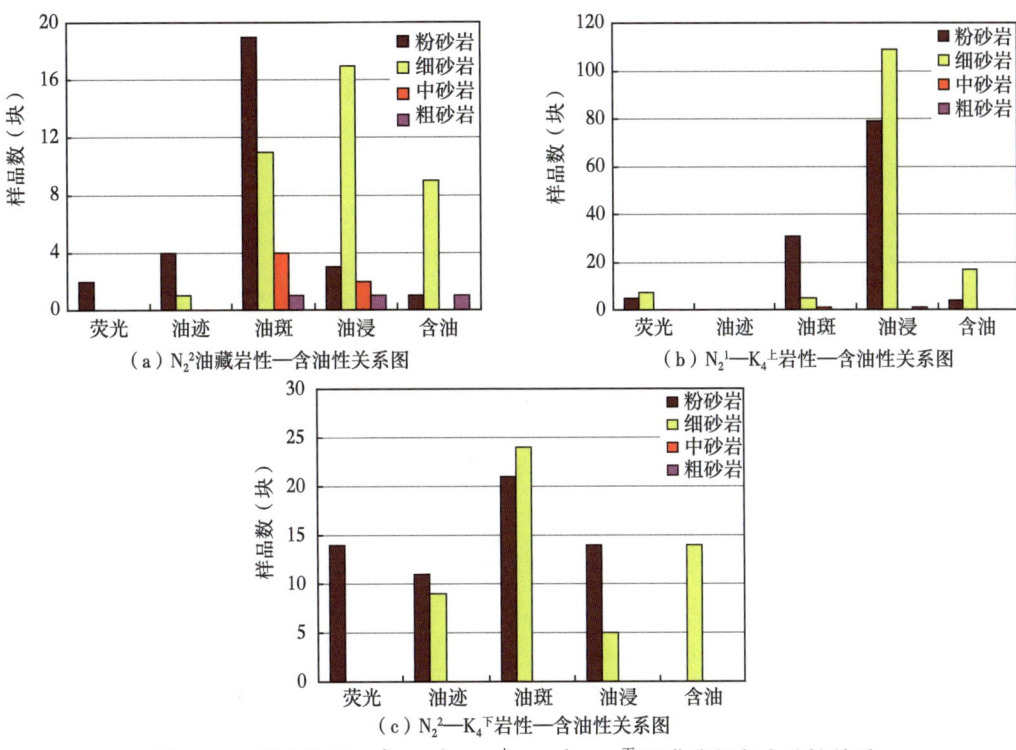

图3-15 英东油田 N_2^2、N_2^1—$K_4^上$、N_2^1—$K_4^下$ 油藏岩性与含油性关系

（a）N_2^2油藏物性—含油性关系图

（b）N_2^1—$K_4^上$物性—含油性关系图

（c）N_2^2—$K_4^下$物性—含油性关系图

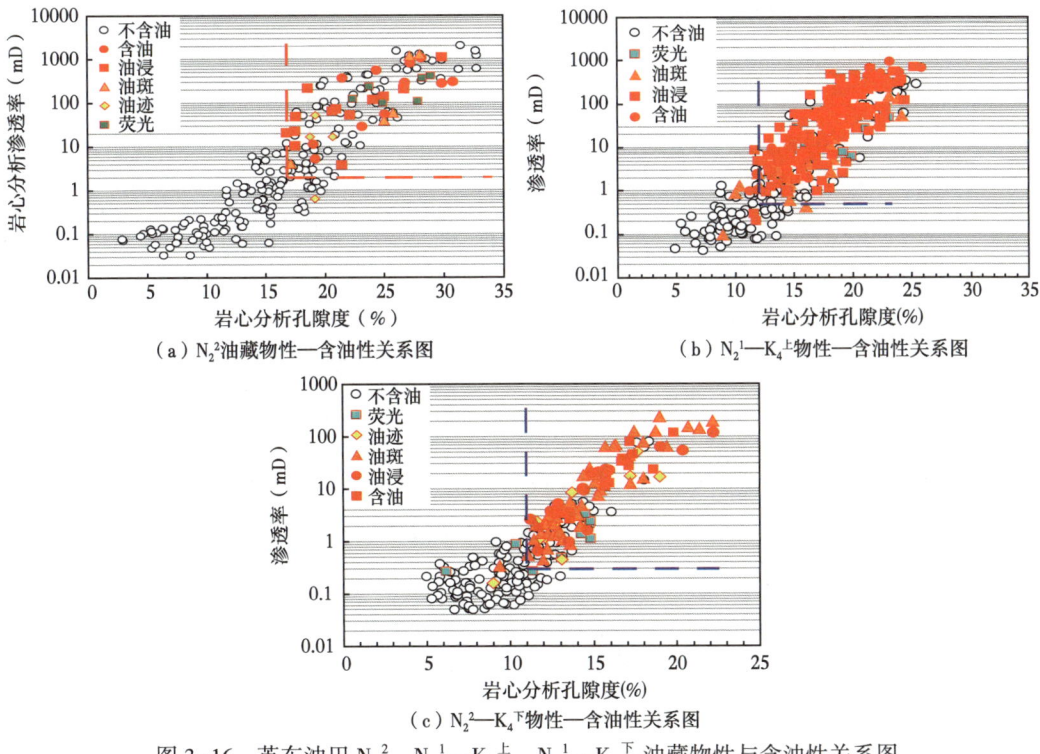

图3-16 英东油田 N_2^2、N_2^1—$K_4^上$、N_2^1—$K_4^下$ 油藏物性与含油性关系图

英东油田采用淡水钻井液钻井，储层的测井响应特征为：自然伽马中—低值，自然电位负异常，井径正常或缩径，随着储层的岩性物性变好，自然伽马值变低，自然电位负异常增加，声波时差值增大，岩性密度减小。电阻率曲线能够反映储层的含油性，随着含水饱和度的增高，感应电阻率值变低。

3.1.5.1 气层测井响应特征

英东油田典型气层段的测井曲线特征为，砂层的自然电位有明显的负异常，渗透性较好，密度、中子在以砂岩刻度的图上有镜像特征，声波时差高值，电阻率与三孔隙度曲线有好的对应关系，孔隙度大、电阻率高，阵列感应电阻率有正差异，深电阻率在 $2\Omega \cdot m$ 以上，对应孔隙度高的位置电阻率可超过 $10\Omega \cdot m$。对于有核磁共振测井资料的井，长 T_2 谱发育，反映大孔隙较多，泥质束缚水含量低，毛细管束缚水也较低，元素俘获谱测井显示泥质少、砂多，含少量的碳酸盐岩。电成像图上，砂岩呈亮黄色，砂岩中间夹有泥质含量相对高的条带，呈明显的暗色，导电性好为夹层。

3.1.5.2 油层测井响应特征

典型油层段的测井曲线特征为，自然电位有明显的负异常，渗透性较好，密度、中子在以砂岩刻度的图上基本重合或者靠的较近，电阻率与三孔隙度曲线有好的对应关系，孔隙度大、电阻率高，阵列感应电阻率有正差异，深电阻率在 $2\Omega \cdot m$ 以上，对应孔隙度高的位置电阻率可超过 $5\Omega \cdot m$。长 T_2 谱发育，反映大孔隙较多，泥质束缚水含量低，毛细管束缚水也较低，元素俘获谱测井显示泥质少、砂多，含少量的碳酸盐岩。电成像图上，砂岩呈亮黄色，砂岩中间夹有泥质含量相对高的条带，呈明显的暗色，导电性好为夹层。

3.1.5.3 油气同层测井响应特征

低电阻率油气层的测井曲线特征为，自然电位有负异常，自然伽马低于围岩值，密度、中子在以砂岩刻度的图上之间的距离比较小，阵列感应电阻率比较低，在 $2\Omega \cdot m$ 附近。可见长 T_2 谱，但相比于典型的油气层 T_2 谱要靠前，泥质束缚水和毛细管束缚水含量较高，可动流体所占的比例与典型的油气层相比要少，元素俘获谱上见少量的泥质。这类层电阻率相对低的主要原因为束缚水含量相对高，油气饱和度相对低，因此呈现出低电阻率的特征。

3.1.5.4 气水同层测井响应特征

典型气水同层的测井曲线特征为，自然电位有明显的负异常，自然伽马比围岩低，密度、中子在以砂岩刻度的图上之间的距离较小，一般上部为气，下部为水，阵列感应电阻率在下部有负差异，在上部为正差异。深电阻率下部为 $1\Omega \cdot m$ 左右，形态比较平直或者呈现向内凹的特征，上部电阻率较高，有时高于油层的电阻率。长 T_2 谱发育，说明大孔隙发育，泥质束缚水少，毛细管束缚水也很低，可动流体所占比例大。

3.1.5.5 油水同层测井响应特征

典型油水同层的测井曲线特征为，自然电位有明显的负异常，自然伽马比围岩低，密度、中子在以砂岩刻度的图上之间的距离较小，一般是上油下水，阵列感应电阻率在下部有负差异，在上部为正差异。深电阻率下部为 $1\Omega \cdot m$ 左右，形态比较平直或者呈现向内凹的特征，上部电阻率较高，呈现向外凸的特征。长 T_2 谱发育，在上部油层处出现拖尾现象，说明大孔隙发育，泥质束缚水少，毛细管束缚水也很低，可动流体所占比例大。

3.1.5.6 水层测井响应特征

典型水层的测井曲线特征为，自然电位有明显的负异常，自然伽马比围岩略低，密度、中子在以砂岩刻度的图上之间的距离较小，阵列感应电阻率有负差异，深电阻率值为 $1\Omega \cdot m$ 左右，形态比较平直或者呈现向内凹的特征。长 T_2 谱发育，说明大孔隙发育，泥质束缚水少，毛细管束缚水也很低，可动流体所占比例大。

3.2 储层参数建模

英东一号构造有丰富的取心资料，采用"岩心刻度测井"的方法，在 2011 年的研究基础上，细化 N_2^2、$N_2^1—K_4^{上}$、$N_2^1—K_4^{下}$ 进行研究。建立了储层泥质含量、孔隙度、渗透率、含油饱和度等参数的计算解释模型。

3.2.1 泥质含量的确定

本区地层岩性较复杂，长石、岩屑含量高，导致测井自然伽马偏高，因此使用自然伽马计算的泥质含量偏大，自然伽马值不能完全反映泥质含量的高低。在仅有常规测井的情况下，可通过其他方法来计算泥质含量。

英东油田每口井都测有能谱，因此采用钍计算泥质含量，此外油田内有 3 口井测有 ECS，2 口井进行了 X 射线衍射实验，通过钍与 ECS 得到的泥质含量做交会，得到计算泥质含量的关系式（图 3-17）如下：

$$V_{sh} = 4.179Th - 15.58 \quad (R = 0.854) \quad (3.1)$$

式中　V_{sh}——泥质含量，%；
　　　Th——钍曲线测井值，mg/L。

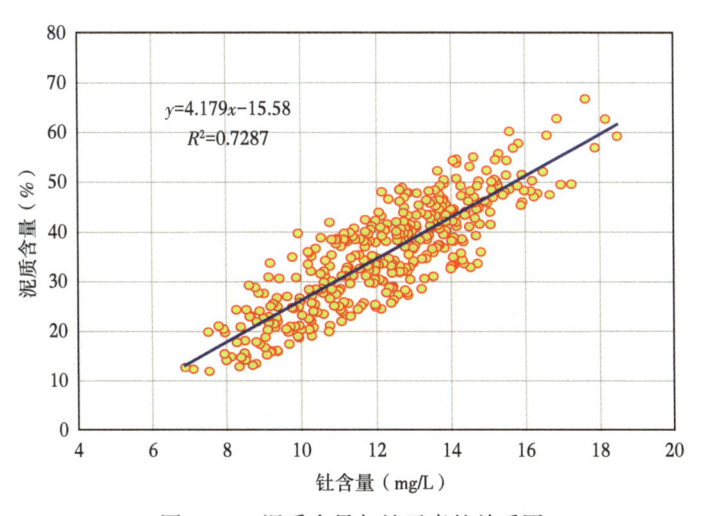

图 3-17　泥质含量与钍元素的关系图

并且用钍计算得到的泥质含量与 X 射线衍射实验的泥质含量对比，相关性很好（图 3-18），从而确定储层的泥质含量，最终确定储层的泥岩中子校正方法：

$$\mathrm{CNL}_{校} = \mathrm{CNL}_{\log} - V_{sh}\mathrm{CNL}_{ma} \tag{3.2}$$

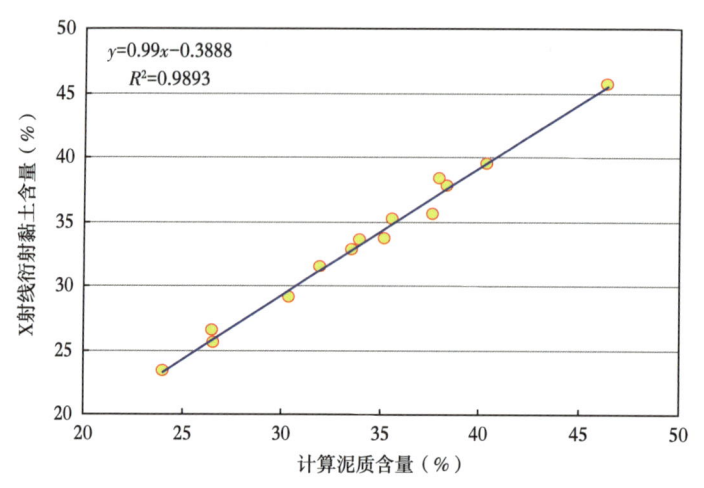

图 3-18　计算泥质含量与 X 射线衍射泥质含量对比图

3.2.2　孔隙度计算模型

在关键井中，分别在 N_2^2、N_2^1 取得孔隙度样品，在完成岩心—测井资料归位的基础上，分别利用声波时差、补偿密度建立了孔隙度解释模型。为确保孔隙度模型的精度，消除非孔隙度因素的影响，对数据进行了筛选。

从测井资料质量来看，补偿密度、声波测井反映储层孔隙度的效果较好，在井眼规则处首选补偿密度测井分层位（N_2^2、N_2^1）建立储层孔隙度模型。

（1）N_2^2 孔隙度模型。

在取心井中均有补偿密度、声波测井，用统计的方法建立补偿密度与岩心分析孔隙度、声波与岩心分析孔隙度的关系。图 3-19、图 3-20 为英东油田 N_2^2 油藏孔隙度与补偿密度和声波关系图。孔隙度与补偿密度关系为：

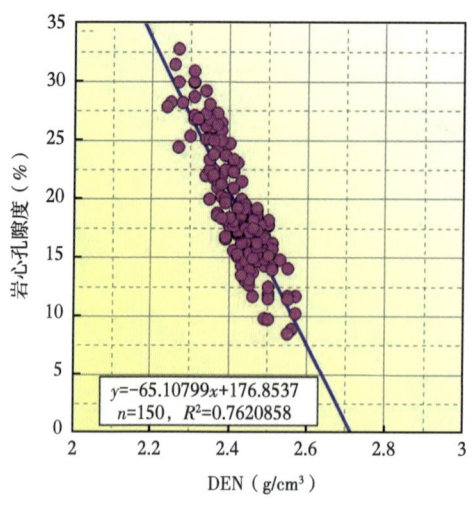

图 3-19　N_2^2 补偿密度—岩心分析孔隙度交会图 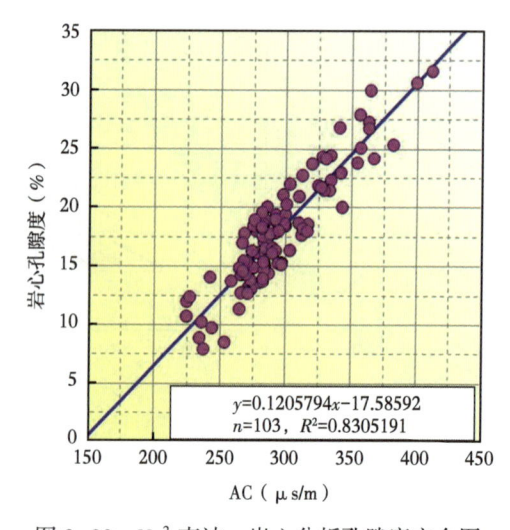　　图 3-20　N_2^2 声波—岩心分析孔隙度交会图

$$\phi = -65.1079\text{DEN} + 176.8537 \quad (R = 0.8718) \tag{3.3}$$

式中 ϕ——孔隙度，%；

DEN——岩性补偿密度，g/cm³。

孔隙度与声波关系为：

$$\phi = 0.1205\text{AC} - 17.5859 \quad (R = 0.9110) \tag{3.4}$$

式中 ϕ——孔隙度，%；

AC——补偿声波，μs/m；

可以看到 N_2^2 声波回归的孔隙度模型精度高于密度曲线回归模型。

（2）N_2^1—$K_4^上$ 孔隙度模型。

同理建立补偿密度与岩心分析孔隙度、声波与岩心分析孔隙度的关系式。图3-21、图3-22为英东油田 N_2^1—K_4 以上油藏孔隙度与岩性补偿密度和声波关系图。

孔隙度与补偿密度关系为：

$$\phi = -57.6447\text{DEN} + 157.4407 \quad (R = 0.9220) \tag{3.5}$$

孔隙度与声波关系为：

$$\phi = 0.1803\text{AC} - 33.4077 \quad (R = 0.8620) \tag{3.6}$$

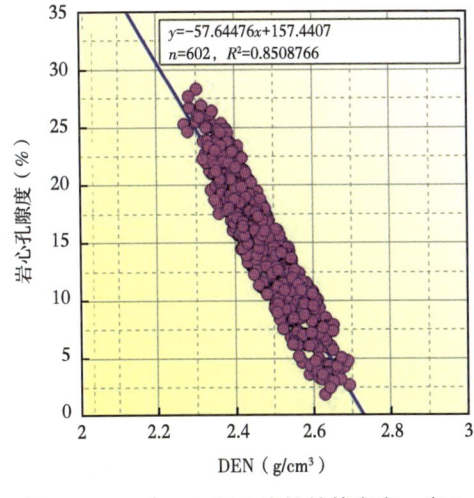

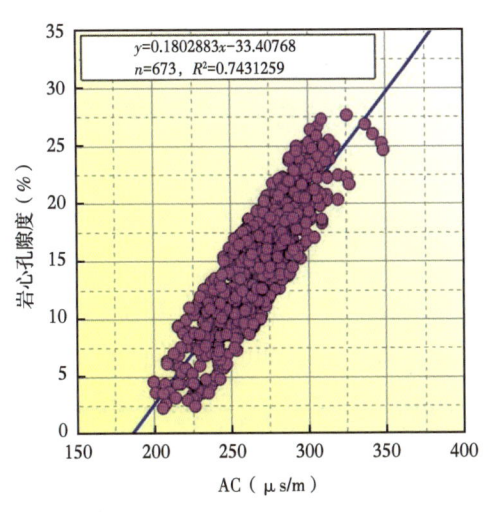

图3-21 N_2^1—K_4 以上岩性补偿密度—岩心分析孔隙度交会图

图3-22 N_2^1—$K_4^上$ 声波—岩心分析孔隙度交会图

N_2^1—$K_4^上$ 密度回归的孔隙度模型精度高于声波曲线回归模型。

（3）N_2^1—$K_4^下$ 孔隙度模型。

通过岩心回归建立了补偿密度与岩心分析孔隙度、声波与岩心分析孔隙度的关系。图3-23、图3-24为英东油田 N_2^1—$K_4^下$ 油藏孔隙度与岩性密度和声波关系图。

孔隙度与岩性补偿密度关系为：

$$\phi = -27.4218\text{DEN} + 76.7598 \quad (R = 0.8741) \tag{3.7}$$

孔隙度与声波关系为：

$$\phi = 0.0812\text{AC} - 9.4632 \quad (R = 0.8374) \tag{3.8}$$

N_2^1—$K_4^下$ 密度回归的孔隙度模型精度高于声波曲线回归模型。

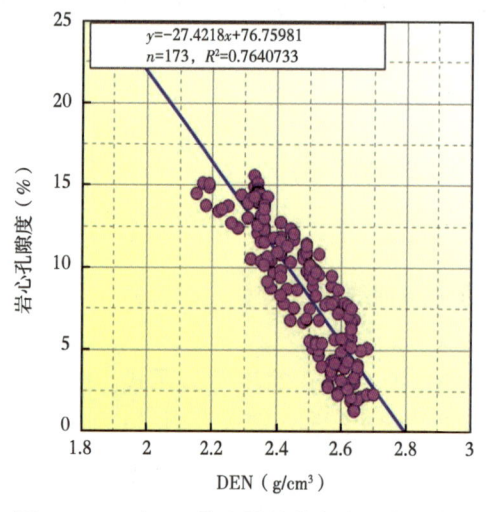

图 3-23　$N_2^1—K_4^下$ 岩性补偿密度—岩心分析孔隙度交会图

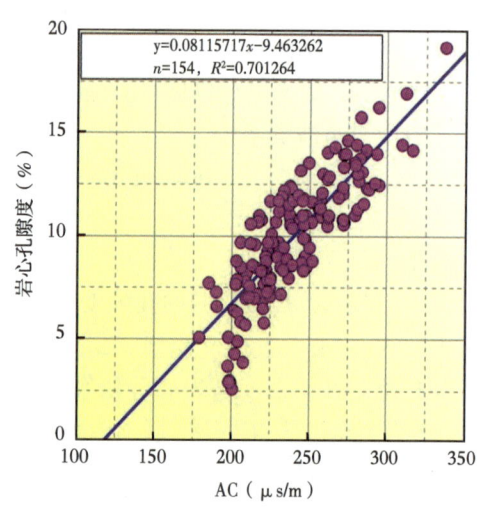

图 3-24　$N_2^1—K_4^下$ 声波—岩心分析孔隙度交会图

3.2.3　渗透率计算模型

（1）N_2^2 地层渗透率计算模型。

图 3-25 为英东油田 N_2^2 油藏孔隙度与渗透率关系图，通过岩心分析孔隙度与渗透率回归得到孔隙度与渗透率关系式：

$$K = 0.0099 e^{0.3093\phi} \quad (R = 0.8374) \tag{3.9}$$

式中　K——渗透率，mD。

（2）$N_2^1—K_4^上$ 渗透率计算模型。

图 3-26 为英东油田 $N_2^1—K_4^上$ 油藏孔隙度与渗透率关系图，孔隙度与渗透率关系式为：

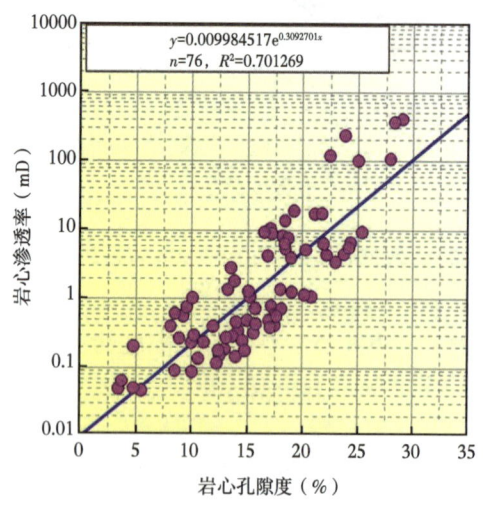

图 3-25　N_2^2 岩心分析孔隙度与岩心分析渗透率交会图

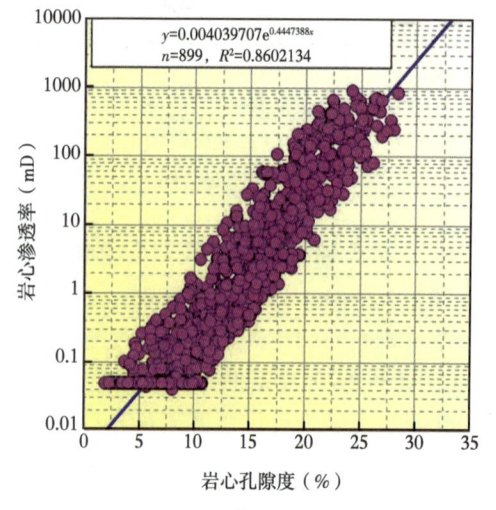

图 3-26　$N_2^1—K_4^上$ 岩心分析孔隙度与岩心分析渗透率交会图

$$K = 0.0041\mathrm{e}^{0.4447\phi} \quad (R = 0.9275) \tag{3.10}$$

（3）N_2^1—$K_4^\text{下}$渗透率计算模型。

图3-27为英东油田N_2^1—$K_4^\text{下}$油藏孔隙度与渗透率关系图，孔隙度与渗透率关系式为：

$$K = 0.007127562\mathrm{e}^{0.39475584}$$
$$(R = 0.8959) \tag{3.11}$$

3.2.4 含油饱和度计算模型

含油饱和度是根据本区取心、压汞、测井、相对渗透率等资料求取。英东地区油藏测井质量可靠。储层属于孔隙型砂岩储层，因此采用阿尔奇公式计算含油饱和度［式(2-12)］。

（1）岩电参数的确定。

依据砂37井中20块岩样的岩电实验结果，建立N_2^2层段地层因素与孔隙度、电阻增大率与

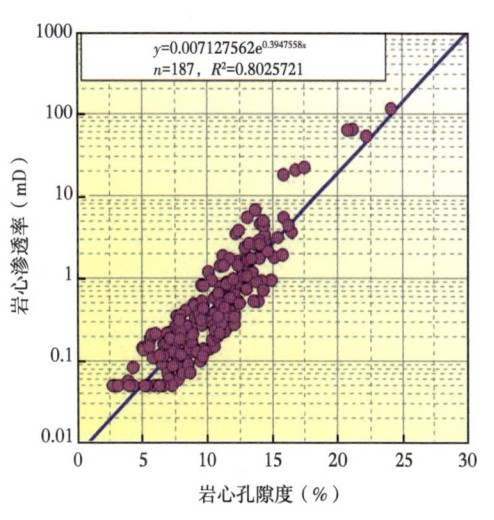

图3-27 N_2^1—$K_4^\text{下}$岩心分析孔隙度与岩心分析渗透率交会图

含水饱和度关系图（图3-28），由图可见N_2^2层段的岩电参数：$a = 2.0726$，$b = 1.0511$，$m = 1.3776$，$n = 1.6462$（当强制为1时：$a = 1$，$b = 1.0511$，$m = 1.7559$，$n = 1.6462$）。

根据英东102井中10块岩样的岩电实验结果，建立N_2^1层段地层因素与孔隙度、电阻增大率与含水饱和度关系图（图3-29），从图可见N_2^1层段的岩电参数：$a = 1.2070$，$b = 1.0093$，$m = 1.5907$，$n = 1.6308$（当a强制为1时：$b = 1.0093$，$m = 1.6871$，$n = 1.6308$）。

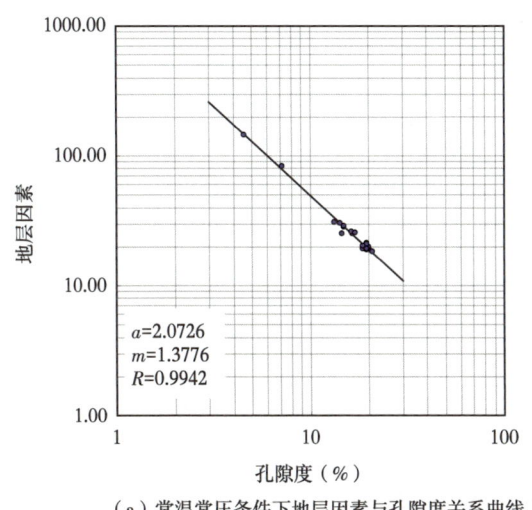

（a）常温常压条件下地层因素与孔隙度关系曲线
（砂37井的20块砂岩岩心——所有砂岩岩心）

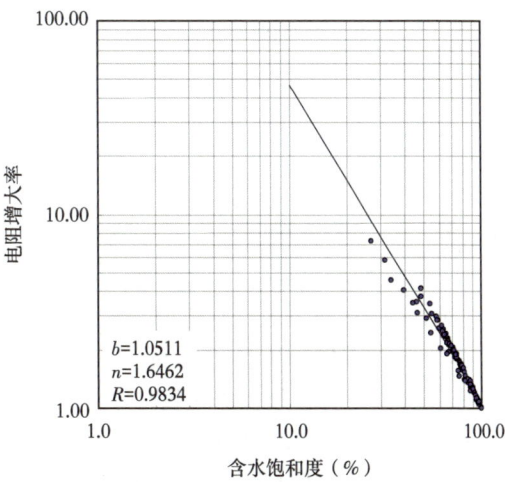

（b）常温常压条件下电阻率指数与含水饱和度关系曲线
（砂37井的20块砂岩岩心——所有砂岩岩心）

图3-28 N_2^2地层因素与孔隙度、电阻增大率与含水饱和度关系图

（2）地层水电阻率的确定。

英东地区的地层水分析资料较少，为尽可能真实地反映目的层段的地层水电阻率，本

（a）常温常压条件下地层因素与孔隙度关系曲线　　　（b）常温常压条件下电阻率指数与含水饱和度关系曲线
（砂37井的20块砂岩岩心——所有砂岩岩心）　　　　　（英东102井的10块岩心——所有岩心）

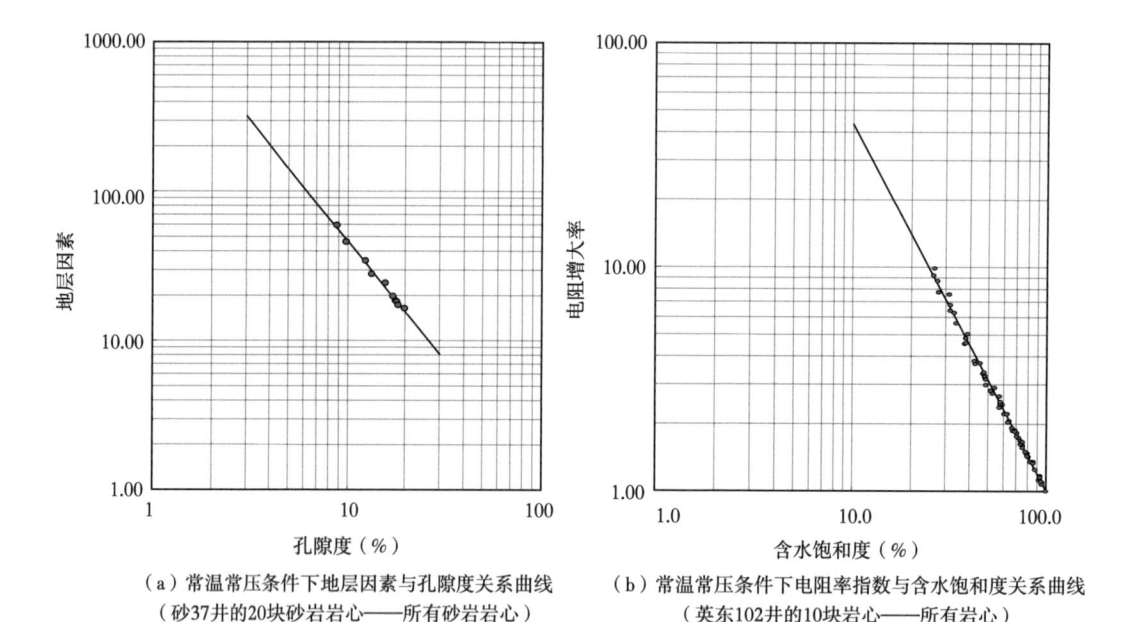

图 3-29　N_2^1 地层因素与孔隙度、电阻增大率与含水饱和度关系图

书首先利用水分析资料得到的矿化度求得地层条件下的地层水电阻率，再利用岩电实验结果和阿尔奇公式反算纯水层的地层水电阻率。

① 水分析资料计算地层水电阻率。

地层条件下的地层水电阻率可用下式计算：

$$R_w = R_{wl} \frac{T_1 + 21.5}{T_f + 21.5} \tag{3.12}$$

$$R_{wl} = 0.0123 + \frac{3647.5}{P^{0.955}} \tag{3.13}$$

式中　T_1——实验室温度，取 $T_1 = 24\ ℃$；
　　　T_f——地层温度，可通过地层深度估算；
　　　R_{wl}——室温下地层水电阻率；
　　　P——等效 NaCl 浓度，mg/L。

英东地区利用水分析矿化度计算的地层水电阻率见表 3-1。

② 反算法计算地层水电阻率和矿化度。

利用测井资料反求地层水电阻率，选择地层测试证实为水层或者测井综合分析确定为纯水层（$S_w = 1$）的地层，利用阿尔奇公式反求地层水电阻率 R_w：

$$R_w = \frac{\phi^m R_t}{ab} \tag{3.14}$$

表 3-1 利用水分析矿化度计算的地层水电阻率

层位	井号	取样深度（m）	地层温度（℃）	总矿化度（mg/L）	地层水电阻率（Ω·m）
N_2^2	英东 101	1482.0~1484.0	54.5	203875	0.0259
			54.5	203870	0.0259
			54.5	213720	0.0251
			54.5	213686	0.0251
			54.5	213577	0.0251
	砂 37	478.30~482.1	24.5	223102	0.0403

表 3-2 为由测井资料反求的地层水电阻率汇总表。

③地层电阻率的确定。

该区测井系列多为 LogIQ，电阻率测井系列为阵列感应和双侧向；钻井采用淡水钻井液，地层水矿化度较高，目的层段电阻率一般在 0.2~20Ω·m，因此计算含油饱和度时地层电阻率采用阵列感应深探测值。

表 3-2 英东油田测井反算地层水电阻率

层段	井号	取值深度（m）	地层温度（℃）	孔隙度	水层电阻率（Ω·m）	R_w（Ω·m）	地层水矿化度（mg/L）
N_2^2	砂 40	269.9~274.6	17.4	0.30	0.62	0.054	184999
	砂 40	534.7~539.3	26.3	0.22	0.85	0.048	163144
	砂 40	560.3~564.3	26.6	0.30	0.54	0.047	169704
	砂 40	584.5~588.0	27.0	0.27	0.64	0.048	159230
	砂 40	595.1~601.4	27.9	0.26	0.55	0.039	209609
	砂 40	622.7~626.3	28.6	0.28	0.45	0.036	232852
	砂 40	647.4~650.2	29.5	0.27	0.58	0.044	170224
	砂 40	684.8~689.0	30.8	0.27	0.56	0.042	173471
	砂 40	698.9~705.7	31.1	0.25	0.57	0.039	190972
	英东 102	374.9~377.9	23.0	0.25	0.69	0.047	187579
	英东 102	446.7~452.5	23.1	0.27	0.73	0.055	149228
	英东 102	501.3~504.2	24.7	0.27	0.61	0.046	182235
	英东 102	516.3~519.6	24.8	0.22	0.53	0.030	351248
	英东 102	570.7~575.6	26.9	0.24	0.51	0.033	284403
	英东 102	597.2~560.3	27.9	0.23	0.85	0.052	142588
	英东 102	637.4~647.5	29.5	0.28	0.63	0.050	141950
	英东 102	681.0~684.0	30.6	0.26	0.52	0.037	207968
	英东 105	447.5~452.7	23.0	0.29	0.61	0.051	167275

续表

层段	井号	取值深度(m)	地层温度(℃)	孔隙度	水层电阻率($\Omega \cdot m$)	R_w($\Omega \cdot m$)	地层水矿化度(mg/L)
N_2^2	英东105	742.4~747.2	32.6	0.25	0.54	0.037	201559
	英东105	1022.6~1026.8	41.5	0.21	0.64	0.034	179174
	英东105	1230.6~1241.1	48.3	0.20	0.49	0.024	252515
	英东105	1730.4~1732.9	64.3	0.25	0.34	0.023	201983
	英东105	1785.1~1788.0	66.1	0.22	0.38	0.022	215532
	英东105	1824.7~1732.0	67.5	0.22	0.40	0.023	195338
	英东105	1860.0~1869.4	68.6	0.22	0.44	0.025	167699
均值			34.7	0.252	0.57	0.039	195299
N_2^1	英东102	940.4~945.5	37.6	0.23	0.56	0.034	198772
	英东102	972.6~976.9	40.0	0.20	0.75	0.037	163084
	英东102	994.7~1000.8	40.8	0.25	0.58	0.039	149547
	英东102	1000.1~1009.1	40.1	0.23	0.78	0.047	119376
	英东102	1029.5~1037.6	45.0	0.21	0.60	0.032	152070
	英东102	1139.5~1143.4	45.3	0.18	0.84	0.036	181904
	英试1-1	2504~2520	89.0	0.17	0.68	0.027	114730
	英试1-1	2258~2268	78.3	0.18	0.66	0.028	123509
	英试1-1	2272.5~2276	81.7	0.17	0.61	0.025	138192
	英试1-1	2316~2318	83.3	0.17	0.63	0.025	135394
	英试1-1	2341~2351	83.9	0.19	0.54	0.024	140666
	英试1-1	2402~2406	85.5	0.18	0.60	0.026	128351
均值			62.5	0.20	0.65	0.032	145466

3.2.5 电阻率高侵模拟及校正

油气层电阻率高侵机理研究：在时间推移测井，数值模拟的基础上，研究阵列感应电阻率在油气层出现高侵的机理，并建立了电阻率的校正图板。

（1）将8口井的地层水矿化度资料进行分析，水型均为$CaCl_2$型，总矿化度多在15×10^4mg/L以上，为极高矿化度的地层水，如图3-30所示，小于15×10^4mg/L的只有一口井，取得样品不纯含油钻井液滤液。钻井用钻井液要淡得多，钻井液矿化度小于1×10^4mg/L，从两者对比看出地层水矿化度和钻井液矿化度差异巨大，在20倍左右，应该说这是油气层感应电阻率出现高侵的内在因素和外部因素。内在因素是地层水矿化度高，外在因素之一钻井的钻井液矿化度很低。

模拟结果显示不同物性的地层在钻井液浸泡相同的时间后发生的变化是不同的（图3-31），顶部物性最好的层段出线了纵向上不均匀的侵入情况，径向上出现了低阻的环带，在离井壁19ft的地方基本保留了原状地层的特征。因此在这种情况下，阵列感应测井不同探测深度的电阻率都受到了影响。中等物性和比较差的物性的储层纵向上没有出现

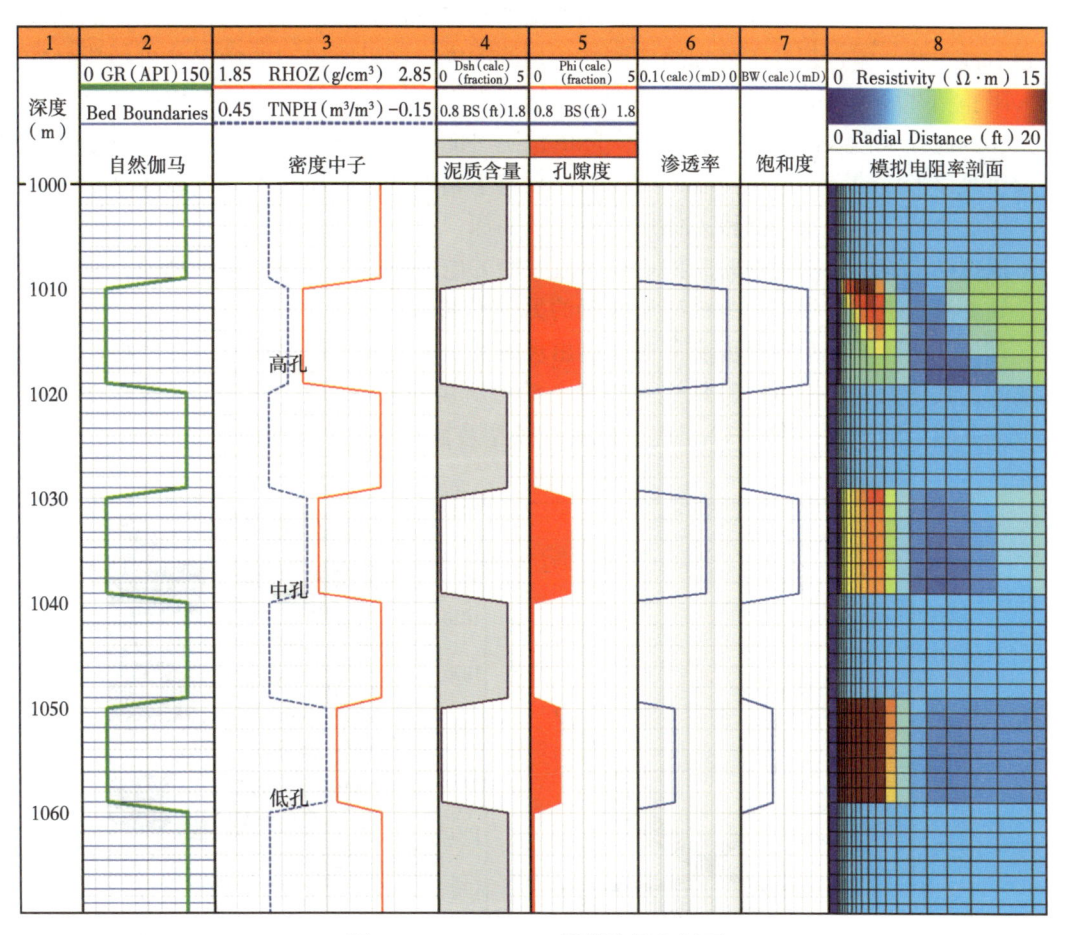

图 3-30 UTAPWels 模拟的侵入剖面

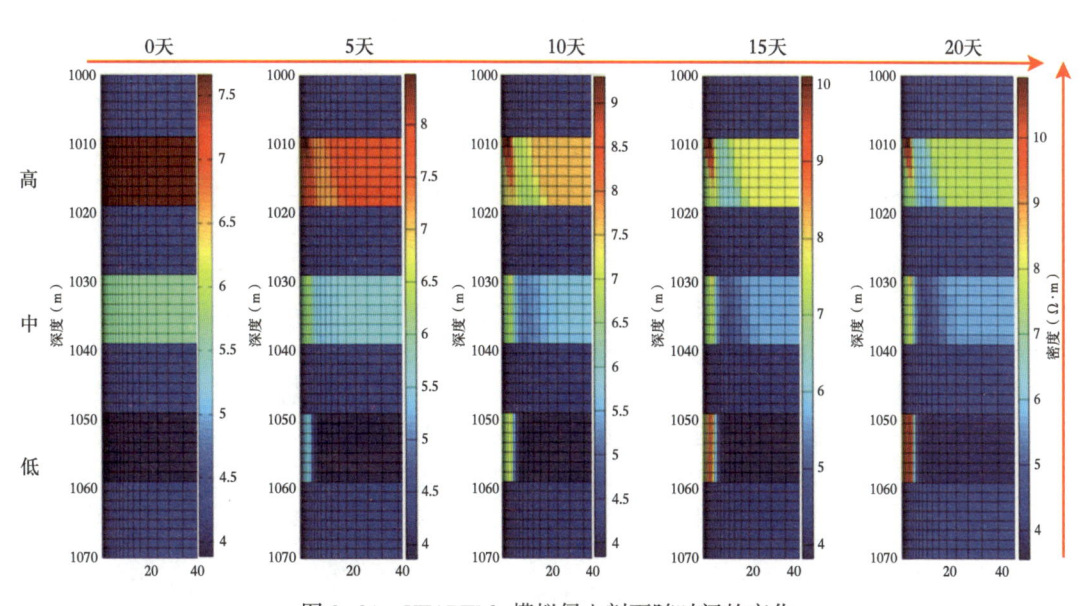

图 3-31 UTAPWels 模拟侵入剖面随时间的变化

分异，径向上中等物性的地层受侵入影响的深度和好物性储层差异不大，物性差的储层侵入相对浅一些，但也超过了阵列感应测井的探测深度。这里所模拟的情况是可形成好的滤饼，阻止钻井液的进一步侵入，在物性差的情况下由于给的压差一定，差储层的毛细管压力大，因此导致侵入深度反而浅，与实际的情况可能会有差异。实际钻井的过程中，差储层滤饼难以形成或者形成所需要的时间长，在起下钻的过程中还会不断地破坏已形成的滤饼，因此会持续地侵入，导致差储层的侵入反而深。

模拟结果表明，随浸泡时间的延长，近井筒的电阻率逐渐升高，物性越差，侵入越明显。钻井液浸泡时间相对长是油气层高侵的另一因素。

理论及实际测井资料都证实了油气层出现高侵是可能的，针对英东地区的地层情况用其实际的数据做一模拟可以确认这一现象。模拟所用的软件为 UTAPWels，该软件是专业模拟测井响应的工具，图 3.32 是建立的地质模型及输入的毛细管曲线。

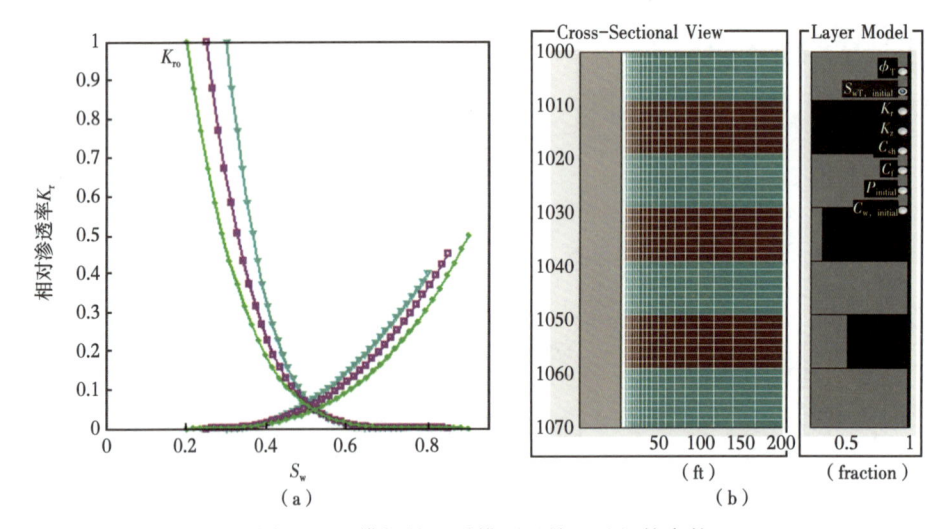

图 3-32　模拟的地质模型及输入毛细管参数

建立的地层模型包括三种不同物性的砂层，自上而下对应的孔隙度分别为 25%、20%、15%，其渗透率分别为 300mD、40mD、3mD，黏土的含量为 5%，这基本代表了所遇到的储层的实际情况。图 3-32（b）为所用的毛细管曲线，这是根据英东地区的实际毛细管曲线的参数来设计的。

砂 40 井有时间推移测井资料，对其进行侵入模拟（图 3-33），图 3-33（b）为模拟的结果，绿色的代表深感应电阻率，红色的为中感应电阻率，小点代表井中砂层段的读数，线代表模拟结果。模拟的结果与实测资料吻合得较好。

第一次测井时阵列感应为低侵特征，第二次测井变明显的为高侵特征（侵入深度超过 30in）钻井液在井下温度的电阻率为 $0.58\Omega \cdot m$，英东地区地层水总矿度在 230000~240000mg/L 计算井下的电阻率为 $0.035\Omega \cdot m$，两者相差超过 10 倍。第一次测井电阻率为 $5.2~6.0\Omega \cdot m$，第二次测井电阻率为 $4.2~4.6\Omega \cdot m$，降低了 $1.0\Omega \cdot m$。含油饱和度低的层段高侵更严重。

统计目前的井从钻开主要目的层到测井时间都超过 10 天，有的甚至超过一个月（图 3-34）。无论是探井、评价井和还是部分试采井，目的层从钻开到测井时间多在 10 天以上，

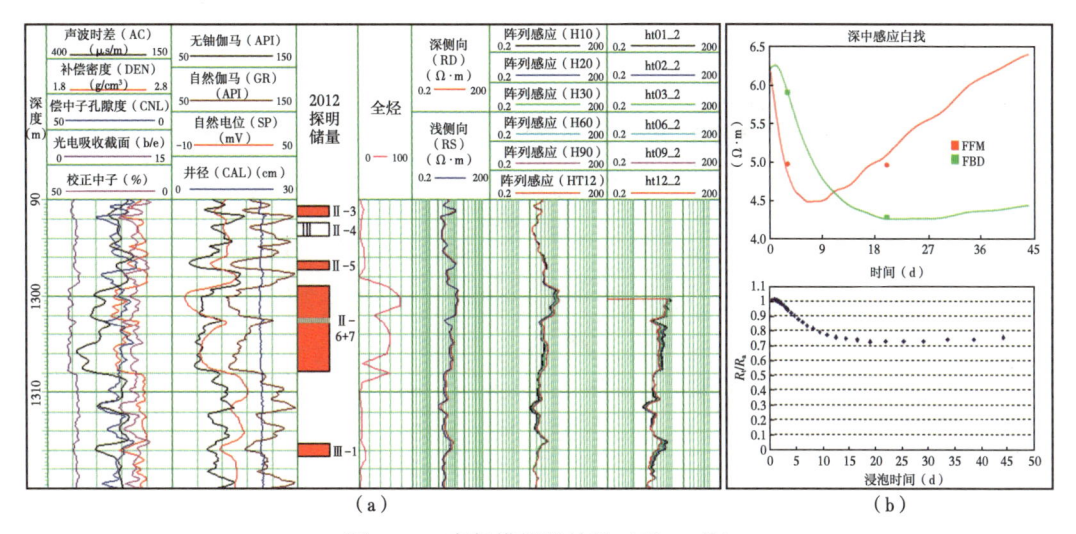

图 3-33 高侵模拟的结果（砂 40 井）

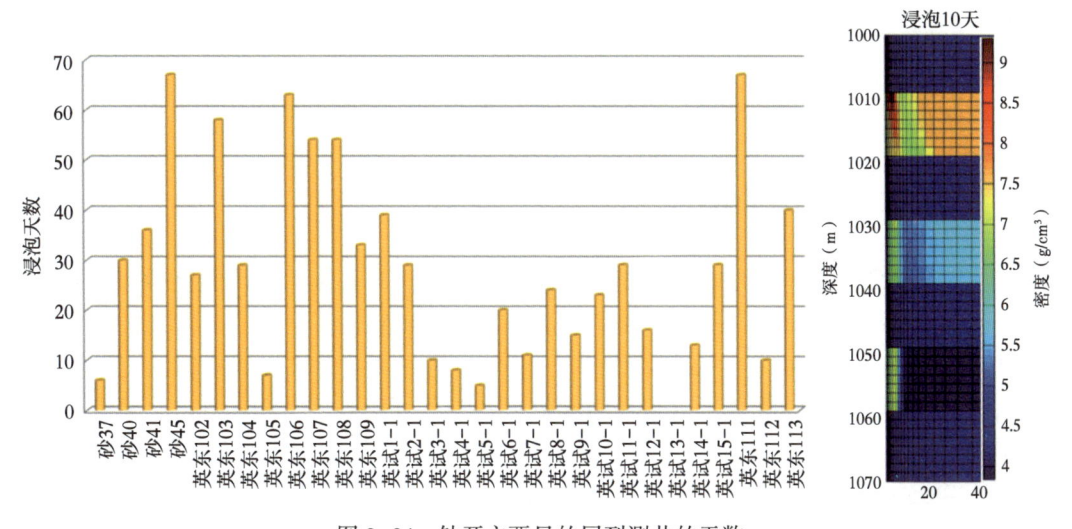

图 3-34 钻开主要目的层到测井的天数

因此电阻率受影响较大。搞清楚油气层电阻率高侵的机理是为了解释这种现象，对电阻率进行校正从而保证含水饱和度计算准确才是主要目的。电阻率高侵出现的时间，电阻率受影响的大小等受众多因素的控制，对每一层进行模拟然后校正是不现实的，因为储层数量大，浸泡时间长短不等，物性也不同，因此利用时间推移测井建立第一次测井与第二次测井的关系式是现实和可操作的方法，利用这砂 40 井的数据建立的关系式：

$$R_t = 1.1757 R_a + 0.0261 \tag{3.15}$$

式中　R_t——地层真电阻率，$\Omega \cdot m$；
　　　R_a——地层视电阻率，$\Omega \cdot m$。

利用式（3.15）对深电阻率进行校正，保证了计算的油气饱和度的精度（图 3-35）。这种方法虽然略显简单，但具有较强的实用性和可操作性，考虑的因素太多不但难以实现

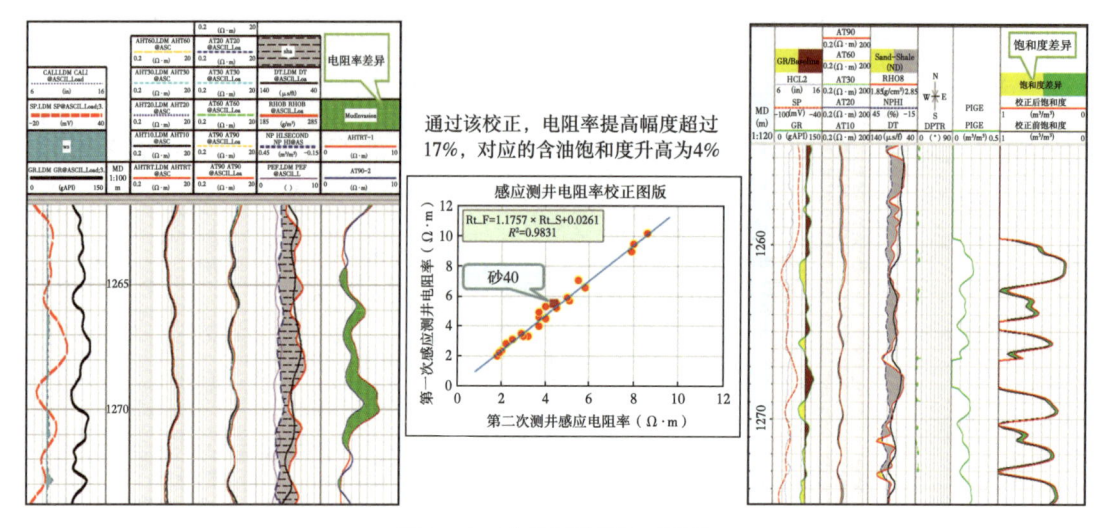

图 3-35　感应电阻率校正图版

而且非常的烦琐，同时模拟过程大量需要输入的参数都具有一定的不确定性，即使每一砂层都通过模拟来校正，最终的精度也未必能够满足计算的需要。

通过校正，电阻率提高幅度超过 17%，对应的含油饱和度绝对值升高为 4%。

3.3　储层流体识别方法

流体性质识别是测井地层评价的重要内容，英东油田的流体性质识别包括油气与水的区分、油与气的区分。本书采用常规测井与新技术结合识别流体性质。除常规的交会图法外，还采用了 MDT、CHDT、核磁共振测井、介电扫描测井结合常规测井辅助识别流体性质，取得了很好的效果，形成了一套适用性较强的测井评价技术。CHDT 首次系统、规模地在青海油田作业并取得很好的效果。由于各层组特征差异及沉积相的不同，分层组对 N_2^2、$N_2^1—K_4^上$、$N_2^1—K_4^下$ 建立流体类型识别图版。利用偶极子声波测井识别区分油气、录井与测井结合区分油气、多方法结合区分油水。

在英东地区复杂断块油气藏存在流体识别难题，单纯依靠电阻率进行油气水区分较为困难，因此在本区积极开展了非电法的流体识别技术，形成了多种手段综合评价的识别方法，并形成了针对流体识别的优化测井系列。

3.3.1　常规测井流体识别技术

常规方法主要是交会图法，研究区内测试、试采的数据丰富，因此可以建立不同的图版来区分流体。上油砂山组、下油砂山组上、下段（以 K_4 为界）沉积、岩性、物性有所不同，因此建立图版也是分不同的层位来进行的。

（1）N_2^2 上油砂山组流体识别图版。

读取测试层段典型的测井值，原则是一个砂层一个值，读值的时候选择岩性相对纯的地方，井眼条件好、曲线质量可靠的深度处，利用这些值建立图版用于区分流体类型。

N_2^2 层位孔隙度—感应电阻率交会图定性识别流体性质如图 3-36 所示。利用孔隙度—感应电阻率交会图可以容易地将油气层区域与水层和干层区分开来，利用密度—中子交会图易将油层区和气层区区分开来。需要说明的是上油砂山组没有测试证实的干层，因此下限取了测试出油最低的值，其孔隙度为 16%。

(a) N_2^2 孔隙度与感应电阻率交会图

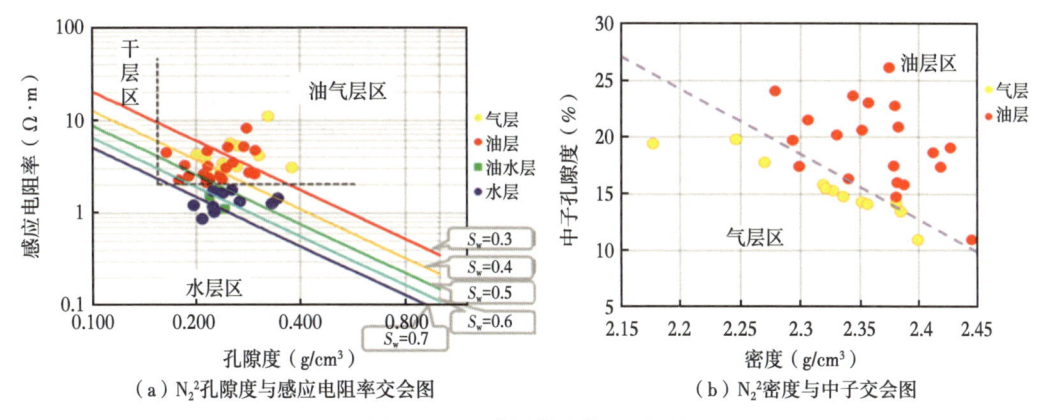

(b) N_2^2 密度与中子交会图

图 3-36 N_2^2 层位流体识别图版

样本点来自砂 37 井、砂 40 井、英东 104 井、英东 105 井、英东 107 井、英试 1-1 井、英试 5-1 井、英试 1-4 井、英试 2-5 井、英试 4-2 井。油气层与水层的区分以电阻率 2Ω·m 为界限，油水层的样本与水层混在一起。气层与油层的区分主要依靠密度中子，受气的影响气层的中子孔隙度相对小，密度值相对低。

(2) 下油砂山组 N_2^1—$K_4^{上}$ 流体识别图版。

下油砂山组采用了与上油砂山组相同的方法来建立图版进行流体区分。图 3-37 根据密度—电阻率交会图定性识别油层、气层、油气层和水层。图 3-38 是通过计算得来的孔隙度与电阻率交会图。本次总共采用 114 个样本点，以密度 2.5g/cm³、电阻率 2Ω·m 为界限，分别区分干层、油气层和水层，误入点共 6 个。其中有一个油层点落在干层区，两个油层点落在水层区，三个水层点落在油气层区，图版的符合率超过 85%。同时看到绝大

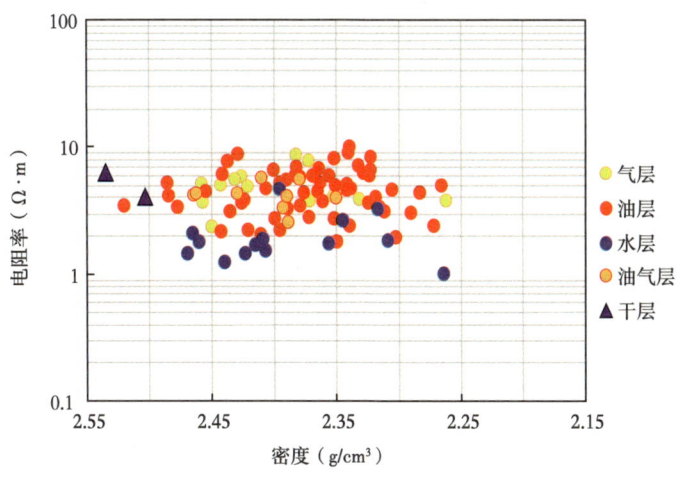

图 3-37 N_2^1—$K_4^{上}$ 密度—电阻率交会图

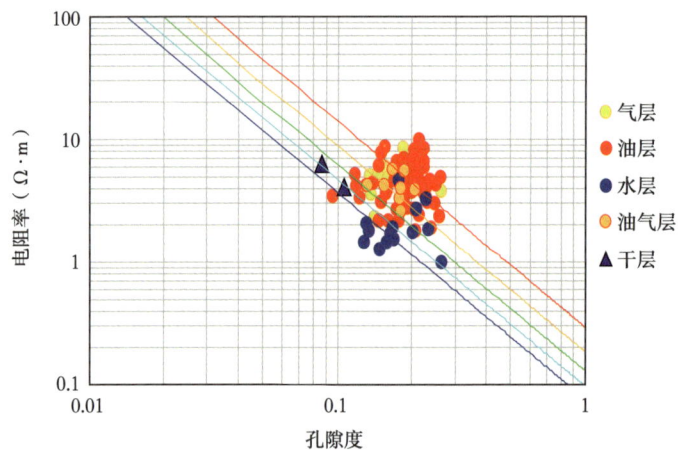

多数油气层点处于含水饱和度在50%以下的区间内。该图版对油气的区分效果差。

图 3-38　N_2^1—$K_4^上$ 孔隙度—电阻率交会图

如图 3-37、图 3-38 所示，下油砂山组 N_2^1—$K_4^上$ 油气难以区分，根据泥质含量与钍含量具很好的线性关系。随着钍含量升高，泥质含量升高，地层中钍的存在是导致泥质含量增高的重要原因，如图 3-39 所示。岩石骨架中泥质含量的增高，影响中子孔隙度测井值，在气与油层中的影响更加严重。因此，需将泥质含量进行校正，如图 3-40 所示。

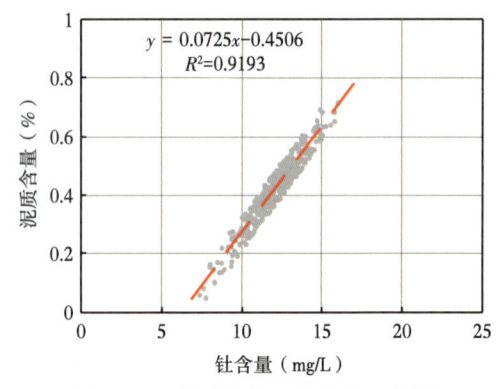

图 3-39　泥质含量—钍含量交会图

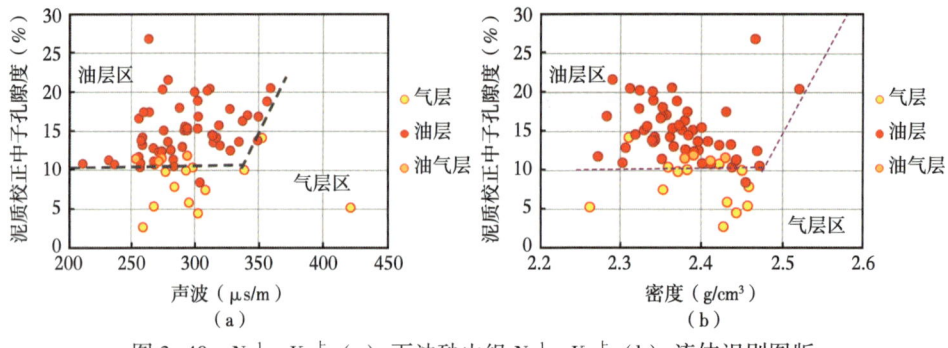

图 3-40　N_2^1—$K_4^上$（a）下油砂山组 N_2^1—$K_4^上$（b）流体识别图版

(3) 下油砂山组 N_2^1—$K_4^{下}$ 流体识别图版。

图 3-41 密度与感应电阻率的交会图版可以区分干层与油气层，水层。干层的密度大于 2.50g/cm³；根据深浅感应电阻率比值与深感应电阻率的交会图（图 3-42）区分油气层与水层，水层的电阻率相对低，深浅感应电阻率比值高。

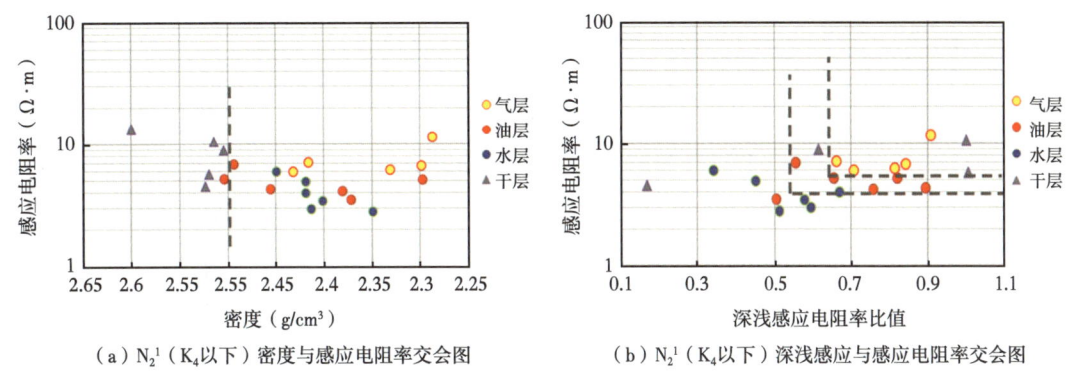

（a）N_2^1（K_4 以下）密度与感应电阻率交会图　　（b）N_2^1（K_4 以下）深浅感应与感应电阻率交会图

图 3-41　下油砂山组 N_2^1—$K_4^{下}$ 流体识别图版

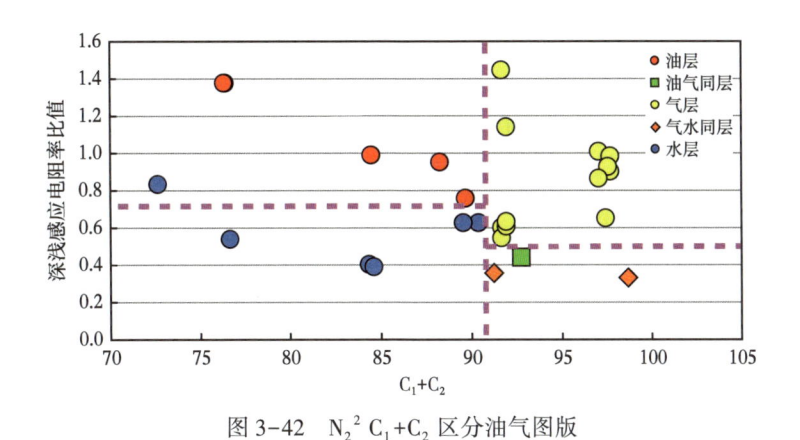

图 3-42　N_2^2 C_1+C_2 区分油气图版

3.3.2　阵列声波流体识别技术

从偶极子声波测井中提取的纵波、横波和斯通利波蕴含了大量与油气有关的信息，利用纵波、横波计算出来的弹性模量包括泊松比、体积模量、杨氏模量、剪切模量和拉梅系数可以直接用来识别区分油气。因此，在纵波、横波处理，岩石实验和测试分析的基础上制作了不同声学参数的交会图版，如图 3-43 所示。

建立的横波时差与纵波时差的交会图，随截距增大，含气饱和度增大，但是增大较快，区分油气的效果一般。根据几个点子建立了含气饱和度和各弹性模量相对变化率的关系，体积模量和泊松比对含气饱和度的变化更加敏感，对油、气的定性判别和定量计算提供了重要依据。同样的，如图 3-43 所示，在 N_2^2 层位取样品点建立体积压缩系数与泊松比的交会图，可以明确区分油层与气层，当点子增加时，油层、油气层和气层都得到了很好的区分。

通过分析波速与含油饱和度的关系，纵横波对不同含油饱和度的声波速度差异判断油气水。岩石弹性参数可以反映孔隙流体性质，不同流体性质的泊松比、杨氏模量、体积压

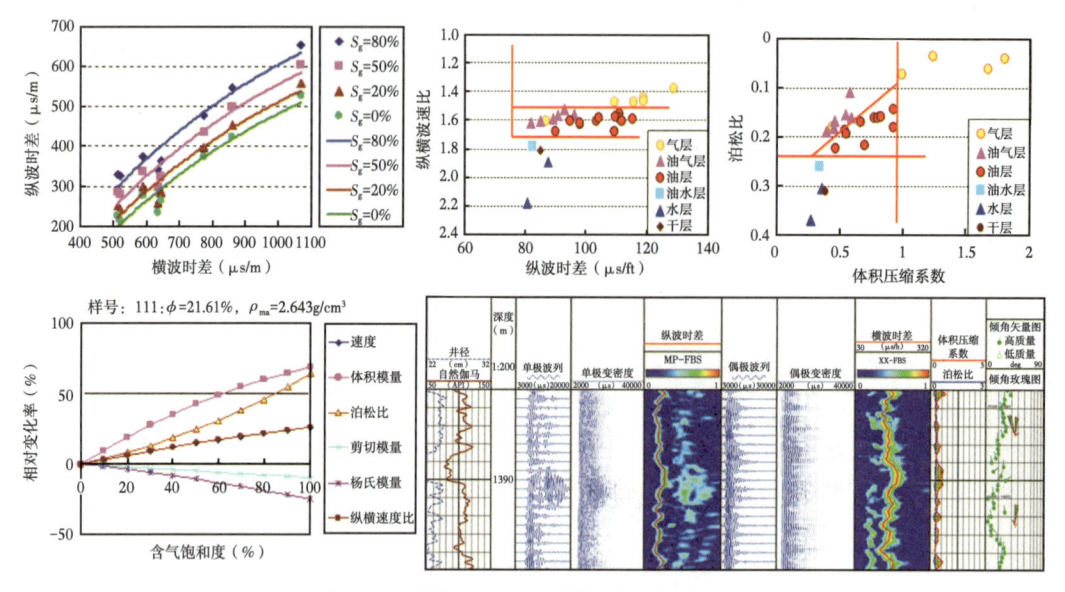

图 3-43 偶极子声波测井资料区分油气层

缩系数、拉梅系数不同，应用该特征可以识别油气，通过两两建立关系识别流体性质同样可以达到较好效果。T_2谱对流体性质反应敏感，通过T_2可以判断孔隙结构，差谱可以识别油气。通过对钻井液电阻率与地层水电阻率对比研究，明确了油气层电阻率高侵机理，解决了英东油田水层低侵、油层高侵的难题。

根据英东 102 井、英东 107 井、英试 1-1 井的 27 块岩心样品，做了驱替—岩石声波波速实验。该实验共分为气驱油声波波速测试过程、气驱水声波波速测试过程和油驱水声波波速测试过程。下面就这三个过程一一介绍。

（1）气驱油过程中岩石声波波速。

通过分析每块气驱油样品驱替过程中的关系曲线（图 3-44、图 3-45），可得出如下结论：

①随着气驱油过程中含气饱和度的增加，横波速度没有明显的增大或减小，纵波速度表现出明显的减小现象。

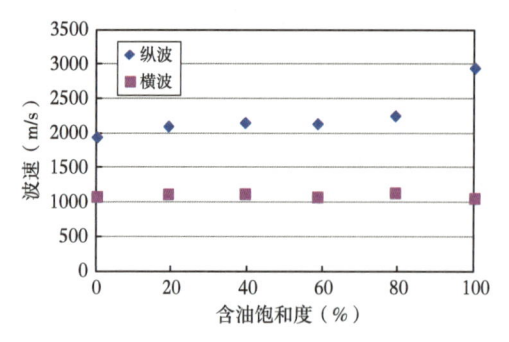

图 3-44 英东 102 井波速与含油饱和度关系图（$\phi=15.61\%$）

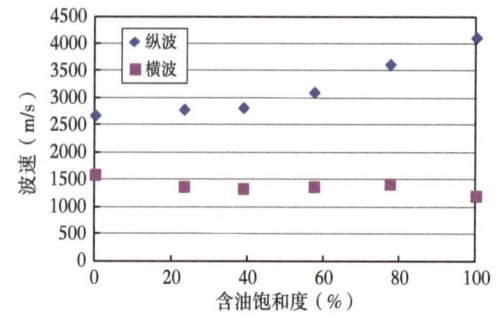

图 3-45 英东 102 井波速与含油饱和度关系图（$\phi=6.85\%$）

②测试结果表明,储层孔隙度大时纵波速度、横波速度要比储层孔隙度小时低,饱含油时纵横波速度比平均为2.07,随含气饱和度的增加,纵横波速度比逐渐降低。

③在气驱油过程中,岩样孔隙度大时含气饱和度增大到20%~30%时纵波速度就急剧减小,孔隙度小时随含气饱和度的增大纵波速度逐渐减小,在含气饱和度为40%~70%时才减小到最小,表明储层孔隙度大时纵波速度对识别气体更敏感,孔隙度小时纵波速度对识别低饱和度气体敏感性差、对高饱和度气体敏感。

气驱油过程中,随着含气量的增加,纵波速度有明显下降,降低幅度与孔隙度的大小有关,横波速度降低幅度不明显,但是横波速度大小与孔隙度有密切关系,纵横波速度比与含气饱和度关系紧密,与储层孔隙度也有明显关系,这些变化关系为利用声波测井进行油气识别提供了重要依据。

(2) 气驱水过程中岩石声波波速。

通过分析每块气驱水样品驱替过程中的关系曲线(图3-46、图3-47),可得出如下结论:

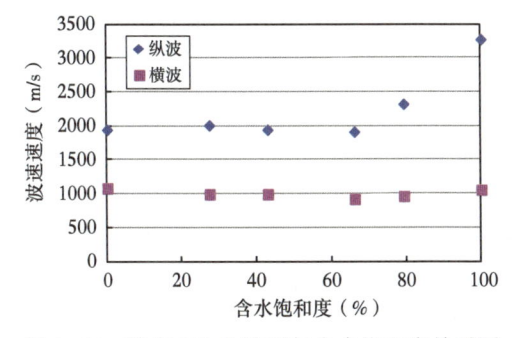

图3-46 英东102井波速与含水饱和度关系图(ϕ=15.05%)

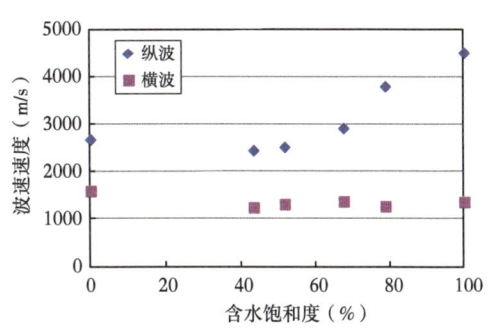

图3-47 英东102井波速与含水饱和度关系图(ϕ=5.35%)

①随着气驱水过程中含气饱和度的增加,横波速度没有明显的增大或减小,纵波速度表现出明显的减小现象。

②测试结果表明,储层孔隙度大时纵波速度、横波速度要比储层孔隙度小时低,饱含水时纵横波速度比平均为2.86,随含气饱和度的增加,纵横波速度比逐渐降低。

③在气驱水过程中,岩样孔隙度大时含气饱和度增大到了17%~30%时纵波速度就急剧减小,孔隙度小时随含气饱和度的增大纵波速度是逐渐减小,在含气饱和度20%~60%时才减小到最小,表明储层孔隙度大时纵波速度对识别气体更敏感,孔隙度小时纵波速度对识别低饱和度气体敏感性差、对高饱和度气体敏感。

与气驱油过程声波实验相似,气驱水过程中,随着含气量的增加,纵波速度有明显下降,降低幅度与孔隙度的大小有关,横波速度降低幅度不明显,但是横波速度大小与孔隙度有密切关系,纵横波速度比与含气饱和度关系紧密,与储层孔隙度也有明显关系,这些变化关系为利用声波测井进行气水识别提供了重要依据。

(3) 油驱水过程中岩石声波波速。

通过分析每块油驱水样品驱替过程中的关系曲线(图3-48、图3-49),可得出如下结论:

图 3-48　英东 102 井波速与含水饱和度关系图
（φ=15.05%）

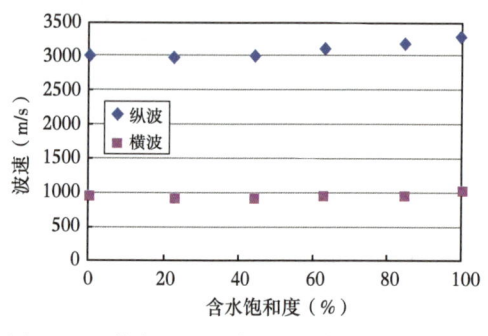

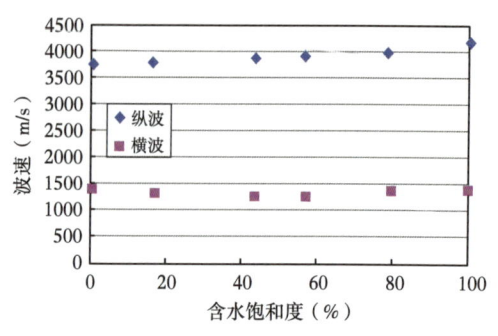

图 3-49　英东 102 井波速与含水饱和度关系图
（φ=7.59%）

①随着油驱水过程中含油饱和度的增加，横波速度没有明显的增大或减小，纵波速度表现出很小幅度的减小现象。由于油驱水时两相流体密度差异小，每块岩心纵波波速与岩心密度基本呈线性关系。

②测试结果表明，储层孔隙度大时纵波速度、横波速度要比储层孔隙度小时低，饱含水或饱含油时纵横波速度比基本相等。

通过对三相流体互驱实验和分析，单块岩样驱替过程中，每块岩样的横波波速基本不变，纵波波速都是随着密度增大而增大的。其原因是总体趋势，密度越大，体变模量、切变模量增加得更大，声速越高。

流体饱和度的影响比较复杂，一般地，干砂岩的声速比饱和砂岩的声速低，差值与孔隙度有关。在中间部分，随含水饱和度增加，声速有升有降这种现象在以上三个过程均有出现，如图 3-50 所示。

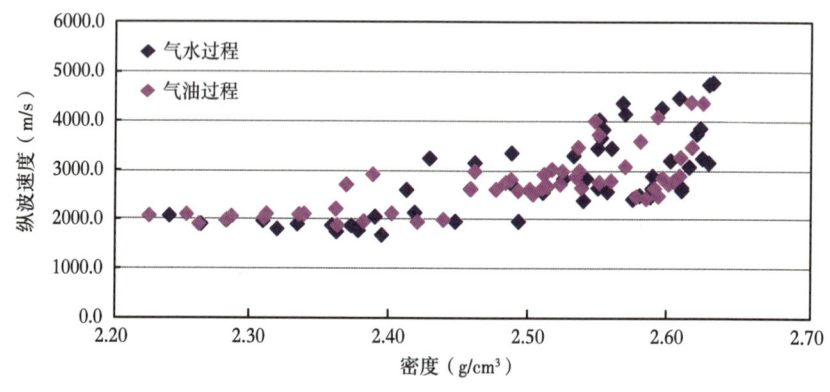

图 3-50　不同过程中密度与纵波速度的关系

相应地，地层含气后，与同岩性、孔隙度的水（油）层相比，有：①纵波速度减小，纵波时差增大；②横波速度增大，横波时差变小；③纵横波速度比变大，纵横波时差比变小。

根据上述实验结果，分析并计算弹性参数，建立了含气饱和度与相对变化率的关系。英东 102 井该块岩样孔隙度为 15.05%，渗透率为 15.8436mD。从图 3-51 看出，随着含气饱和度的不断增加，体积模量和拉梅系数相对变化率较大，而其他参数相对变化率较小，基本上呈线性关系。

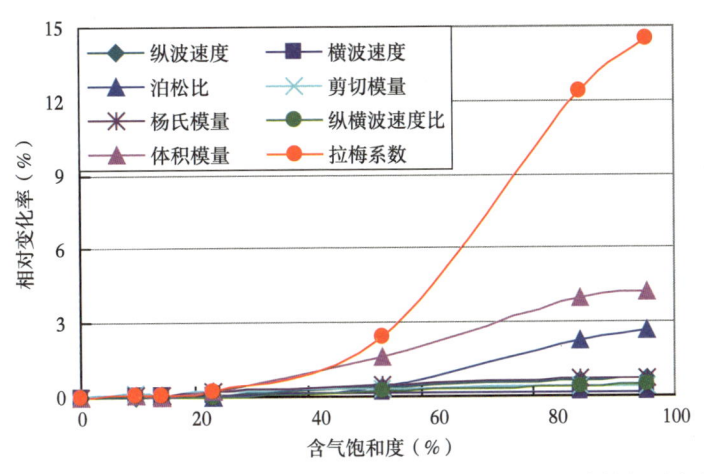

图 3-51 英东 107 井在 1904.87m 处气驱油过程中岩石声学参数相对变化图

3.3.3 录井油气区分技术

气测录井中的烃组分含有大量的流体类型信息，将 C_1+C_2 与电阻率曲线结合起来区分流体类型取得了较好的效果。N_2^2 气层与油气层的甲烷+乙烷含量超过 91%，油层则小于 91%（图 3-52），N_2^1—$K_4^上$ 气层与油气层的甲烷与乙烷含量超过 94%，油层则在 94% 以下（图 3-52、图 3-53），同时根据阵列感应电阻率与深侧向电阻率的比值将水层与油气层区分开。

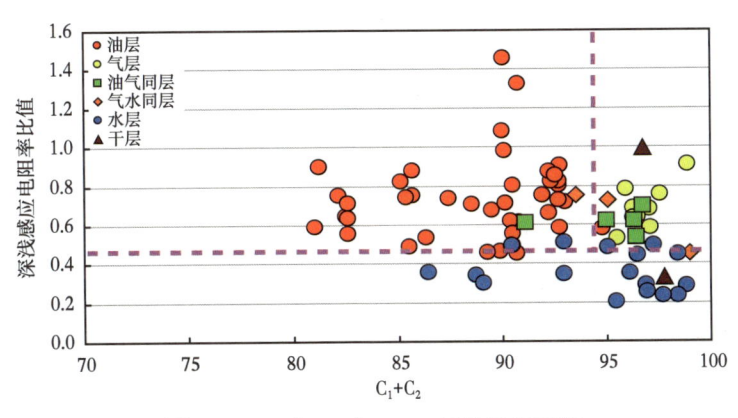

图 3-52 N_2^1—$K_4^上$ C_1+C_2 区分油气图版

3.3.4 核磁共振流体识别技术

T_2 谱中蕴藏着丰富的信息，其实际应用也是在不断地被发掘。核磁共振测井资料除了可以分析孔隙结构，得到不同尺寸的孔隙度和计算渗透率外，在一定的条件下也可以用来分析流体性质，比如识别稠油、轻质油和气层。核磁共振测井的横向弛豫包括三种不同的弛豫机制，分别为表面弛豫、体积弛豫和扩散弛豫。其中表面弛豫主要与储层的孔隙结构

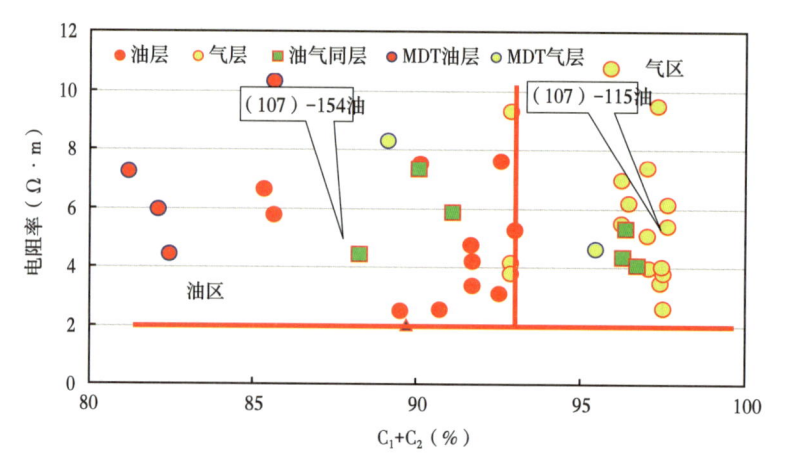

图 3-53 英东油田英东地区 C_1+C_2 —电阻率交会图

有关，体积弛豫会受大孔隙中流体的影响，而扩散弛豫主要是受气体的影响：

$$\frac{1}{T_{2\text{total}}} = \rho \frac{S}{V} + \frac{\mu}{aT} + \frac{D(\gamma G)^2 T_E^2}{12} \tag{3.16}$$

式中　$T_{2\text{total}}$——横向弛豫时间；

　　　ρ——岩石的表面弛豫率；

　　　S——岩石孔隙的表面积；

　　　V——岩石孔隙的体积；

　　　μ——孔隙中流体的黏度；

　　　a——常数；

　　　T——温度；

　　　D——流体的扩散系数；

　　　γ——质子的磁旋比；

　　　G——磁场的梯度；

　　　T_E——回波间隔。

式（3.16）表明当流体的黏度较小的时候，那么对应的横向弛豫时间将变大，而当储层中含气时，由于气体的扩散系数比油大一个数量级，这将使得横向弛豫时间变短，因此如果核磁共振测井的探测范围内有较多的黏度较小的轻质油将会使 T_2 谱变长，出现拖尾的现象，而当探测范围内有较多的气时将会使得 T_2 谱变短。因此在一定的条件下可以根据 T_2 谱定性判断探测范围内的流体性质。这里所说的条件主要是包括：钻井液的侵入比较浅，核磁共振测井的探测范围内有较多的油气；岩石的孔隙结构类似，T_2 谱的差异有较大的比例是由体积弛豫和扩散弛豫引起的。研究区内砂 40 井和砂 37 井的侵入深度比较浅，其依据主要是阵列感应电阻率基本为正差异且在好储层中不同探测深度的电阻率差异不明显。因此在这样的条件下可以用核磁共振测井来定性的判断储层流体性质。

图 3-54 是砂 37 井油层段和气层段的测井曲线综合成果图，其中上部 814.0~816.0m 井段为油层，下部 914.0~918.0m 井段为气层。这两个层的自然伽马基本一样，自然电位下部层的异常幅度高于上部油层的幅度，气层电阻率高于油层，且都为小幅度的正差异。

在 T_2 谱上，两者的差异比较明显，上部油层的 T_2 谱拖尾现象非常明显，在 1000ms 以后仍有比较明显的信号，而下部气层 T_2 谱要短一些，基本都小于 1000ms，分析认为这两个层的岩性是一样的，T_2 谱的差异主要是流体性质不同导致的。取一个采样点做 T_2 谱的比较，如图 3-55 所示，可更直观地看出油和气导致的横向弛豫时间的差异。有了这种实验层作为指导，那么就可以在判断油气层时参考 T_2 谱。图 3-56 中所显示的 1753～1755m 井段电阻率在 $2\Omega \cdot m$ 时，T_2 谱与图 4-54 中油层段的类似，表现为长 T_2 谱发育。

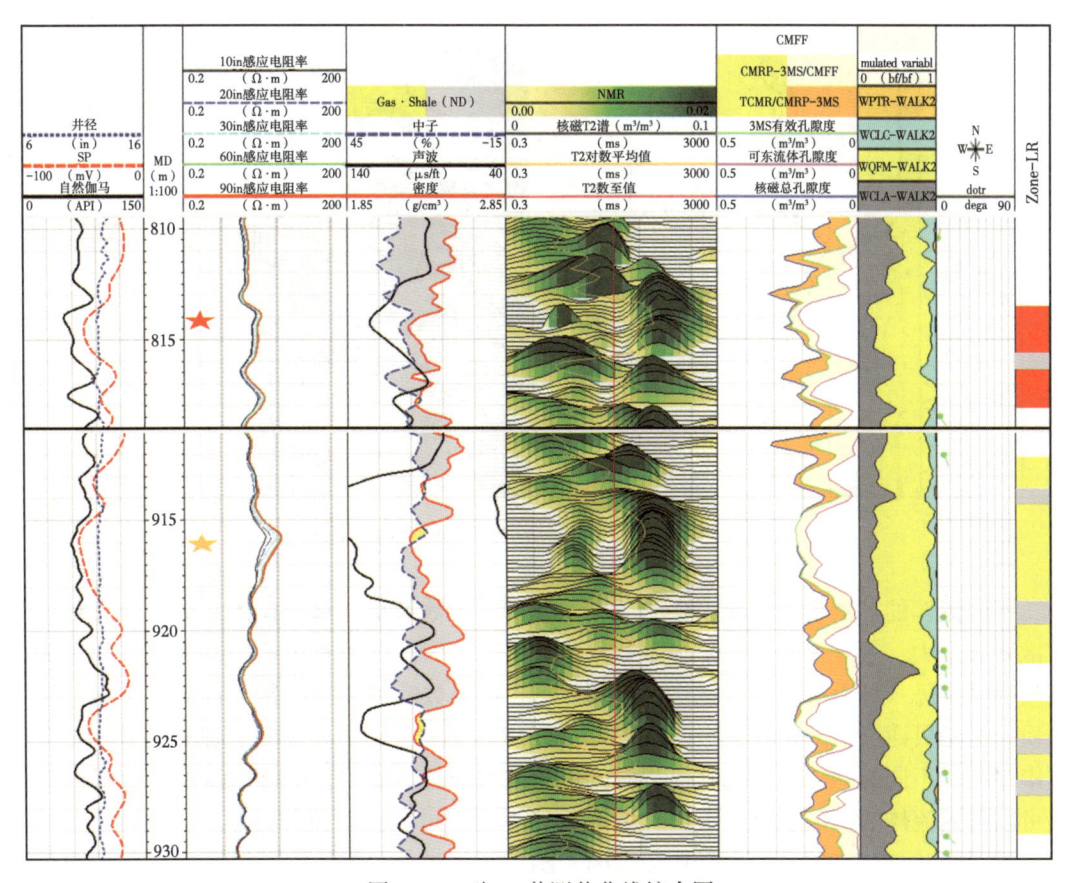

图 3-54　砂 37 井测井曲线综合图

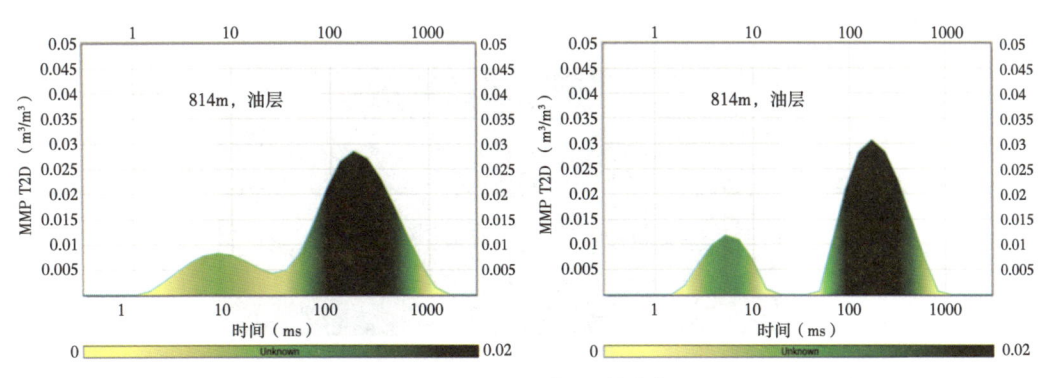

图 3-55　砂 37 井 T_2 谱分布

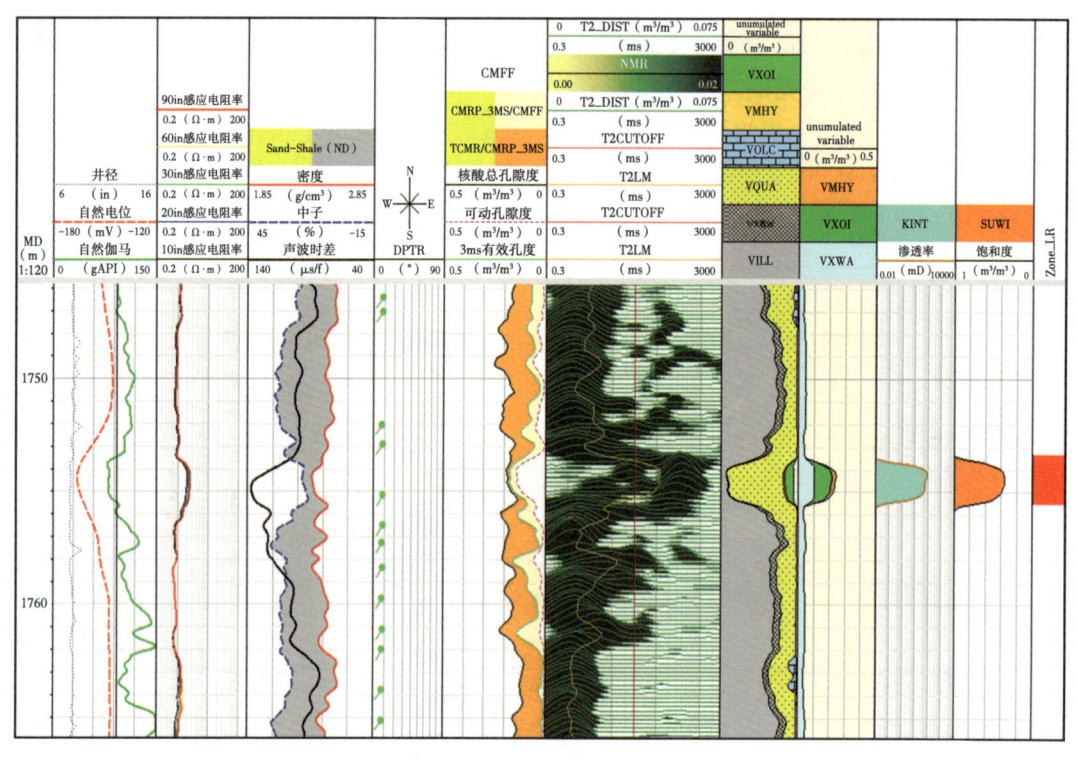

图 3-56 英东 105 井油层的测井曲线组合图

不同流体的扩散系数差异很大，其中油的扩散系数最小，水的扩散系数中等，而气的扩散系数最大，三者之间的差异都是数量级的差别，因此这为利用核磁共振测井识别流体性质提供了另一种手段。如果能够得到流体的扩散系数就可以据此判断探测范围内的流体性质。斯伦贝谢公司的核磁共振测井仪器（CMR）可以进行定点测量，测量时采用多个回波串序列，不同的回波串序列其等待时间、回波间隔是不同的，这样通过二维数据的反演就可以得到流体的扩散系数，根据扩散系数的不同就可以判断流体性质。图 3-57 是横向弛豫时间的对数与扩散系数的对数交会图，图中红色线表示气体的扩散系数，蓝色线代表水的扩散系数，绿色线表示油的扩散系数。这三根线对于不同的点会有少许的差异，差异的主要原因是深度、温度和压力有所不同。而流体扩散系数随温度和压力的不同有少许的

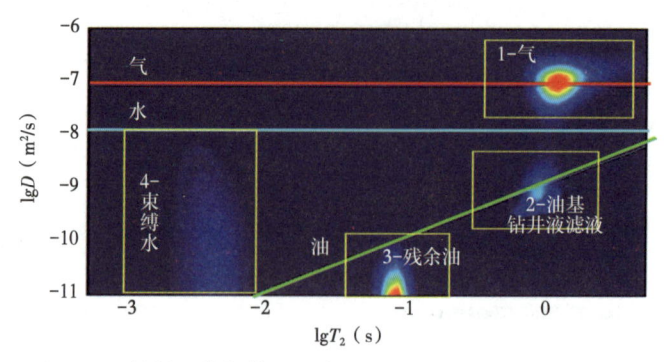

图 3-57 扩散系数与横向弛豫时间交会区分流体类型示意图

变化，软件会根据测量得到的信息自动调整。气线和水线平行于横轴的，油线是一条斜线，随横向弛豫时间的不同扩散系数在变化，油的黏度越小则扩散系数越大，反之黏度越大则扩散系数越小。

图 3-58 是 1754.5m T_2 谱放大的图，可以清楚地看到由于轻质油的存在导致 T_2 谱出现明显的拖尾现象，因此可以判断该层为油层而不是气层，测试证实为高产油层。

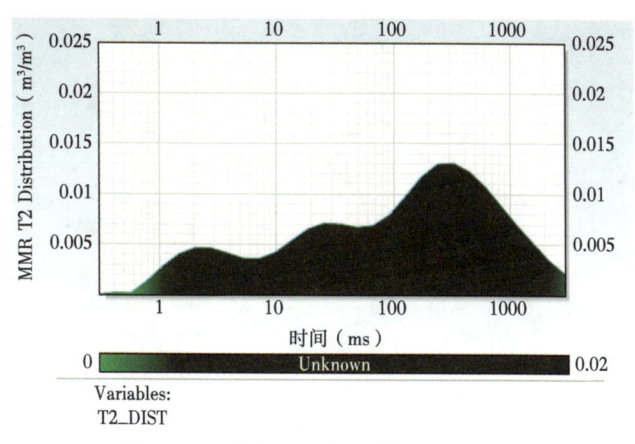

图 3-58　英东 105 井 T_2 谱（1754.5m）

图 3-59 是砂 40 井水层的测井曲线组合图，砂层段电阻率低于 2Ω·m，局部小于 1Ω·m。图 3-60 是油层段的测井曲线组合图，在 1270~1272m 自然电位负异常明显，密度、中子孔隙度曲线基本重合，电阻率曲线形态较饱满，呈外凸的特征，绝对值为 8Ω·m，孔隙度为 20%，为油气层特征。通过二维核磁共振测井的结果可以区分水层、油层和气层，如图 3-61 所示，水层点落在水线上，油层点落在水线之下，多半部分在油线上，因此为油层。如果为气层那么信号则落在上部的红线上。

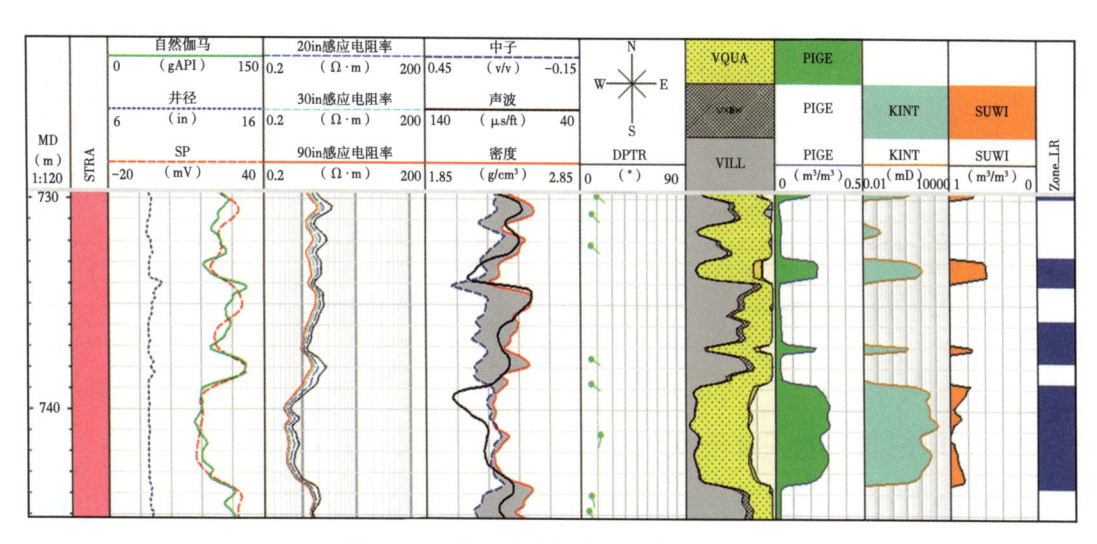

图 3-59　砂 40 井水层的测井曲线组合图

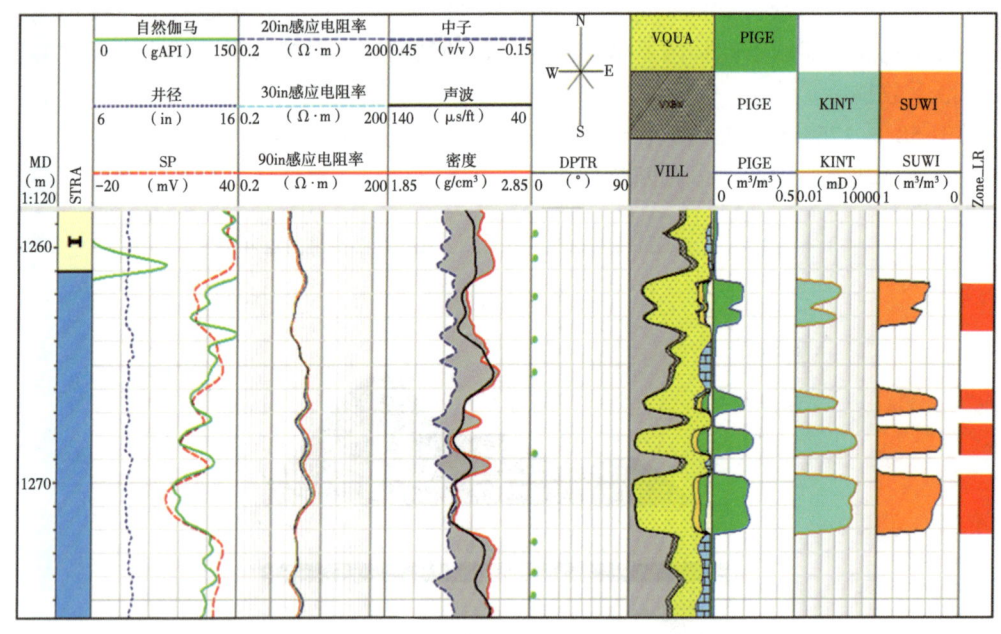

图 3-60 砂 40 井油层的测井曲线组合图

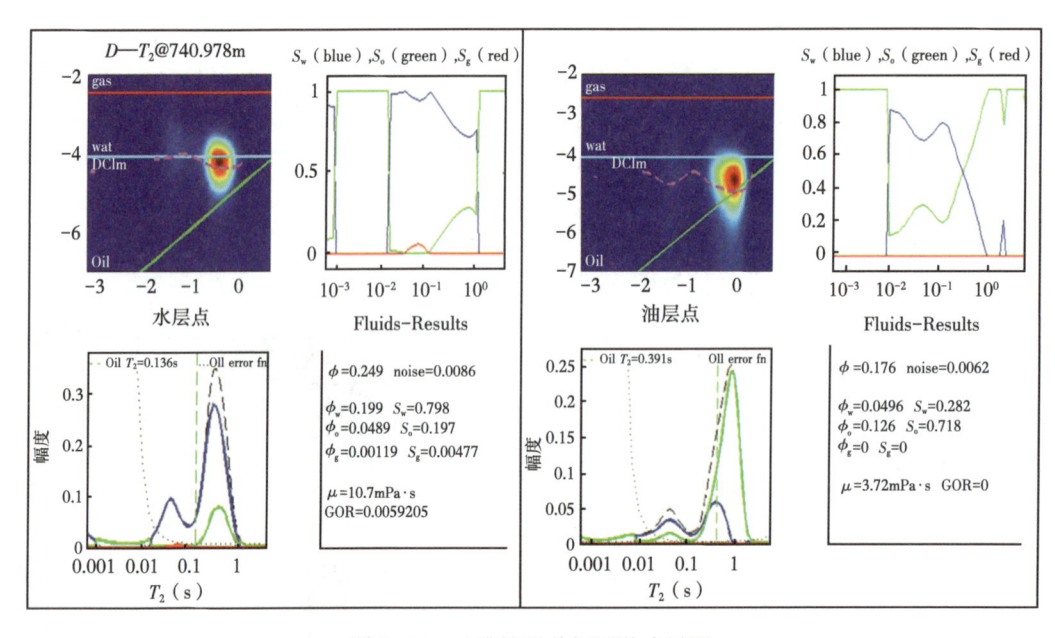

图 3-61 二维核磁共振测井成果图

3.3.5 介电扫描流体识别技术

介电测井是利用电磁波在介质中传播时，由于介质的存在使得电磁波的幅度发生衰减和相位移动，这与介质的介电常数大小密切相关，由此可建立电磁波传播幅度、相位与介电常数和电导率的关系，如图 3-62 所示，当介质存在时电磁波发生了幅度衰减和相位移动。

介电频散是介电常数随频率变化的函数，如下式：

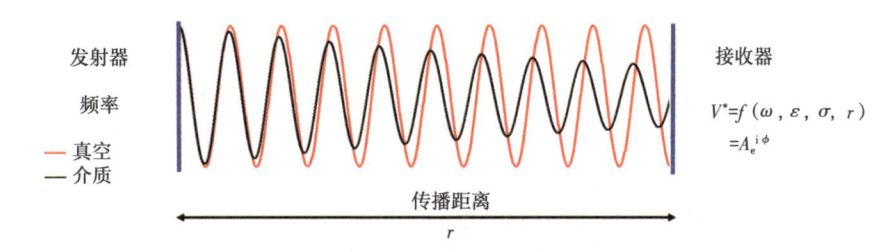

图 3-62 介质中电磁波传播示意图

$$\varepsilon^* = \varepsilon_r + \mathrm{i}\frac{\delta}{\omega\varepsilon_0} \qquad (3.17)$$

式中 ε_r，ε_0——分别为介电常数、真空中介电常数；
σ——电导率；
ω——电磁波频率。

介质在外加电场作用下会发生极化，极化的能力反应为介电常数。介电常数大小与介质的极化类型有关，主要有三种物理极化类型，即电子极化、分子定向极化和界面极化，如图 3-63 所示。

图 3-63 介电极化类型

每种极化类型都是由不同的电场频率主导的,当频率超过一定范围,特定的极化类型将消失,图 3-64 显示了在特定频率范围内存在的极化类型。在低频时介电常数有极大值,因为当频率低于几百兆赫兹出现了界面极化,随着频率的升高,起主导的极化类型为电子极化和分子定向极化,此时介电常数降低,这就是介电扫描测井的介电频散。

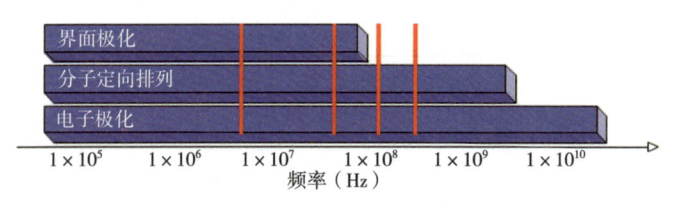

图 3-64 介质极化机理

岩石是一种复合介质,由矿物成分、孔隙中的流体组成,常见的矿物介电常数值差别不大,由于水的介电常数远远大于其他矿物以及油气的介电常数,达到 50~80,所以水是影响岩石介电常数的主要因素,介电测井利用这一特性准确测量地层中水的体积,表 3-3 为常见的矿物和流体介电常数。

表 3-3 常见矿物和流体介电常数

组分	介电常数
砂岩	4.65
白云岩	6.8
石灰岩	7.5~9.2
油	2~2.2
气	1
水	50~80

介电扫描测井 CRIM 单频解释模型仅适用于 1GHz 的高频且不反映岩石结构信息。通用的解释模型表达式如下:

$$\varepsilon^* = \int_{Nix}(\phi_T, S_w, \varepsilon_m, \varepsilon_w^*, \varepsilon_{oil}, \text{texture}, \cdots) \quad (3.18)$$

式中 ε^* ——地层测量介电常数;

ϕ_T——总孔隙度;

S_w——含水饱和度;

ε_m——岩石骨架介电常数;

ε_w^*——水的介电常数;

ε_{oil}——油的介电常数;

texture——岩石结构。

介电扫描测井软件开发了更加复杂的模型用来多频处理和提取骨架信息。模型的输出参数包括含水孔隙度(在总孔隙度已知情况可提供含水饱和度)、水矿化度、碳酸盐岩石结构和砂泥岩中阳离子交换量(CEC)。同时拟合介电常数和电导率频散去掉含水孔隙度计算过程中的矿化度的影响。水矿化度也作为另外的输出曲线。在油基钻井液钻井的情况下,此时计算的水矿化度为地层水矿化度。

在碳酸盐岩储层，介电频散特性主要是由岩石结构主导。相应的介电扫描测井分析提供了岩石结构特性的连续现场测量，通过 MN 指数曲线表现出来。

砂泥岩储层，通过处理能够提供连续的地层 CEC 曲线。在稠油或者侵入较浅储层中，介电扫描测井能够通过对侵入带和非侵入带地层的测量，用来计算可动烃含量。

英试 2-1 井进行了介电扫描测井，介电扫描计算的含油饱和度不受胶结指数、饱和度指数、地层水电阻率等的影响，因此可以用来区分储层流体性质。如图 3-65 所示，在 2633m 小砂层，电阻率低于 2Ω·m，判断流体性质存在疑问，介电扫描测井的结果表明含油饱和度接近 40%，根据核磁共振测井的可动流体饱和度分析，把该层解释为油层，后面的 CHDT 泵出也验证了这一解释结论。

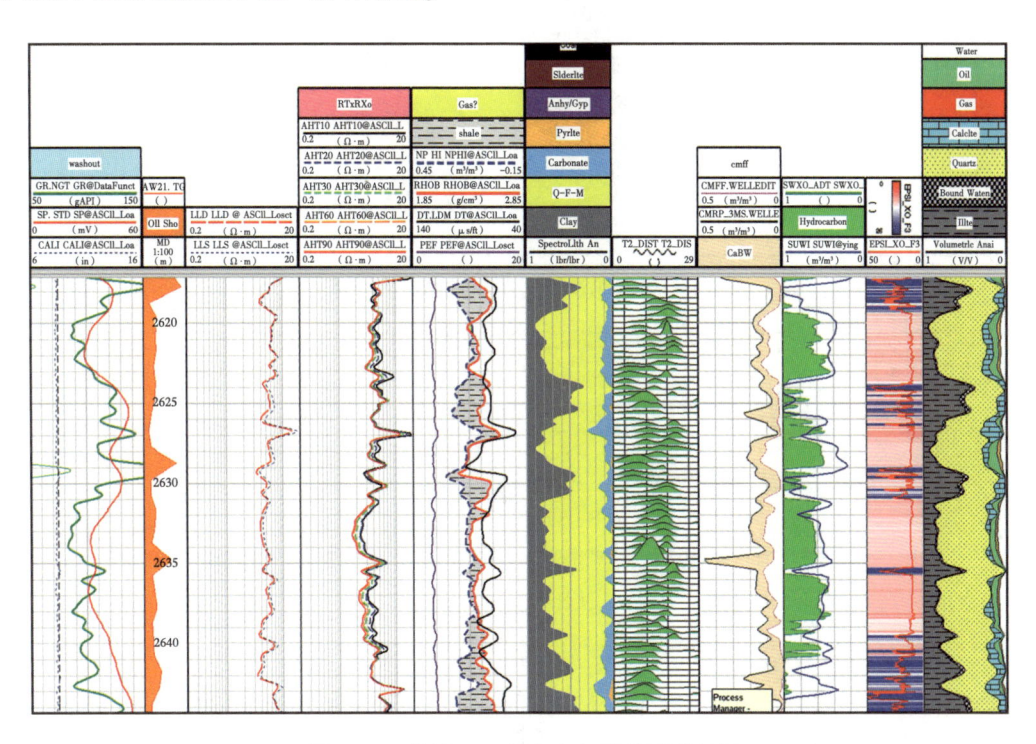

图 3-65 英试 2-1 井介电扫描处理成果图

3.3.6 地层动态测试识别技术

运用地层动态测试器（MDT），可以直接获取地层的第一手动态资料。MDT 作为研究油气藏的重要测井工具，其提供的数据可以判断流体性质，包括根据高质量的压力梯度和对泵出流体的实时分析。由于油与气密度差异大，因此如果在油层或气层有三个或多于三个压力梯度点，就可回归一条压力梯度曲线。根据压力梯度的数值判断储层流体性质。

图 3-66 为英东 102 井的组合测井曲线图，该井是英东一号构造的第三口油气发现井，前面两口分别为砂 37 井、砂 40 井，当时前两口井的电阻率曲线在油气层处多为正差异或者基本重合，而英东 102 井电阻率偏低且全部为增阻侵入，给流体性质的解释造成了一些困惑，在这种情况下进行了 MDT 测压和泵出作业。图 3-67 是两个砂体的压力分析成果，图中的绿色点代表压力质量较好的点，而红色的点为超压等原因导致的不合格的点，对两

105

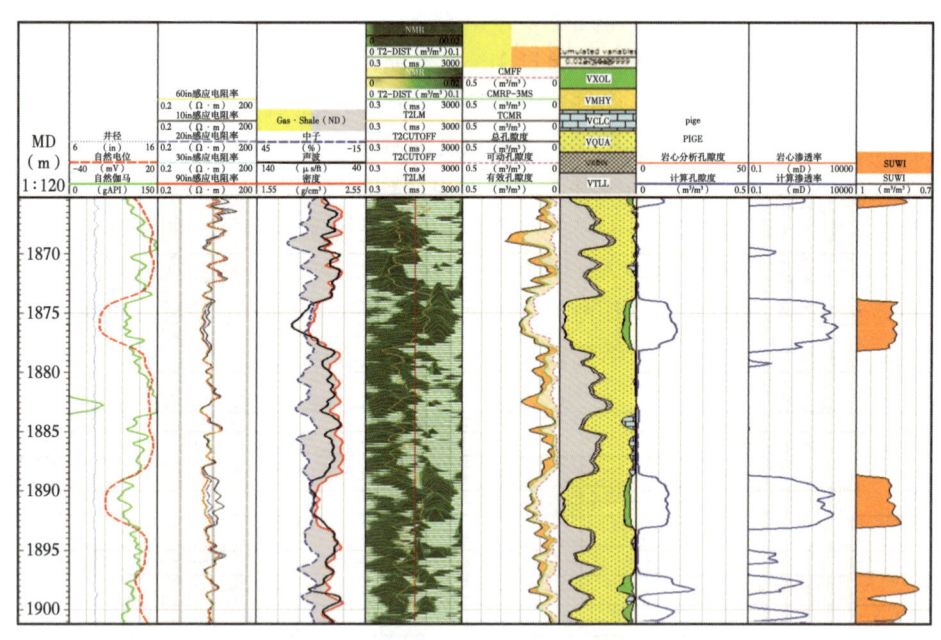

图 3-66　英东 102 井组合测井曲线图

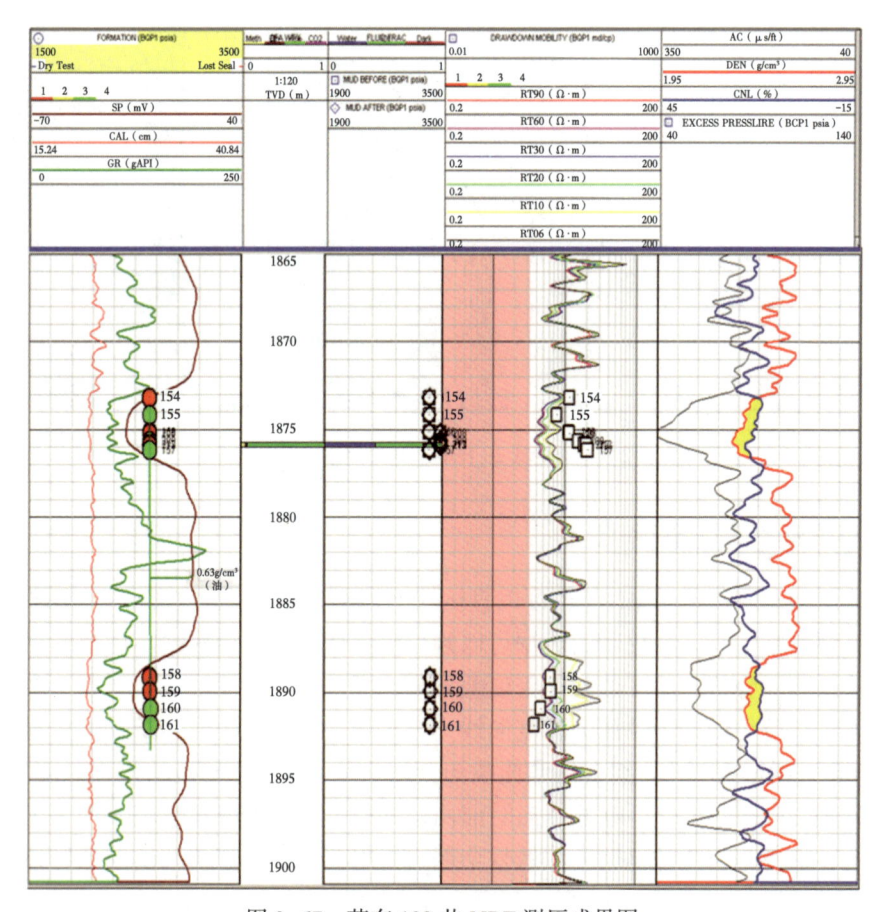

图 3-67　英东 102 井 MDT 测压成果图

个砂层进行了一起分析,压力梯度为 0.63g/cm³,明显为油层的梯度,解释为油层,完井测试下部砂体日产油 1.92t,证实了 MDT 的解释结论。

从以上识别储层流体性质的方法分析看出,不同的方法有其优势同时也存在不足。常规曲线资料丰富,对储层、井眼的要求条件相对低,但需要有大量的实验数据进行总结和归纳,然后才能在一个区块推广应用。核磁共振、MDT 等特殊测井方法具有常规测井所不具备的独特优势,比如 MDT 的泵抽只要能够形成好的座封且储层的渗透性满足要求,可以通过对流体电阻率、光谱等的分析判断流体性质,这种方法的不确定性较小,并且不需要有实验数据,也无须知道地层水电阻率等参数。但另一方面这些测井方法对储层、井眼、钻井液侵入都有一定的要求,当条件不具备时,这些方法将退化或失效。而且不能保证所有井都有资料,只有少量的重点井、重点层段才会采集。因此最好的方法是将这些数据综合起来分析判断。以常规测井资料为主,辅助新技术测井资料,综合判断储层流体性质。

3.4 复杂断块构造识别与流体分布规律

基于英东油田构造的复杂性,采用多方法进行了复杂断块构造识别和构造解释。从单井入手,精细成像、倾角测井资料的处理解释,由点及面,加强地层对比,井震结合,精细刻画断层展布,明确了英东构造特征。

3.4.1 复杂断块油气藏构造模型

3.4.1.1 地层倾角测井识别构造

倾角拾取可分为软件自动拾取和人机交互拾取,也叫作手工拾取。软件自动识别倾角是采用程序自动计算,对于地层中一些假象,难免会拾取不合适。故本次处理全部采用人机交互式处理,在了解区域构造和整体地质特征的情况下,保证拾取结果更精确和可靠。如图 3-68 所示,图(a)为软件自动拾取结果,走向乱,倾角不稳定;图(b)为手工拾

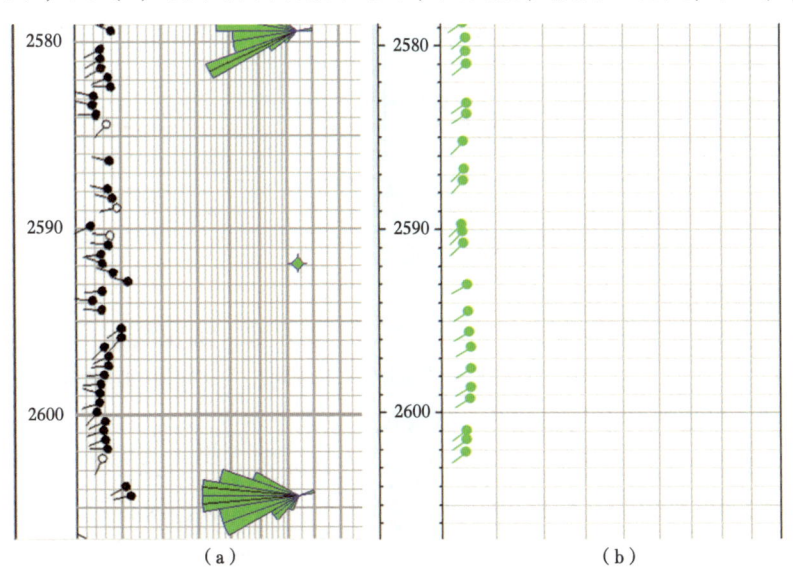

图 3-68 软件自动拾取结果(a)与人机交互拾取结果(b)

取结果，走向一致，角度稳定。其质量比软件自动计算更加可靠和稳定。

地层对比是非常关键的基础性工作，它对于油藏认识至关重要，逆断层引起的地层重复使得地层的对比与划分存在极大的困难，倾角资料准确地把断点识别出来，结合常规曲线实现地层的对比，故倾角的作用功不可没。图 3-69 为英试 1-1 井倾角资料识断层图。最左边为倾角处理结果图，由于断层两盘上下错动，倾角变化明显，在断层的上盘，倾向基本一致，下盘倾向基本一致。而断层上下盘倾向不一致。此处即为断点，可识别断层。而且 fault2 和 fault1 之间呈明显的杂乱模式，反映为断层破碎带，但也有可能是井眼不好引起，这个可以对比井径曲线观察。从右边的三个电成像图上看出，在断层处，上下两套地层岩性有突变，如 1367~1369m 地层，地层上部为亮黄色—亮白色的粉砂岩，下部地层突变为岩石较暗的泥岩。从右下的常规 SP、GR 和 LLD 曲线上看，在储层处，SP、GR、LLD 均呈低值，其他层段断层呈现类似特征。

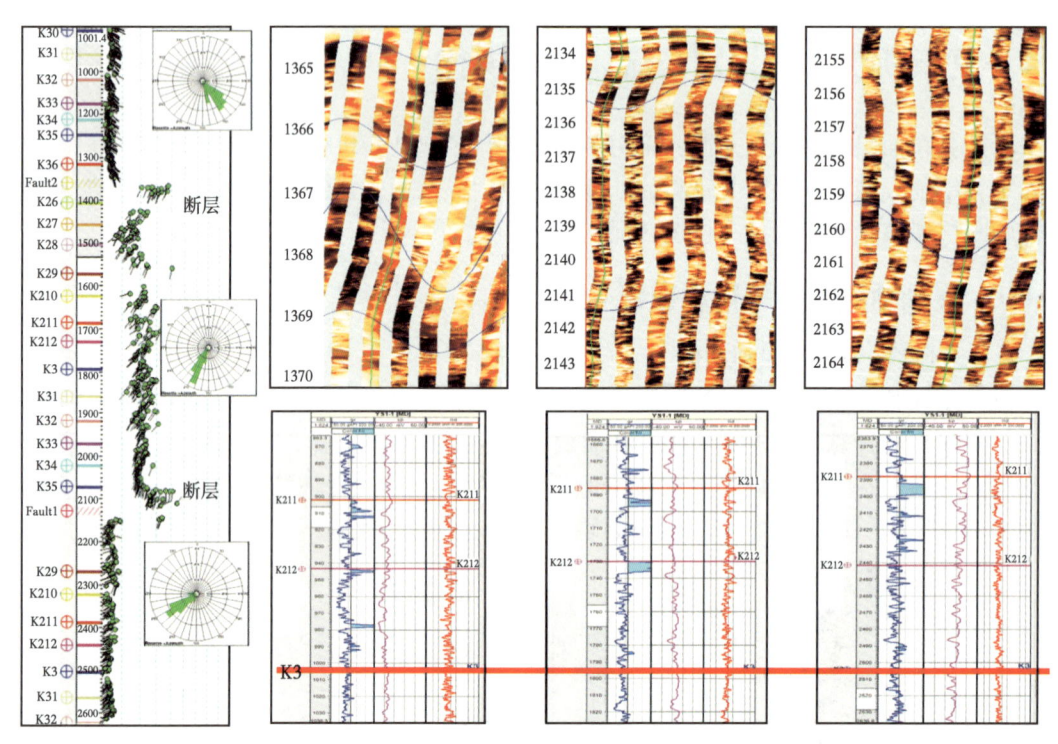

图 3-69 英东油田英试 1-1 井倾角、电成像分析图

3.4.1.2 电成像测井识别构造方法

电成像作为测井解释的先进方法之一，可以识别岩性、沉积构造、判断古水流方向，进行地应力分析。在此，利用电成像资料识别断层破碎带，对于识别构造提供了便利的方法。砂 40 井是一口资料齐全的预探井，从常规、倾角资料上看，断层破碎带内倾角杂乱，井眼垮塌，电阻率抬升。从电成像测井图上看，在破碎带上下，层理清晰，水平层理，砂泥岩互层；断带内的特征为，在断层作用下原岩破碎成角砾状、块状岩石、断点被破碎细屑充填胶结。倾角杂乱，无明显层理。该特征与岩心剖面吻合，说明电成像测井识别构造准确性高，如图 3-70 所示。

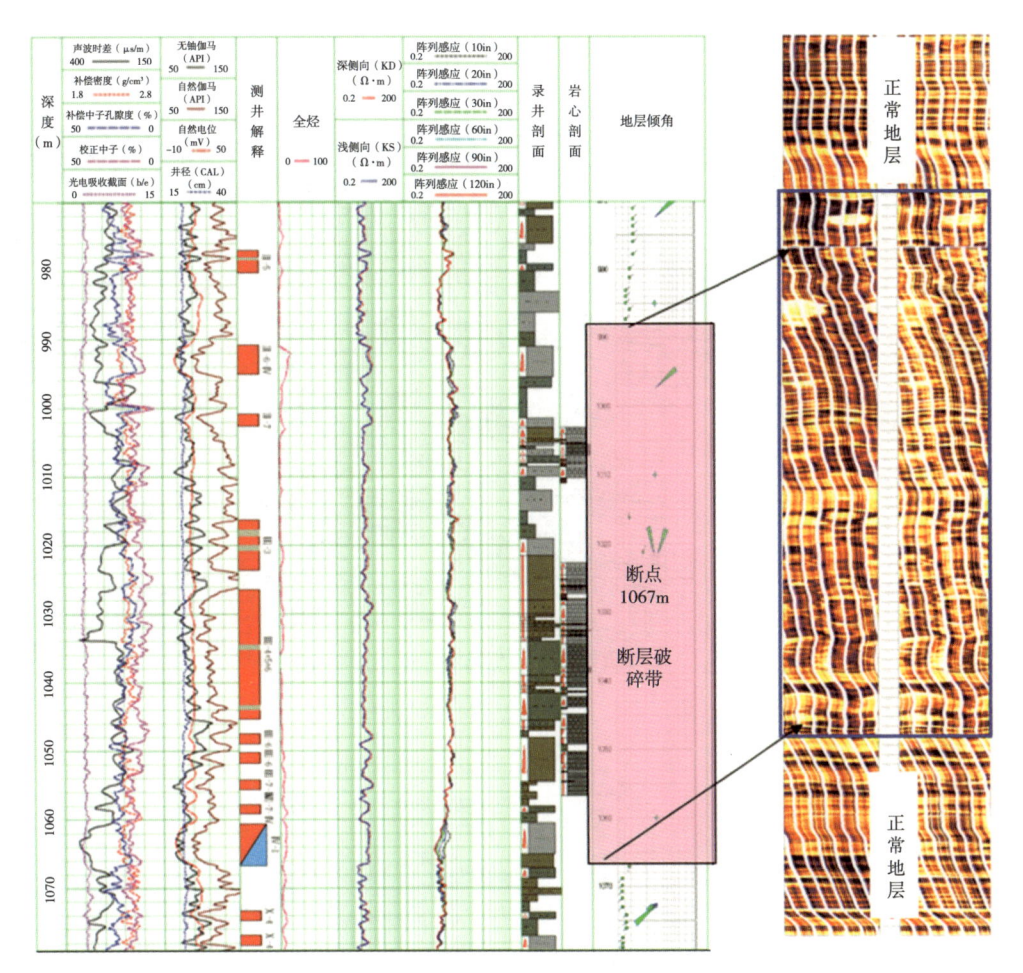

图 3-70 英东油田砂 40 井测井图

3.4.1.3 地震勘探识别构造

基于多井对比，多数井都钻遇了两三条大的断层，识别这些断层对于小层的对比，精细构造解释起到了关键作用。在 K_3、K_4 两个标志层控制下，根据沉积旋回、岩性、电性特征，确认了 7 个标志层及 24 个辅助标志层，纵向上划分 24 个砂层组，305 个小层，如图 3-71、图 3-72 所示。

3.4.1.4 多信息综合识别技术及构造模型建立

倾角资料的精细解释，与地质研究、地面地震、正演模型结合，明确了英东油田的构造特征，油砂山组断层为北东倾的主断层（图 3-73）。总体均为受油砂山组断层控制下的背斜、断背斜构造，分为 A、B、C 三个大的区块，A、B 以断块为主，C 是断背斜。

英东一号构造是一个以构造控制为主，被断层复杂化的构造油藏。在建立储层属性的空间分布之前，应进行构造建模，构造模型由断层模型和层面模型组成，反映储层的空间格架。断层模型实际反映的是三维空间上的断层面，主要根据地震解释和井资料校正的断层文件，建立断层在三维空间的分布。在构造、储层、油藏综合分析的基础上，分析了英东油田一号构造的油气分布规律及控制因素，建立了油藏描述的静态三维地质模型。

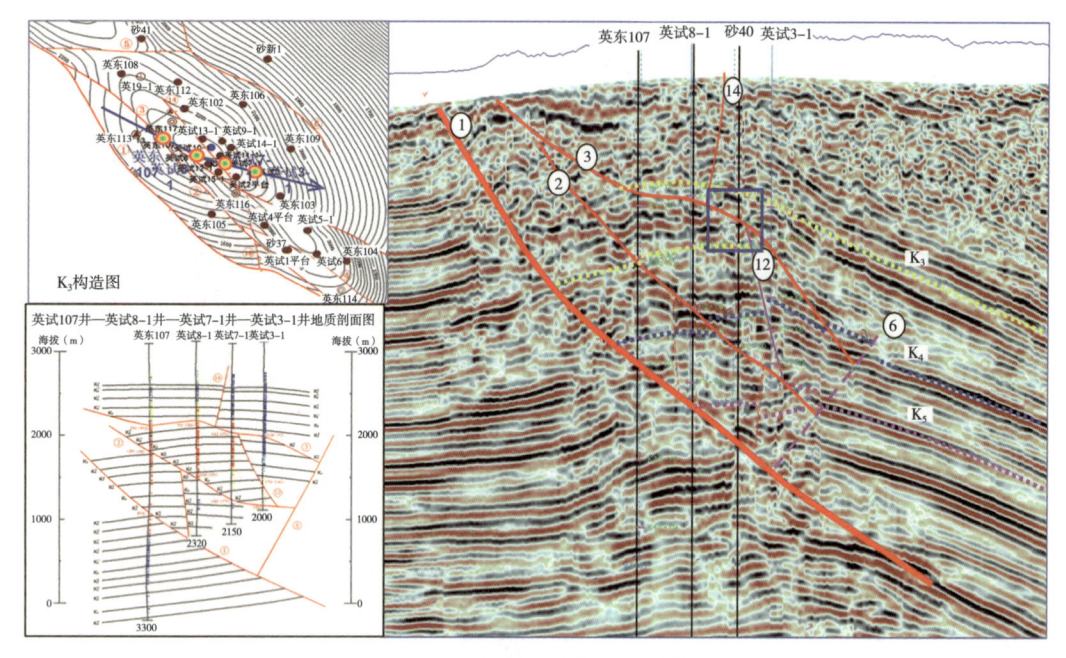

图 3-71 倾角与地震结合识别构造

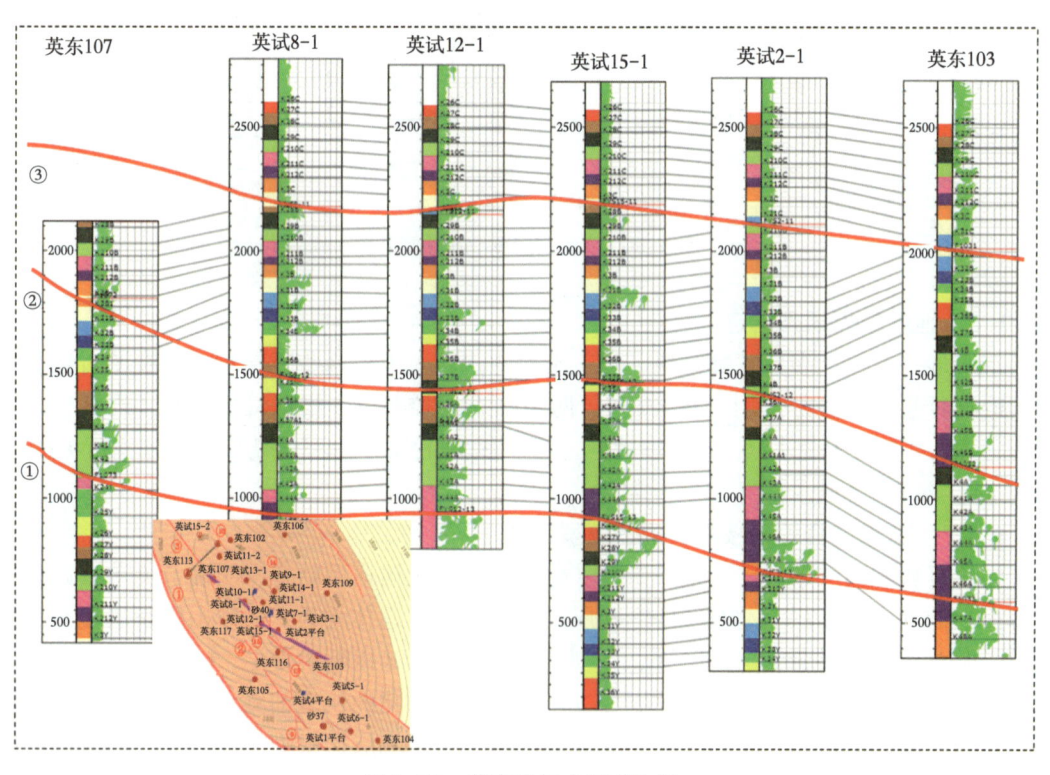

图 3-72 英东油田小层对比图

第 3 章 复杂断块油气藏测井评价技术

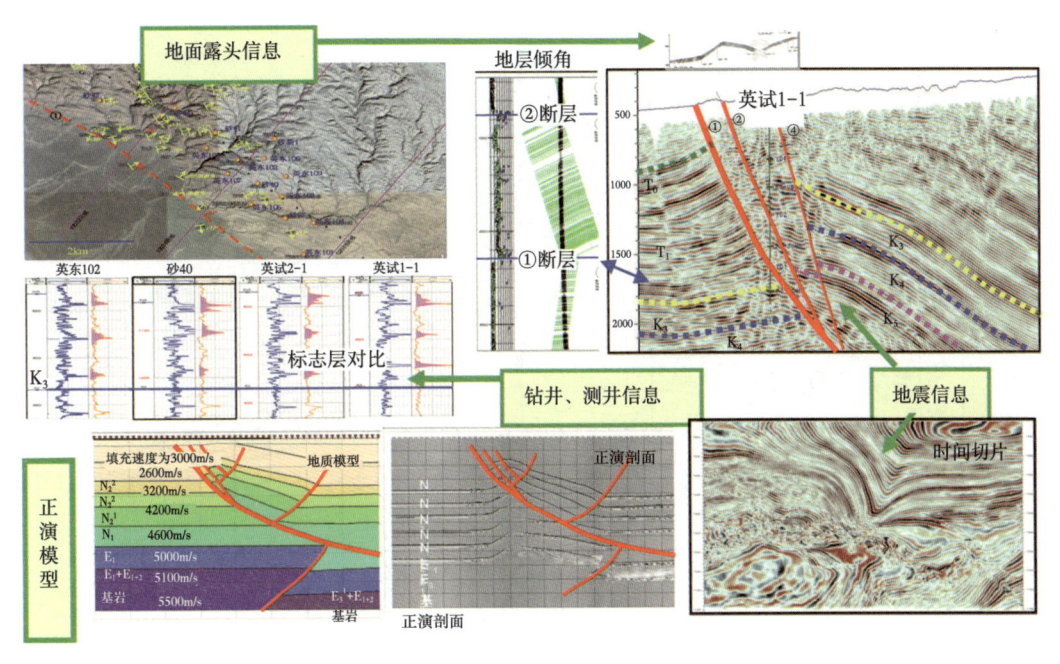

图 3-73 英东油田多信息综合识别技术

3.4.2 复杂断块油气藏流体分布规律

3.4.2.1 储层流体纵横向分布规律

英东油田是一个纵向叠置的多断块复杂构造油气藏。油气水系统多，油气分布规律复杂，纵向上分 A、B、C、油下，如图 3-74、图 3-75 所示。

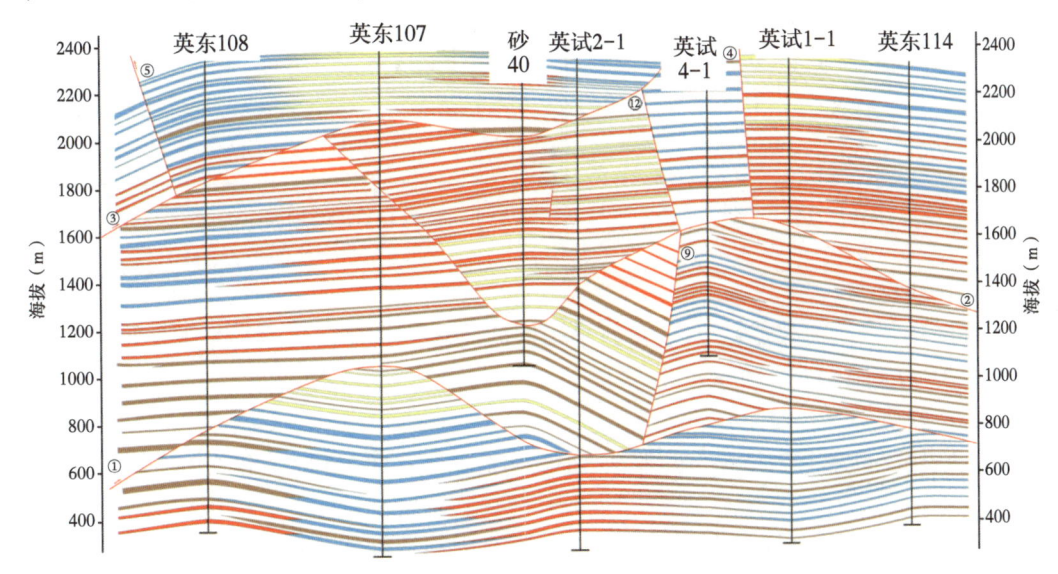

图 3-74 英东一号构造油气藏横剖面示意图

111

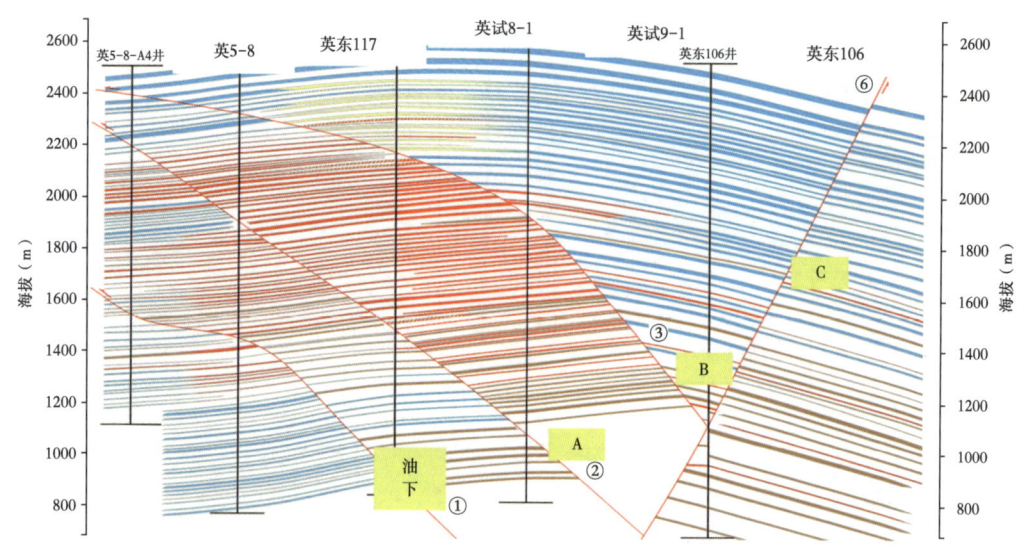

图 3-75 英东一号构造油气藏横剖面示意图

（1）A 断块。

A 断块为断鼻油藏，典型的层状油藏，具有边水，多套油水系统，如图 3-76 所示。

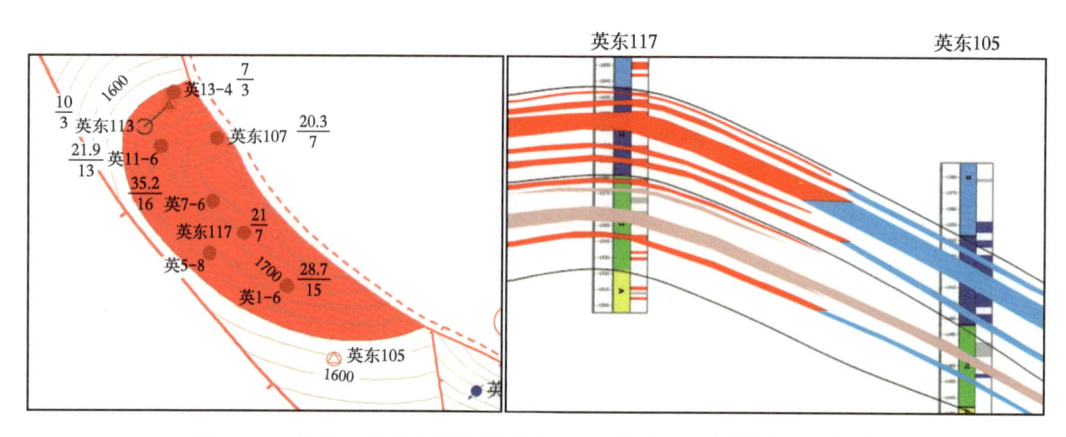

图 3-76 英东一号构造油气藏英东 117—英东 105 井横剖面示意图

（2）B 断块。

在 B 断块，N_2^1 顶部英试 2-1 井处于构造的高部位，存在气顶，为带气顶的层状油藏，如图 3-77 至图 3-80 所示。

（3）C 断块。

在 C 断块，英东 107 井 N_2^2 底部为一小的构造气藏；向下到 N_2^1 仅在 10 号断层上盘有少量油。

油气主要分布在 2 号、3 号断层的下盘，上盘因封盖性能不好，仅在局部形成少量的油气藏。气主要存在于 3 号断层上盘、油砂山组断层下盘局部的构造高点，如图 3-81、图 3-82 所示。

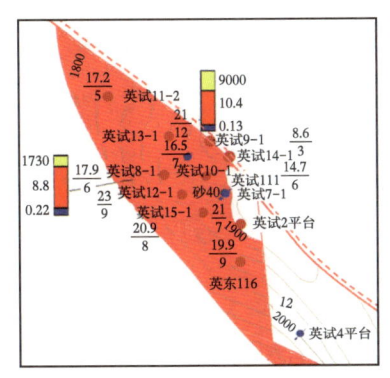

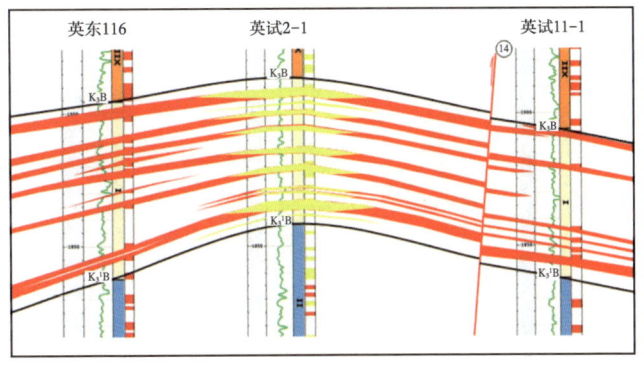

图 3-77　英东一号构造油气藏英东 116—英试 2-1—英试 11-1 井横剖面示意图

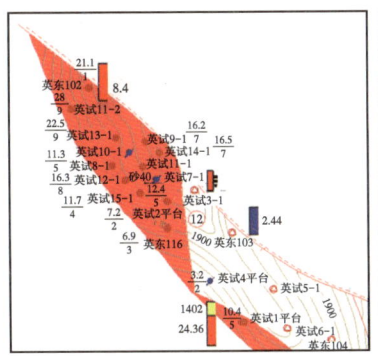

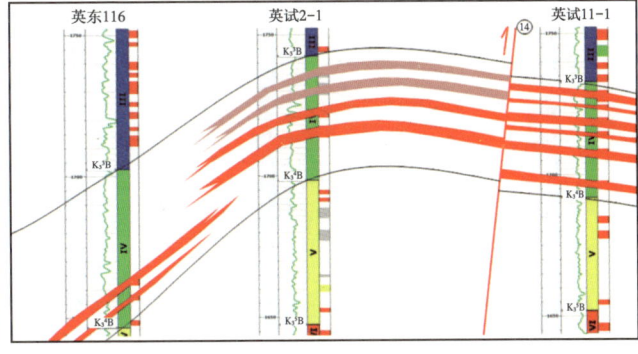

图 3-78　英东一号构造油气藏英东 116—英试 2-1—英试 11-1 井横剖面示意图

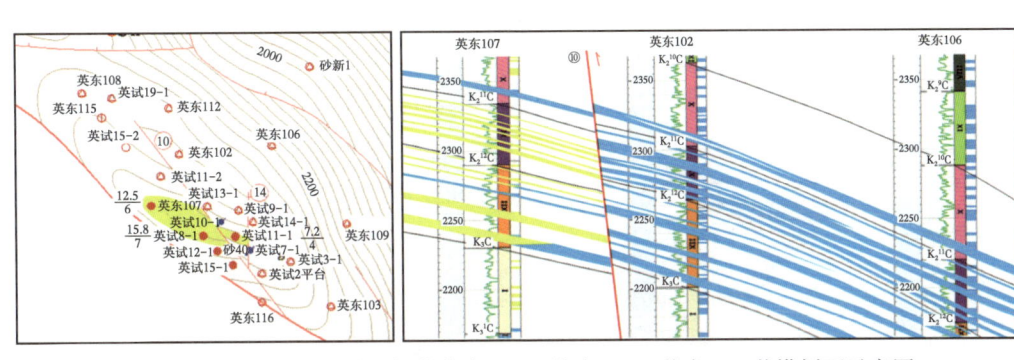

图 3-79　英东一号构造油气藏英东 117—英东 102—英东 106 井横剖面示意图

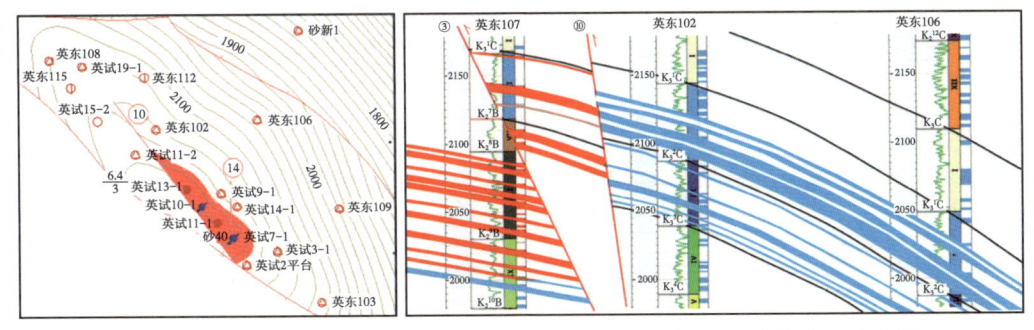

图 3-80　英东一号构造油气藏英东 107—英东 102—英东 106 井横剖面示意图

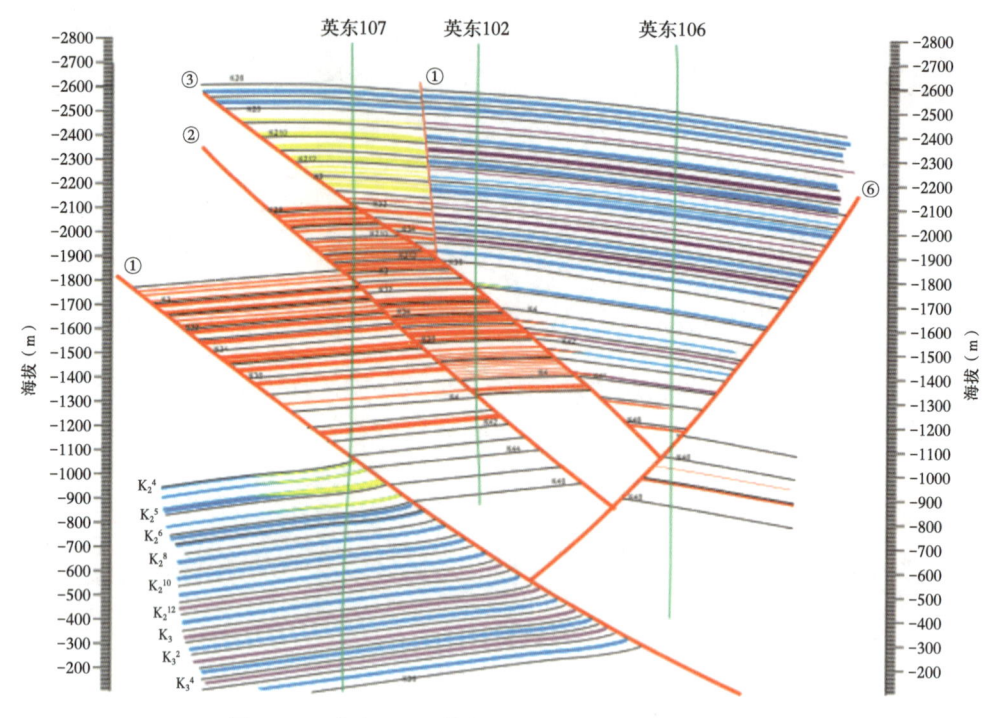

图 3-81　英东 107—英东 102—英东 106 井油藏剖面

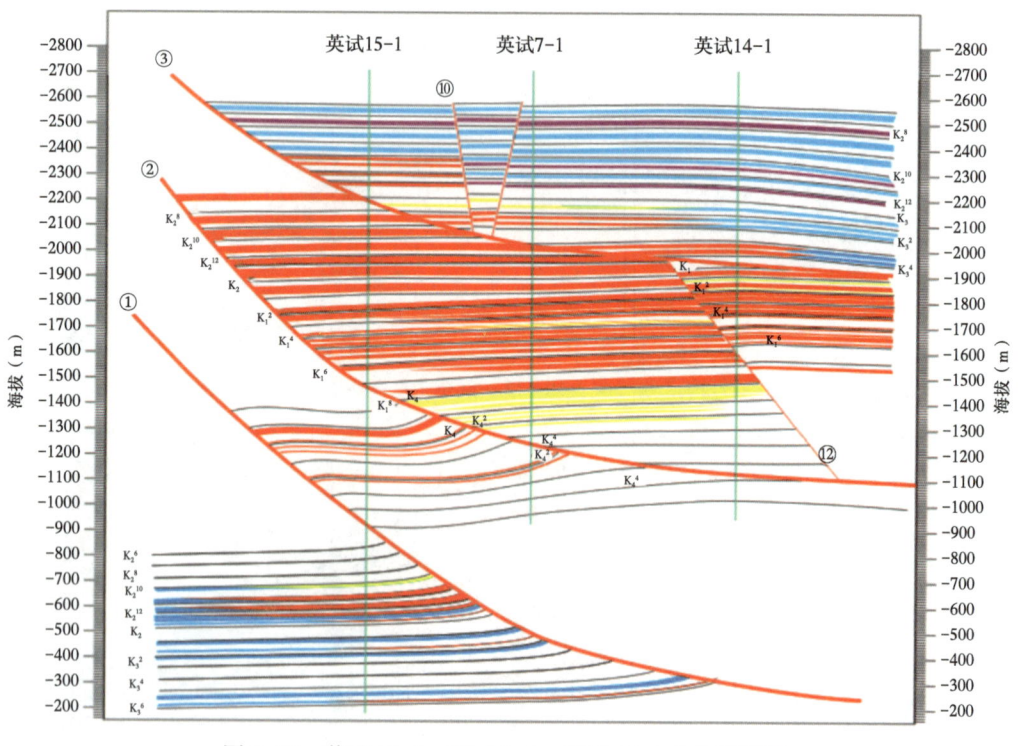

图 3-82　英试 15-1—英试 7-1—英试 14-1 井油藏剖面

控藏因素主要包括：（1）距离油源断层的远近；（2）是否处在油气运移通道的有利指向上；（3）所处断块构造位置及纵向封盖条件控制。

3.4.2.2 储层流体平面分布规律

三维地质模型是地质综合研究最终成果的具体体现，在倾角测井精细解释、构造解释及地层对比与划分的基础上，建立三维地质模型，从而很好地体现研究的成果并体现直观展示的构造形态，这对于理解构造、油藏等是非常有帮助的。同时在构造模型的基础上可以建立属性模型，分析砂体的展布、计算地质储量及后续的数值模拟也是必不可少的。

层面模型反映的是地层界面的三维分布，叠合的层面模型即为地层格架模型。

英东薄层砂岩三维建模的基础资料主要为地震资料解释的层面数据和各井的小层分层数据。通过收敛插值法（亦可应用随机模拟方法），以地震层位解释为骨架，如图3-83所示，以地质分层为校正标准，如图3-84所示，通过收敛插值法自上而下生成各个小层的层面模型，将各个层面模型进行空间叠合，建立储层的空间格架模型，模型比较客观地反映了英东构造薄层砂岩储层构造的三维空间展布特征，图3-85为A断块、B断块、C断块的层面模型。

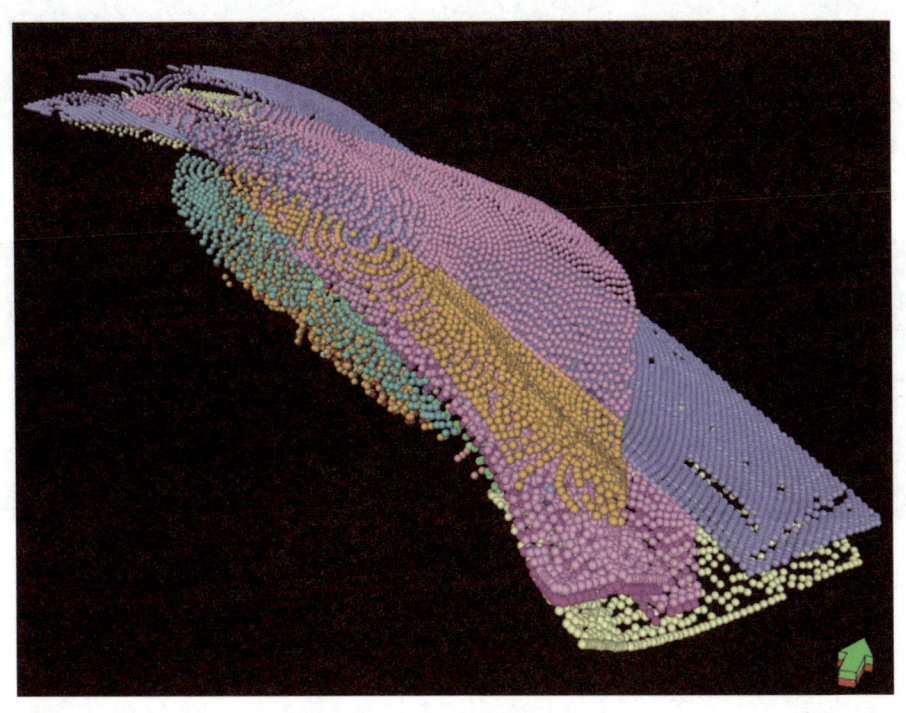

图3-83 地震层面解释数据体

英东薄层砂岩三维模型的层面共有20个，自下向上为K_2^6、K_2^7、K_2^8、K_2^9、K_2^{10}、K_2^{11}、K_2^{12}、K_3、K_3^1、K_3^2、K_3^3、K_3^4、K_3^5、K_3^6、K_3^7、K_4、K_4^1、K_4^2、K_4^3、K_4^4。英东一号构造A断块为英东①号断层和英东②号、英东③号断层之间的夹块，英东⑨号断层将A断块分为两个断块，其中北部断块呈断鼻形态，高点位于英东117井附近，英东105井以北地层倾向近西，在英东105井以南地层倾向近南；南部断块为单斜，地层倾向近南。英东一号构造B断块为英东②号断层、英东③号断层、英东⑥号断层之间的夹块，B断块整体向西北抬升，

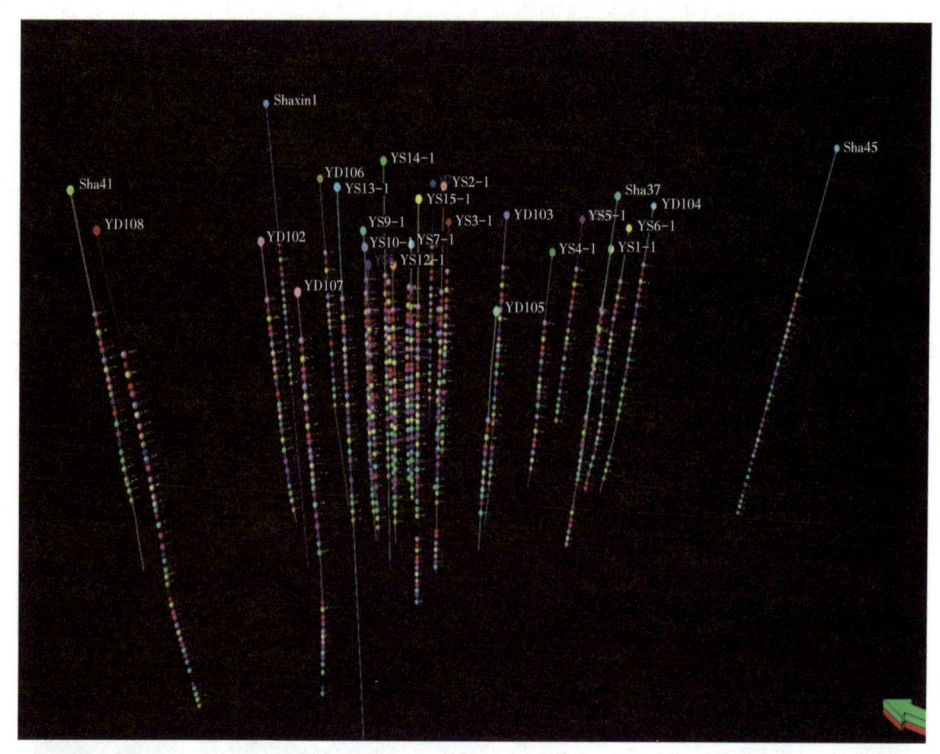

图 3-84 单井分层解释

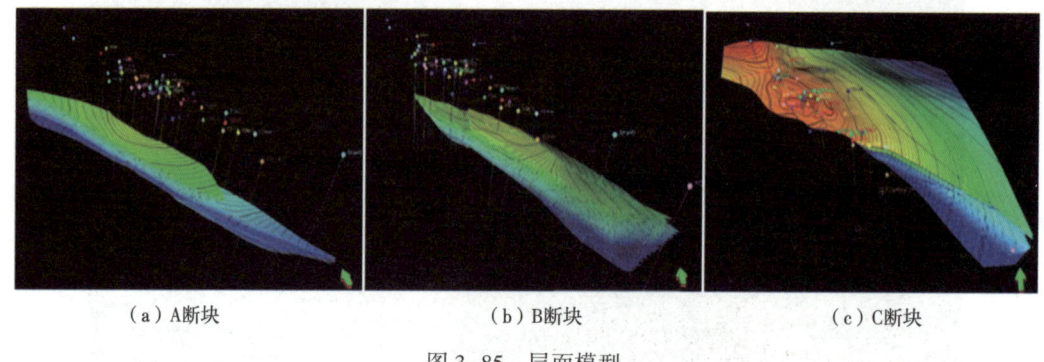

(a) A 断块　　　　　　　　(b) B 断块　　　　　　　　(c) C 断块

图 3-85 层面模型

被英东④号断层、英东 11 号断层、英东 12 号断层切割，从而形成多个断块油气藏。英东一号构造 C 断块呈断背斜形态，高点位于英东 108 井以南、英东 102 井和砂 40 井之间；井间断层英东 10 号断层和英东 14 号断层对 C 断块油气水的分布有一定控制作用。

单元网格总数取决于层数。选择最恰当的层数非常重要，以便于在易管理单元网格总数的同时达到这一目标。根据该分层方案，最终的地质模型由 84、515、040 个单元网格组成，模型的总层数为 1645 层。图 3-86 显示四个层段的最终构造模型，每个颜色分别代表一套地层。

英东一号构造薄层砂岩三维模型精度较高，可以更好地刻画出小层间隔、夹层的空间分布形态与延展程度，为复杂油水界面成因及形成机理提供充分的证据，从而为研究薄层砂体

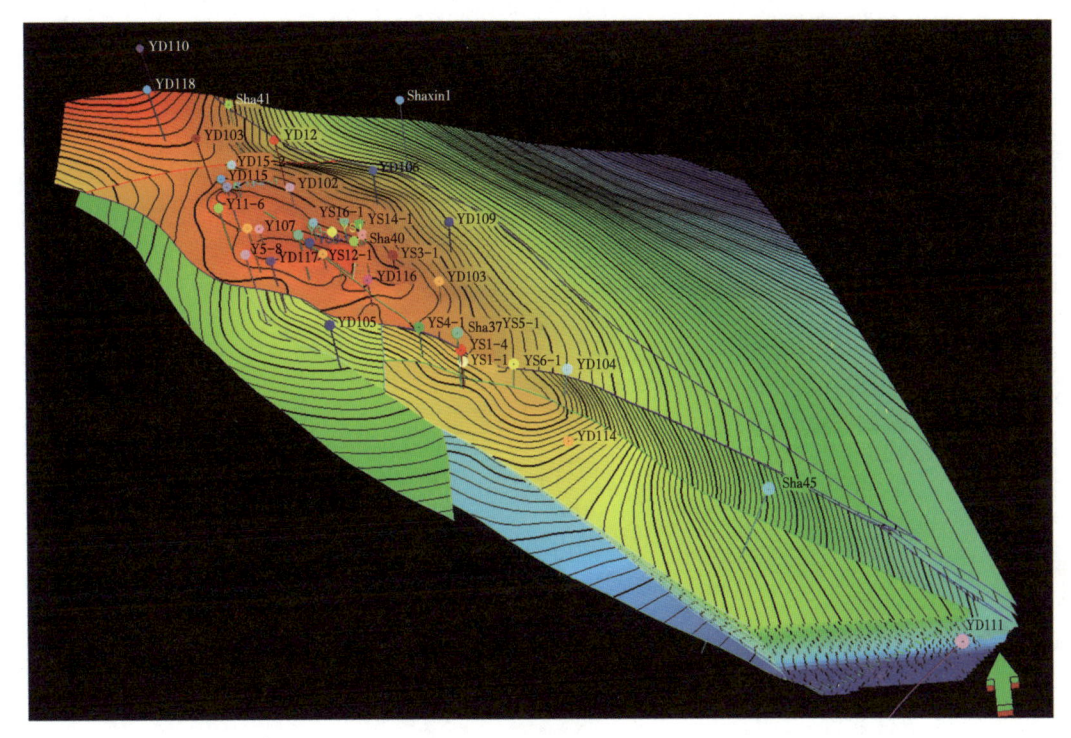

图 3-86 三维构造模型

连通性及储量提供了直接依据。该成果直观展现出主要断层的倾向、倾角及之间的关系。

通过三维模型的建立，验证了英东油田构造解释的正确性，有效地指导了油藏特征研究。

3.5 储层产能预测技术

对储层产能进行正确评价、不仅可以检验油气勘探的成果，而且可以为油气田开发提供最基本的依据。在试油前对含油层进行产能预测，可以优化筛选试油层位，实现降本增效。在开发阶段，产能评价与预测问题，在油气层工程中已有多种方法，通常采用的方法有产能指数法、测试法、平面径向流等，它们主要是利用油井系统测试资料，包括地层压力、井底流动压力和测试产量进行计算，得到出场产能。本次产能预测工作是在做好储层精细解释的基础上通过技术攻关实现对储层产能进行定量、半定量的预测评价。首先分析产能主要影响因素。有效厚度 H_e、孔隙度、渗透率、$H_e \times \phi$、自然伽马、电阻率等参数与油气无阻流量有一定的相关关系。然后采用无阻流量的方法计算产能。油井稳态流动示意图如图 3-87 所示。

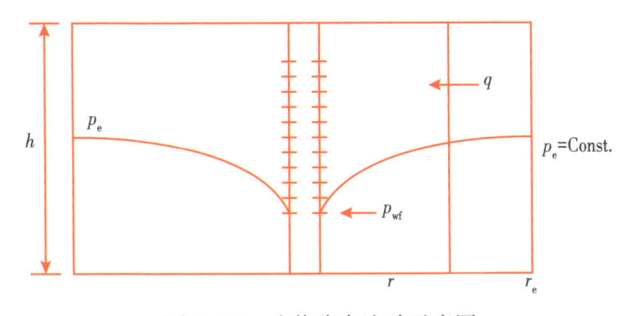

图 3-87 油井稳态流动示意图

3.5.1 开发阶段产能预测

3.5.1.1 产能定量计算方法

油气井产能分析方法的几个阶段：Arps 产量递减分析，包括三种方法，即指数递减、调和递减、双曲递减。IPR 方程 Muskat（1942）、Vogel（1968）、FetkoVIch（1973）、Wiggins（1992），增长曲线统计方法，由 Docet（1992）提出。现代产能分析理论，采用典型曲线拟合分析。

本次产能分析采用达西公式：

$$q = \frac{KA}{\mu}\frac{\mathrm{d}p}{\mathrm{d}r} \tag{3.19}$$

考虑重力的达西定律：

$$V_{ox} = -KK_{ro}\Big/\mu_o\left(\frac{\partial \rho_o}{\partial x} - \rho_o g\frac{\partial D}{\partial x}\right) \quad V_{wx} = -KK_{rw}\Big/\mu_w\left(\frac{\partial \rho_w}{\partial x} - \rho_w g\frac{\partial D}{\partial x}\right) \tag{3.20}$$

$$V_{oy} = -KK_{ro}\Big/\mu_o\left(\frac{\partial \rho_o}{\partial x} - \rho_o g\frac{\partial D}{\partial x}\right) \quad V_{wy} = -KK_{rw}\Big/\mu_w\left(\frac{\partial \rho_w}{\partial x} - \rho_w g\frac{\partial D}{\partial x}\right) \tag{3.21}$$

式中　q——油井产量，m^3/d；

　　　K——有效渗透率，mD；

　　　μ——流体黏度，$mPa \cdot s$；

　　　h——地层厚度，m；

　　　p_e——排液外边界压力，MPa；

　　　p_{wf}——井底压力，MPa；

　　　r_w——井筒半径，m；

　　　r_e——研究半径，m；

　　　r——内区半径，m；

　　　K_{ro}——油相相对渗透率，mD；

　　　K_{rw}——水相相对渗透率，mD；

　　　μ_o——油的黏度，$mPa \cdot s$；

　　　μ_w——水的黏度，$mPa \cdot s$；

　　　ρ_o——油的密度，g/cm^3；

　　　ρ_w——水的密度，g/cm^3；

　　　ρ——地层流体密度，g/cm^3；

　　　p_i——地层静压，MPa；

　　　q_o——原油的流量，cm^3/s；

　　　q_w——水的流量，cm^3/s。

油、水的连续性方程：

$$-\frac{\partial}{\partial x}(H\rho_o V_{ox}) - \frac{\partial}{\partial y}(H\rho_o V_{oy}) = H\frac{\partial(\phi \rho_o S_o)}{\partial t} \tag{3.22}$$

$$-\frac{\partial}{\partial x}(H\rho_w V_{wx}) - \frac{\partial}{\partial y}(H\rho_w V_{wy}) = H\frac{\partial(\phi \rho_w S_w)}{\partial t} \tag{3.23}$$

辅助方程：饱和度方程和毛细管压力关系：

$$S_o + S_w = 1$$
$$p_{cow} = p_o - p_w \tag{3.24}$$

初始条件：

$$p\big|_{t=0} = p_1$$
$$S_w\big|_{t=0} = S_{wi} \tag{3.25}$$

边界条件：

$$\frac{\partial p}{\partial n}\bigg|_r = 0$$
$$p\big|_{r1} = p_{1w}$$
$$p\big|_{r2} = p_{2w} \tag{3.26}$$

其中，r 为单元边界注入井边界生产井。

假设：

（1）油藏厚度与油层分布面积相比是很小的。
（2）垂向上是均匀的，可以忽略垂向流动。
（3）厚度 $H(x, y)$ 带有三维性质。

$$S_{(x,y)} = \int_0^H S(x, y, t) \frac{\mathrm{d}z}{H}$$
$$P_{(x,y)} = \int_0^H p(x, y, t) \frac{\mathrm{d}z}{H} \tag{3.27}$$

这样可将饱和度，压力均考虑成垂向上的平均值。

根据测井提供的储层特征参数，实验获得的流体参数，测试取得的压力参数综合分析，理出技术路线如图3-88所示。

计算程序如图3-89所示。

参数处理：

对于生产井
$$q_o = \frac{\pi}{2}(KK_{ro}h/\mu_o)_{i,j} \frac{p_{i,j} - p_{wf}}{\ln(0.208\Delta x/r_w)} \tag{3.28}$$

注水井采用
$$q_w = \frac{\pi}{2}(KK_{rw}h/\mu_w)_{i,j} \frac{p_{wf} - p_{i,j}}{\ln(0.208\Delta x/r_w)} \tag{3.29}$$

求解压力方程时，流动系数直接取调和平均值，求饱和度流动系数取上游权。再利用线性插值求节点相对渗透率，求解压力方程采用五对角方程组解法。

程序输入参数如图3-90所示。

输出结果为日产油、压力分布、含油饱和度。

参数选取原则（表3-4）如下。

（1）如果有岩心资料情况下，优先选取岩心资料作为输入值。
（2）孔隙度：层均值，排除井径等问题引起的失真值。
（3）渗透率：层均值，孔隙度准确情况下，渗透率也会较为准确。
（4）饱和度：层均值。

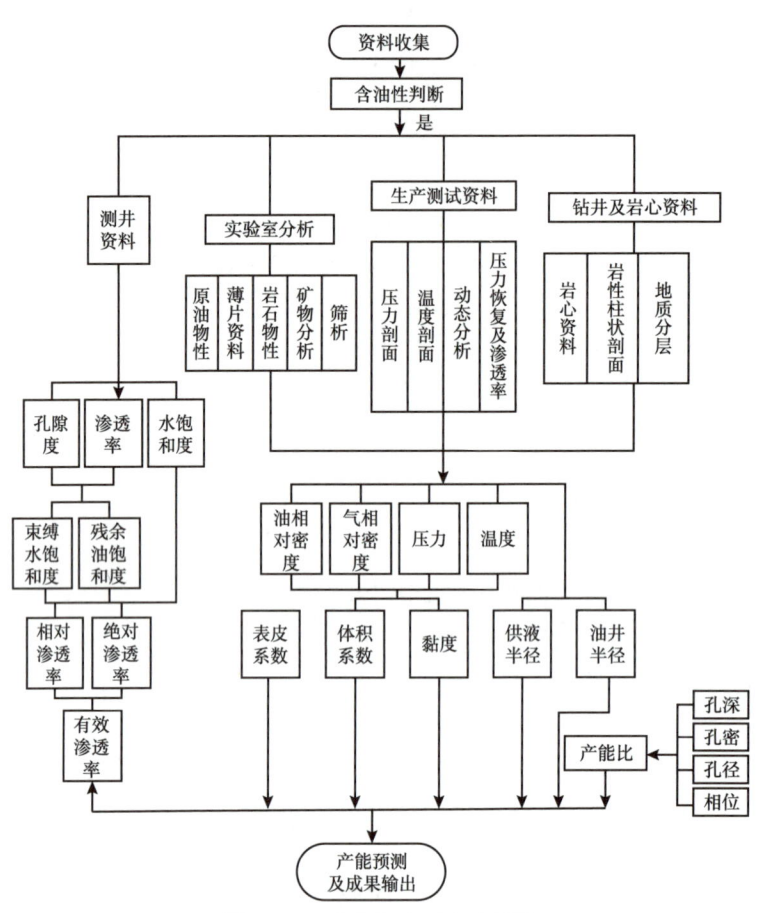

图 3-88 基本方法理论示意图

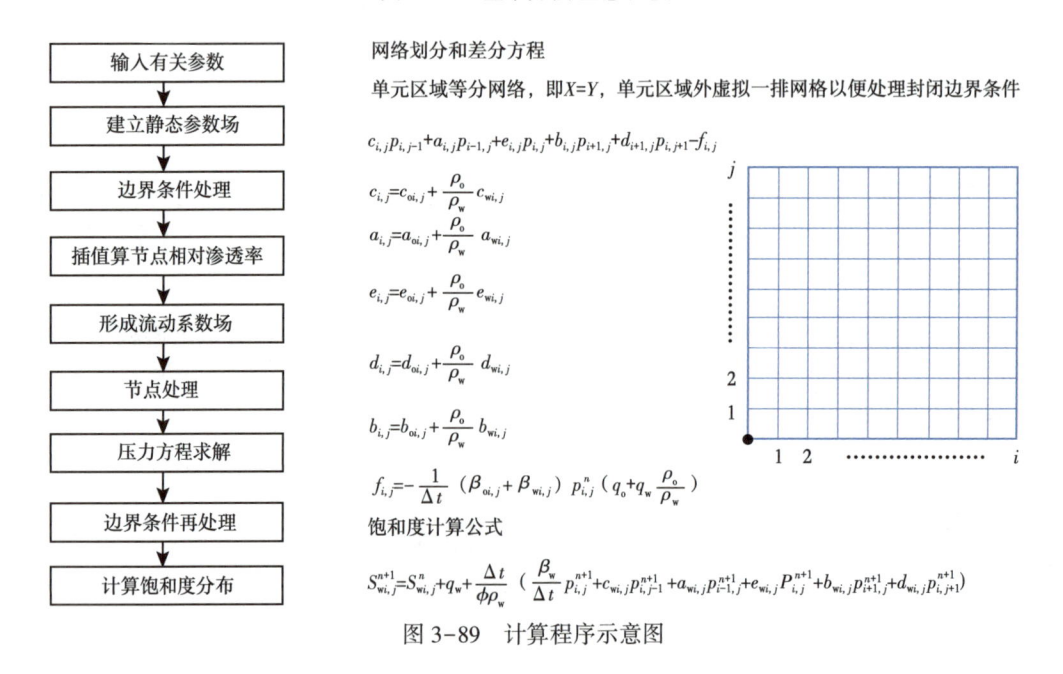

网络划分和差分方程

单元区域等分网络，即 $X=Y$，单元区域外虚拟一排网格以便处理封闭边界条件

$$c_{i,j}p_{i,j-1}+a_{i,j}p_{i-1,j}+e_{i,j}p_{i,j}+b_{i,j}p_{i+1,j}+d_{i,j}p_{i,j+1}-f_{i,j}$$

$$c_{i,j}=c_{oi,j}+\frac{\rho_o}{\rho_w}c_{wi,j}$$

$$a_{i,j}=a_{oi,j}+\frac{\rho_o}{\rho_w}a_{wi,j}$$

$$e_{i,j}=e_{oi,j}+\frac{\rho_o}{\rho_w}e_{wi,j}$$

$$d_{i,j}=d_{oi,j}+\frac{\rho_o}{\rho_w}d_{wi,j}$$

$$b_{i,j}=b_{oi,j}+\frac{\rho_o}{\rho_w}b_{wi,j}$$

$$f_{i,j}=-\frac{1}{\Delta t}(\beta_{oi,j}+\beta_{wi,j})\ p_{i,j}^n(q_o+q_w\frac{\rho_o}{\rho_w})$$

饱和度计算公式

$$S_{wi,j}^{n+1}=S_{wi,j}^n+q_w+\frac{\Delta t}{\phi\rho_w}(\frac{\beta_w}{\Delta t}p_{i,j-1}^{n+1}+c_{wi,j}p_{i,j-1}^{n+1}+a_{wi,j}p_{i-1,j}^{n+1}+e_{wi,j}P_{i,j}^{n+1}+b_{wi,j}p_{i+1,j}^{n+1}+d_{wi,j}p_{i,j+1}^{n+1})$$

图 3-89 计算程序示意图

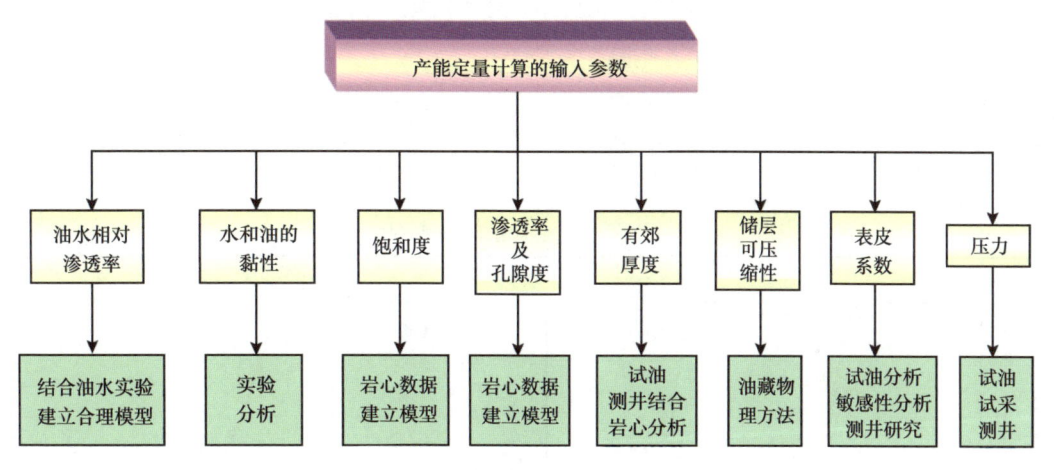

图 3-90 计算输出示意图

（5）厚度：扣除夹层，利用有效厚度。

（6）油黏度、水黏度、压力参数，以及油水实验数据，由于暂时没获得每口井数据，暂且利用一套油层数据所代替。网格和轴长为实际情况所定。

表 3-4 参数选取原则

孔隙度	渗透率	含油饱和度	束缚水饱和度	厚度	油黏度	水黏度
均值	均值	均值	均值	扣除夹层	实验数据	实验数据
预测时间	地层压力	注入压力	生产压力	油水实验数据数	网格	轴长
36mon	油藏工程参数	油藏工程参数	油藏工程参数	实验数据	实际情况	实际情况

本区的参数选取如下。

（1）实验数据。

油的黏性：通过砂 37 区块 22 支地面油样分析结果，原油黏度为 5.2~7.3mPa·s，平均为 6.2mPa·s。

水的黏性：通过砂 40 区块、英东 10 区块 56 支地面油样分析结果，地层水黏度 0.78~0.87mPa·s，平均为 0.82mPa·s。

相对渗透率：根据油水相渗实验，建立不同储层类型的相对渗透率合理模型（表 3-5、图 3-91）。

$$K_{ro} = \left(\frac{1 - S_w - S_{or}}{1 - S_{wi} - S_{or}}\right)^b$$

$$K_{rw} = a_1 \left(\frac{S_w - S_{wi}}{1 - S_{wi} - S_{or}}\right)^{a_2} \tag{3.30}$$

式中 K_{ro}，K_{rw}——分别为油相、水相相对渗透率；

S_w，S_{wi}，S_{or}——分别为含水饱和度、束缚水饱和度、残余油饱和度。

表 3-5 参数选取原则

储层类型	a_1	a_2	b
Ⅰ类	0.6778	2.5891	2.265
Ⅱ类	0.4148	3.1685	2.8736
Ⅲ类	0.1474	1.231	2.6443

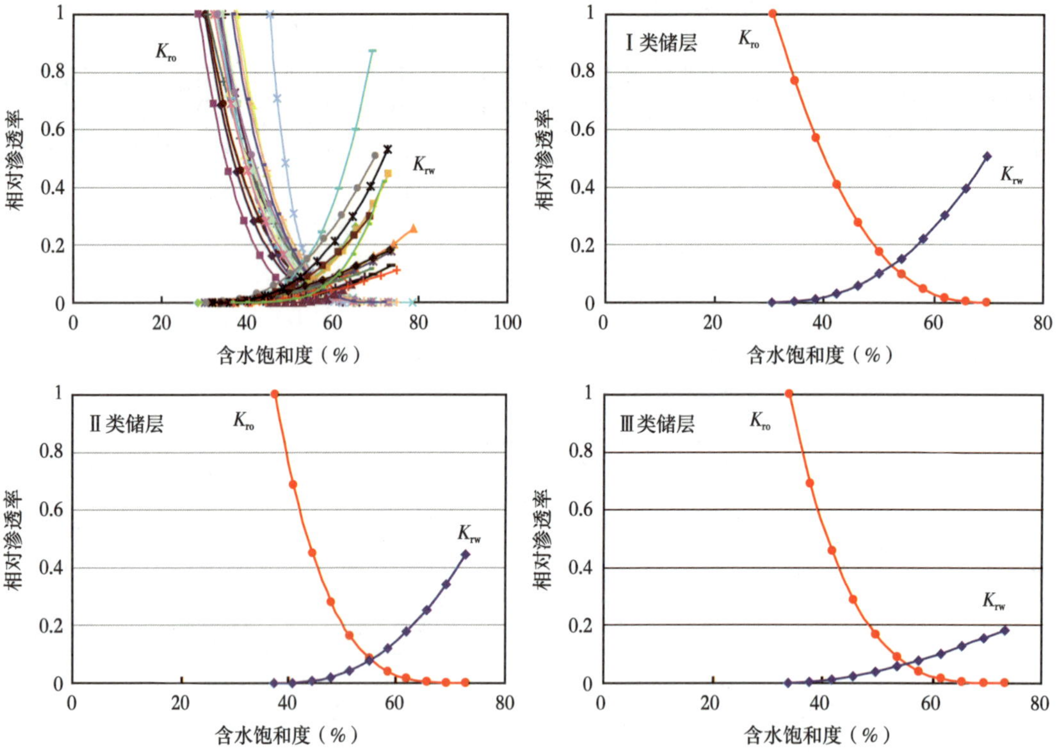

图 3-91 不同储层类别的相渗曲线特征

（2）测井数据。

通过建立测井解释模型计算以下参数：有效厚度、有效孔隙度、绝对渗透率、含油饱和度、束缚水饱和度。

储层综合压缩系数：通过声波时差与深度关系建立模型确定储层可压缩系数，研究区一般为 $0.7 \times 10^{-4}/\mathrm{MPa}$。

（3）测试数据。

原始地层压力：通过试井获得，无试井资料时根据实测的 26 个压力和深度点，由压力 p 与海拔 H 关系进行预测（图 3-92），其关系式为：

$$p = 31.479 - 0.0107H \quad (R^2 = 0.9702) \tag{3.31}$$

井底压力：依据试油、试采时生产确定的生产压力。

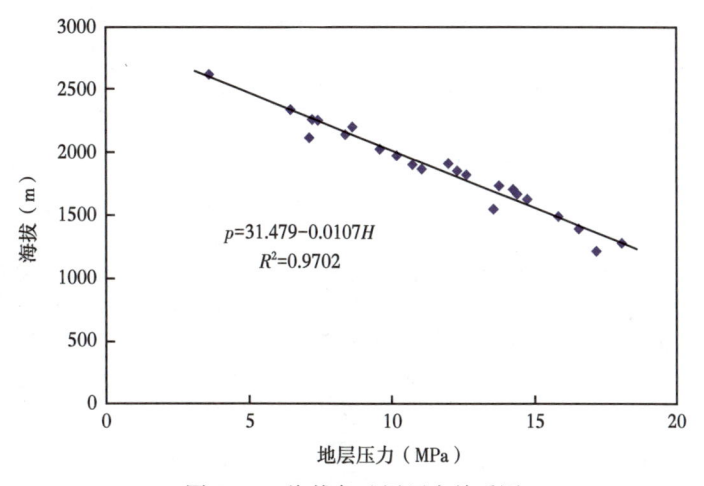

图 3-92 海拔与地层压力关系图

3.5.1.2 产能预测实例

对研究区 3 口井 6 个层段进行了产能预测，整体效果较好（图 3-93 至图 3-95，表 3-6、表 3-7）。

图 3-93 产能预测计算过程

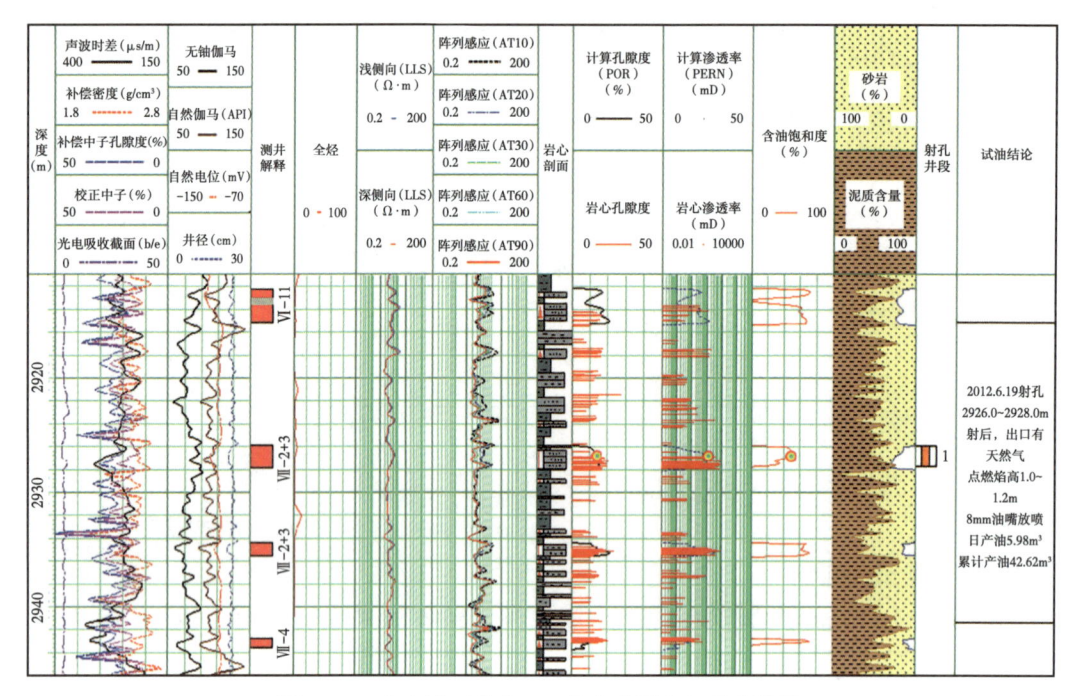

图 3-94　英东油田英东 108 井完全测井解释成果图

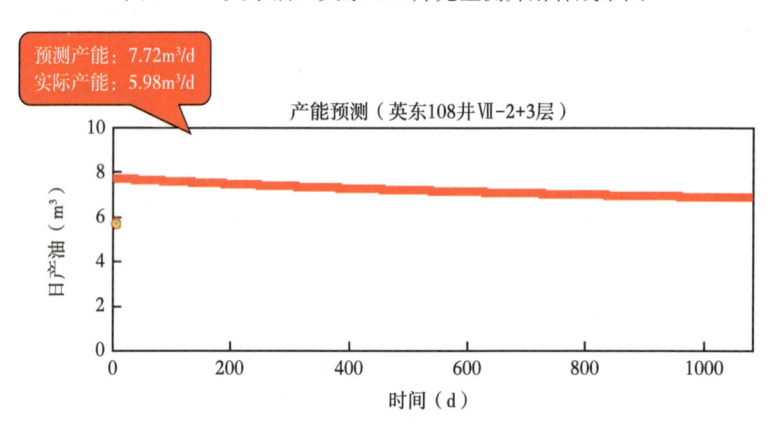

图 3-95　英东油田英东 108 井完全测井解释成果图

表 3-6　研究区 3 口井 6 个层段产能预测结果

井名	层号	实际产能（m³/d）	预测产能（m³/d）	绝对误差（m³/d）	相对误差（%）	岩心资料
英东 108	Ⅲ-1+Ⅲ-2+Ⅲ-2	50.46	62.37	11.91	23.6	有
英东 108	Ⅶ-2+3	5.98	7.72	1.74	29.1	有
砂 40	Ⅱ-6+7	20.91	23.78	2.87	13.7	
砂 40	Ⅵ-2+3	2.79	3.92	1.13	40.5	
英东 102	Ⅳ-4+5	7.32	10.36	3.04	41	
英东 102	Ⅲ-6+7	15.1	23.16	8.06	53.4	

表 3-7 英东油田英东 108 井产能预测图和表

孔隙度	渗透率	含油饱和度	束缚水饱和度	有效厚度	油黏度	水黏度
16%	20mD	64%	36%	3.6m	3.66mPa·s	0.81mPa·s
预测时间	地层压力	注入压力	生产压力	油水实验数据数	网格	轴长
36mon	17.24MPa	0	14.69MPa	8	10×10	100m

通过以上研究，得出以下结论：

（1）有岩心资料时，利用岩心孔隙度，渗透率作为参数进行预测，效果好。例如：英东 108 井的Ⅲ-1+Ⅲ-2+Ⅲ-2 小层，预测产能 62.37m³/d，实际产能 50.46m³/d，绝对误差 11.91m³/d，相对误差 23.6%；英东 108 井的Ⅶ-2+3 小层，预测产能 7.72m³/d，实际产能 5.98m³/d，绝对误差 1.74m³/d，相对误差 29.1%；

（2）没有岩心资料时，部分小层处理较好。例如：砂 40 井Ⅱ-6+7 小层，预测产能 23.78m³/d，实际产能 20.91m³/d，绝对误差 2.87m³/d，相对误差 13.7%。英东 102 井Ⅳ-4+5 小层，预测产能 12.85m³/d，实际产能 7.32m³/d，绝对误差 5.53m³/d，相对误差 75%。

（3）没有岩心资料时，部分小层预测误差较大。例如：砂 40 井Ⅵ-2+3 小层，预测产能 3.92m³/d，实际产能 2.79m³/d，绝对误差 1.13m³/d，相对误差 40.5%，英东 102 井Ⅲ-6+7 小层，预测产能 23.16m³/d，实际产能 15.10m³/d，绝对误差 8.06m³/d，相对误差 53.4%。

3.5.2 勘探阶段储层测井产能动态预测

3.5.2.1 产能影响因素

（1）宏观因素。

以英东地区为例，根据 60 个样品分析，无阻流量与试油储层有效厚度、孔隙度、渗透率、$H_e \times \phi$、自然伽马、电阻率等参数有一定关系。有效厚度越大、孔隙度、渗透率越大，无阻流量越大；自然伽马值越小，无阻流量越大；电阻率为 6~9Ω·m 时，无阻流量最大，大于 9.0Ω·m 时，略小；$H_e \times \phi$ 越大，无阻流量越大。储层物性好、有效厚度大、岩性纯的油层，无阻流量大，产油量高，如图 3-96 至图 3-98 所示。

（a）有效厚度与无阻流量直方图　（b）孔隙度与无阻流量直方图

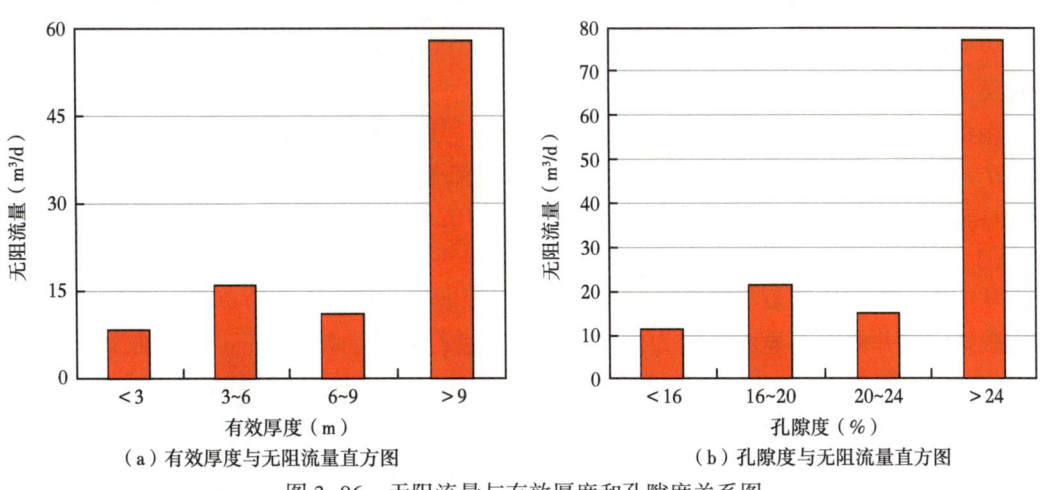

图 3-96　无阻流量与有效厚度和孔隙度关系图

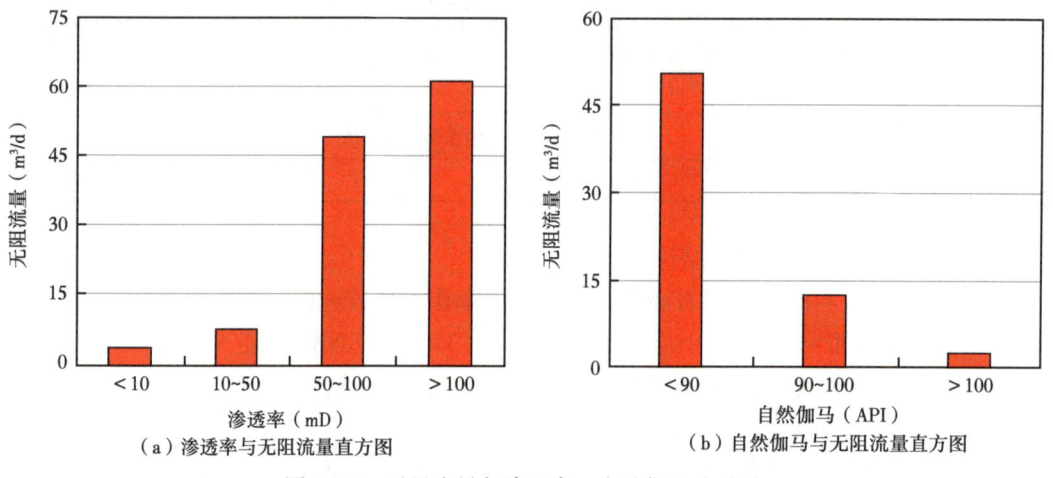

图 3-97　无阻流量与渗透率、自然伽马关系图

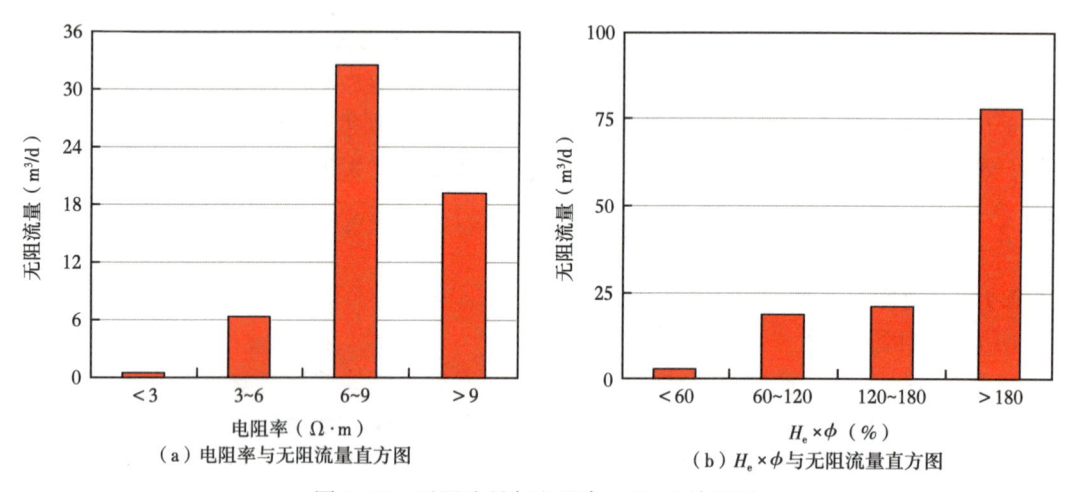

图 3-98　无阻流量与电阻率、$H_e×\phi$ 关系图

分非压裂和压裂两种情况研究储层产能影响因素。根据 41 个样品分析，非压裂试油层有效厚度、孔隙度、渗透率、$H_e×\phi$、自然伽马、电阻率等参数与油气无阻流量有一定的相关关系，如图 3-99 至图 3-101 所示。

根据 19 个样本，对压裂试油层数据进行分析。压裂试油层有效厚度、孔隙度、渗透率、$H_e×\phi$、自然伽马、电阻率等参数与油气无阻流量相关关系整体较差，这与压裂层本身物性较差和压裂施工的不确定性有关，如图 3-102 至图 3-104 所示。

（2）微观因素。

从英东 108 井的压汞毛细管力曲线上看，粗歪度、曲线向左下方靠拢，说明储层孔隙结构较好，测井曲线上显示该层为油层，对该层进行射孔，使用 8mm 油嘴抽汲，每米采油 10.21t/d，每米产气 898m³/d。对英东 102 井的油层进行射孔，该储层从压汞曲线上看，类似于英东 108 井，孔隙结构较好，射孔试油，用 8mm 油嘴抽汲，每米产油 4.09t/d。在英东 106 井，存在储层品质较差的水层，从毛细管曲线上看，细歪度，曲线靠右，表明孔隙结构较差，对该层压裂后抽汲，每米产水 1.37m³/d。总体上，产量与储层品质关系密

第3章　复杂断块油气藏测井评价技术

（a）有效厚度与无阻流量—非压裂

（b）孔隙度与无阻流量直方图—非压裂

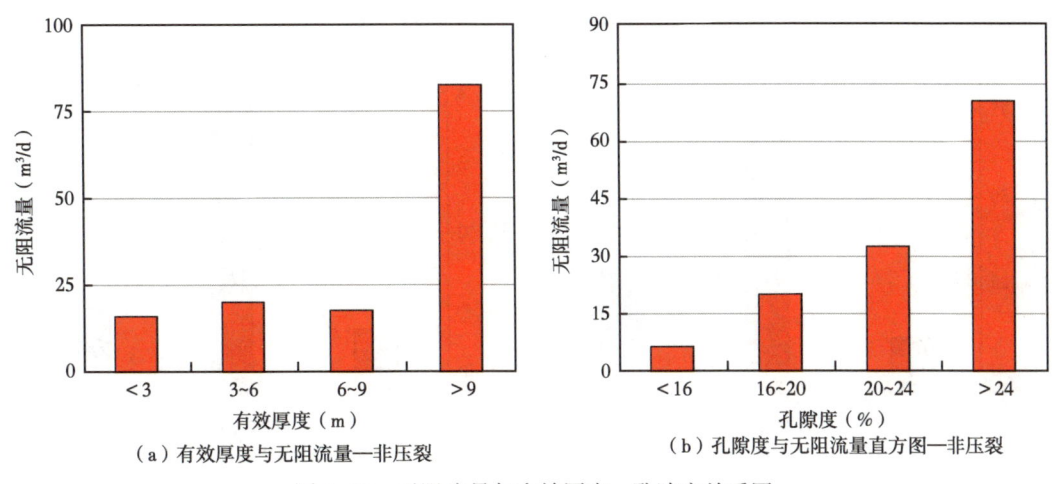

图 3-99　无阻流量与有效厚度、孔隙度关系图

（a）渗透率与无阻流量直方图—非压裂

（b）自然伽马与无阻流量—非压裂

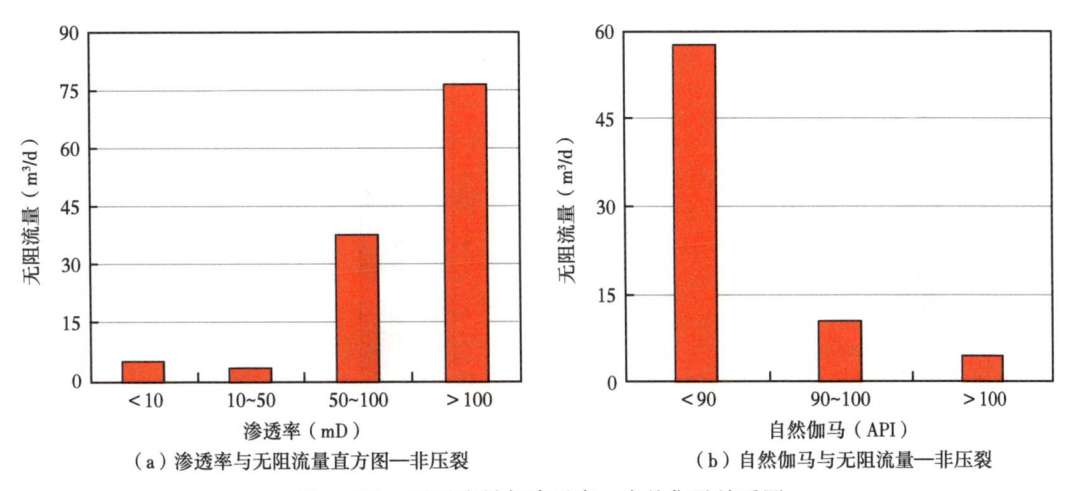

图 3-100　无阻流量与渗透率、自然伽马关系图

（a）电阻率与无阻流量直方图—非压裂

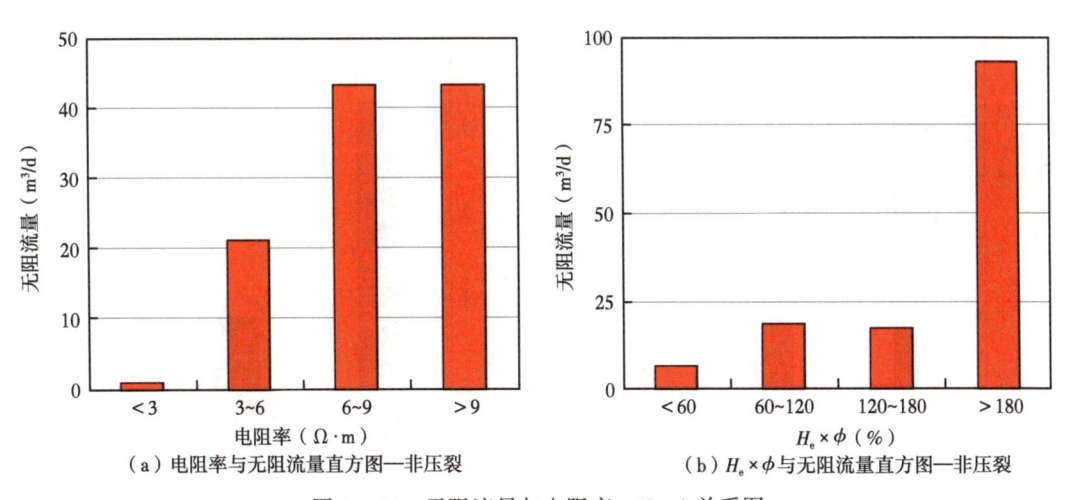

（b）$H_e \times \phi$ 与无阻流量直方图—非压裂

图 3-101　无阻流量与电阻率、$H_e \times \phi$ 关系图

127

图 3-102 无阻流量与有效厚度、孔隙度关系图

图 3-103 无阻流量与渗透率、自然伽马关系图

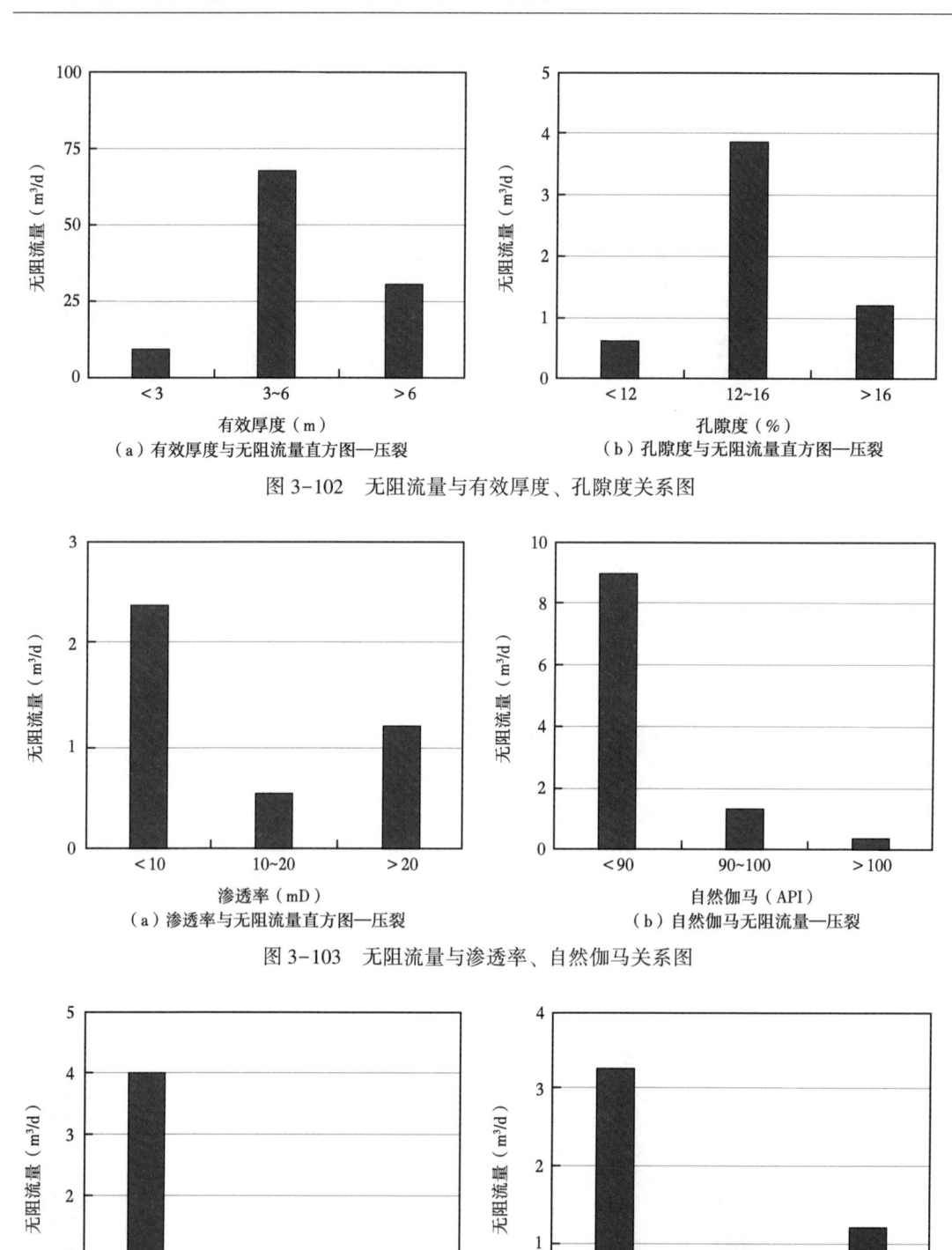

图 3-104 无阻流量与电阻率、$H_e \times \phi$ 关系图

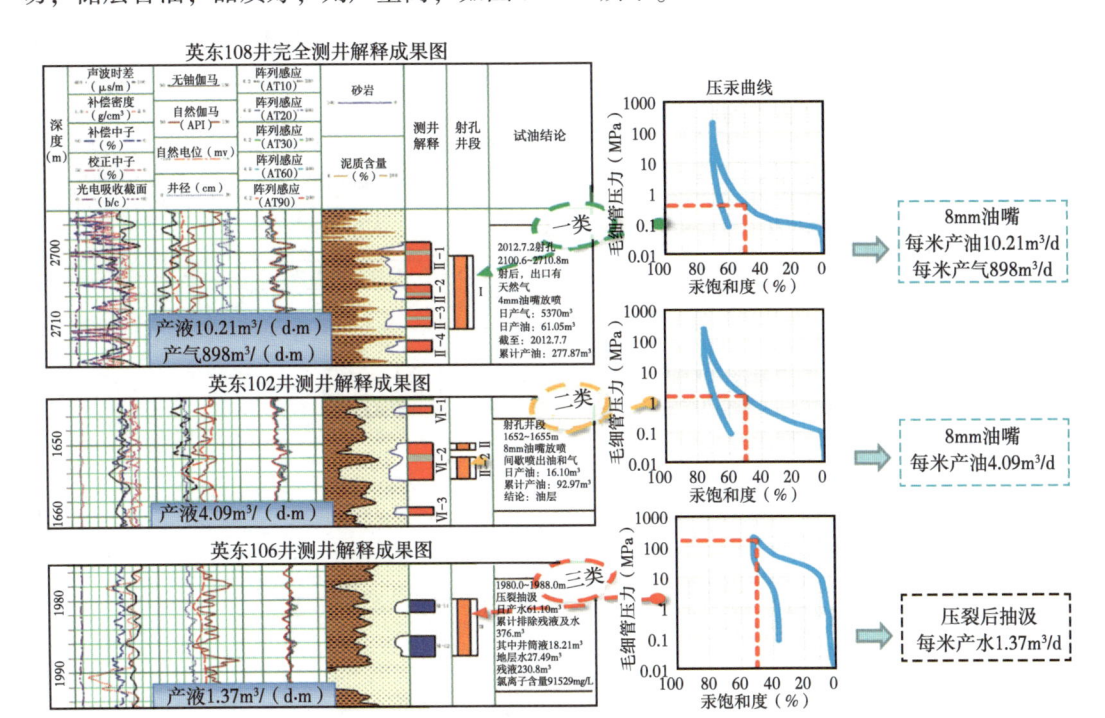

切，储层含油，品质好，则产量高，如图3-105所示。

图3-105 各类储层压汞曲线特征与产量关系

（3）气油比规律分析。

英试3-1、英试2、英试3-3平台附近，在构造高点存在一个极高气油比区域（气顶），随着油气的生产、地层压力的降低，气体会发生锥进，如图3-106所示。

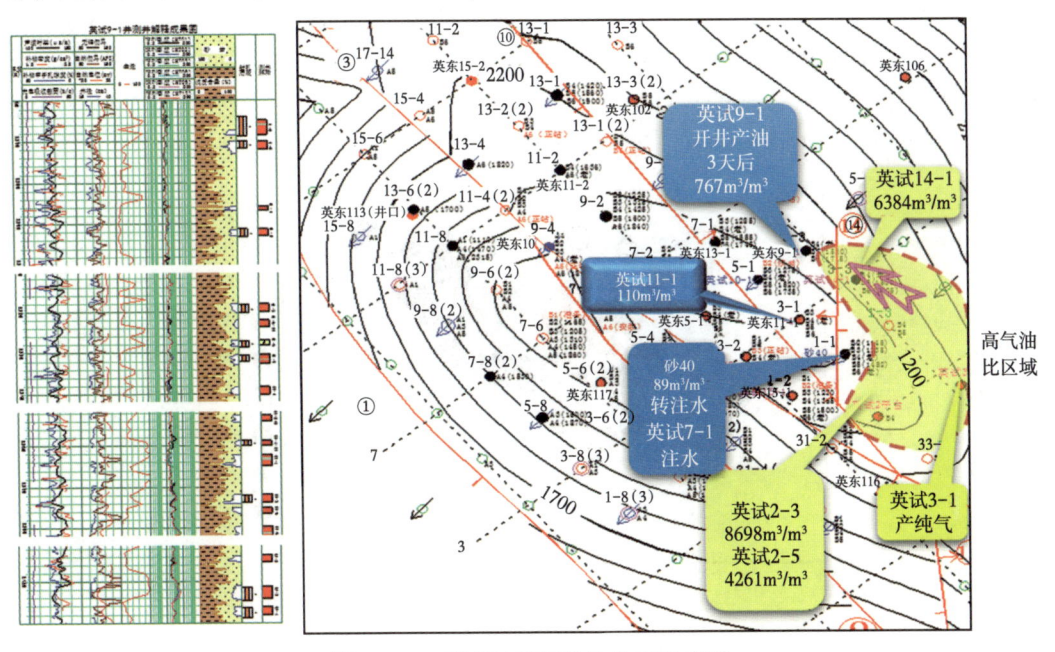

图3-106 英东油田气油比分布规律图

3.5.2.2 油气定性识别

油气定性识别非常重要，不仅可以快速定性识别油气层，而且可以指导射孔投产。根据识别结果，油层选择油层样本进行训练，气层选择气层样本进行训练，还可以提高神经网络训练精度，如图3-107所示。

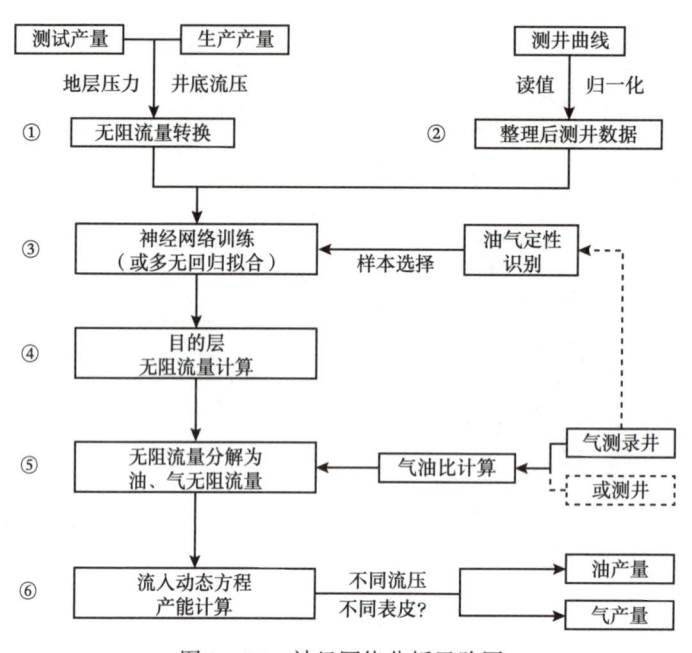

图3-107 神经网络分析思路图

利用常规测井曲线定性识别油气，分别建立了补偿密度、补偿声波与深探测电阻率的关系进行定性识别，建立孔隙度与深感应电阻率的关系进行定量识别，如图3-108至图3-113所示。首先剔除水层，再利用补偿中子的"挖掘效应"区分油气。中子测井主要测量的是地层的含氢量，气的含氢量明显小于油的含氢量，故中子测量值明显低于油层。利用这一特征可以定性区分油气。这对三孔隙度曲线质量要求很高。

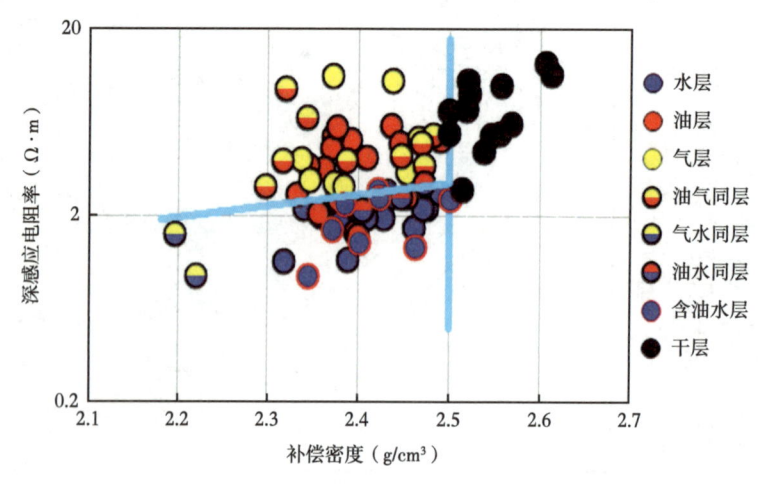

图3-108 补偿密度与深感应电阻率交会图

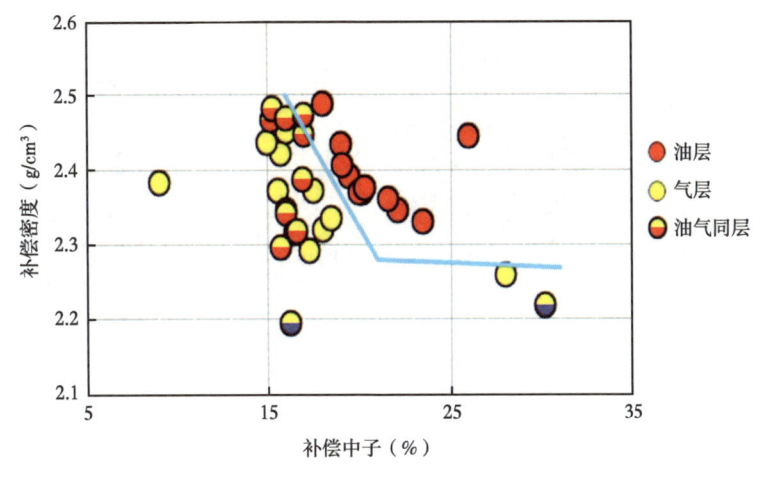

图 3-109　补偿中子与补偿密度交会图

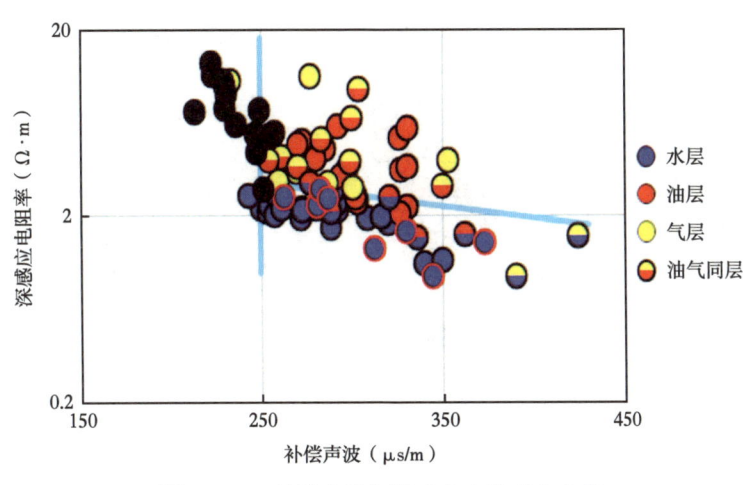

图 3-110　补偿声波与深感应电阻率交会图

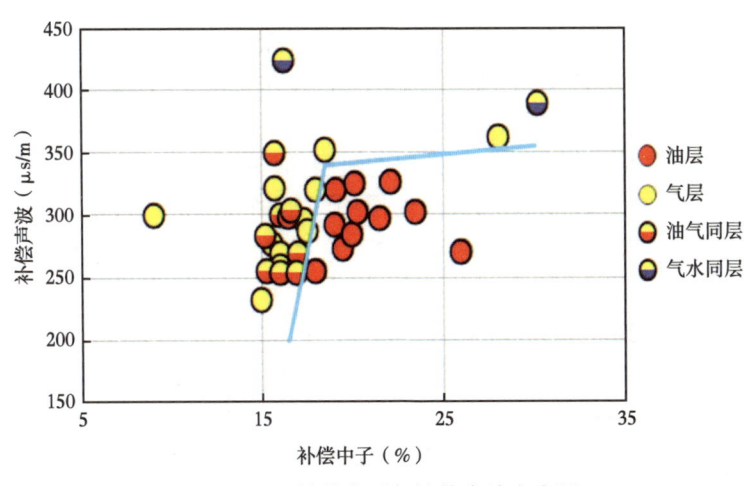

图 3-111　补偿中子与补偿声波交会图

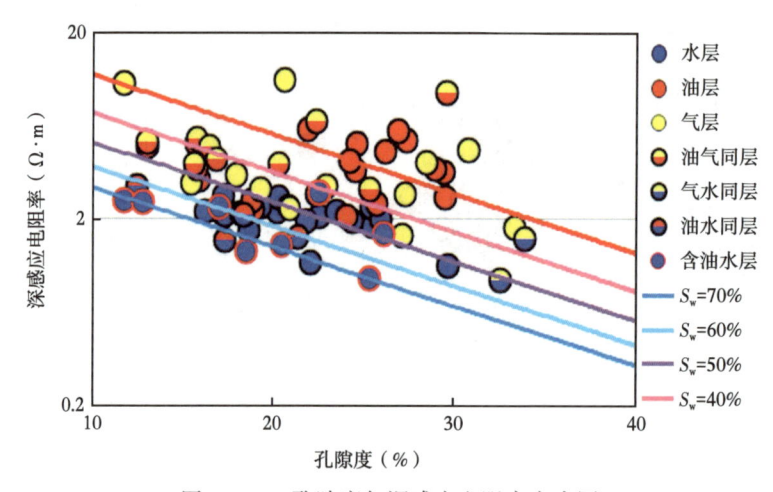

图 3-112 孔隙度与深感应电阻率交会图

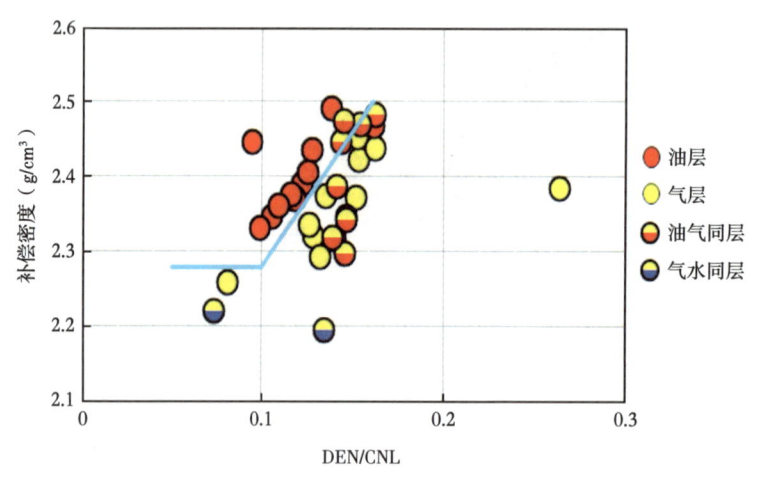

图 3-113 DEN/CNL 与补偿密度交会图

气测录井蕴含了大量烃组分的信息，充分利用气测录井中不同组分的含量，建立油气识别模式图版，如图 3-114 所示。气体组分星型图效果更好，可以识别出气层、油层及油气同层，识别精度较高。

图 3-115 为典型气层、油气同层和油层的星型图。在气层，主要以轻烃组分为主，统计规律集中分布在 C_1/C_2 和 C_1/C_3 区域；油层中除了轻烃组分，在 C_3/C_4、C_2/C_4 区域也多有分布；油气同层所含烃组分介于两者之间。图 3-116 至图 3-118 为英东油田典型层星型图。

如图 3-119 所示，投产射孔前测井解释为 3 个油层、1 个干层，射开后该井产气量大，于 2012 年 9 月 13 日对射孔段进行了封堵。图 3-120 为英试 14-1 井不同时间产量分布图。气体组分星型图解释结果为 1 个油层、3 个气层。说明气体组分星型图识别结果更准确。利用测井参数进行产能预测，若效果好则用该方法，若效果不好则要分析预测效果和成败原因，开展动态预测。

图 3-114 气体比值法图版

图 3-115 气体组分星型图版

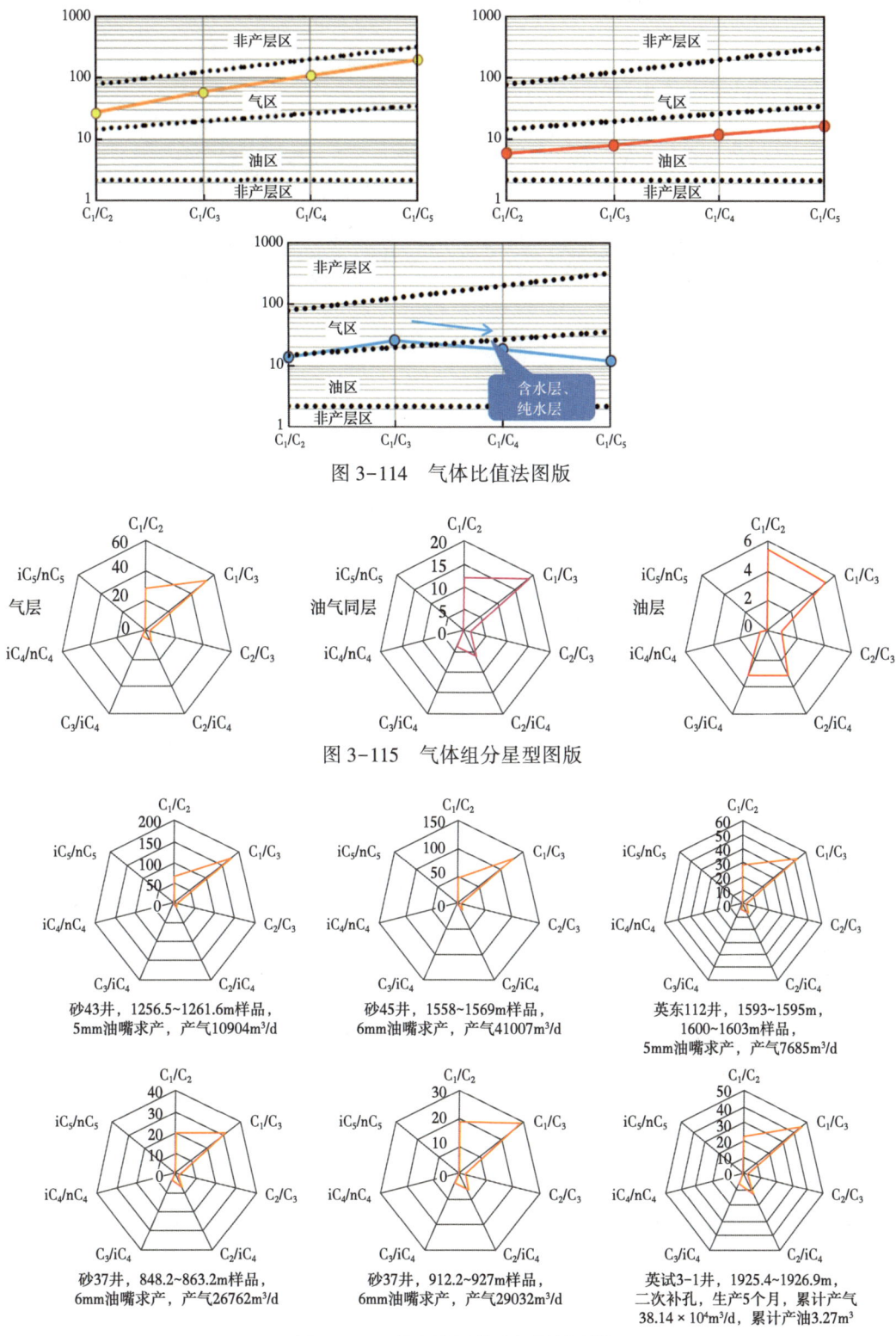

砂43井，1256.5~1261.6m样品，5mm油嘴求产，产气10904m³/d

砂45井，1558~1569m样品，6mm油嘴求产，产气41007m³/d

英东112井，1593~1595m，1600~1603m样品，5mm油嘴求产，产气7685m³/d

砂37井，848.2~863.2m样品，6mm油嘴求产，产气26762m³/d

砂37井，912.2~927m样品，6mm油嘴求产，产气29032m³/d

英试3-1井，1925.4~1926.9m，二次补孔，生产5个月，累计产气 38.14×10⁴m³/d，累计产油3.27m³

图 3-116 英东油田典型气层星型图

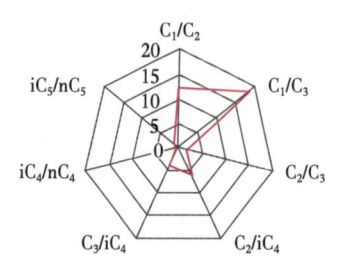

砂40井，1552~1572m样品，8mm油嘴求产，产油6.92m³/d，产气25022m³/d，气油比3879

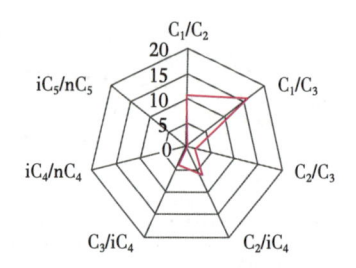

英东107井，2150~2154m，2157~2161m样品，8mm油嘴求产，产油9.37m³/d，产气65373m³/d，气油比6977

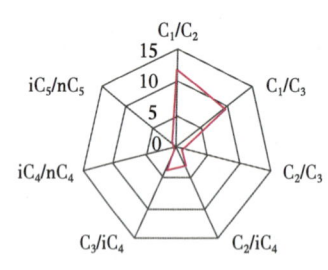

英试1-1井，1424~1455m样品，生产7个月，累计产油838.22m³/d，产气38×10⁴m³/d，累计产气油比453

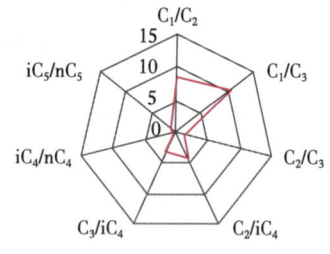

英东108井，1883~1906.5m，4mm油嘴求产，产油4.89m³/d，产气2529m³/d，气油比517

图3-117 英东油田典型油气同层星型图

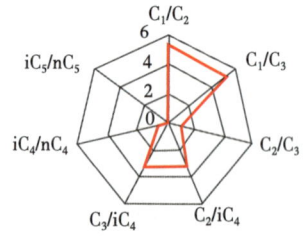

英东105井，1753.5~1756.2m样品，8mm油嘴求产，产油88.94m³/d，产气10128m³/d，气油比166

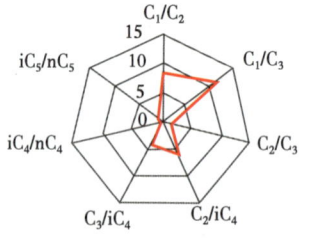

英东108井，2700.6~2710.8m样品，8mm油嘴求产，产油61.05m³/d，产气5370m³/d，气油比88

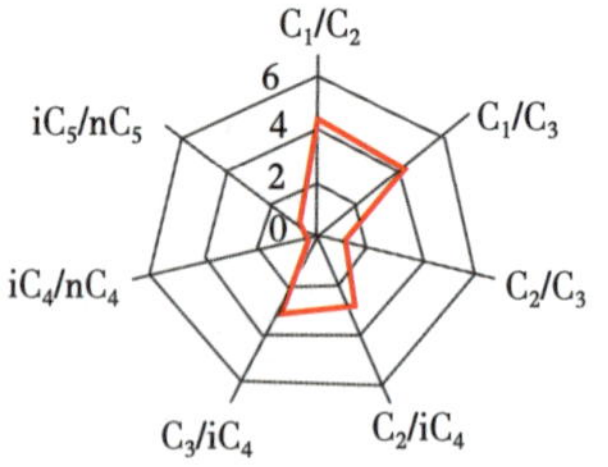

英东117井，1761~1765m样品，4mm油嘴求产，产油22.24m³/d，产气4423m³/d，气油比190

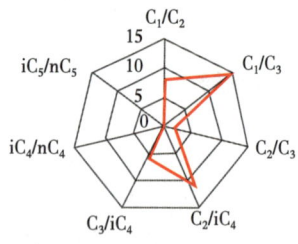

英东108井，1416~1418m、1420.5~1424.5m气测，4mm油嘴求产、产油14.23m³/d

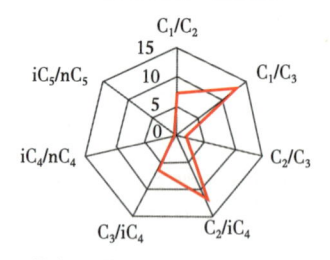

英东102井，1441.5~1446m气测，抽汲求产，产油8.4m³/d

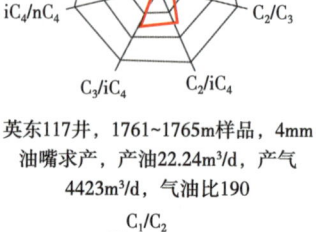

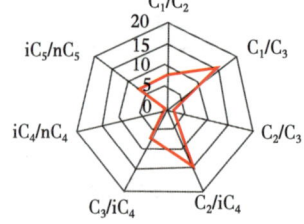

英东102井，1650~1651.6m、1652.5~1655m气测，8mm油嘴求产、产油16.76m³/d

图3-118 典型油层星型图

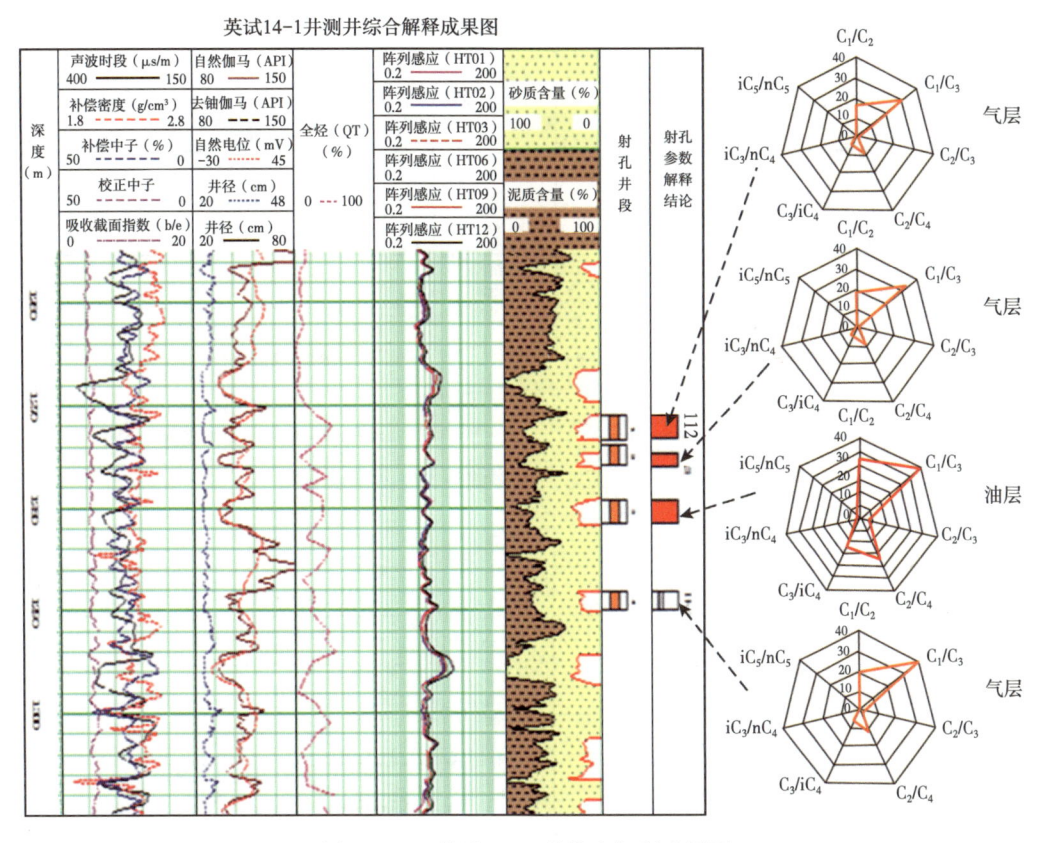

图 3-119　英试 14-1 井综合解释成果图

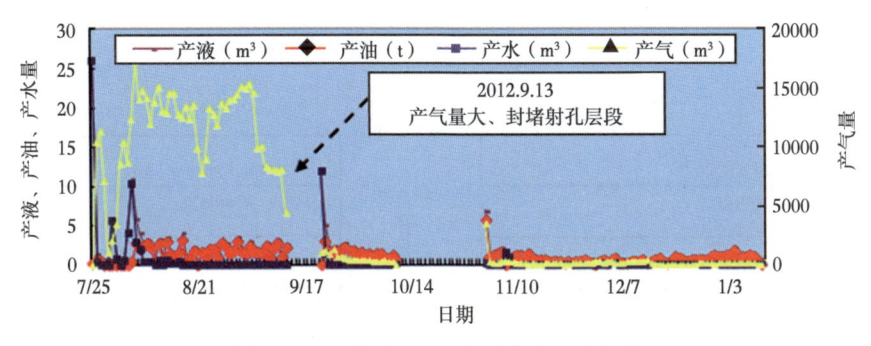

图 3-120　英试 14-1 井不同时间产量图

3.5.2.3　无阻流量预测

无阻流量计算可采用多元回归方法或神经网络预测方法。神经网络预测方法：油层选择油层样本训练，气层选择气层样本训练，训练数据一般采用 GR、AC、CNL、DEN、RT 等曲线数据（也可根据情况调整）。

方法 1：多元回归法。

图 3-107 的第四个步骤，进行目的层无阻流量计算，采用多元回归法。

通过以上分析，建立了无阻流量与自然伽马、电阻率、孔隙度、渗透率、有效厚度和

$H_e×\phi$ 的关系（图3-121至图3-123）。多元回归方法计算无阻流量，操作相对比较简便，适合快速预测产能，但预测精度相对低（图3-124）。

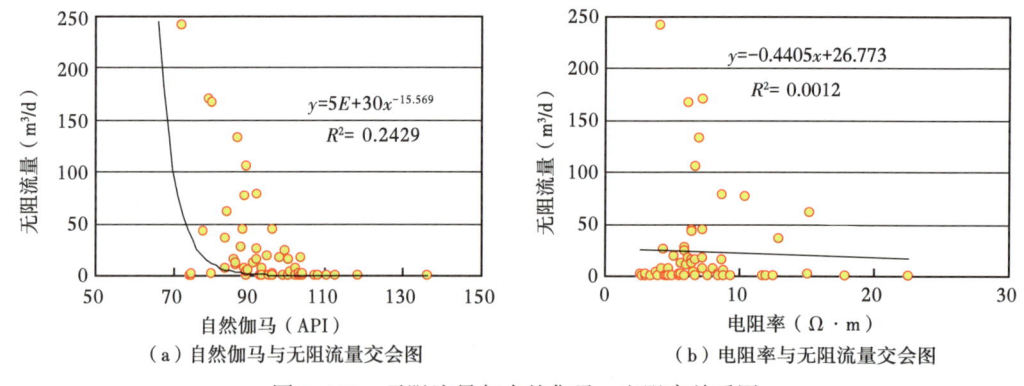

（a）自然伽马与无阻流量交会图　　（b）电阻率与无阻流量交会图

图3-121　无阻流量与自然伽马、电阻率关系图

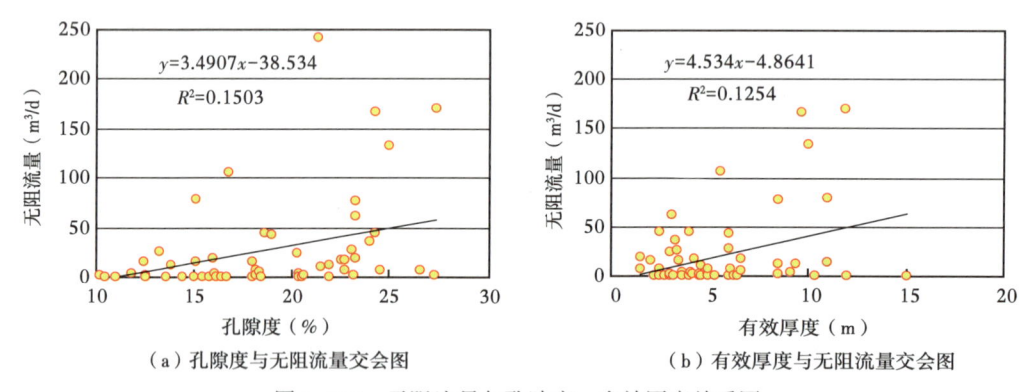

（a）孔隙度与无阻流量交会图　　（b）有效厚度与无阻流量交会图

图3-122　无阻流量与孔隙度、有效厚度关系图

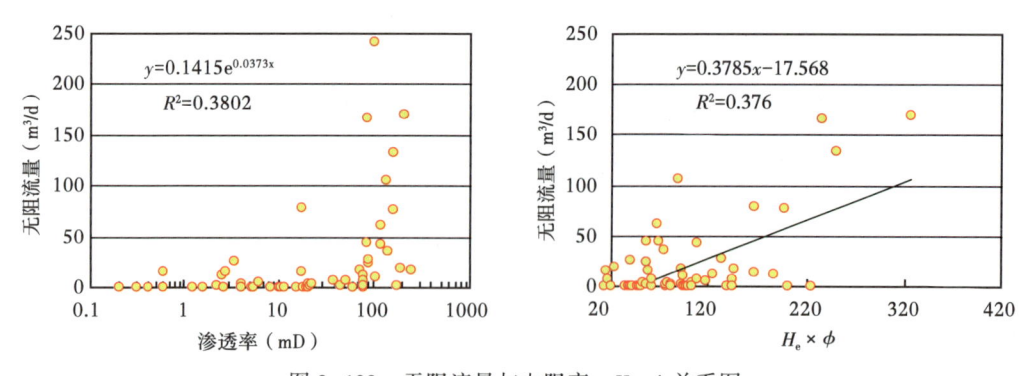

图3-123　无阻流量与电阻率、$H_e×\phi$ 关系图

方法2：神经网络法（图3-125）。

3.5.2.4　气油比定量计算、无阻流量分解

利用图3-107的第五个步骤，无阻流量分解为油、气无阻流量，气油比定量计算。利用气体组分星型图面积比计算气油比，再利用气油比将预测的折算无阻流量转化为油无阻

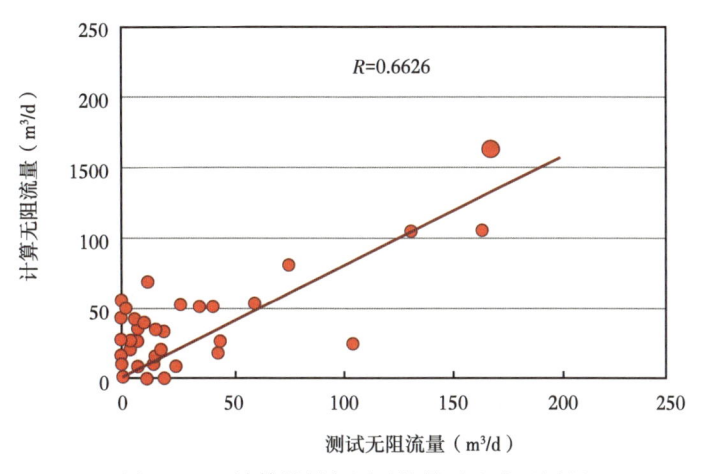

图 3-124 计算结果与测试结果对比验证图版

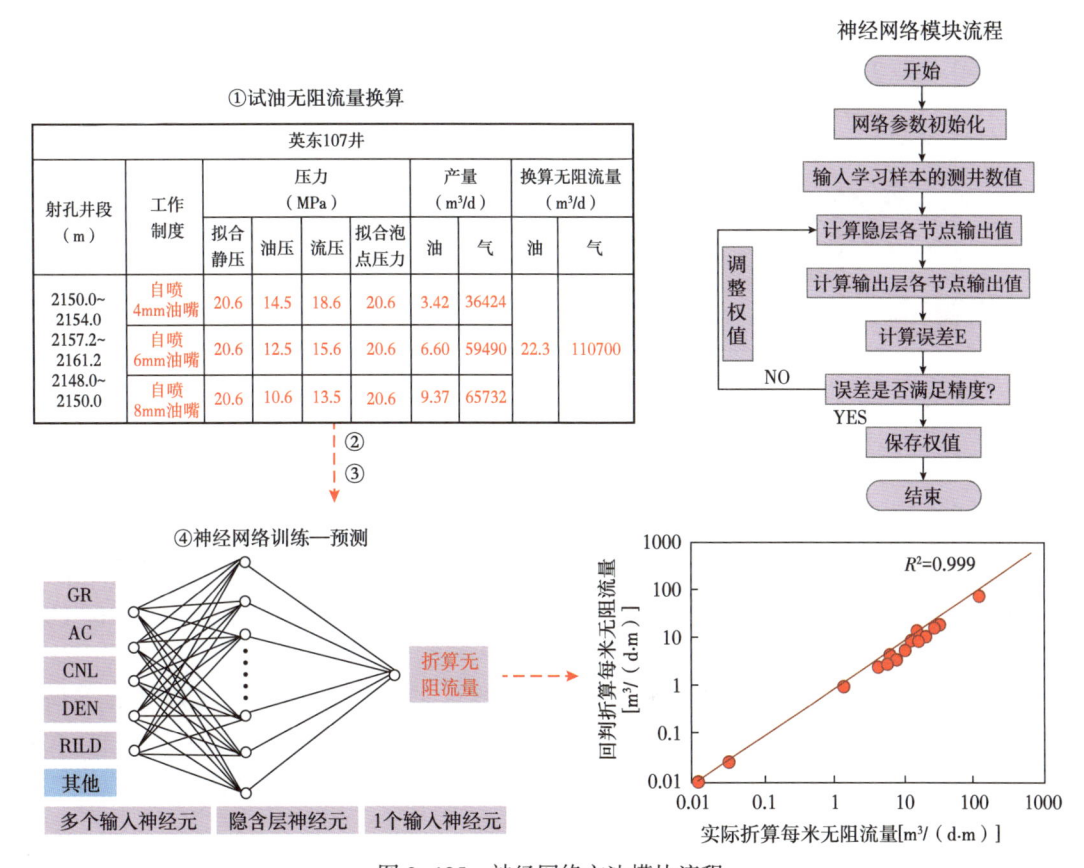

① 试油无阻流量换算

英东107井

射孔井段 (m)	工作制度	压力（MPa）				产量（m³/d）		换算无阻流量（m³/d）	
		拟合静压	油压	流压	拟合泡点压力	油	气	油	气
2150.0~2154.0	自喷 4mm油嘴	20.6	14.5	18.6	20.6	3.42	36424	22.3	110700
2157.2~2161.2	自喷 6mm油嘴	20.6	12.5	15.6	20.6	6.60	59490		
2148.0~2150.0	自喷 8mm油嘴	20.6	10.6	13.5	20.6	9.37	65732		

④ 神经网络训练—预测

图 3-125 神经网络方法模块流程

流量、气无阻流量，如图 3-126 所示。

气体组分星型图面积比 S_a/S_b 能够较准确地计算气油比，如图 3-127 所示。

137

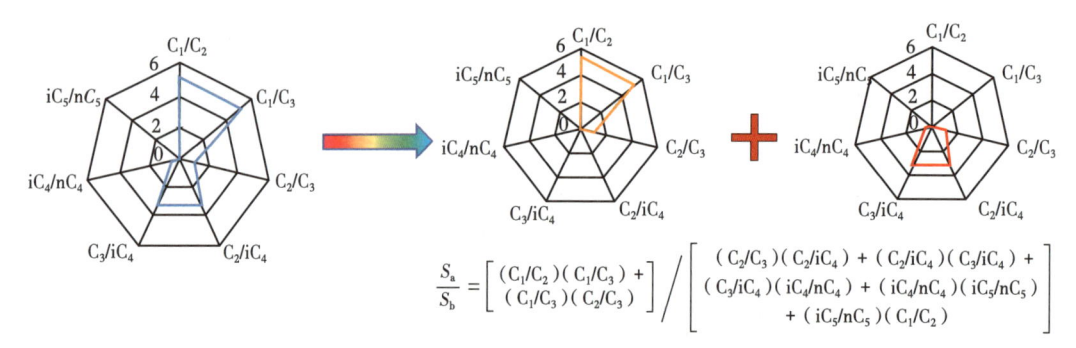

$$\frac{S_a}{S_b} = \left[\begin{array}{c} (C_1/C_2)(C_1/C_3) + \\ (C_1/C_3)(C_2/C_3) \end{array} \right] \Big/ \left[\begin{array}{c} (C_2/C_3)(C_2/iC_4) + (C_2/iC_4)(C_3/iC_4) + \\ (C_3/iC_4)(iC_4/nC_4) + (iC_4/nC_4)(iC_5/nC_5) \\ + (iC_5/nC_5)(C_1/C_2) \end{array} \right]$$

图 3-126 折算无阻流量与油、气无阻流量转化图

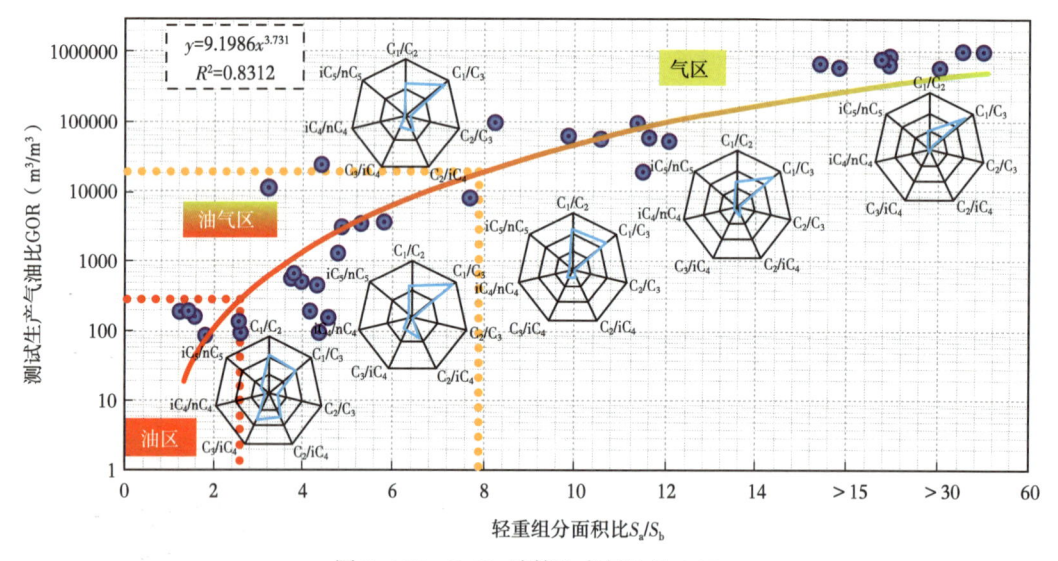

图 3-127 S_a/S_b 计算生产气油比 GOR

3.5.2.5 流入动态方程产能预测

先利用产能试井资料确定适合英东地区的产能方程，再利用产能方程结合油无阻流量、气无阻流量、地层压力预测不同流压条件下的产能（图 3-128）。利用图 3-107 的第六个步骤进行流入动态方程产能计算。

根据 14 口井的试井产能资料分析得到：英东地区采用 Vogel 方程、FetkoⅥch 方程能较好地描述流量与流压之间的关系，Klins & Clark 方程计算无阻流量偏大。英试 15-1 井实际生产 6 个月，产油 13.12t/d、气 7292m³/d，生产结果与预测结果比较吻合（图 3-129、图 3-130）。

通过精细研究完成了英东地区复杂流体类型储层岩石物理特征、"四性"关系、流体识别技术、储层精细建模、成像测井处理解释、储层分类和产能预测等内容研究。建立英东地区复杂断块油藏多信息结合构造建模方法，形成了复杂流体类型油气层测井识别技术系列。

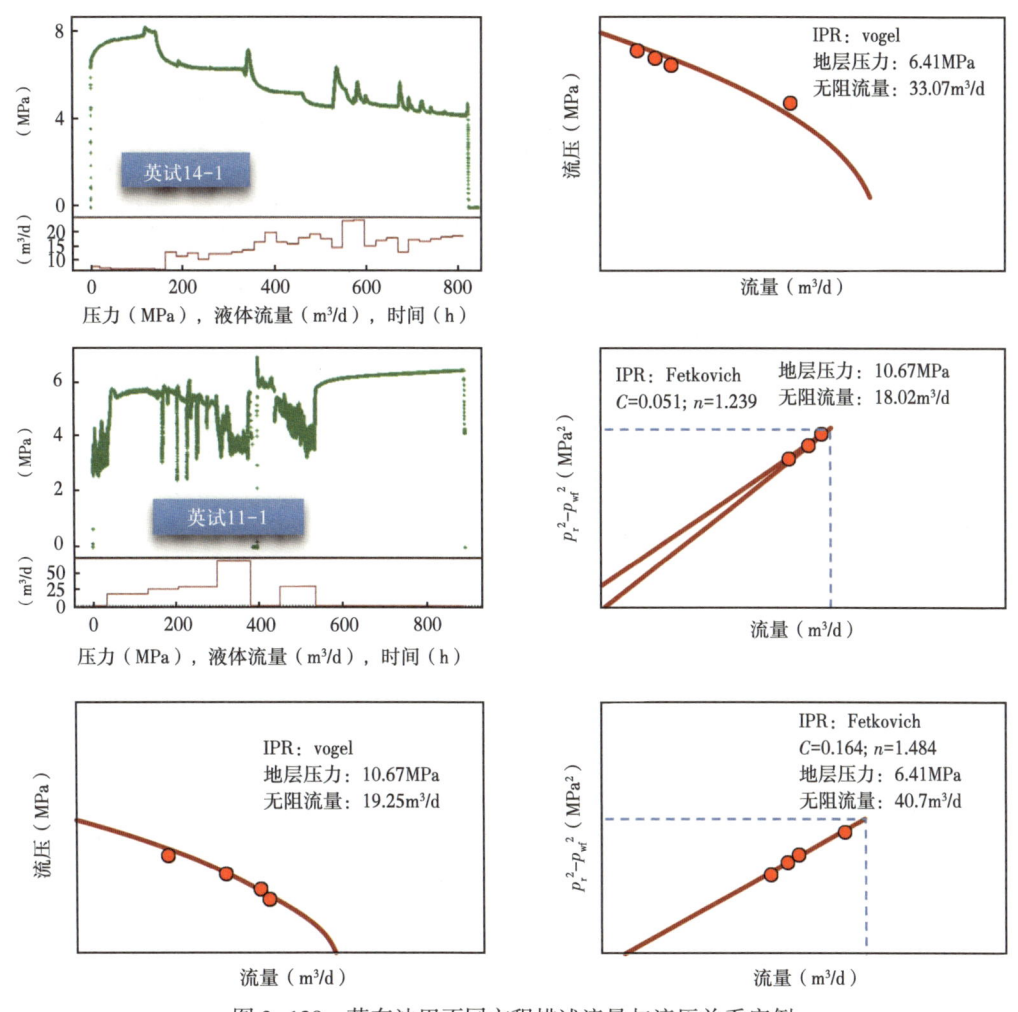

图 3-128　英东油田不同方程描述流量与流压关系实例

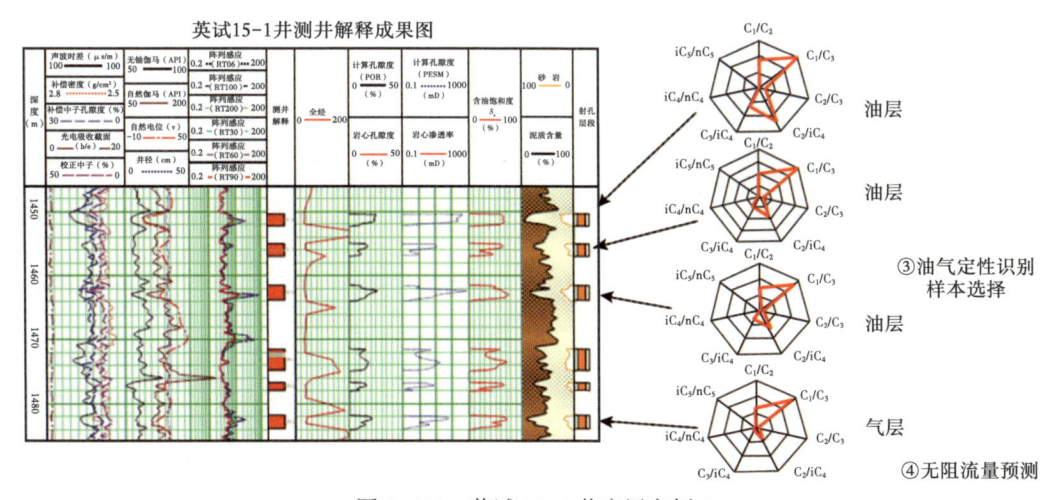

图 3-129　英试 15-1 井应用实例 4

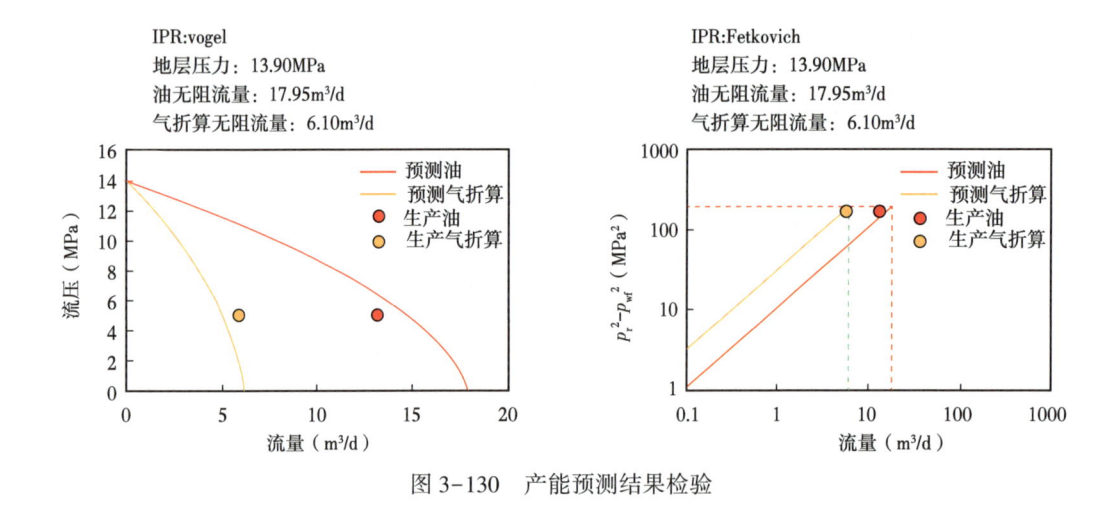

图 3-130　产能预测结果检验

第4章 高含水油田水淹层及剩余油评价技术

随着多年来注水开发，柴达木盆地多个主力油田水淹情况日益严重，逐步进入中高含水期。其中，以尕斯库勒油田 $N_1—N_2^1$ 油藏、E_3^1 油藏和跃进二号油田的主力油藏为代表。主力油田含油层系多、含油井段长、纵向跨度大、隔层夹层薄，次主力、非主力层剩余储量的动用程度低；油层连续性差、单层厚度小、非均质性强，剩余油预测精度低。水淹层解释和剩余油饱和度分布预测精度急需提高。

4.1 原始油藏储层特征

4.1.1 储层岩性特征

研究区块为碎屑岩储层。尕斯库勒油田 $N_1—N_2^1$ 油藏储层岩石以石英、长石为主；岩石类型以长石砂岩、岩屑砂岩为主。岩心分析显示，储集砂岩中碎屑成分石英含量为23.7%~38.4%，平均为34.78%；长石含量为13.7%~23.5%，平均为19.99%；岩屑含量为8.9%~27.2%，平均为16.83%。储集岩胶结物较发育，主要以碳酸盐岩类的方解石胶结物为主，含量为0.3%~27.1%，平均为8.5%；还含有铁土胶结物，含量为0.5%~17.1%，平均为5.47%。胶结物对储层物性影响最大，随胶结物含量增多，储层物性成下降趋势。孔隙类型以粒间孔隙为主。储层物性纵向上随埋深增加物性变差。取心资料显示，2121块分析样品分布在Ⅰ—Ⅸ油组，各油组平均孔隙度为15.66%；各油组平均渗透率为111.2mD，总体上属中孔、中渗透储层。

E_3^1 油藏储层的岩性以细砂岩为主，其次为粉砂岩、中砂岩、底部为砾状砂岩、砾岩。岩石类型主要为石英砂岩和长石石英砂岩。碎屑含量占60%~80%，胶结物含量占20%~40%。碎屑成分主要为石英、长石，其次为变质岩块及云母。胶结物为次生方解石、铁土质、硬石膏、石膏。胶结类型以孔隙基底式胶结为主，其次为接触式胶结。储集空间主要为砂砾岩孔隙性储油。薄片、扫描电镜等资料证明，孔隙以次生孔隙为主，原生孔隙次之。孔隙类型有溶蚀、残余、粒间等孔隙和裂缝。

跃进二号油田储层为一套陆源碎屑沉积的砂岩储层，各油藏埋藏深度不同，储集空间类型也不相同。N_2^1 上段以原生孔隙为主，N_2^1 下段以粒间溶解孔隙为主，N_1 层段以胶结物泥晶方解石溶蚀产生的次生粒间孔为主要储集孔隙，E_3^1 层段以方解石胶结物溶蚀形成的次生粒间孔隙为主。$N_1—N_2^1$ 储层孔隙度主要分布在15%~35%，平均为26.4%；渗透率主要分布在100~5000mD，平均为901.17mD。

4.1.2 储层测井响应特征

尕斯库勒油田 N_1—N_2^1 油藏储层的岩性以粉砂岩为主,但也存在泥质粉砂岩、细—中砂岩以及砾岩储层。储层岩性类型较多,油层电阻率变化范围大。通过试油、试采资料分析油藏孔隙度—电阻率关系,可以看到:油层电阻率主要在 $2.0\sim20\Omega\cdot m$,变化范围比较大,孔隙度集中在 $8\%\sim24\%$,显示出油层的电性与储层的岩性、物性和含油饱和程度差异存在明显关系,如图4-1所示。

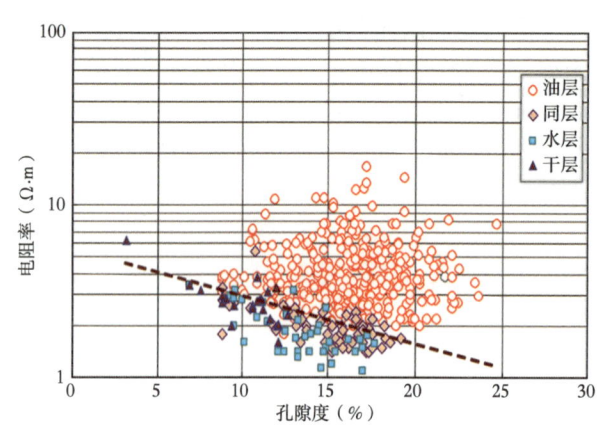

与 N_1—N_2^1 油藏相比尕斯库勒油田 E_3^1 油藏储层孔隙度、渗透率为中—低值,非均质性明显,电阻率受岩性和物性影响大。好的储层电性特征明显,在淡水钻井液测井中,自然电位出现负异常,井径为缩径,自然伽马为中—低值,声波时差曲线较为平直,在 $250\mu s/m$ 左右,电阻率中高值。当储层含钙质或岩性不均匀时,声波时差为低值,且曲线多呈锯齿状,补偿密度高值,补偿中子孔隙度中—低值,

图4-1 尕斯库勒油田 N_1—N_2^1 油藏电阻率—孔隙度关系

自然电位异常幅度较小,电阻率变化较大。

跃进二号油田多采用淡水钻井液钻井,储层的测井响应特点为:自然伽马低值,自然电位负异常,井径缩径,随着储层的岩性物性变好,自然伽马值变低,自然电位负异常增加,声波时差增大。电阻率曲线能较好地反映储层的含油性,但变化范围较大。

由于原始油层电阻率变化大,水淹后储层的电阻率分布范围宽,难以从电阻率绝对值上确定水淹级别。但是,油层水淹过程中,其岩性与电性的匹配性差,测井曲线特征有明显变化,这种差异和变化是定性识别水淹层的重要标志。为对比油藏水淹前后电性特征变化,下面首先分析典型储层的原始电性特征。

4.1.2.1 典型油层测井响应

尕斯库勒油田 N_1—N_2^1 油藏中厚度较大的主力油层,其测井电阻率一般在 $4\sim10\Omega\cdot m$,且深感应电阻率与深侧向电阻率比较接近,显示出储层饱和程度较高、侵入影响较小的特点。图4-2为跃348井Ⅳ1-6+7小层测井响应特征,该小层为油层,厚5.8m,井径缩径,自然伽马低值,自然电位负异常明显,声波、密度值中等偏高,电阻率高值,其中深感应电阻率为 $4.0\sim5.0\Omega\cdot m$,深侧向电阻率为 $4.8\Omega\cdot m$,为典型油层特征。

4.1.2.2 典型水层测井响应

水层测井响应特征与储层岩性物性关系密切。水层电阻率特征多表现为自然伽马值较低,自然电位异常幅度较大,电阻率低,多低于围岩电阻率,随着物性变好,对应的电阻率下降。泥质含量升高的层段,电性特征变差。由于测量原理不同,对电阻率较低的水层,感应测井能更好地进行识别。

图4-3为跃中9井典型水层特征。该井为 JD-581 测井系列测量,在 $1641.0\sim1648.8m$ 厚

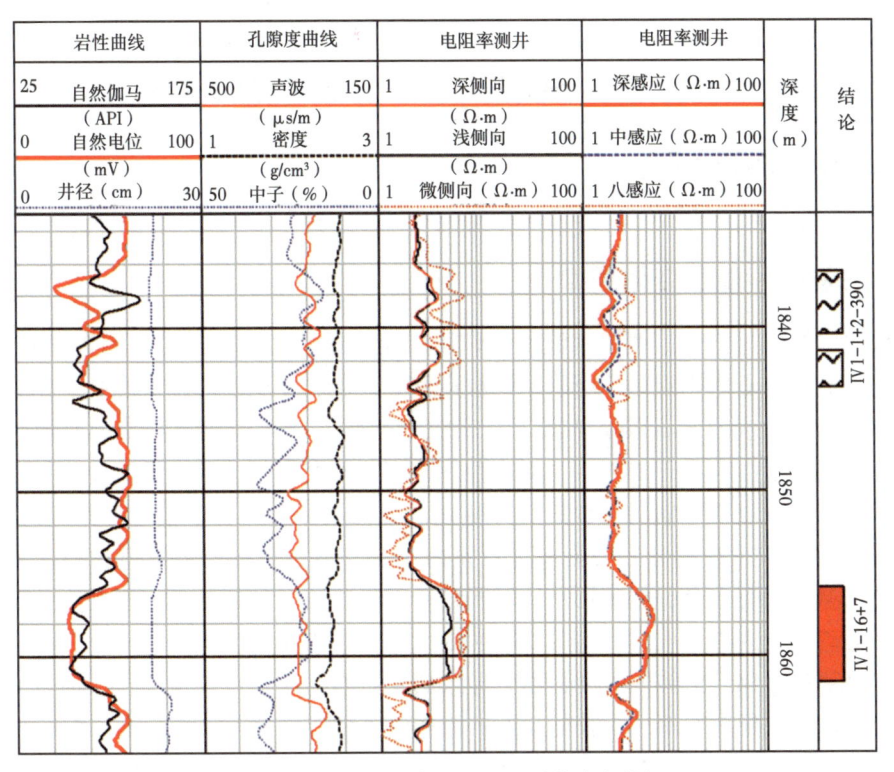

图 4-2　跃 348 井典型油层段测井响应特征

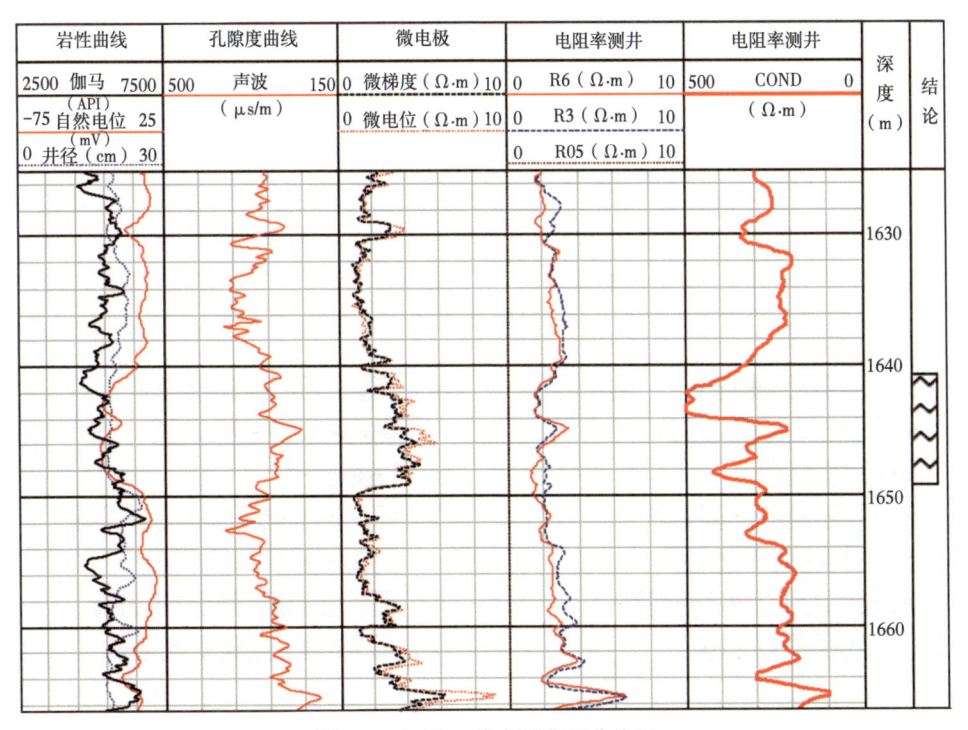

图 4-3　跃中 9 井水层典型曲线图

度为7.8m的井段，射孔抽汲试油，日产水13.1m³，证实为水层，水样分析为$CaCl_2$水型，Cl^-含量为85470mg/L，总矿化度为140682mg/L。该层自然伽马为低值，自然电位明显负异常，声波时差中值，6.0m梯度和电导率明显低值，感应测井值为1.8~5.0Ω·m。

4.2 开发阶段储层特征

4.2.1 开发阶段储层变化规律

油藏注水开发过程中，由于水流冲洗作用以及水敏、盐敏、速敏等因素导致的物理、化学变化，造成岩石中出现黏土膨胀、颗粒运移等现象，使储层孔隙度和孔隙结构发生改变。水驱过程中形成的岩石胶结物减少、颗粒接触变差或者形成空洞状的水流通道等情况，在测井曲线上会有显著的响应，而这种现象在开发期也是比较常见的。

对于注水开发过程中储层物性的实际变化情况，从测井资料中很难定量评价和描述。2004年通过对跃检1井部分岩心资料进行室内实验，可以看到岩石在最初的淡水水驱阶段，储层孔隙度稍有上升，但随后是比较明显的下降阶段。分析认为，实验中孔隙度下降可能主要是矿化度因素造成的。储层盐敏性的大小与进入储层流体的盐度有关，通常注入流体的矿化度接近储层流体的盐度，不会导致储层岩石的盐敏性发生变化，但也有可能引起黏土的收缩、失稳和脱落。当较低盐度的流体进入地层，并与储层岩石矿物接触时，黏土具有的离子交换特性，使黏土中的离子朝进入水中的方向移动，黏土表面静负电荷增加，导致黏土颗粒之间因静电排斥作用而膨胀和分离，引起孔隙空间和吼道收缩，从而发生盐敏。试验中使用的是蒸馏水驱替，而原始地层中原生水是高矿化度的，差异很大，盐敏可能是导致孔隙度变化的主要因素。

尕斯库勒油田和跃进二号地区使用的注入水矿化度较高，盐敏现象不明显。而由于长期注水，物理冲刷导致的孔隙度、储层渗透性上升应该是存在的。图4-4是跃检3井、跃检4井岩心进行水驱实验前后的物性变化对比。该实验是为了进行电性实验研究而开展的，其驱替速度、注入水倍数与油藏注水开发的实际情况都存在差异，但实验中观测到的现象应该具有参考价值。从7块样品水驱前后的情况来看，样品的孔隙度平均增加了0.99%，相对原始孔隙度增大了7.5%，渗透率平均上升5.8mD，增大幅度在10%左右。

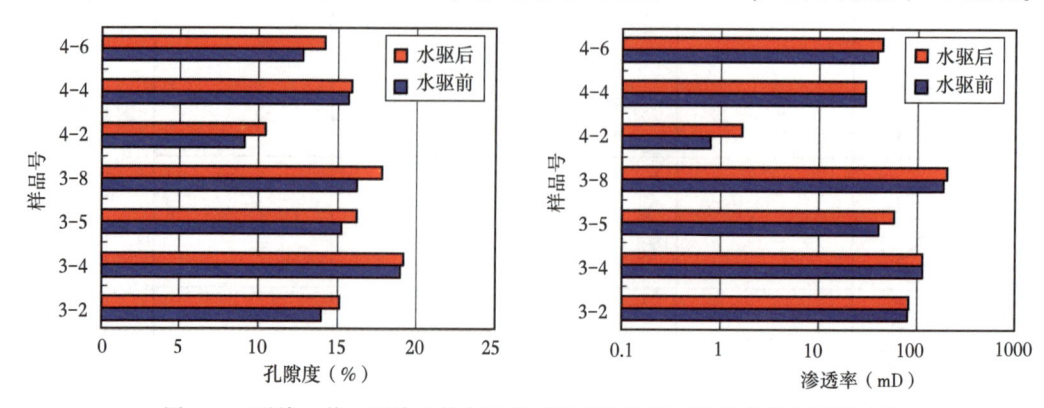

图4-4 跃检3井、跃检4井水驱前后岩石孔隙度、渗透率变化情况对比

图 4-5 为两口井测井响应特征对比图。跃新 453 井完钻于 2007 年 8 月,跃 4540 井完钻于 2008 年 3 月,两井相距较近。跃 4540 井Ⅳ1-5 小层处于水淹早期,下部电阻率明显下降（1438~1441m）,同时对应层段声波时差明显增大,也体现出水流冲刷导致的岩石颗粒接触变差等特征,声波时差达到 440μs/m,而邻井对应层段声波时差为 350μs/m。

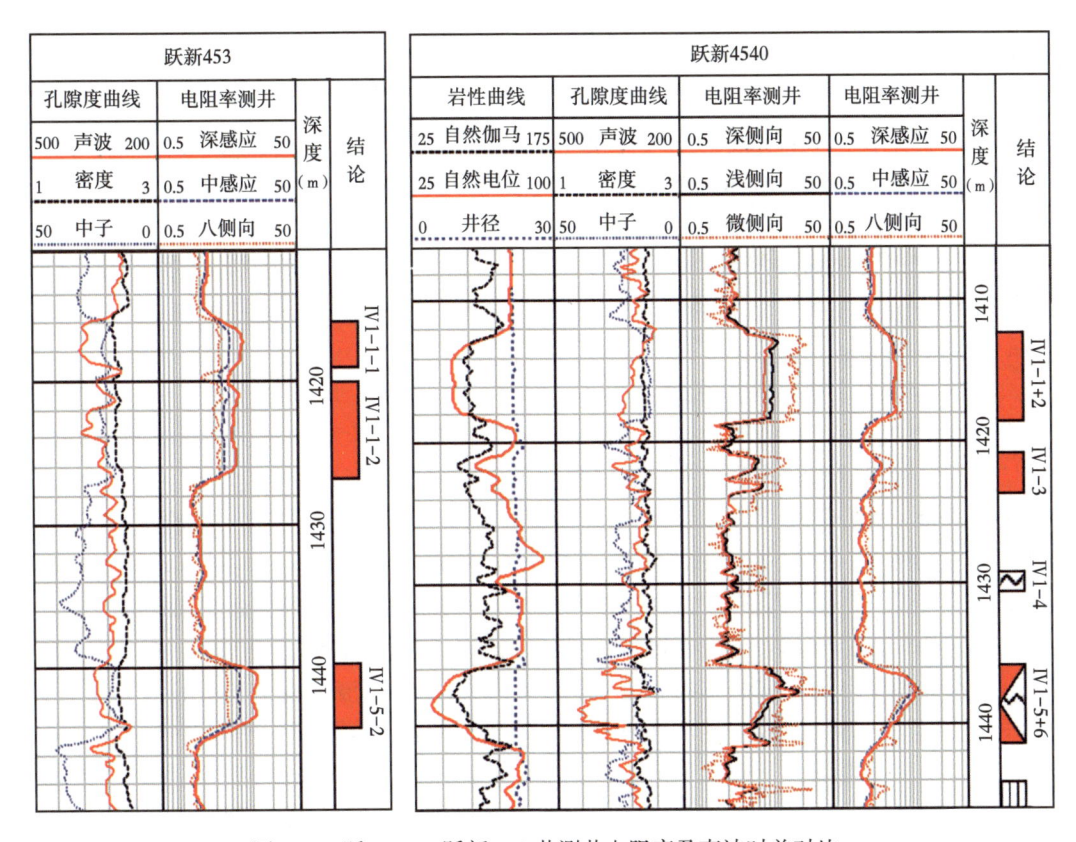

图 4-5　跃 4540—跃新 453 井测井电阻率及声波时差对比

4.2.2　开发阶段测井响应特征

水淹过程中,测井资料体现出来的主要是具体层段的综合性变化。由于各种因素的影响,目前较少存在诸如自然电位基线偏移等宏观上比较直观的特征。对比水淹过程中测井电阻率的变化,综合感应—侧向—岩性（物性）特征,总结出主要水淹层的测井响应特征。

（1）局部水淹后电阻率下降。

油层水淹后,驱替水代替地层中的可动油,使得储层含水饱和度上升,电阻率下降。由于储层岩性与孔隙结构特征及润湿性的差异,油层水淹后电阻率下降的幅度存在差异。对于反韵律储层,底部水淹,自然电位异常幅度增大,电阻率出现大幅度降低,水淹界面明显。对于正韵律储层,水淹处电阻率会有下降,但下降幅度较小,没有反韵律下降明显。对于均匀储层,层内岩性、物性比较均匀,非均质性较弱,水淹从底部开始。水淹处,自然电位异常幅度略有增加,电阻率下降。

（2）整体水淹电阻率低且曲线平直。

油层整体水淹后,电阻率整体下降呈平缓状态,且物性最好处电阻率最低。

145

(3) 水淹后电阻率曲线与三孔隙度、岩性曲线不匹配。

由于储层的非均质性和注入水的冲刷作用，使物性相对较好的层段水洗程度大、水淹程度强，对应的在三孔隙度值最大，自然伽马为最低值，自然电位为负异常层段，电阻率降低，小层的电阻率峰值出现偏移，与岩性及物性的匹配性变差。厚油层局部水淹时，在电性特征上具有较为明显的特征，那就是在感应测井上体现为电阻率形态发生改变，如电阻率形态与岩性测井资料不匹配，与沉积粒序不匹配，局部电阻率下降，电阻率斜坡状，出现非对称形态。

(4) 自然电位在局部水淹段异常幅度增加。

油层水淹后局部含水饱和度增加，自然电位负异常明显增大，因此常常存在自然电位异常极大值偏向底部（或顶部）的形态。

(5) 储层处井径出现严重扩径。

该类特征出现较少，但在尕斯库勒油田 $N_1—N_2^1$ 油藏存在。储层处井径扩径严重，一般对应的小层水淹严重。

(6) 开发过程电阻率异常高值。

开发过程中，由于地层压力变化、地层岩石结构变化、水驱油造成油水分布状态变化及地层钻开后井周油水分布异常等因素，造成储层电阻率特征发生变化。

统计试油、试采层位，尕斯库勒油田 $N_1—N_2^1$ 油藏原始油层电阻率一般在 $2\sim20\Omega\cdot m$，很少有超过 $20\Omega\cdot m$ 的情况。2005 年以后，电阻率在 $20\sim50\Omega\cdot m$ 的油层明显增多，给解释工作带来了困惑。此外，跃进二号库勒油田和尕斯库勒油田 E_3^1 油藏也存在同样的问题。这类异常高电阻率出现的原因和此类储层水淹程度的判断，成为开发过程中急需解决的问题。

对于不同油藏出现异常的原因各异。分析此类储层的产液情况，一般具有以下特征：尕斯库勒油田 $N_1—N_2^1$ 油藏中异常高电阻的值的储层，若没有明显的水淹特征，投产后以产油为主，产水率很低，一般低于 10%，为油层；跃进二号油田此类特征的储层，投产后开始产水率较高（<40%），投产后几个月产水率会逐渐降低，不是水淹层特征。直到储层水淹后，产水率才会快速升高；尕斯 E_3^1 油藏此类特征的储层，一般是由岩石润湿性不同引起的。该类储层一般以亲油为主，电阻率较高（$>5\Omega\cdot m$），投产后储层以产水为主。

对于尕斯库勒油田 $N_1—N_2^1$ 油藏分析认为，这种特征多发生在物性好的中厚油层、深感应电阻率异常升高，明显超过开发前邻井该小层的基本响应值，深中感应及侧向电阻率之间经常出现不匹配情况（图 4-6）。这种电阻率异常在形成原因上不尽相同，但都与注水开发过程中水驱推动或注水压力传导有关。

(1) 注水推进到井周附近。

处于水淹的临界状态，地层可能会在很短时间内水淹。井眼稍近位置已经水淹，但在测井探测范围之外。井周高饱和度"环带"的效应，造成高电阻率无法识别。对此情况，如果出现侧向电阻率明显低于感应电阻率，应考虑水淹的可能性，建议加强类似储层的单独求产证实。

(2) 注水压力波及井周。

如果水淹推进位置离井周较远，仍有可能发生电阻率异常升高的情况。此类储层连通性好，渗透性高，水压驱动过程中压力等因素的改变使得岩石颗粒表面的黏土等发生脱落，使得原始导电网络遭到破坏，从而使得地层电阻率异常高，但此时，地层中的含油饱

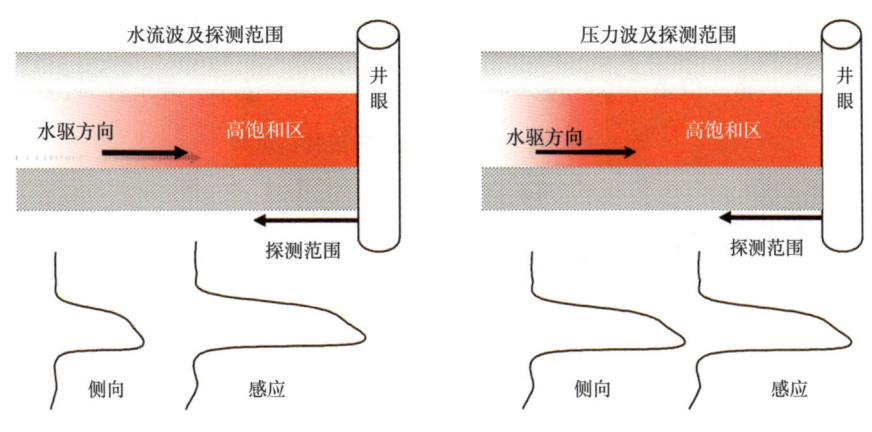

图 4-6 电阻率异常响应机理分析

和度并没有很大变化。

基于上述分析，开发期电阻率异常情况在特征上仍应解释为油层，但应作出水淹预兆分析，该类储集存在产液性质突变、快速水淹的可能性，不宜与其小层合采。另外，也应尽量避免多个该类小层合采，以免水淹后难以确定出水层位。

对于跃进二号库勒油田，由于埋藏较浅，多为疏松砂岩，钻井或开发过程中地层压力变化等因素会引起岩石结构变化、岩石颗粒重组，使得原始油层中的大孔隙水排出，井周形成油砂层，使得测井电阻率出现高值。该类储层在投产初期出现产水率较高的现象。随着进一步注水，其特征将与尕斯库勒油田 N_1—N_2^1 油藏类似。

4.3 水淹层定性解释

定性评价是现场解释中的重要工作，通过对开发期电性特征的对比总结，得出各类储层水淹的测井响应特征。

表 4-1 是对不同岩性、不同润湿性、不同水淹程度储层水淹特征的总结，为柴达木盆地主力水淹油藏的定性判别提供依据。

目前尕斯库勒油田 N_1—N_2^1 油藏、尕斯库勒油田 E_3^1 油藏以及跃进二号油藏均为注水开发。在注水水性上，绝大多数注水井为污水回注，个别区域因条件限制采用淡水注入驱替。因此，就注入水差异，主要存在"污水水淹""边水水淹""淡水水淹"三种类型。但是，从研究工作的分析中来看，注入清水的井点少、注入量小；大部分区域以污水回注为主，注入水矿化度与原始地层矿化度差异不大，因此，本次主要以污水水淹类型的电性特征总结为主。

总体来说，柴达木盆地主力油田水淹具有以下特点：

（1）注水驱替过程中水洗对岩性选择性较强，多存在早期时的局部水淹。

（2）水洗强度对岩石结构破坏程度差异较大。如注水驱替可以见到电阻率异常、声波时差增大等情况。

（3）边水导致的水淹，更多的随着油水接触面的上升而进行，重力分异好，电性界面清晰，较少见到时差增大的情况。

（4）理论上而言，边水水淹、淡水水淹、注入水水淹的矿化度存在差异，水洗后岩石电阻率应也存在差异。但由于本区注入清水的井点少、注入量小，在电性对比不明显。

表 4-1　各类储层水淹测井响应特征总结

润湿性	类型		曲线形态	电性特征	实例来源
水湿岩石	中厚层局部水淹	反韵律		岩性上粗下细，底部水淹时，水淹处自然电位幅度增大，电阻率大幅度下降	Y7451
		正韵律		岩性上细下粗，底部水淹，水淹处自然电位幅度增大，电阻率下降	Y7430
		均匀韵律		底部水淹，水淹处自然电位幅度增大，电阻率下降	Y7521
		疏松砂岩		底部水淹，水淹处电阻率下降，电位幅度变小也有变大，声波时差变也有变大	YⅡ检1
		疏松砂岩		中部先水淹，水淹处电阻率下降，电位幅度变小也有变大，声波时差变也有变大	YⅡ4-10
	中厚层整体水淹			自然电位均匀分布，电阻率整体下降且曲线平直或物性好处电阻率最低	Yg545

续表

润湿性	类型	曲线形态	电性特征	实例来源
水湿岩石	薄层局部水淹		电阻率有所下降但不明显，岩性与电性曲线对应性不好	Y7640
水湿岩石	薄层整体水淹		电阻率整体下降，电位与电阻率对应性不好	Y962
油湿岩石	局部水淹		水淹处局部电阻率下降，幅度不大，呈台阶状	Y5-321
油湿岩石	整体水淹		电阻率下降倍数较小，电阻率与岩性有关，岩性粗电阻率大	Y3-321
油湿岩石	含砾油层水淹		电阻率呈锯齿尖峰状，含砾岩储层水淹后呈较高电阻率，与厚度匹配性差	Y5-371

4.4 水淹层定量解释

水淹层定量评价是通过计算以剩余油饱和度、产水率为核心的产层参数来完成的。柴达木盆地高含水油田以孔隙型砂岩储层为主，饱和度计算时仍以阿尔奇公式为主。其中，至关重要的是如何准确确定水淹层中混合液地层水电阻率。

4.4.1 水淹机理分析

根据注入水矿化度的不同，分为三种情况：注入水矿化度小于地层水矿化度的淡水水淹，会使混合地层水矿化度降低；注入水矿化度近似等于地层水矿化度的边水水淹，混合地层水矿化度不会发生太大变化；注入水矿化度大于地层水矿化度的污水水淹，混合地层水矿化度将不断升高。

4.4.1.1 地层水情况特征

(1) 尕斯库勒油田 $N_1—N_2^1$ 油藏地层水情况。

尕斯库勒油田 $N_1—N_2^1$ 油藏采用的清污混注的开发方式使地层水矿化度复杂化，再加上地层吸水能力的差别、注入水推进不均匀等因素的影响，使混合地层水矿化度的变化情况更难于被掌握。根据注入水矿化度的不同，分为三种情况：注入水矿化度小于地层水矿化度的淡水水淹，会使混合地层水矿化度降低；注入水矿化度近似等于地层水矿化度的边水水淹，混合地层水矿化度不会发生太大变化；注入水矿化度大于地层水矿化度的污水水淹，混合地层水矿化度将不断升高。

如图 4-7 所示，2002—2011 年大量监测数据显示，2002 年以后采出水氯离子含量在 $8.1×10^4～10.4×10^4$ mg/L 变化，采出水总矿化度平均为 $13.0×10^4～16.0×10^4$ mg/L。近期采出水总矿化度稍大于 $13.0×10^4$ mg/L。采出水矿化度的变化，是注入水矿化度与原始油藏地层水矿化度存在差异造成的。2011 年对注入水矿化度的监测结果显示，注入水主要为 $CaCl_2$ 水型，氯离子含量为 $5.06×10^4$ mg/L，总矿化度为 $8.4948×10^4$ mg/L。

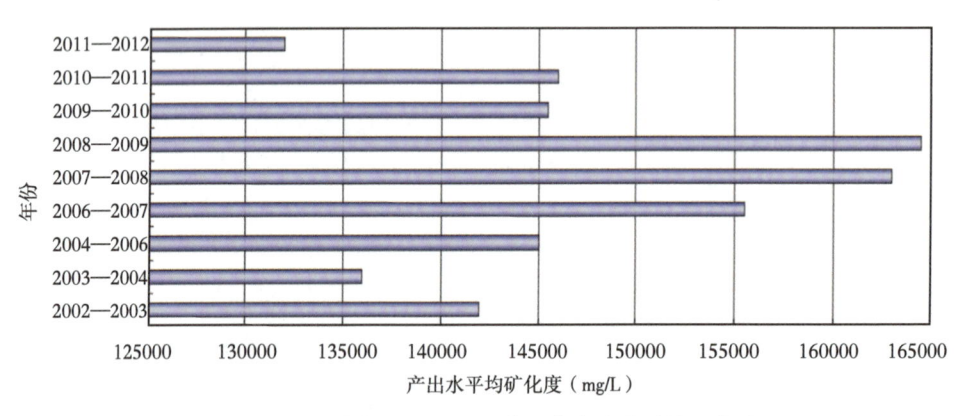

图 4-7 尕斯库勒油田 $N_1—N_2^1$ 油藏产出水平均矿化度

(2) 尕斯库勒油田 E_3^1 油藏地层水情况。

尕斯库勒油田 E_3^1 油藏从 1989 年开始全面注水，采用清污混注方式，地层水从原始矿化度为 170000mg/L 下降到目前的 130000mg/L 左右，目前已经取得的注水井矿化度在 84000mg/L 左右。油田采油井中 80% 以上的井采出水矿化度基本在 $8.5×10^4～18×10^4$ mg/L，平均矿化度为 $13.7×10^4$ mg/L；氯离子含量在 $5×10^4～11×10^4$ mg/L，平均为 $8.1×10^4$ mg/L，如图 4-8 所示。表明随着污水回注，油藏矿化度总体比较高。

(3) 跃进二号油藏地层水情况。

在跃进二号油田进入注水开发之前，地层水矿化度保持原生水状态。跃进二号油田在 1996 年以前分析水样总矿化度为 162142~68117mg/L，总矿化度平均为 111807mg/L，以 $CaCl_2$ 水型为主，基本代表了油藏的原生水矿化度特征。

在跃进二号油田开发过程中，由于使用清水及污水回注，矿化度在不同历史时期存在明显变化。注水开发以来，混合液矿化度基本在 90000~70000mg/L，整体呈下降趋势。对 10 年来油井采出水分析 19300 余次，氯离子含量在 36000~46000mg/L，总矿化度在 75000~94000mg/L，1998—2002 年间，地层混合水矿化度保持在 90000mg/L 附近，最近 3 年

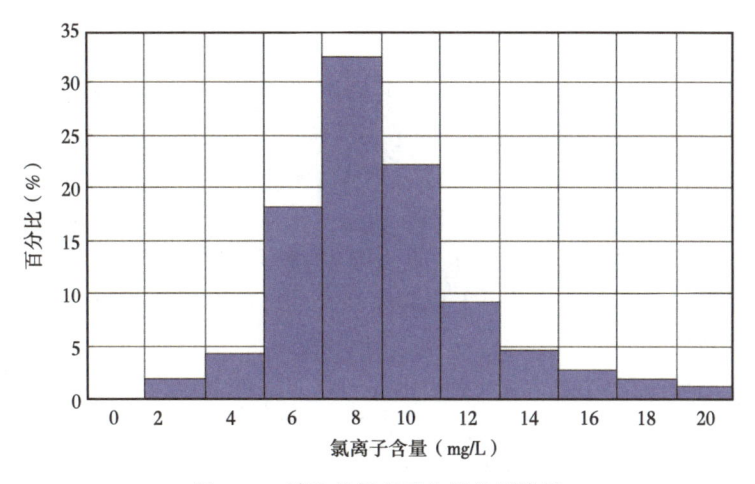

图 4-8 采油井氯离子含量分析统计

来，地层混合水矿化度略有下降，保持在 75000mg/L 附近。

因此，从最近 10 多年地层水矿化度变化情况分析，地下混合液矿化度变化呈阶段性变化，尤其是最近几年的矿化度保持稳定在 75000mg/L。

4.4.1.2 多矿化度水驱实验设计及分析

通过实验室油驱水及多种矿化度水驱油的实验模拟油藏形成和开发过程，研究油藏水驱开发过程中注入水影响岩石电阻率的变化规律（表 4-2）。实验选用尕斯库勒油田中浅层检查井跃 7640 井、跃新 6551 井的岩样。

（1）首先以地层原始矿化度（尕斯库勒油田中浅层）为 160000mg/L 的盐水饱和岩石，测定岩石电阻率，确定岩石地层因素和胶结指数。

表 4-2 模拟实验的方法与目的

测量目的	实验方法	驱替初始状态	驱替最终状态	实验情况
原始油藏岩电参数	油驱水	岩石饱和水	饱和油（束缚水）	模拟成藏过程，测定岩电参数（样品：跃 7640 井、跃新 6551 井）
开发过程岩电参数	水驱油	饱和油（束缚水）	残余油状态	模拟开发过程，测定岩电参数（样品：跃 7640 井、跃新 6551 井）

（2）用模拟原油性质的油驱替岩石中的水，模拟油藏的成藏过程，确定原始油藏岩石的饱和度指数。

（3）水驱油模拟开发状态，分别以不同矿化度的水（30000mg/L、100000mg/L、160000mg/L）驱替岩石中的油，测量不同饱和度状态下岩石的电阻率。

在水驱过程中，岩石中的油水分布状态必然会发生改变，导致岩石孔隙原有的导电网络被破坏，导电机理发生变化。这一过程导致的变化从理论上尚无法定量描述，但可以通过实验资料加以分析。对注入水矿化度与原始矿化度不一致的情况下，由于离子交换的程度造成的影响是未知的，无法评价其对电阻率变化的影响，因而难以定量化考察这一过程中的岩石电性参数变化。

但是使用原始地层矿化度、注入水矿化度一致的条件下进行实验，则消除了这种影响的存在。实验中使用160000mg/L 盐水饱和岩石，然后利用油驱水测量饱和度—电阻率关系，在达到饱和后，逆向驱替，利用160000mg/L 盐水驱替岩石中的油，继续测定饱和度—电阻率关系，如图4-6所示。实验结果表明，两个过程的饱和度—电阻率关系曲线并不重合，尤其是曲线中部差异较大。

这一实验表明，在水驱过程中，岩石的饱和度指数有阶段性变化，在水驱初期，接近原始油层饱和度指数，随着水驱程度增加，饱和度指数有所升高，在中后期增大速度变缓，在开发各个阶段饱和度指数存在一定的差异。总体而言，开发期岩石的平均饱和度指数略高于原始油藏的饱和度指数。

通过实验资料分析，确定逐个测量点的饱和度指数，并确定出饱和度指数与饱和度关系如下（图4-9）：

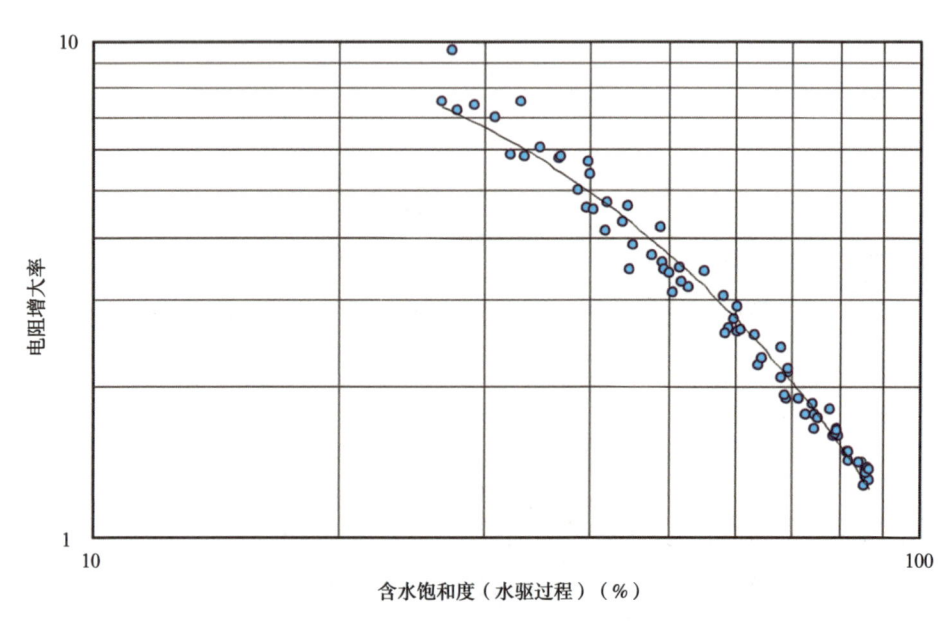

$$n = 0.9295 S_w^{0.1695} \tag{4.1}$$

图4-9 水驱过程中电阻增大率与饱和度的关系图

从开发期、成藏期的饱和度指数差异来看，在开发期水淹层解释中应采用相应的岩电参数，以提高饱和度解释的精度。解释中可以使用迭代计算的方法或水淹等分区带选择岩电参数。

该实验表明，油田注水开发过程中由于含油饱和度、注入水矿化度、注入水与原生水间离子交换等因素，岩石电阻率会发生变化。其中淡水驱替时，岩石电阻率会出现"U"形变化，这也证明了注水驱替过程中，注入水矿化度与原始矿化度之间存在离子交换。若注入水速度稳定，离子交换的程度主要受岩石物性的控制。对比跃新6551井142号、54号、120号样品，随着渗透性增加，驱替过程中低矿化度条件下电阻率与原始矿化度条件下的幅度差也在增加，岩石电阻率的升高时对应的水淹程度越低。这表明高渗透样品在驱替过程中离子交换的速度快，在低矿化度水驱替条件下岩石中离子浓度下降快，电阻率升高程度大。

4.4.1.3 实验过程中岩石电阻率的变化

实验中第三步模拟油藏的开发过程，分别以不同矿化度的注入水驱替油，岩石电阻率的变化规律为：

（1）以30000mg/L注入水驱替饱和油的岩石，电阻率首先开始下降，然后转向平缓，最终电阻率开始上升。以跃新6551井54号样品为例，饱和油岩石含水饱和度37.8%，电阻率为3.08Ω·m，利用30000mg/L盐水驱替，至含水饱和度达到65%附近，电阻率下降到2.0Ω·m左右，随后随着含水饱和度的升高，测量电阻率逐步升高，呈现非对称"U"形形态。这一过程基本代表了淡水驱替开发过程的岩石电阻率变化特征，如图4-10所示。

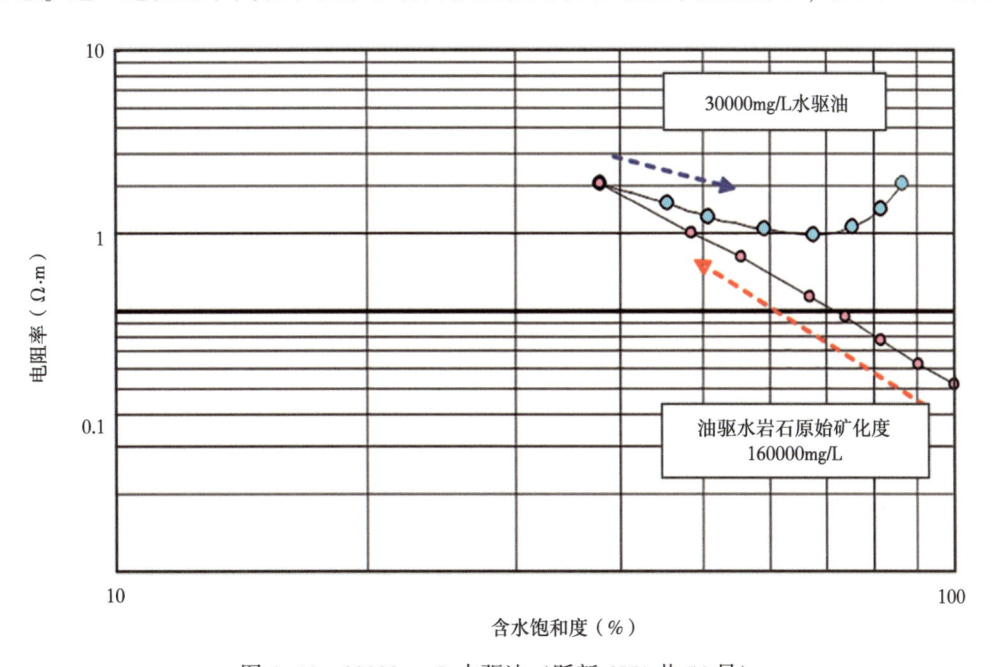

图4-10 30000mg/L水驱油（跃新6551井54号）

（2）以100000mg/L盐水驱替饱和油的岩石，电阻率在驱替过程中持续下降，然后转向平缓，最终略有上升。以跃新6551井54号样品为例，饱和油岩石含水饱和度为35.9%，电阻率为2.92Ω·m，利用100000mg/L盐水驱替，至含水饱和度达到72%附近，电阻率下降到

$1.1\Omega\cdot m$ 左右，随后随着含水饱和度的升高，测量电阻率最终略有升高，最后至 $1.3\Omega\cdot m$。这一过程基本接近大多数污水回注情况下矿化度驱替的电阻率响应，如图 4-11 所示。

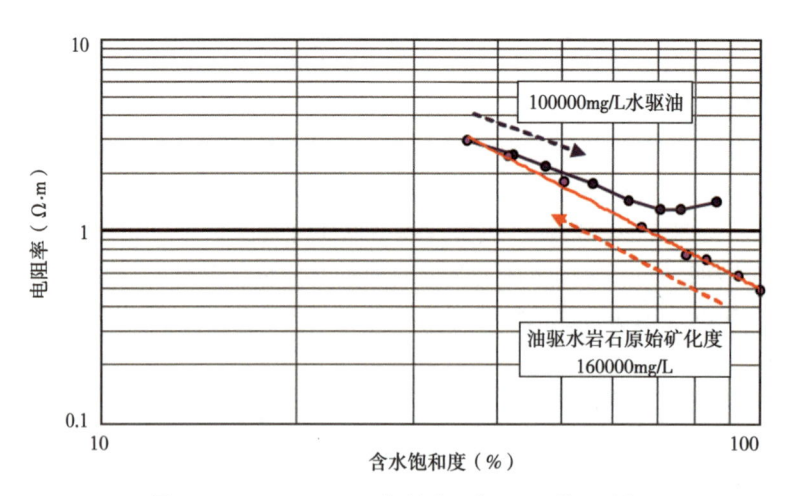

图 4-11　100000mg/L 水驱油（新 6551 井 54 号）

（3）以 160000mg/L 盐水驱替饱和油的岩石，电阻率在驱替过程中持续下降。这一过程中驱替水矿化度与岩石中原始地层水矿化度一致。以跃新 7640 井 100 号样品为例，饱和油岩石含水饱和度为 48.4%，电阻率为 $2.99\Omega\cdot m$，利用 160000mg/L 盐水驱替，至含水饱和度达到 87.8%附近，电阻率下降到 $1.33\Omega\cdot m$。这一过程基本接近边水水淹的电阻率变化特征，如图 4-12 所示。

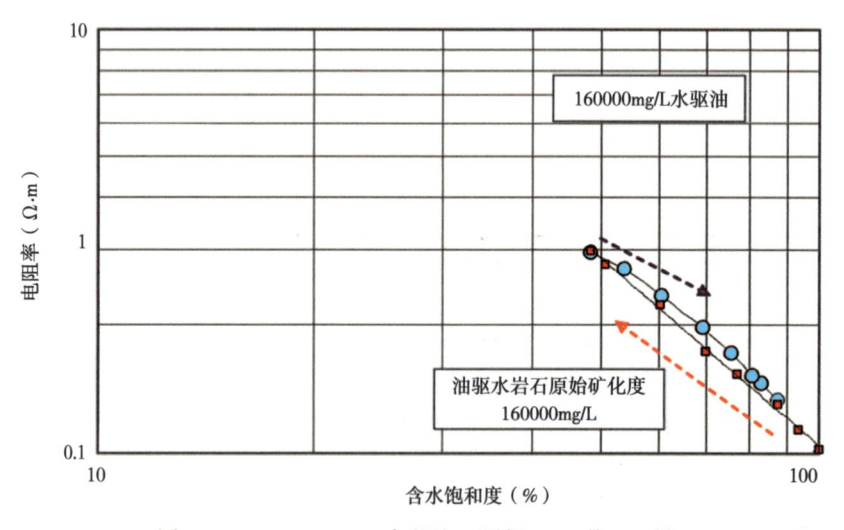

图 4-12　160000mg/L 水驱油（跃新 7640 井 100 号）

由多矿化度水驱实验可知，岩石电阻率受注入水矿化度和水淹程度影响明显。注入水的矿化度不同，水淹程度不同，水淹后岩石的电阻率也不同（图 4-13 至图 4-15）。为了精确表征岩石的水淹程度，混合地层水电阻率的计算就变得尤为重要，本章主要目的就是建立精确地计算混合地层水电阻率的方法。

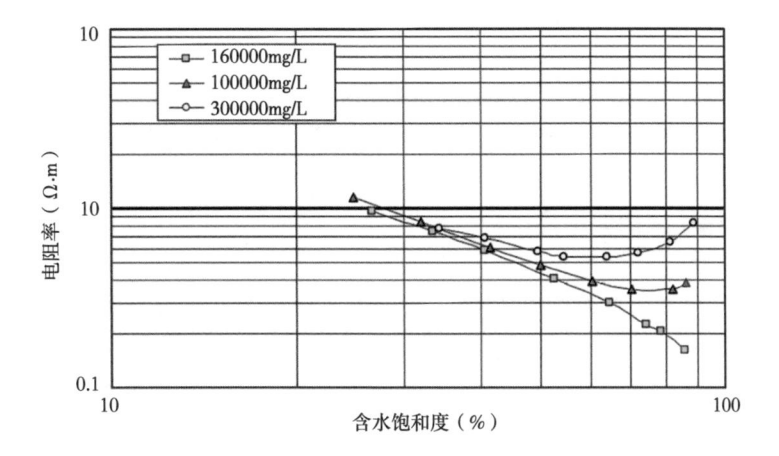

第4章 高含水油田水淹层及剩余油评价技术

图 4-13 不同矿化度驱替下岩石电阻率的变化（跃新 6551 井 142 号）

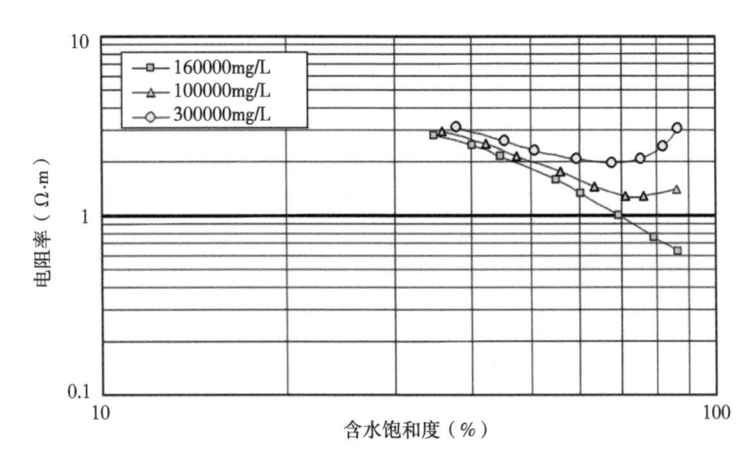

图 4-14 不同矿化度驱替下岩石电阻率的变化（跃新 6551 井 54 号）

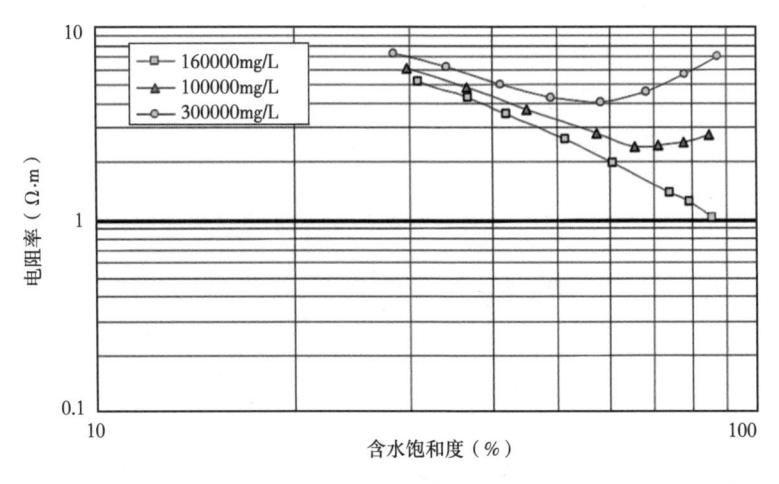

图 4-15 不同矿化度驱替下岩石电阻率的变化（跃新 6551 井 120 号）

4.4.2 地层水模型建立

前人在表征水驱开发过程中混合地层水矿化度变化模型方面做了一系列的研究，最常用的模型主要有未考虑离子交换的混合地层水模型和离子交换充分的地层水模型。该两种模型均有各自的优缺点，以下进行详细论述。

4.4.2.1 未考虑离子交换的混合地层水模型

（1）物理模型。

在不考虑流体及岩石骨架弹性变化的前提下，设原始地层水矿化度为 C_w，原始含水饱和度为 S_{wi}，注入水矿化度为 C_{wz}，当前含水饱和度为 S_w，储层有效孔隙度为 ϕ。在矿化度为 C_w 的水驱替过程中，一部分烃类体积被注入水替换，含水饱和度为 S_w 时，替换部分为 $\phi(S_w-S_{wi})$，在水驱初期，即不考虑注入水和原始地层水之间的离子交换作用时（产出水全部来自于注入水），混合地层水矿化度是原始地层水和替换部分的体积加权平均值。以下为其推导过程为，根据物质平衡理论有：

$$C_{wh}\phi S_w = C_w \phi S_{wi} + C_{wz} + \phi(S_w - S_{wi}) \tag{4.2}$$

则混合地层水矿化度 C_{wh} 的计算公式为：

$$C_{wh} = [C_w S_{wi} + C_{wz}(S_w - S_{wi})]/S_w \tag{4.3}$$

由式（4.3）可见，当忽略解释层内注入水矿化度的变化性时，即认为层内各点注入水矿化度 C_{wz} 相同时，可动水饱和度（S_w-S_{wi}）的差异造成了各点混合地层水矿化度的不同。

通过这一接近实际水淹初期的计算模型，可以定量确定随着含水饱和度的变化、混合地层水矿化度的变化情况。在上述分析的基础上，可以借鉴当两种不同矿化度的溶液混合后，其电阻率的表示方法，即：

$$\frac{V_1}{R_w} + \frac{V_w}{R_{wz}} = \frac{V_1 + V_2}{R_{wh}} \tag{4.4}$$

式中 R_w——原始地层水溶液的电阻率，$\Omega \cdot m$；

R_{wz}——注入水溶液的电阻率，$\Omega \cdot m$；

R_{wh}——以上两种溶液混合后的电阻率，$\Omega \cdot m$；

V_1——地层中原始地层水的体积，$V_1 = \phi S_{wi}$；

V_2——地层中注入水所占的体积，$V_2 = \phi(S_w-S_{wi})$。

式（4.2）至式（4.4）整理后，未考虑离子交换时的混合地层水电阻率可表示为：

$$R_{wh} = \frac{R_{wz} R_w S_w}{R_w S_w + (R_{wz} - R_w) S_{wi}} \tag{4.5}$$

（2）数值模拟。

利用以上未考虑离子交换的混合地层水分析方法，以原始地层水矿化度为 16×10^4 mg/L、原始油藏地层水饱和度为 30% 为模拟条件，模拟计算不同矿化度注入水条件下混合地层水矿化度随含水饱和度增加的变化趋势。如图 4-16 所示，当注入水矿化度与原始地层水矿化度差异较大时，混合地层水矿化度受到的影响比较明显。

以原始地层水矿化度为 16×10^4 mg/L、原始油藏地层水饱和度为 30%、地层温度为 65℃

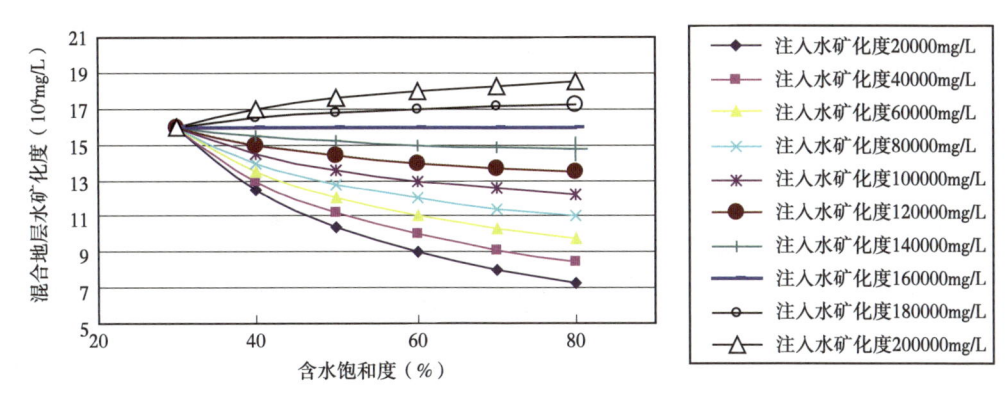

图 4-16 多矿化度水驱混合地层水矿化度变化（未考虑离子交换）

的模拟条件下，模拟一定温度下混合地层水电阻率随注入水矿化度改变和含水饱和度增加的变化趋势。

假设原始地层水与注入水水型均为 $CaCl_2$，根据溶液总矿化度，分别计算总矿化度不同时 Ca^{2+} 与 Cl^- 各自的矿化度，并根据前述分析计算不同离子矿化度下 Ca^{2+} 与 Cl^- 各自的等效 NaCl 转换系数，以及整个溶液的等效 NaCl 溶液矿化度，最后计算出溶液电阻率。

理论模拟结果表明，注入水矿化度在 8×10^4mg/L 以下时，随着水淹程度的加大（含水饱和度上升），混合地层水电阻率也明显抬升。当含水饱和度为 60% 时，矿化度为 2×10^4mg/L、4×10^4mg/L、6×10^4mg/L、8×10^4mg/L 注入水的驱替分别使混合地层水电阻率由 $0.0287\Omega\cdot m$ 提升至 $0.0487\Omega\cdot m$、$0.0432\Omega\cdot m$、$0.0392\Omega\cdot m$、$0.0362\Omega\cdot m$（图 4-17）。相对而言，当注入水矿化度在 10×10^4mg/L 以上时，水驱程度对混合地层水电阻率造成的影响较小。

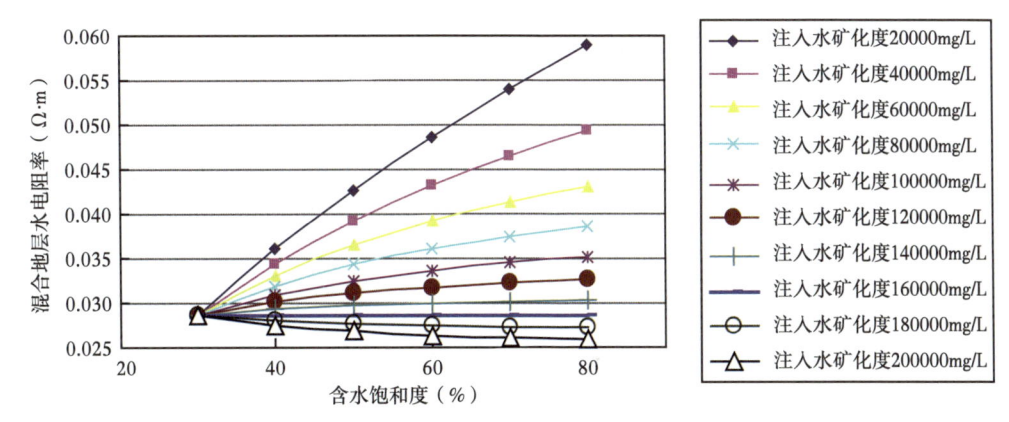

图 4-17 多矿化度水驱混合地层水电阻率变化（未考虑离子交换）

图 4-18 为模拟多矿化度水驱时地层孔隙度为 22% 时电阻率的变化图，可以看出：未考虑离子交换模型中注入水只是驱替可动油，在水淹过程中模拟的岩石电阻率一直小于原始岩石电阻率，在储层高水淹时，这与实际开发不符。

4.4.2.2 离子交换充分的地层水模型

（1）物理模型。

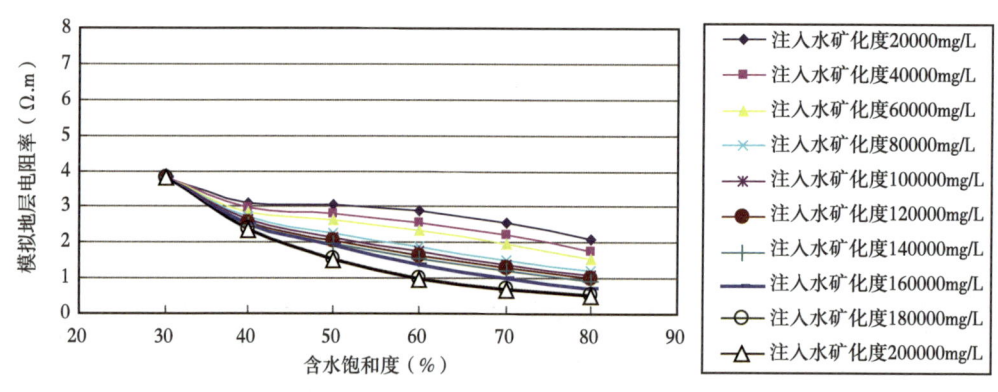

图 4-18 多矿化度水驱地层电阻率变化（未考虑离子交换）

水淹开发初期，水淹时间短，注水倍数小，水淹程度低，混合地层水矿化度的变化主要来自替换油气的注入水导致的离子浓度改变。在水淹开发中—后期，由于驱替充分，离子交换时间充裕，混合地层水矿化度逐渐接近注入水矿化度。因此，除了驱替因素，还要考虑两种水离子交换造成的影响，低矿化度注入条件下，水淹后期矿化度持续下降可能导致水淹层地层电阻率不降反升。

为了考虑注入水与原始地层水的离子交换作用，以下采用一种极端情况，即强水淹时注入水与原始地层水离子交换完全（产出水是来自于注入水与全部原始地层水的混合液）的混合地层水模型进行模拟分析，则注入水与原始地层水的溶质含量可表示为：

$$B = Q_{in}C_{wz} + \phi S_{wi}C_w = [Q_w + \phi(S_w - S_{wi})]C_{wz} + \phi S_{wi}C_w \quad (4.6)$$

式中　Q_{in}——储层总吸水量；

Q_w——总产水量。

引入注水倍数 K，那么混合地层水含盐量为：

$$B = K[\phi(S_w - S_{wi})]C_{wz} + \phi S_{wi}C_w \quad (4.7)$$

则有：

$$[K\phi(S_w - S_{wi}) + \phi S_{wi}]C_{wh} = K\phi(S_w - S_{wi})C_{wz} + \phi S_{wi}C_w \quad (4.8)$$

式（4.6）至式（4.8）整理为：

$$C_{wh} = \frac{K(S_w - S_{wi})C_{wz} + S_{wi}C_w}{K(S_w - S_{wi}) + S_{wi}} \quad (4.9)$$

其中，S_w、S_{wi} 的单位与计算结果无关。

由式（4.9）可见，当忽略解释层内注入水矿化度的变化性时，即认为层内各点注入水矿化度 C_{wz} 相同时，与未考虑离子交换的混合地层水分析模型不同，离子交换完全时混合地层水矿化度除了受到可动水饱和度（S_w-S_{wi}）的影响，也会受到注水倍数 K 的影响。

由注水倍数 K 的定义可知，已知储层产油气量 Q_o 为 ϕ（S_w-S_{wi}），则储层总吸水量 Q_{in} 为 $K[\phi(S_w-S_{wi})]$，总产水量 Q_w 为 $(K-1)\phi(S_w-S_{wi})$，有：

$$\frac{Q_w}{Q_w + Q_o} = \frac{(K-1)\phi(S_w - S_{wi})}{(K-1)\phi(S_w - S_{wi}) + \phi(S_w - S_{wi})} = \frac{K-1}{K} \quad (4.10)$$

而根据产水率 f_w 的定义,有:

$$f_w = \frac{Q_w}{Q_w + Q_o} \quad (4.11)$$

$$K = 1/(1 - f_w) \quad (4.12)$$

引入产水率后,混合地层水矿化度为:

$$C_{wh} = \frac{(S_w - S_{wi})C_{wz} + S_{wi}C_w(1 - f_w)}{(S_w - S_{wi}) + S_{wi}(1 - f_w)} \quad (4.13)$$

离子交换完全时的混合地层水电阻率 R_{wh} 可表示为:

$$R_{wh} = \frac{R_{wz}R_w(S_w - S_{wi}f_w)}{R_w(S_w - S_{wi}) + R_{wz}S_{wi}(1 - f_w)} \quad (4.14)$$

(2) 数值模拟。

利用以上假设离子交换完全的混合地层水分析方法,以原始地层水矿化度为 $16×10^4$mg/L、原始油藏地层水饱和度为 30%、最大含水饱和度为 80%（残余油饱和度 20%）的模拟条件下,模拟计算不同矿化度注入水条件下混合地层水矿化度随含水饱和度增加的变化趋势。

根据产水率计算模型,在以上模拟条件下,含水饱和度为 30%、35%、40%、45%、50%、55%、60%、65%、70%、75%、80%时对应的产水率分别为 0.0024、0.1581、0.4022、0.5863、0.7490、0.8627、0.9275、0.9757、0.9921、0.9975、0.9992,对应的注水倍数分别为 1.0024、1.1878、1.6729、2.4170、3.9838、7.2830、13.7939、41.1479、126.9858、396.3491、1241.6234。

然后,假设原始地层水与注入水水型均为 $CaCl_2$,以原始地层水矿化度为 $16×10^4$mg/L、原始油藏地层水饱和度为 30%、最大含水饱和度为 80%、地层温度为 65℃的模拟条件下,模拟离子交换完全时混合地层水电阻率随注入水矿化度改变和含水饱和度增加的变化趋势。

由以上模拟结果可见（图 4-19、图 4-20）,假设注入水与原始地层水离子交换完全时,在低矿化度注入水条件下,随着水淹程度的加大（含水饱和度上升）,混合地层水矿化度降低、电阻率升高更明显,并且体现出矿化度降低和电阻率抬升幅度在高含水时变缓的特征,这一点与未考虑离子交换时混合地层水的变化特征有明显差别。高含水时,原始

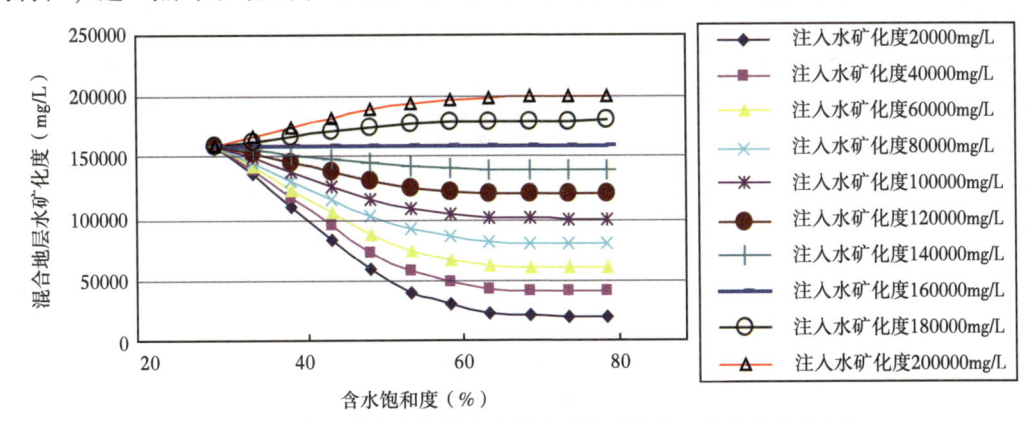

图 4-19 多矿化度水驱混合地层水矿化度变化（离子交换完全）

地层水已经与注入水充分混合,最终岩石孔隙内水的矿化度将逼近注入水矿化度。当注入水矿化度为 $2×10^4$mg/L、含水饱和度为 80% 时,混合地层水电阻率为 $0.1598\Omega\cdot m$,已经十分接近矿化度为 $2×10^4$mg/L 的溶液的电阻率 $0.1630\Omega\cdot m$。由此可见,未考虑离子交换作用的混合地层水分析模型的弊端在于即便已经到达高含水阶段,它依然认为孔隙内含有原始地层水,即认为所有产出水全部来自注入水,这显然是不合理的。

然而,以上模拟的条件是假设注入水与原始地层水离子交换完全,在油藏水淹初期,两种水的离子交换作用还来不及达到完全充分的程度,所以以上分析模型在含水饱和度较低时也是不合理的。比较可以看出,若采用低矿化度注入水,当含水饱和度较低时,较之于未考虑离子交换模型的模拟结果,利用本模型模拟得到的混合地层水电阻率上升幅度更大。

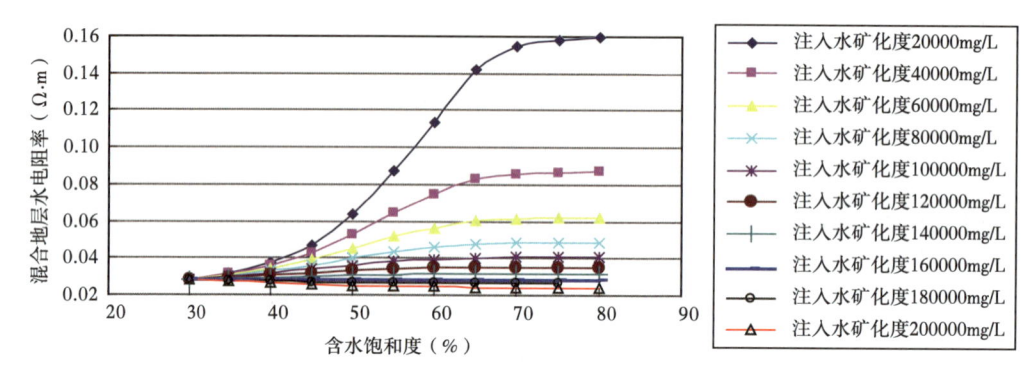

图 4-20 多矿化度水驱混合地层水电阻率变化(离子交换完全)

图 4-21 为离子交换完全模型模拟的地层孔隙度为 22% 时电阻率变化,分析可知:在含水饱和度为 36% 时,即注入水只占 6% 的水淹初期,地层电阻率就开始大幅度上升。实际开发中,水淹初期,注入水量较少,以驱替油为主,混合地层矿化度上升不大,该模型也不能准确描述水淹初期特征。

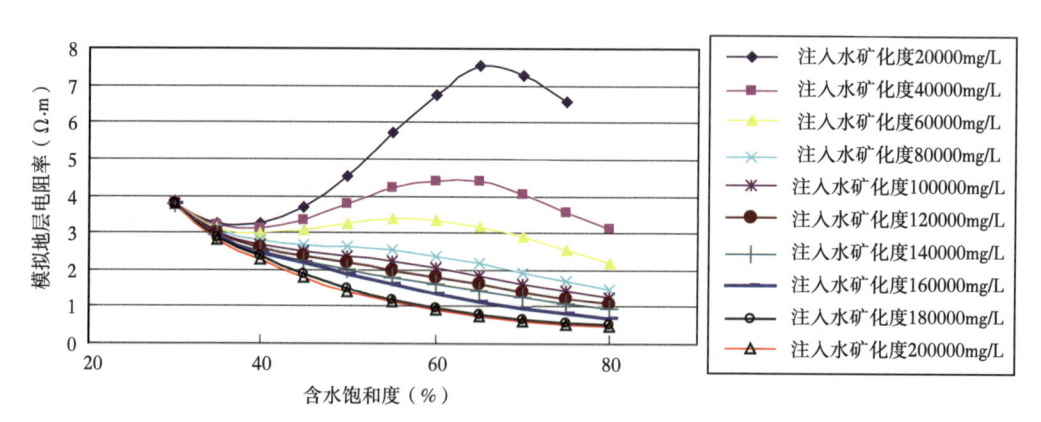

图 4-21 多矿化度水驱地层电阻率变化(离子交换完全)

4.4.2.3 动态地层水模型

以上进行的水淹层混合地层水两种分析模型研究均是在一定假设条件下开展的。实际上,这两种假设条件均为极端情况,实际储层水淹时除了会经历这两种极端阶段,更多的还会经历第三种阶段,即离子交换作用发生但并未完全的阶段(产出水是来自注入水与部分原始地层水的混合液）。离子交换的作用究竟发展到何种程度，主要受岩石物性、水淹程度、水淹速度的控制。通常在水淹初期，两种水的离子交换作用刚刚开始，随着水淹进程的推进，离子交换作用趋于完全。

为了更合理地进行水淹层混合地层水分析工作，应将两种极端情况下产生的模型综合起来，形成一套更加贴近实际地层水淹状况的混合地层水分析模型（图4-22）。

（1）物理模型。

若原始地层水矿化度为C_w，原始含水饱和度为S_{wi}，注入水矿化度

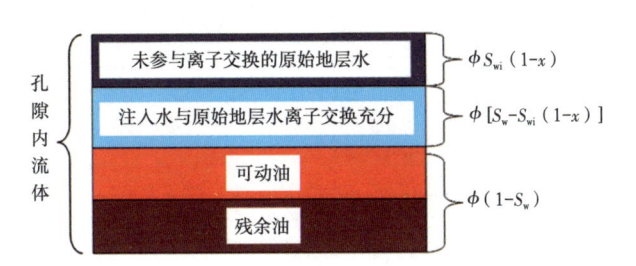

图4-22 混合地层水动态分析模型

为C_{wz}，混合地层水矿化度为C_{wh}，储层有效孔隙度为ϕ，假设储层在某一时刻含水饱和度为S_w。提出两种水离子交换率x，即有比例为x（$0<x<1$）的原始地层水与注入水进行了完全充分的离子交换，比例为（$1-x$）的原始地层水（孤立原始地层水）尚未与注入水进行离子交换。

设K为总注入水量与地层产出油气量的比值，注入水与原始地层水离子交换充分的部分$\phi[S_w-S_{wi}(1-x)]$体积为，设这一部分溶液的矿化度为C'_{wh}，有：

$$[K\phi(S_w - S_{wi}) + x\phi S_{wi}]C'_{wh} = K\phi(S_w - S_{wi}) + x\phi S_{wi}C_w \tag{4.15}$$

式（4.15）整理为：

$$C'_{wh} = \frac{K(S_w - S_{wi})C_{wz} + xS_{wi}C_w}{K(S_w - S_{wi}) + xS_{wi}} \tag{4.16}$$

考虑尚未与注入水进行离子交换的原始地层水后又有：

$$C_{wh}\phi S_w = C_w\phi S_{wi}(1 - x) + C'_{wh}\phi[S_w - S_{wi}(1 - x)] \tag{4.17}$$

最终得出：

$$C_{wh} = \frac{C_w S_{wi}(1 - x) + C'_{wh}[S_w - S_{wi}(1 - x)]}{S_w} \tag{4.18}$$

实验中，物性不同，岩样电阻率上升的拐点和上升幅度不同，表明含水饱和度和岩样的物性等会对离子交换率造成影响。由跃新6551井6号、8号、1号岩样的多矿化度水驱岩石电阻率实验（图4-23）结果可见：岩样物性越好，以5×10^4mg/L矿化度注入水驱替条件下岩石的电阻率的上升拐点更加提前，这说明物性好的岩样在低矿化度水驱条件下离子交换进行的更早、更快，混合地层水矿化度下降更快。（6号岩样孔隙度岩心孔隙度为15.4%，渗透率为11.2mD；8号岩样孔隙度岩心孔隙度14.4%，渗透率65.4mD；1号岩样孔隙度岩心孔隙度为19.7%，渗透率为426mD。）

将岩心实验与理论计算进行逐点对比分析，可近似确定注入水矿化度不同时x的取值（图4-24）：

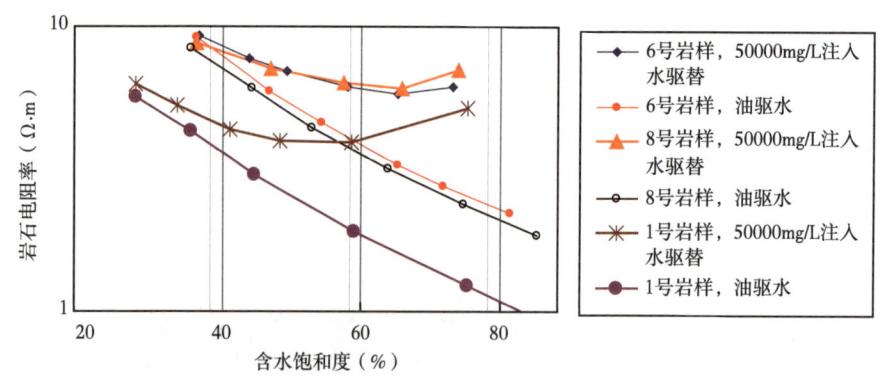

图 4-23 电阻率变化情况对比

$$\begin{cases} x = [2(S_w - S_{wi})]^{1-p} \\ 当 x \geqslant 1 时, x = 1 \end{cases} \tag{4.19}$$

其中：饱和度为小数形式，p 为参数，与区域渗透率分布范围有关。当渗透率小于 1mD、位于 1~10mD、位于 10~100mD、位于 100~500mD、不小于 500mD 时，p 的取值分别为 0.1、0.3、0.5、0.7、0.9。

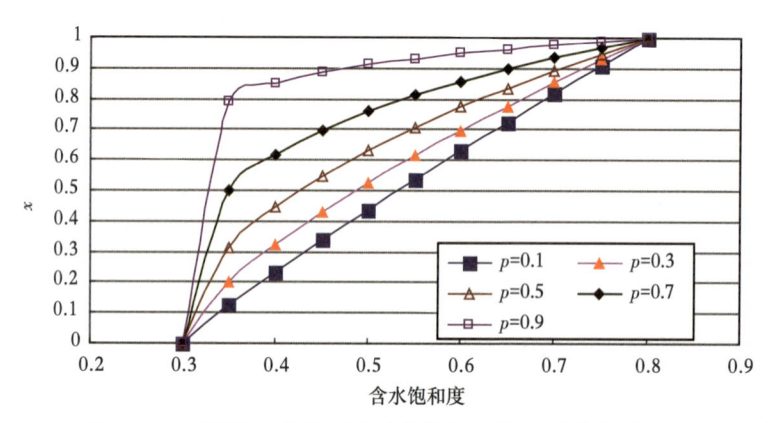

图 4-24 不同物性条件下离子交换率 x 随 S_w 的变化关系图

需要特别说明的是，注入水与原始地层水之间的离子交换作用受到多种因素的共同影响，以上 x 的表达式是基于岩石物理实验近似得出的均值表达方式，其意义主要在于逼近任意含水饱和度所在的时刻混合地层水等效电阻率，提高后续研究中逐点解释油水饱和度的精度。

（2）数值模拟。

基于混合地层水动态分析模型，以原始地层水矿化度为 $16×10^4$mg/L、原始油藏地层水饱和度为 30%、最大含水饱和度为 80%（残余油饱和度 20%）的模拟条件下，模拟计算不同矿化度注入水条件下混合地层水矿化度随含水饱和度增加的变化趋势。如图 4-25 所示，当注入水矿化度与原始地层水矿化度差异较大时，混合地层水矿化度受到的影响比较明显。

然后，假设原始地层水与注入水水型均为 $CaCl_2$，以原始地层水矿化度为 $16×10^4$mg/L、原始油藏地层水饱和度为 30%、地层温度为 65℃ 的模拟条件下，模拟利用混合地层水动态分析模型时混合地层水电阻率随注入水矿化度改变和含水饱和度增加的变化趋势。如

图4-26所示，该模型在水淹初期，混合地层水的矿化度下降较快；到水淹后期，混合地层水变化较慢，逐渐接近于注入水矿化度。

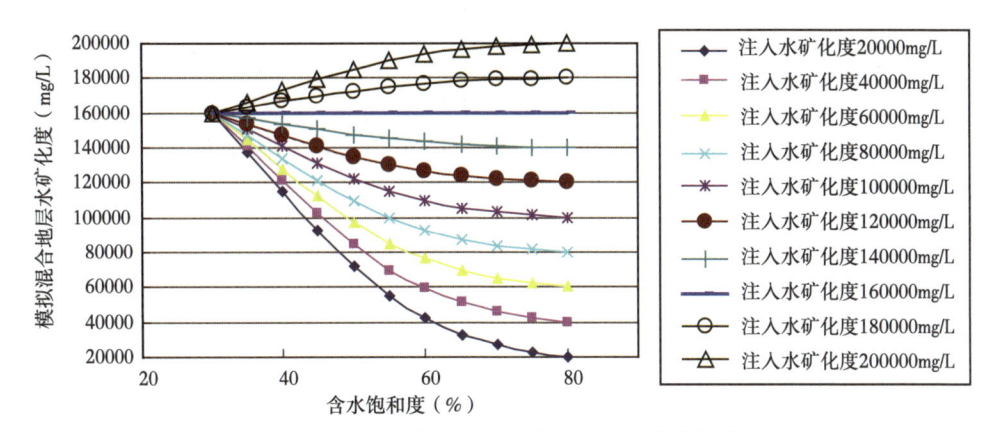

图4-25 混合地层水矿化度特征（混合地层水动态分析模型，$p=0.5$）

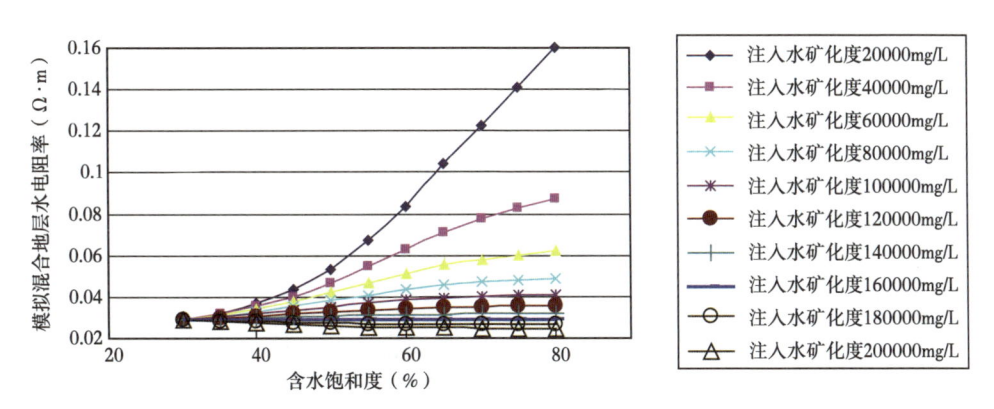

图4-26 混合地层水电阻率特征（混合地层水动态分析模型，$p=0.5$）

图4-27是模拟孔隙度为22%时，不同矿化度注入水时岩石电阻率随含水饱和度增加的变化趋势。

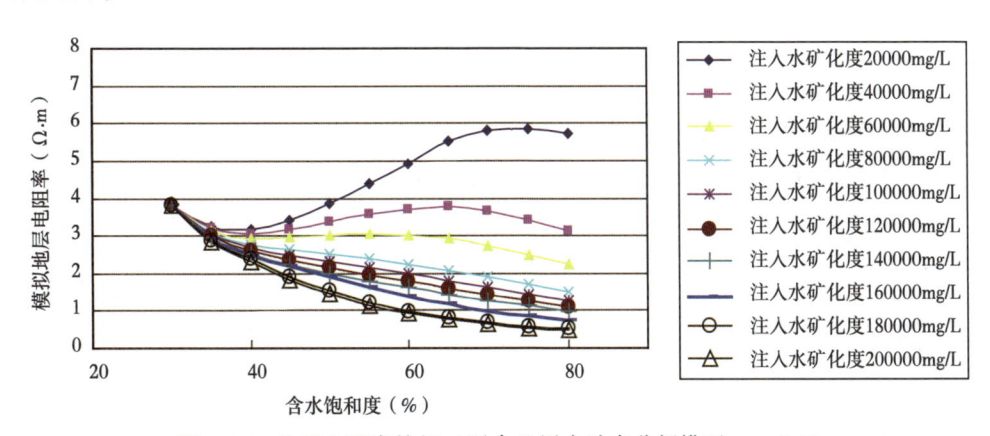

图4-27 地层电阻率特征（混合地层水动态分析模型，$p=0.5$）

可以看出对于高矿化度储层，当注入水矿化度小于60000mg/L时，水淹后期才会出现岩石电阻率高于原始油层电阻率的情况。从目前水淹油藏的产水水分析，柴达木盆地还没有发生这种情况。

（3）实验验证。

利用模型对实验室中测量的岩样（孔隙度为23.6%，渗透率为21.7mD）电阻率进行模拟，结果证明动态地层水模型能较好地与实际测量的实验规律吻合（图4-28、图4-29），能较为精确地表征油藏开发过程中混合地层水电阻率的变化，为剩余油饱和度的精确计算奠定基础。

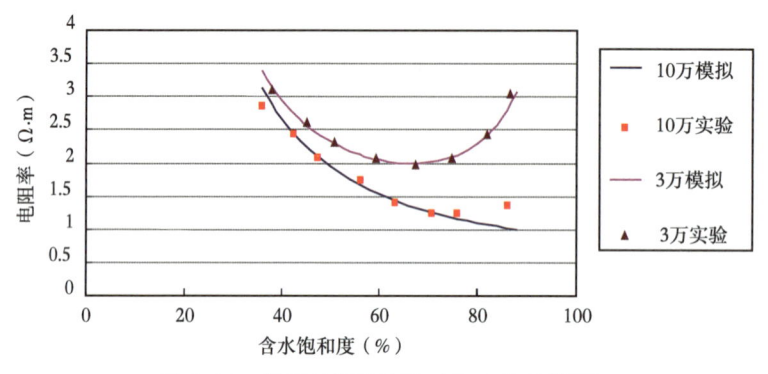

图4-28 模拟与实验结果对比（动态模型）

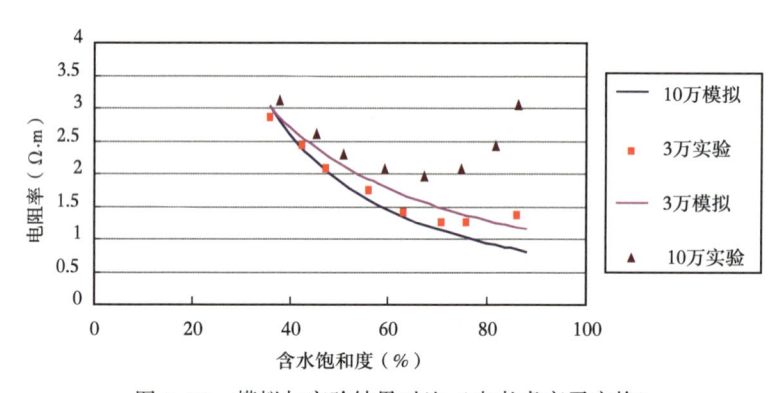

图4-29 模拟与实验结果对比（未考虑离子交换）

由于柴达木盆地为高原咸化湖盆，目前水淹油藏的原始地层水矿化度多在110000mg/L以上，产出水矿化度多在80000mg/L以上，从实验测量和数值模拟均可以看出此时混合地层水矿化度处于高值不敏感区，对地层岩石电阻率的影响不大。随着注水开发，地层电阻率仍是以下降为主，这给实际水淹层评价解释带来好处。

4.4.3 储层静态参数模型计算

根据尕斯库勒油田中浅层、深层及跃进二号油田分析化验资料的整理和分析，对三个地区的基本参数建立相应的模型见表4-3至表4-5。

第4章 高含水油田水淹层及剩余油评价技术

表4-3 尕斯库勒油田 $N_1-N_2^1$ 油藏参数模型表

油层组	上盘孔隙度模型（推荐公式）	下盘孔隙度模型	泥质含量	渗透率	束缚水饱和度
Ⅰ	$\phi=0.1339AC-21.969$				
Ⅱ	$\phi=\dfrac{\rho_{ma}-\rho_b}{\rho_{ma}-\rho_f}$	$\phi=0.842532\times AC-24.852$			$S_{wi}=0.4779-0.24311\times \lg\phi-1.2332\lg K$
Ⅲ	骨架密度为 2.66g/cm³		$V_{sh}=51.64\times \Delta GR^2+24.023\times \Delta GR+3.22$ $\Delta GR=\dfrac{GR-GR_{min}}{GR_{max}-GR_{min}}$	$PERM=0.00009212\times M_d^{1.49331}\phi^{5.563131}$; $M_d=0.4204\times \Delta GR^{-0.6333}\times AN^{2.3245}\times R_{xo}^{0.40585}$	
Ⅳ	$\phi=0.212AC-44.477$				
Ⅴ	$\phi=82.52-69.135DEN$	$\phi=0.1458\times AC-27.246$			$S_{wi}=0.4597-0.09988\lg\phi-0.1073\lg K$
Ⅵ	$\phi=25.991+0.1621\times AC-23.372DEN$				
Ⅶ	$\phi=0.2054AC-42.103$				
Ⅷ	$\phi=174.05-65.36DEN$	$\phi=0.1449\times AC-26.743$			$S_{wi}=0.53347-0.05048\lg\phi-0.1323\lg K$
Ⅸ	$\phi=32.606+0.139628\times AC-23.256DEN$				

表4-4 尕斯库勒油田 E_3^1 油藏参数模型表

孔隙度模型	泥质含量	渗透率	残余油饱和度	束缚水饱和度
油层组：Ⅰ—Ⅳ4 $\phi=0.215806\times AC-37.387$	$V_{sh}=62.25\times \Delta GR^2+16.09\times \Delta GR+7.62$ $\Delta GR=\dfrac{GR-GR_{min}}{GR_{max}-GR_{min}}$	$K=0.01494\times \phi^{4.8356}V_{sh}^{-1.90898}$	偏亲水—亲水性 $S_{or}=0.9833\phi^{-0.20379}\times S_{wi}^{-0.47605}$	油层层：Ⅰ—Ⅱ $\lg S_{wi}=1.6286+0.95326\times \phi^{-0.0155}\times (K/\phi)^{0.5}$
油层组：Ⅳ5 $\phi=0.1089\times AC-17.117$			中性—偏亲油性 $S_{or}=0.149639\times \phi^{-0.076012}S_{wi}^{-0.57778}$	油层层：Ⅲ—Ⅳ $\lg S_{wi}=1.9144-1.3827\phi^{-0.007391}\times (K/\phi)^{0.5}$

表4-5 跃进油藏参数模型表

下盘孔隙度模型	泥质含量	渗透率	残余油饱和度	束缚水饱和度
油层组：Ⅰ—Ⅳ4 $\phi=-56.741\times DEN+152.319$	$V_{sh}=70.41\Delta GR^2-6.12\Delta GR+4.673$	$K=0.005055\phi^{5.7307}\times V_{sh}^{-2.2008}E^{-0.1877}$ $\lg E=0.672+0.0017\times 10^8\dfrac{\rho_b}{\Delta T^2}$	$S_{or}=27.461\times (K/\phi)^{-0.0394}$	$S_{wi}=43.682\times K^{-0.0455}$

通过水淹层级别划分可以进一步对层内水淹差异进行细化，在投产和措施方案的制定时可进一步对层内不均匀水淹状况做出应对。由于目的层段内岩性变化大、非均质性强，使得层间原始含油饱和度相差较大，即使两小层的剩余油饱和度相同，它们所对应的水淹程度也差别很大，因此剩余油饱和度的绝对值不能直接用来表征水淹程度。常规裸眼井水淹层定量评价主要采用可动水饱和度和含水率两个指标。

4.4.4 油水相对渗透率及产水率计算

建立水淹层测井评价体系，其最终目标是利用测井信息对水淹层的产液性质进行预测，即通过预测综合产水率进行水淹层等级的划分。产水率是预测储层水淹级别的主要量化参数，可以通过相对渗透率直接来计算。通过研究表明，除流体自身性质外，相对渗透率主要受两方面因素的控制：一方面是储集空间内的可动油、可动水体积比例，另一方面受岩石孔喉参数特征影响。本节以尕斯库勒油田 $N_1—N_2^1$ 油藏为例介绍油水相对渗透率及产水率计算方法。

（1）油水相对渗透率实验资料分析。

由于储层物性差异、润湿性差异，油水相对渗透率曲线特征存在明显差异，对于非均质储层，使用典型含水率曲线来代表整个油藏或某个油层组的产水曲线特征存在较大误差。

对该油藏相渗曲线汇总分析，认为油水相对渗透率曲线主要具有以下特征：

①油相相对渗透率曲线形态绝大多数比较一致，分布区域较宽，基本受原始饱和度（束缚水）控制，即端点控制（图4-30）。

②水相相对渗透率形态差异较大，但主要为两大类：水相上凹形态，水相直线形+水相微下凹形（图4-31）。

③总体上而言，水相曲线形态受端点（束缚水饱和度）控制变化，低束缚水饱和度样品多数明显上凹形态，随束缚水升高，曲线形态逐步向直线形态或微下凹形态过渡。

④油相、水相形态都可以各自以统一数学函数模型表示。

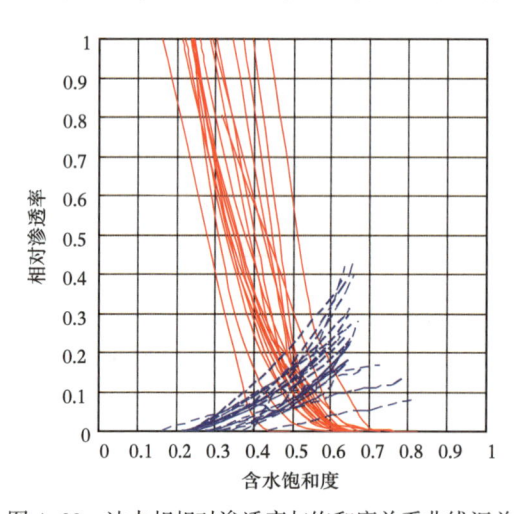

图4-30　油水相相对渗透率与饱和度关系曲线汇总
油相形态一致，水相则从上凹形态逐步过渡到近直线型、微下凹形

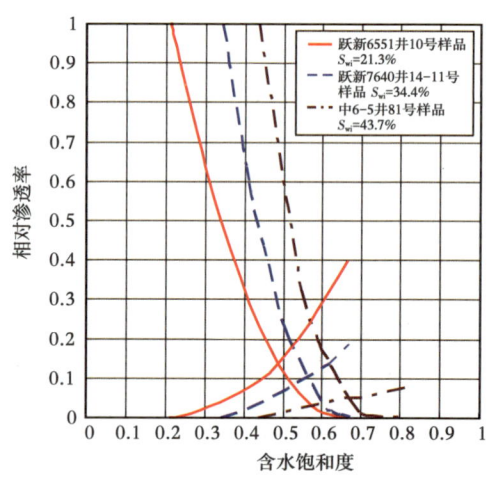

图4-31　研究区域内典型相渗曲线形态
油相形态一致，水相则从上凹形态逐步过渡到近直线型、微下凹形

（2）油水相相对渗透率模型的建立。

资料显示，由于油相形态接近，但是区域跨度太大，故使用端点控制标定进行归一化，即以 S_{wi} 端点控制为主。另外，样品分布形态与孔隙度、渗透率具有一定的关系，但是相关性不高，难以进行分区归一化分组，因此，利用束缚水端点控制进行相渗曲线分组研究是最为合适的方法。

统计 N_1—N_2^1 油藏内油相曲线 37 条中，形态接近，表明绝大多数样品符合一致规律，按照曲线集中程度，依据束缚水饱和度 $S_{wi}<20\%$、$20\%\leqslant S_{wi}\leqslant 30\%$、$S_{wi}>30\%$ 将样品分三组计算出平均曲线，如表 4-6、图 4-32 所示，端点以分组平均的 S_{wi} 控制。同时，在具体计算中，为提高计算机解释的精度和便于处理，进一步研究方程系数的控制因素和连续计算的量化模型。

表 4-6 油水相对渗透率曲线分组平均结果

分组	Ⅰ类	Ⅱ类	Ⅲ类
范围	$S_{wi}<20\%$	$20\%\leqslant S_{wi}\leqslant 30\%$	$S_{wi}>30\%$
条数	18	15	4
平均 S_{wi}（%）（端点）	16.23	24.5	34.6

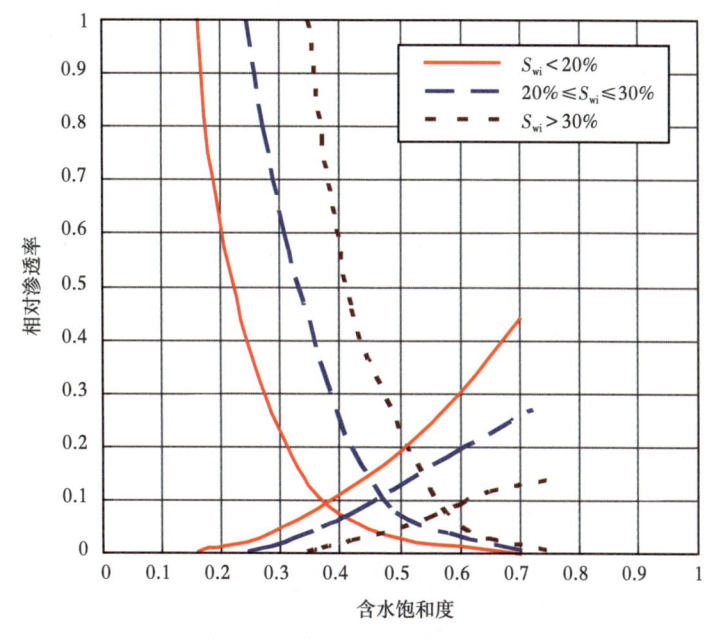

图 4-32 分组平均相渗曲线特征

在应用中，可以根据束缚水饱和度分别范围选用或者进行插值使用；在水淹层解释计算中，进一步进行图版化计算，即分析方程参数的控制因素，建立连续计算图版，消除典型曲线代表性范围受到的限制。

其中Ⅰ类：$K_{ro}=0.71\times 10^{-3}S_w^{-4.432}$，$K_{rw}=1.253S_w^{2.711}$

Ⅱ类：$K_{ro}=1.02\times 10^{-3}S_w^{-5.231}$，$K_{rw}=0.7344S_w^{2.6425}$

Ⅲ类：$K_{ro}=1.592\times 10^{-3}S_w^{-6.638}$，$K_{rw}=0.4013S_w^{3.094}$

其形态归纳为：$K_{ro}=A_o S_w^{B_o}$，$K_{rw}=A_w S_w^{B_w}$

A_o、B_o 是受到 S_{wi} 端点控制的参数，与各组平均 S_{wi} 大小有很好的相关性，按照上述三类曲线参数得到的结果，方程系数与 S_{wi} 关系为：

$$A_o=(-0.0073+4.317S_{wi})\times 10^{-3}, \quad B_o=-2.403-12.067S_{wi}$$

同样：$A_w = 1.6535 - 2.467S_{wi}$，$B_w = 2.2697 + 2.1762S_{wi}$。

（3）产水率计算。

①利用相对渗透率计算含水率。

如上所述，根据储层评价过程中计算的束缚水饱和度、含水饱和度，通过相对渗透率模型计算油水相对渗透率，由此进一步确定产水率。

计算中首先根据储层束缚水饱和度值计算出系数 A_o、B_o、A_w、B_w，进而确定计算方程，最终根据储层含水饱和度大小确定油水相对渗透率。

储层产水率 f_w 与相对渗透率的关系表述为：

$$f_w = \frac{1}{1 + \dfrac{\mu_w K_{ro}}{\mu_o K_{rw}}} \tag{4.20}$$

式中　μ_w——地层水黏度；

　　　μ_o——原油黏度。

根据油藏流体分析结果，该油藏地下状态参数：原油黏度为 6.8mPa·s，地层水黏度为 0.6mPa·s。通过计算机处理，依据上述参数计算出岩石中的油水相对渗透率和含水率连续曲线。

②利用相对渗透率比值计算含水率。

计算相对渗透率的过程比较烦琐，适用于计算机连续处理评价水淹层。如果不采用计算机处理时，在实际生产应用中较难实现，例如对于油藏一个层系水淹后含水状况的估算等工作，则要基于直观的现场计算模型。

在此，设定油水相相对渗透率比值为 A_{kr}：

$$A_{kr} = \frac{K_{ro}}{K_{rw}} \tag{4.21}$$

$$f_w = \frac{1}{1 + \dfrac{\mu_w K_{ro}}{\mu_o K_{rw}}} = \frac{1}{1 + A_{kr} \dfrac{\mu_w}{\mu_o}} \tag{4.22}$$

即除了流体黏度，含水率是只与 A_{kr} 相关的函数。

分析 3 组油水相相对渗透率平均曲线的 A_{kr} 与可动水关系，表明基本是重叠的，即 A_{kr} 基本只受可动水饱和度控制（图4-33）：

$$A_{kr} = 98.516 e^{-19.77(S_w - S_{wi})} \tag{4.23}$$

由于式（4.23）代表了多条平均相对渗透率曲线的特征，因此可以用于油藏整体含水率的计算。

通过建立含水率的测井预测模型，在储层纵向上可以计算出连续的含水率剖面，为细分解释奠定了基础。结合含水率高低、电性特征、可动水饱和度等，实现水淹层的分级评价。

4.4.5　水淹层定量评价及级别划分

（1）含水率分级标准。

解释中将原来水淹界别中的中水淹类型再细分为两个级别，形成六级水淹划分方案，见表 4-7。

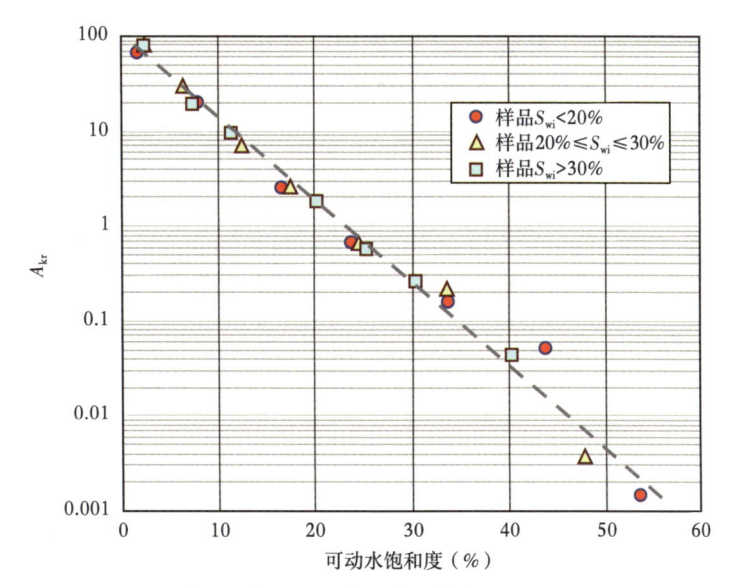

图 4-33 分组油水相相对渗透率比值与可动水饱和度关系

表 4-7 开发井水淹层六级划分标准

级别	油层	弱淹	中淹Ⅰ级	中淹Ⅱ级	强淹	水层
含水率（%）	<10	10~40	40~60	60~80	80~98	>98
别名		1级水淹	2级水淹	3级水淹	4级水淹	
解释图例		1	2	3	4	

对于油层，由于储层边界影响，或者薄差层的因素，有时在油层边界或者泥质夹层层段由于曲线间的参数匹配因素，会计算出一定的综合产水率。但此类情况比较易于识别，因为结合可动水饱和度分析，可以较准确判断此类储层含液性质。

（2）含水饱和度分级标准。

油藏水淹后，含油饱和度被水驱替，出现部分可动水；可动水饱和度的高低是导致含水率差异的首要因素，在解释中可以基于原始—目前饱和度重叠，利用可动水饱和的高低划分水淹级别（图 4-34）。

在相对渗透率曲线上，饱和度与含水率的变化关系式呈指数形态，因此，可动水饱和度与含水率的变化不是线性形态，初始条件下，随着可动水的出现，含水率会快速增大，进而增大速度变小，在最终强水淹区段含水率平缓上升。

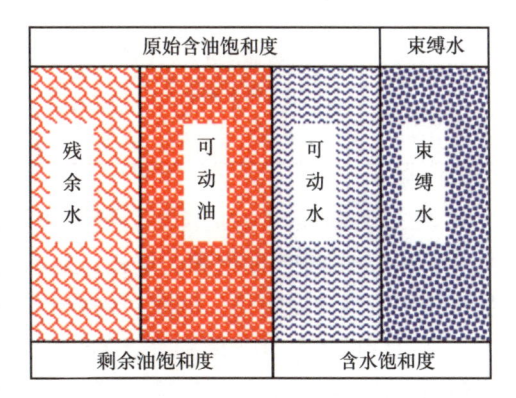

图 4-34 水淹后岩石孔隙体积中饱和度模型

为标定可动水饱和度与含水率关系，将相对渗透率分组曲线转换为可动水饱和度与含水率数据，即按照相渗曲线束缚水饱和度低于20%、20%~30%、大于30%三组样品的平均相渗曲线，转换为含水率—可动水饱和度曲线，几组曲线基本重叠，表明对不同特征的储层，水淹级别对应的可动水饱和度基本一致（图4-35）。

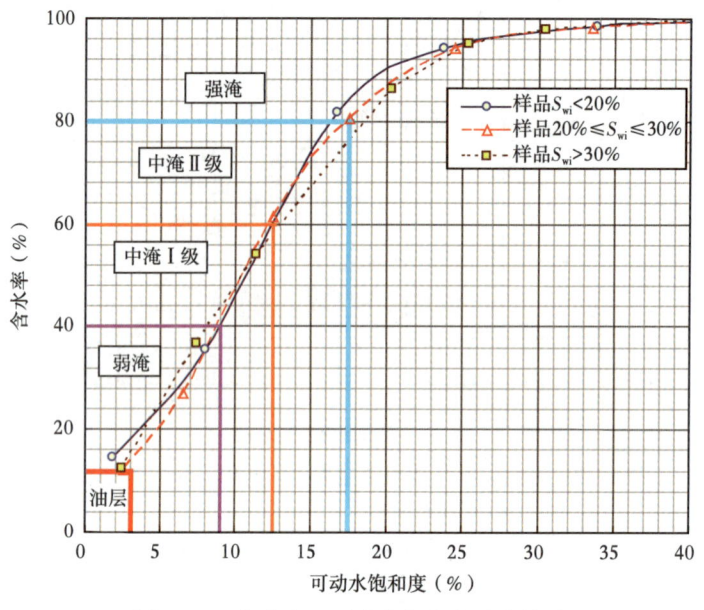

图4-35 含水率—可动水饱和度对应关系

按照曲线对应关系，取得不同含水率区段对应的可动水饱和度界限。各水淹级别对应的饱和度界限见表4-8。

表4-8 水淹等级的可动水饱和度划分标准

水淹级别	油层	弱	中淹Ⅰ级	中淹Ⅱ级	强
含水率理论值（%）	0~10	10~40	40~60	60~80	>80
可动水饱和度（%）	0.0~3.0	3.0~9.0	9.0~12.5	12.5~17.5	>17.5
辅助分析	注意通过电性形态区分油层与弱水淹	整体水淹但程度较弱，或层内局部水淹		整体明显水淹但具有一定的含油饱和度，或层内部分厚度水淹较弱	整体水淹明显

图4-36为新6551井局部层段处理成果图。通过计算出束缚水饱和度（原始油层饱和度），与计算的目前含油饱和度重叠，显示出的可动水饱和度直观显示了油层的水淹状况，通过水淹层段饱和度变化、电性变化特征细分层段解释，尤其结合各层段可动水饱和度的具体数据，依据表4-9界限标准，初步判定各水淹层的级别。

利用上述方法，对尕斯库勒油田N_1—N_2^1油藏、E_3^1油藏以及跃进二号油藏的井进行处理解释，实现了水淹层定量评价与水淹级别划分的计算机处理。

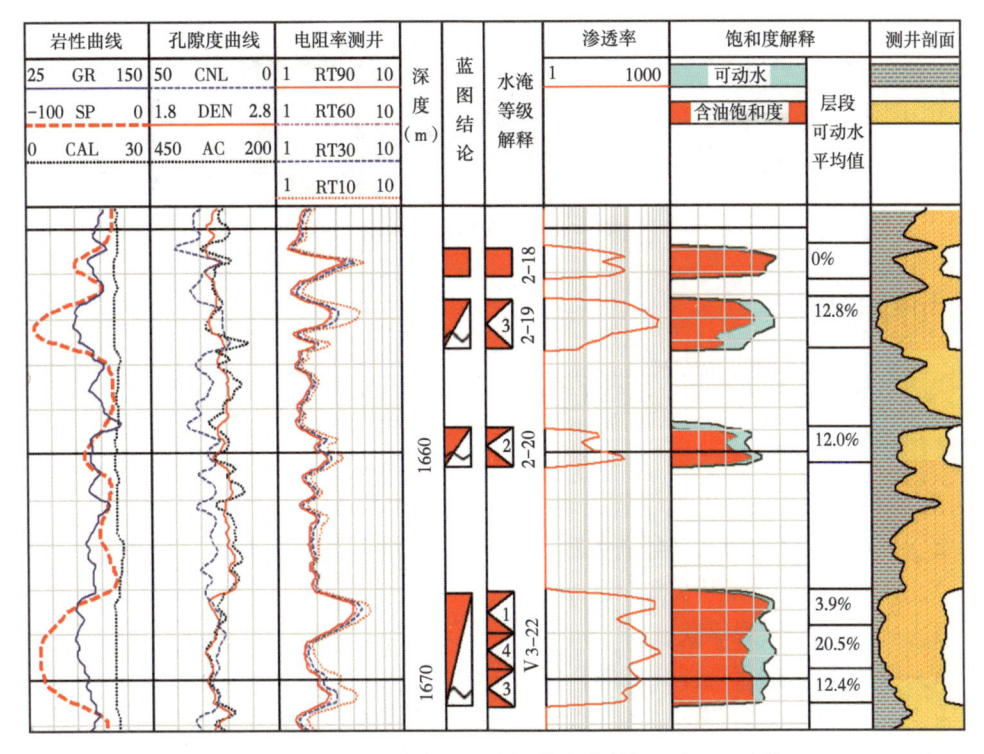

图 4-36　基于解释含水饱和度划分水淹等级（新 6551 井）

4.5　剩余油评价

目前，油田上进行最多的过套管剩余油饱和度方法是脉冲中子—中子（Pulse Neutron-Neutron，简写为 PNN）测井，它是建立在热中子俘获基础上的测井方法，通过测量并分析地层中未被俘获的热中子来判断储层的油气水含量。该测井方法对套管井剩余油的分布描述具有重要的作用。

4.5.1　PNN 计算剩余油饱和度

脉冲中子测井技术在油藏动态监测中有着广泛的应用。其中 PNN 测井仪由奥地利 HTOWEL 公司生产，是建立在热中子俘获基础上的套管井剩余油饱和度测井仪器。与中子寿命等以探测伽马射线为基础的脉冲中子饱和度测井方法不同，脉冲中子—中子测井通过测量并分析地层中未被俘获的热中子来判断储层油气水含量，另外由于 PNN 测井一次脉冲发射的时间间隔较长，达到 75ms，远远大于地层的热中子寿命，因此不像其他测量伽马射线的测井方式那样存在本底区，在计数时间的末端反映的仍然主要是地层的热中子衰减规律。它的优势在于可有效避免自然伽马本底的影响，适用于较低孔隙度、较低矿化度的储层条件。

PNN 测井解释方法最经常用的是体积模型法。体积模型法是将储层看成由泥质、岩石骨架和孔隙空间组成的简单结构，岩石骨架包含不同岩性组分，孔隙空间中含有油气、水等流体，储层总的宏观俘获截面（地层宏观俘获截面）等于各组成部分的宏观俘获截面之和，这便是体积模型的基本原理（图 4-37）。

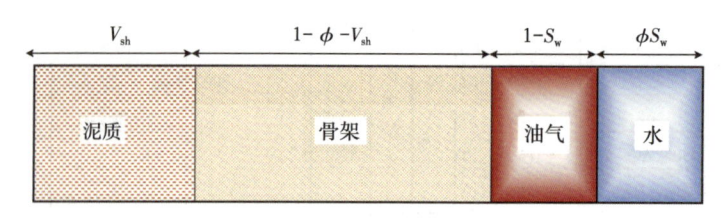

图 4-37　体积模型结构图

根据体积模型，有：

$$\Sigma_{\log} = \underbrace{(1 - V_{sh} - \phi)\Sigma_{ma}}_{\text{岩石骨架}} + \underbrace{V_{sh}\Sigma_{sh}}_{\text{泥质}} + \underbrace{\phi(1 - S_w)\Sigma_h}_{\text{油气}} + \underbrace{\phi S_w \Sigma_w}_{\text{水}}$$

（4.24）

孔隙空间

式中　$\Sigma_{\log}$——整个地层的宏观俘获截面，cu，也可用 Σ 表示；

　　　Σ_{ma}——岩石骨架的宏观俘获截面，cu；

　　　Σ_{sh}——泥质的宏观俘获截面，cu；

　　　Σ_{h}——油气的宏观俘获截面，cu；

　　　Σ_{w}——地层水的宏观俘获截面，cu；

　　　V_{sh}——泥质含量。

则储层含水饱和度为：

$$S_w = \frac{(\Sigma_{\log} - \Sigma_{ma}) - \phi(\Sigma_h - \Sigma_{ma})}{\phi(\Sigma_w - \Sigma_h)} - \frac{V_{sh}(\Sigma_{sh} - \Sigma_{ma})}{\phi(\Sigma_w - \Sigma_h)}$$

（4.25）

可见，为了准确计算含水饱和度，进而准确求取剩余油饱和度，需选用合理的解释参数。常用的参数确定方法如下。V_{sh}、ϕ：裸眼井测井曲线提供；油的宏观俘获截面 Σ_o：可根据油的密度、溶解油气比查相关的图版；Σ_w：主要与水的矿化度有关，根据等效的 NaCl 浓度查相应的图版，需要了解地层水和注入水的性质；Σ_{ma}：主要取决于岩石的矿物成分和含量，需要岩石岩性分析资料；黏土的宏观俘获截面 Σ_{sh}：主要取决于黏土的矿物成分、分布形式，需要岩石岩性分析资料；$\Sigma_{\log}$（Σ）：从 PNN 测井仪器计数率的时间、空间分布图上提取，并进行相应的环境校正。

因此，尽管标准公式法计算结果比较准确，但是需在详细获取地层岩性参数及地层流体俘获特性的条件下才能进行准确计算。而在实际的测井解释中，上述参数往往难以取准，例如 Σ_w。由于长期的注水开发，加之清污混注注水模式，导致混合地层水的矿化度发生了很大的变化，因此 Σ_w 很难确定。此外，Σ_{ma} 和 Σ_{sh} 需要岩石的岩性分析资料，对于整个研究区块而言，它们的取值有一个大致范围，但落实到井点单层也是变化的。因此，对于体积模型公式法而言，解释参数的有效确定是最重要的。

遗传算法在地球物理学中应用广泛，但有文献证明经典遗传算法在实际应用中易出现一定问题，并提出了一些解决方案。自适应遗传算法在交叉和变异概率的调整上引入了自适应机制，但经典自适应遗传算法参数调整机制较简单，解决具体问题时有待改进。

改进遗传算法的设计思路为：（1）初期群体多样性较强时，减小高、低适应度个体选择概率的差距,适当增大交叉概率;当算法收敛较稳定时,扩大高、低适应度个体选择概率的差距,适当减小交叉概率。这样有助于在初期增强算法搜索能力,防止早熟现象,在算法趋于收敛时防止优良基因被破坏。(2) 适应度较小的个体对应较大的交叉、变异概率;反之亦然。

在实际解释工作中,针对具体研究区块或关键油组,较难将多个因素剥离开来进行实验研究。另外,各影响因素的地区差异性较明显,导致前人的一些研究成果较难推广。为将各影响因素综合考虑并提高解释精度和效率,本书探讨了一种可以涵盖多重影响因素的快捷解释方法,将各井次、各油组测井资料的二次校正和解释模型参数估计融合考虑,并利用实际资料对比验证了其可行性。

简要地讲,该方法的核心是把经过必要改进的自适应遗传算法编入解释程序,并设定好各未知参数的进化范围。单井解释时,利用改进的算法对单井标准层样本点进行处理,实现测井资料二次校正并最终确定出针对单井、针对油组的地区参数。应用效果表明该方法更能解决测量环境的变化,有效弥补了井间、层间差异所带来的解释误差,因而解释结果与实际生产动态更加相符。该方法适用于不同区块的PNN、中子寿命等过套管剩余油饱和度测井,普适性较强。

利用此方法计算时,首先明确目标区域、层段 Σ_{ma}、Σ_h、Σ_{sh} 的取值。然后假设某采样点含水饱和度已知,根据解释层每个采样点的实测地层宏观俘获截面,基于逐点构建出含水饱和度和混合地层水宏观俘获截面关系矩阵。再从水驱油藏混合地层水矿化度变化特征入手,基于混合地层水动态分析模型,逐点构建出两者关系。最后逐点确定出该采样点真实的混合地层水宏观俘获截面与含水饱和度(图4-38)。

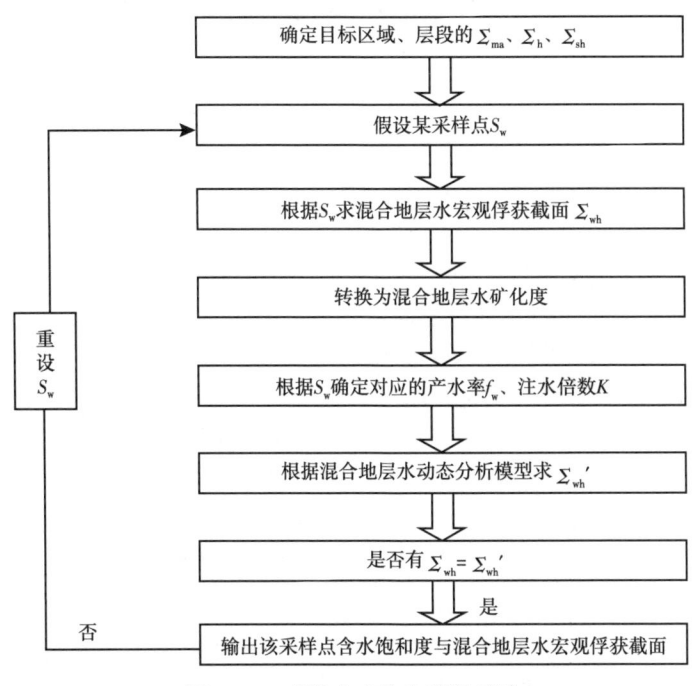

图 4-38 求取含水饱和度的思路

为明确以上方法在逐点确定混合地层水宏观俘获截面中的可行性，进行了有关地层、地层水宏观俘获截面的模拟分析。模拟条件：温度为65℃，水型$CaCl_2$，有效孔隙度为22%，渗透率为50mD，泥质含量为12%，原始地层水矿化度为$16×10^4$mg/L，原始油藏地层水饱和度为30%，最大含水饱和度80%，Σ_{ma}、Σ_h、Σ_{sh}分别为10cu、20cu、35cu。

由模拟结果可知，水淹层含水饱和度与地层宏观俘获截面的关系也是可能存在拐点的，即低矿化度水淹时存在两个含水饱和度对应着同一个地层宏观俘获截面的情况。因此，本方法在实施中，仍然将混合地层水作为桥梁，从而避免了多解性的出现。由于整个地层、岩石骨架、泥质、油气宏观俘获截面一定时，含水饱和度与混合地层水宏观俘获截面的关系曲线为单调函数，不存在多解性，因此可以确定出实际含水饱和度。

如图4-39所示，当注入水矿化度为$2×10^4$mg/L时，若地层宏观俘获截面为19cu，则该点含水饱和度为39%，若地层宏观俘获截面为17cu，则该点含水饱和度为70%；当注入水矿化度为$12×10^4$mg/L时，当含水饱和度在30%~80%时，最小地层宏观俘获截面介于19~20cu，最大地层宏观俘获截面约为23cu；当注入水矿化度为$20×10^4$mg/L时，当地层宏观俘获截面为21cu、23cu、25cu、27cu时，含水饱和度分别为42%、53%、64%、75%。

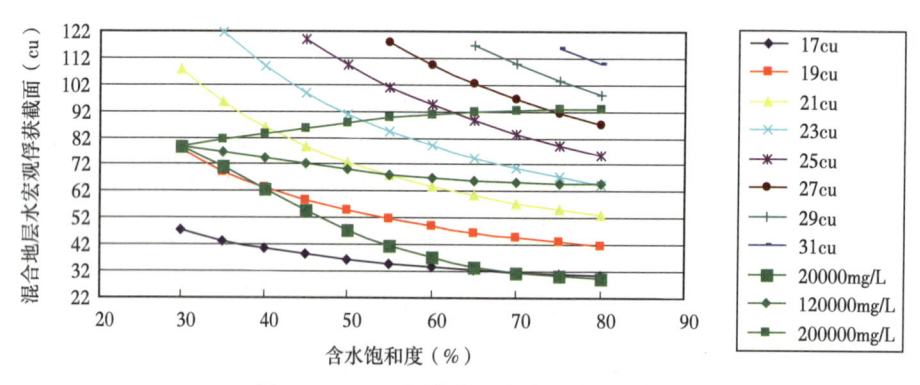

图4-39 PNN测井饱和度求取方法举例

4.5.2 多因素水淹指数计算剩余油饱和度

通常剩余油饱和度由裸眼井电阻率或过套管剩余油饱和度等测井资料计算，其结果仅仅由某一种测井信息（即单因素）推算而来，对于薄层而言这种方法有局限性。

实际上，多种测井和地质参数都可反映出水淹强度，若能充分利用本井、邻井的多种动态、静态信息，再配合以不同的权重系数，可将水淹强度进行量化计算。再结合原始含油饱和度，可实现基于多因素的剩余油分布综合预测。无论是研究水淹强度分布还是剩余油分布，多因素方法都不局限于某一种资料，即便某一种测井资料缺失，依然可以充分利用所能获知的其他多种动态、静态信息，从而有效地减小利用单一信息评价产生的误差和局限性，也为油藏清污混注水淹层提供了一种基于测井资料的剩余油评价新模式（图4-40）。

4.5.2.1 方法思路

将水淹指数定义为一种指示储层水淹强度的量化指标。基于多因素水淹指数的剩余油综合预测可基于目的小层在平面上展开。

其整体思路为：（1）首先针对小层明确评价井网，然后选择出小层内多种可以反映油藏某一时间段（即目标时期）水淹强度的信息，即水淹强度评价指标；（2）平面内砂体

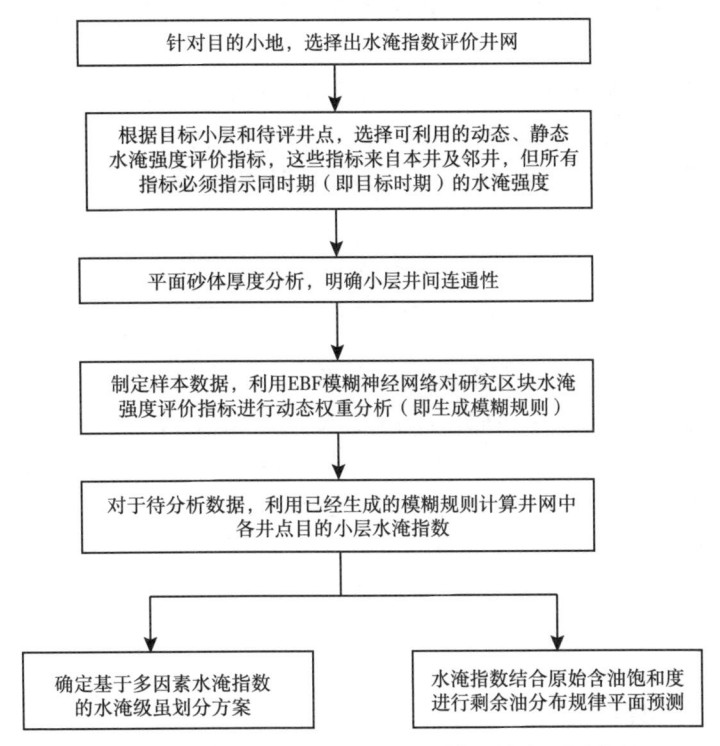

第4章 高含水油田水淹层及剩余油评价技术

图 4-40 基于多因素水淹指数的剩余油综合预测流程

厚度分析，明确小层井间连通性；(3) 对各种水淹强度评价指标能够指示水淹强度的能力进行评估，即考虑各评价指标的权重系数；(4) 计算水淹指数；(5) 可根据水淹指数和原始含油饱和度实现剩余油分布规律平面分布预测；(6) 若要进行水淹指数的多层对比，可选择关键井关键层进行水淹指数纵向标定。

4.5.2.2 指标选取原则

井网内动态、静态水淹强度评价指标的选择是水淹指数计算的基础。针对目标时期内目的小层井网内每个井点水淹指数的计算，共选用五大项水淹强度评价指标：物性（Physical Properties）、泥质含量（Clay Content）、可动水饱和度（Mobile Water Saturation）、吸水剖面影响因子（Injection Profile Impact Factor）、产液剖面影响因子（Production Profile Impact Factor）。选取近三年的井，来研究近期油藏水淹趋势与剩余油饱和度变化特征。

理论上讲，水淹会对储层物性、自然伽马测井响应值造成一定影响，但这种影响仅限于在定性识别中作为一种水淹特征，在大规模定量计算中无法明确量化，因此在此次水淹强度识别指标的选择中，认为水淹对储层物性、泥质含量的影响可以忽略。结合本区块资料收集与处理情况，物性评价指标（P）选用流动单元指数 FZI。下套管后自然伽马测井响应值容易出现异常值，因此泥质含量指标（C）利用裸眼井自然伽马测井资料计算得到。

研究区块生产井主要是多层合采，从井口计量无法看出单层产液情况。由于水淹指数及剩余油平面预测是基于小层展开，因此动态评价指标也是以小层为单位选取，吸水剖面影响因子（IP）基于吸水剖面、产液剖面影响因子（PP）基于产液剖面测井解释结论计算而来。可动水饱和度（MWS）基于裸眼井饱和度及过套管剩余油饱和度（PNN 为主）测井资料而来。

除物性评价指标、泥质含量指标以外，其他水淹指标全部根据目标时期以内的测井资料而来。另外，为使后续运算简便，所选用的指标均调整为取值越大则水淹强度越高。为了考虑小层连通的邻井资料的影响，首先定义两口井的距离影响系数（Distance Factor），简称为 D：

$$D = \frac{\sqrt{(X_{\max} - X_{\min})^2 + (Y_{\max} - Y_{\min})^2}}{\sqrt{(X_1 - X_2)^2 + (Y_1 - Y_2)^2}} \tag{4.26}$$

式中　X_1，X_2，Y_1，Y_2——编号分别为 1、2 的两口井的井位坐标；
　　　$X_{\max}$，$X_{\min}$，$Y_{\max}$，$Y_{\min}$——研究井网中最大、最小井位坐标。

若同时考虑某一口井周围的 n 口邻井对其的距离影响系数，应利用式（4.26）分别计算每一口邻井的 D，并在 n 口邻井中进行归一化处理后得到 d。

例如，若要计算目标时期内 A 井目的小层的水淹指数，则五项水淹强度评价指标具体计算方法如下。

（1）物性：A 井 FZI 计算值。

（2）泥质含量：A 井泥质含量计算值。

（3）可动水饱和度：

①若 A 井裸眼井资料测于目标时期以外，且在目的小层无目标时期以内的过套管剩余油饱和度测井资料，则：

$$\text{MWS} = \sum_{n=1}^{4} (S_{\text{wf}n} d_n) \tag{4.27}$$

式中　$S_{\text{wf}n}$——距离 A 井最近的四口连通邻井目的层可动水饱和度；
　　　d_n——四口邻井归一化后对 A 井的距离影响系数。

若较近的邻井不能提供目标时期以内的饱和度信息，则继续向外推进考虑较远的邻井。这些可动水饱和度或由目标时期以内裸眼井电阻率资料计算而来，或由目标时期以内过套管剩余油饱和度测井资料计算而来（多次测量过套管剩余油饱和度测井资料的情况下采用解释结果平均值）。

②若 A 井裸眼井资料测于目标时期以外，但在目的小层有目标时期以内的过套管剩余油饱和度测井资料，则：

$$\text{MWS} = S_{\text{wfA}} \tag{4.28}$$

式中　S_{wfA}——A 井目的层可动水饱和度，由目标时期以内过套管剩余油饱和度测井资料计算而来（多次测量过套管剩余油饱和度测井资料的情况下采用解释结果平均值）。

③若 A 井裸眼井资料测于目标时期以内，但目的小层无过套管剩余油饱和度测井资料，则 MWS 利用裸眼井资料计算而来。

④若 A 井裸眼井资料测于目标时期以内，且在目的小层还有目标时期以内的过套管剩余油饱和度测井资料，则使用它们的解释结果平均值计算 MWS。

(4) 吸水剖面影响因子（IP）：

①若 A 井在目的小层无射孔，或无目标时期以内的吸水剖面解释结论，则：

$$\text{IP} = \sum_{n=1}^{k} (W_n d_n) \qquad (4.29)$$

式中　k——井网内在目的小层有目标时期以内吸水剖面解释结论的井数；

　　　W_n——第 n 口井目标时期以内目的小层绝对吸水量（单位为 m³）的值或平均值（多次测量情况下）；

　　　d_n——k 口邻井归一化后对 A 井的距离影响系数。

②若 A 井在目的小层有目标时期以内的吸水剖面解释结论，则采用 A 井目的小层绝对吸水量的值或平均值计算 IP。

(5) 产液剖面影响因子（PP）：

①若 A 井在目的小层无射孔，或无目标时期以内的产液剖面解释结论，则：

$$\text{PP} = \sum_{n=1}^{k} (R_n d_n) \qquad (4.30)$$

式中　R_n——第 n 口井目标时期以内目的小层产水量与产液量之比（单位为%）的值或平均值（多次测量情况下）。

②若 A 井在目的小层有目标时期以内的产液剖面解释结论，则采用 A 井目的小层产水量与产油量之比的值或平均值计算 PP。

4.5.2.3　EBF 动态模糊多因素水淹指数计算

通常，衡量储层内原油开采程度的指标包括驱油效率和洗油效率。驱油效率指开采出的原油体积与总含油体积的比值，其中总含油体积包括可动油体积与残余油体积。洗油效率主要是针对三次采油中使用的化学驱油剂提出来的一个概念，指化学驱油剂从地层中剥离油膜的能力，表示其降低不可动油的比例的能力。

本次提出的水淹指数（Flooding index，简写为 FI）不同于以上两种指标，指采出的原油体积与所有可动油体积的比值：

$$\text{FI} = \frac{S_{oo} - S_o}{S_{oo} - S_{or}} \times 100\% \qquad (4.31)$$

式中　S_o——剩余油含油饱和度；

　　　S_{oo}——原始含油饱和度；

　　　S_{or}——残余油饱和度。

通常，无论采用何种方法进行多因素分析，都需要首先对一组分析样本进行数据结构和特征的分析。因此，为了寻找各个水淹强度评价指标与水淹指数之间的关系，将研究区块 107 个已经进行过单井精细测井解释的小层作为分析样本。其中每个分析样本的物性、泥质含量、可动水饱和度、吸水剖面影响因子、产液剖面影响因子被视为可变因素，水淹指数被视为期望输出值。

多因素分析时，权重系数的取值能够反映出预测过程及预测结果中各单一因素的相对重要程度，权值确定的合理与否直接影响到研究对象的预测精度。

具体到多因素水淹指数的计算而言，水淹强度评价指标的权值指示着每一种指标能够反映水淹强度的能力的大小。为了将逐点差异性纳入权值的计算中去，本书中设计了一种利用椭圆基函数（Ellipse Basis Function，简写为 EBF）动态模糊神经网络计算多因素水淹指数的方法。该方法首先利用神经网络对学习数据（分析样本）进行处理，从而获取若干条模糊规则。对待分析井点进行处理时，可首先根据这些模糊规则的高斯隶属函数对各种水淹强度评价指标的权值进行动态考虑，进而对多因素水淹指数进行计算。另外，这种模糊神经网络的结构可根据学习样本的输入动态变化，有效解决了模糊系统或神经网络的结构辨识比较耗时这一问题。较之径向基函数接收域，基于椭圆基函数的接收域也为系统提供了更加广泛的非线性变换。

TSK 模糊系统的输出是所有输入变量的线性组合。若规则数为 u，则最终输出是这 u 个规则各自输出的加权平均。报告所采用的网络结构基于 TSK 模糊系统，分为四层。第一层为每组学习数据的 r 维输入变量 x_1，x_2，$\cdots$，x_r，第四层为每组学习数据的系统输出 y。每个输入变量 x_i（$i=1$，2，$\cdots$，r）具有 u 个隶属函数 μ_{ij}（$j=1$，2，$\cdots$，u），位于第二层，不同的输入变量 x_i 拥有的隶属函数数目是不同的。隶属函数采用高斯函数：

$$\mu_{ij}(x_i) = \exp\left[-\frac{(x_i - c_{ij})^2}{\sigma_{ij}^2}\right] \tag{4.32}$$

式中　μ_{ij}——输入变量 x_i 的第 j 个隶属函数；

c_{ij}，σ_{ij}——分别为第 j 个高斯隶属函数的中心和宽度。

使用乘法 T—范数算子计算每个规则的触发权，第三层为第 j 个规则 R_j（$j=1$，2，$\cdots$，u）的输出为：

$$\phi_j(x_1, x_2, \cdots, x_r) = \exp\left[-\sum_{i=1}^{r}\frac{(x_i - c_{ij})^2}{\sigma_{ij}^2}\right] \tag{4.33}$$

其中每条模糊规则的 T—范数由下式表示：

$$\phi_j = \exp[-\mathrm{md}^2(j)] \tag{4.34}$$

$$\mathrm{md}(j) = \sqrt{(X - C_j)^\mathrm{T} \sum\nolimits_j^{-1} (X - C_j)} \tag{4.35}$$

md（j）为马氏距离，其中 $X = (x_1, x_2, K, x_r)^\mathrm{T} \in R^r$，$C_j = (c_{1j}, c_{2j}, K, c_{rj})^\mathrm{T} \in R^r$，

$$\sum\nolimits_j^{-1} = \begin{pmatrix} \frac{1}{\sigma_{1j}^2} & 0 & K & 0 \\ 0 & \frac{1}{\sigma_{2j}^2} & 0 & 0 \\ 0 & 0 & 0 & 0 \\ 0 & K & 0 & \frac{1}{\sigma_{rj}^2} \end{pmatrix}$$，该模型的接收域为超椭球体。

第四层的每个节点表示一个输入信号的加权求和得到的输出变量：

$$y(x_1, x_2, \cdots, x_r) = \sum_{j=1}^{u}(\omega_j \phi_j) \tag{4.36}$$

其中权值为：

$$\omega_j = a_{0j} + a_{1j}x_1 + Ka_{rj}x_r \tag{4.37}$$

上述结构与TSK模糊系统具有等价性，并可证明其为通用逼近器。

图4-41为水淹指数预测模型的神经网络结构，输入端为五项水淹强度评价指标，即$r=5$，输出端为水淹指数。网络利用合适的学习数据（分析样本）训练后，产生u条模糊规则和一系列的α_{rj}，α_{rj}即第r个变量对第j条模糊规则的权值。利用训练完成后的神经网络进行水淹指数计算时，根据输入变量，利用式（4.37）计算出ω_j，ω_j即为输入变量对每一条模糊规则的权值，它根据输入端的不同发生着动态变化，因此可称为动态权值。

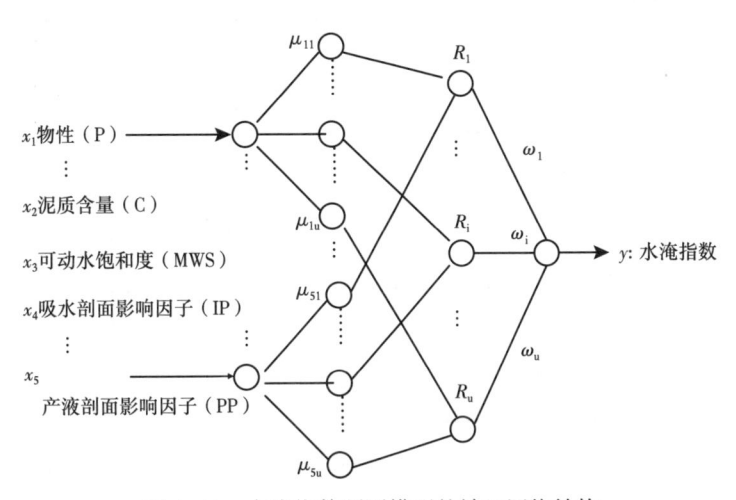

图4-41 水淹指数预测模型的神经网络结构

4.5.2.4 适用性分析及实例

选用107组学习数据，设定参数(X_k, t_k)，$k=1, 2, \cdots, 107$，设定参数$e_{max} = \frac{2}{3}\max(t_k)$，$e_{min} = \min(t_k)$，$\varepsilon_{min} = 0.1$，$\varepsilon_{max} = 0.8$，$k_s = 0.9$，$k_{err} = 0.001$。根据样本数据分布范围，令$k=2.7$，最终获得15条模糊规则，达到了较好的训练效果（图4-42、图4-43）。

为了测试所建立的神经网络预测模型的泛化能力，利用该模型对47个进行过精细解释的小层进行测试，将网络预测结果与精细解释计算结果进行对比，可证实以上网络训练的有效性。

此外，可以通过该模型抽取模糊规则，从而对几种水淹强度评价指标对最终输出结果产生的影响做出一定评价（图4-44至图4-46）。上面训练的模型中物性、泥质含量、可动水饱和度、吸水剖面影响因子、产液剖面影响因子学习数据定义的高斯隶属函数数目分别为6、6、8、10、7。

求取各井点目标时期内目的小层水淹指数后，可绘制水淹指数小层平面分布图，对比孔隙度、渗透率、砂体厚度、水淹指数小层平面分布图，可了解小层内水淹级别分布规律。

另外，利用多因素水淹指数，也可建立一套水淹级别划分标准（表4-9），与剩余油饱和度建立的水淹级别划分标准相互补充。在目标时期内饱和度测井资料适用的情况下，可进行单井精细解释，进而划分小层水淹级别。

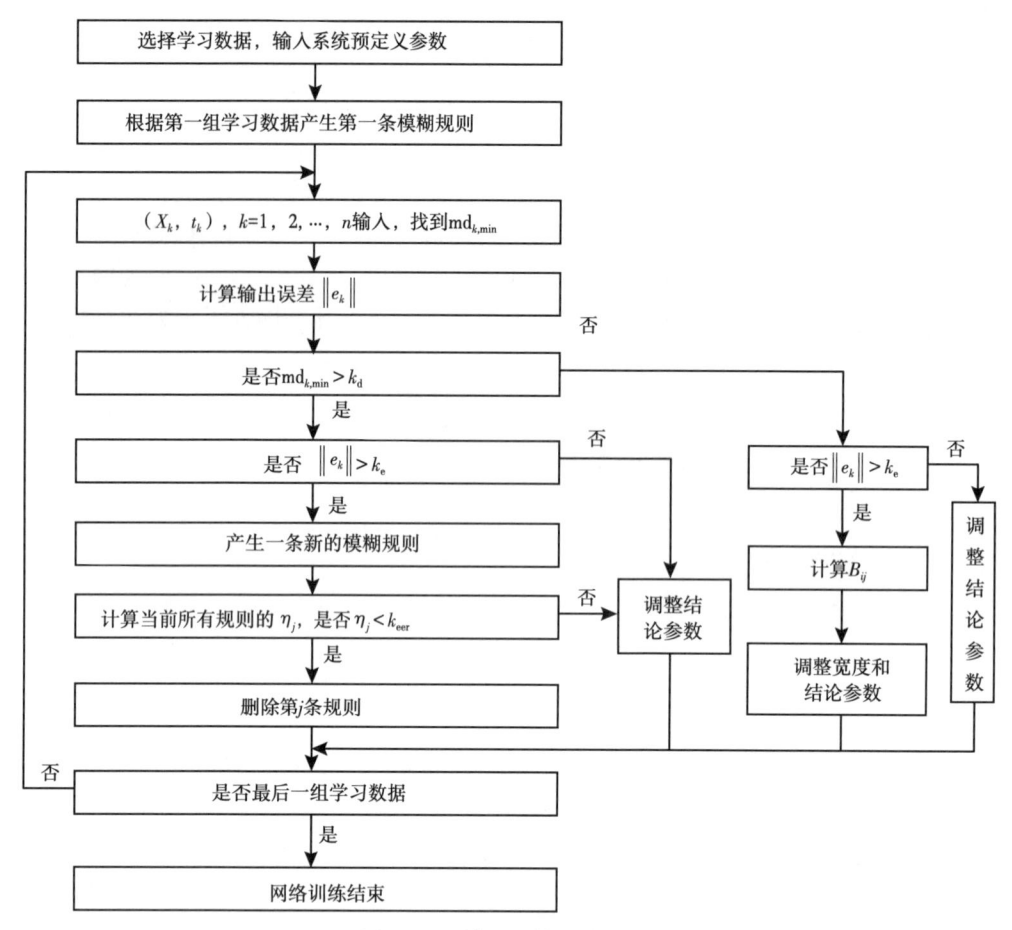

图 4-42 神经网络训练流程

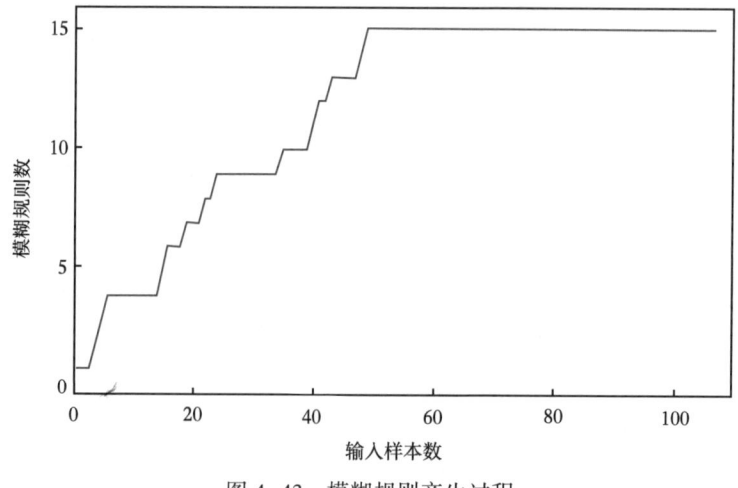

图 4-43 模糊规则产生过程

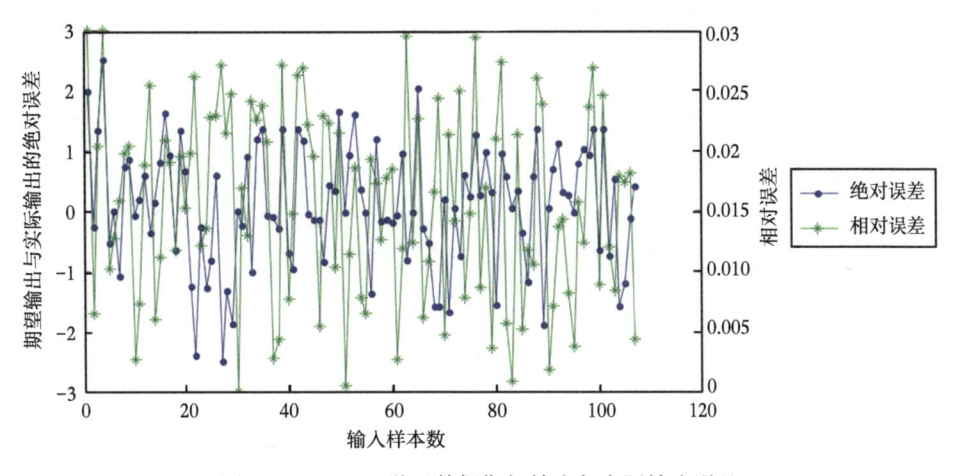

图 4-44　107 组学习数据期望输出与实际输出误差

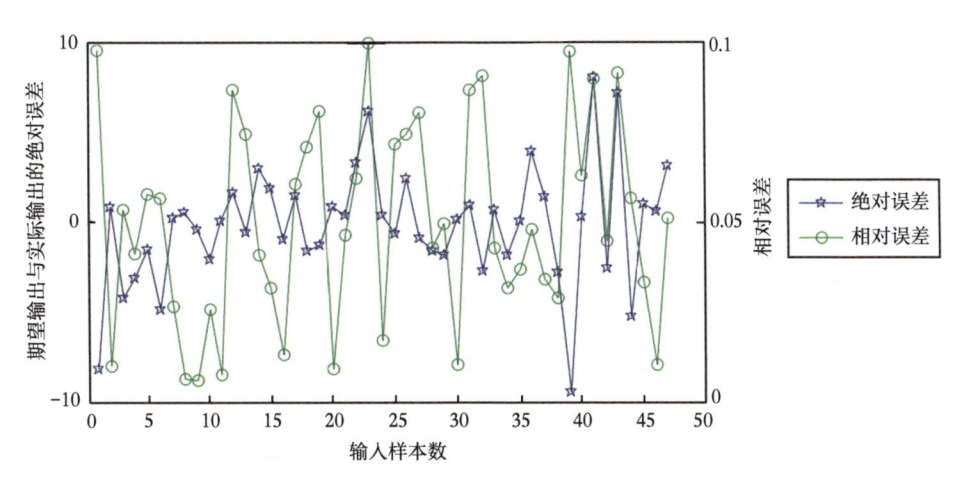

图 4-45　47 组测试数据期望输出与实际输出误差

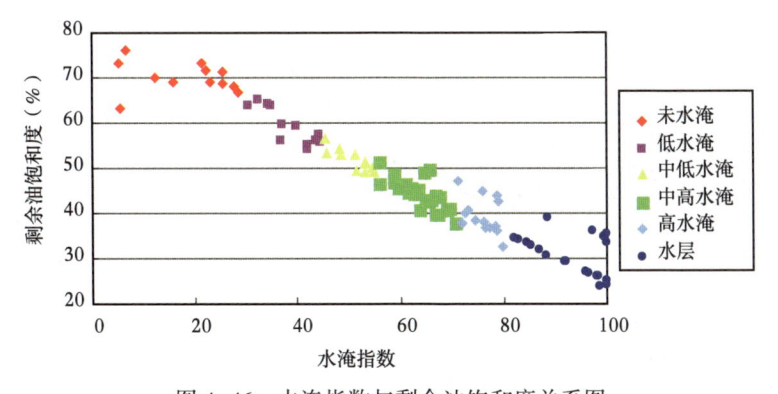

图 4-46　水淹指数与剩余油饱和度关系图

表4-9 基于水淹指数的水淹级别划分标准

水淹级别	未水淹	低水淹	中低水淹	中高水淹	高水淹	水层
水淹指数（%）	<30	30~45	45~55	55~70	70~80	>80

当饱和度测井资料测量时期在目标时期以外时，可利用多因素计算方法，首先计算出目标时期内水淹指数，进而推算出水淹级别。建立的残余油饱和度、原始含油饱和度，即可计算出剩余油饱和度，并绘制剩余油饱和度小层平面分布图。

4.5.3 过套管电阻率剩余油评价

过套管电阻率测井是20世纪80年代后期发展起来的一种新的测井方法，由于能在套管井中测量地层电阻率，与传统的裸眼井测井不同，可以用于油气勘探开发的各个不同阶段，近年来受到石油工业界越来越多的关注与应用。跃进二号油田也初步进行了过套管电阻率测井的尝试，为后期剩余油监测方法提供了研究资料。

4.5.3.1 电阻率标准化

目前，由于过套管电阻率测井应用尚未达到规模化，其解释方法尚未开展系统的研究。从剩余油饱和度监测的角度出发，解释工作应与前期测井系列和方法进行匹配。由于跃进二号油田解释评价工作以感应测井为主，对应过套管电阻率测井的解释中，应将其标定到感应测井系列。当然，目前过套管电阻率测井的分辨能力尚有待提高，对应薄差层的识别效果并不高，测井标定工作主要以系统校正为主。即以电阻率测井在泥岩、致密层的响应值为基础进行系统对比校正。

以跃Ⅱ264井为例，过套管电阻率测井总体偏低于感应测井值，由于油层存在后期水淹因素，电阻率下降是正常响应，因此选择泥岩层段、干层段进行电阻率对比，确定电阻率校正系数。如图4-47所示，该井过套管电阻率测井与感应测井的关系为：

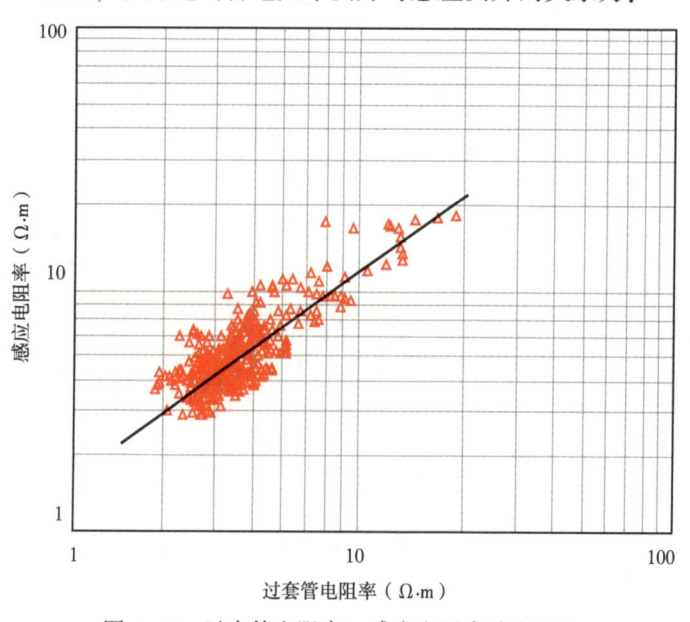

图4-47 过套管电阻率—感应电阻率响应对比

$$R_t = 1.625 R_{tch}^{0.8717} \tag{4.38}$$

式中 R_t——感应电阻率，$\Omega \cdot m$；

R_{tch}——过套管电阻率。

通过电阻率系统校正，消除系统误差，进而通过电阻率重叠认识电阻率下降幅度，评价水淹程度。

4.5.3.2 过套管电阻率水淹级别的直观划分

过套管电阻率测井资料与原始测井电阻率重叠，可以直观判断水淹状况。一方面，可以通过电阻率计算饱和度进行水淹程度预测；另一方面，也可通过电阻率下降幅度进行直观判断分析。

如果原始状况下的含水饱和度为 S_{wi}、目前含水饱和度为 S_w，按照阿尔奇公式，饱和度与电阻率关系如下：

$$\frac{S_w^n}{S_{wi}^n} = \frac{R_t R_{wz}}{R_{tch} R_w} \tag{4.39}$$

式中 R_t——原始电阻率；

R_{tch}——目前过套管电阻率测量值。

因此：

$$\frac{R_{tch}}{R_t} = \left(\frac{S_{wi}}{S_w}\right)^n \frac{R_{wz}}{R_w} \tag{4.40}$$

水淹后电阻率下降幅度：

$$\frac{R_t - R_{tch}}{R_t} = 1 - \left(\frac{S_{wi}}{S_w}\right)^n \frac{R_{wz}}{R_w} \tag{4.41}$$

如果不考虑地层水电阻率的变化影响，可以简化得到电阻率下降幅度与水淹等级的简单关系。

前期研究已经提出了按照可动水饱和度大小划分水淹等级的标准：

弱水淹：$S_w - S_{wi} < 8\%$；

中水淹：$8\% \leq S_w - S_{wi} \leq 18\%$；

强水淹：$18\% < S_w - S_{wi} < 30\%$。

按照跃进二号油田束缚水饱和度的基本变化范围，一般在35%~45%。因此，计算得到不同水淹级别下电阻率对应的下降幅度。

弱水淹：电阻率下降幅度约在30%以下；

中水淹：电阻率下降幅度在30%~50%；

强水淹：电阻率下降幅度在50%~62%。

如果开发监测中发现混合液电矿化度发生明显变化，应在电阻率下降幅度标准中给予体现。

4.5.3.3 跃Ⅱ264井过套管电阻率测井水淹评价实例

如图4-48所示，该井CHRT测井于2008年7月进行，当时该井日产油0.23t、水31.87m³，综合含水99%。从过套管电阻率测井资料显示，主力层段水淹严重，但是水淹层不均匀程度是比较明显的。

从产液剖面分析，Ⅰ-11+12、Ⅳ-2、Ⅳ-4是主要产液层段，且Ⅰ-11+12保持了较

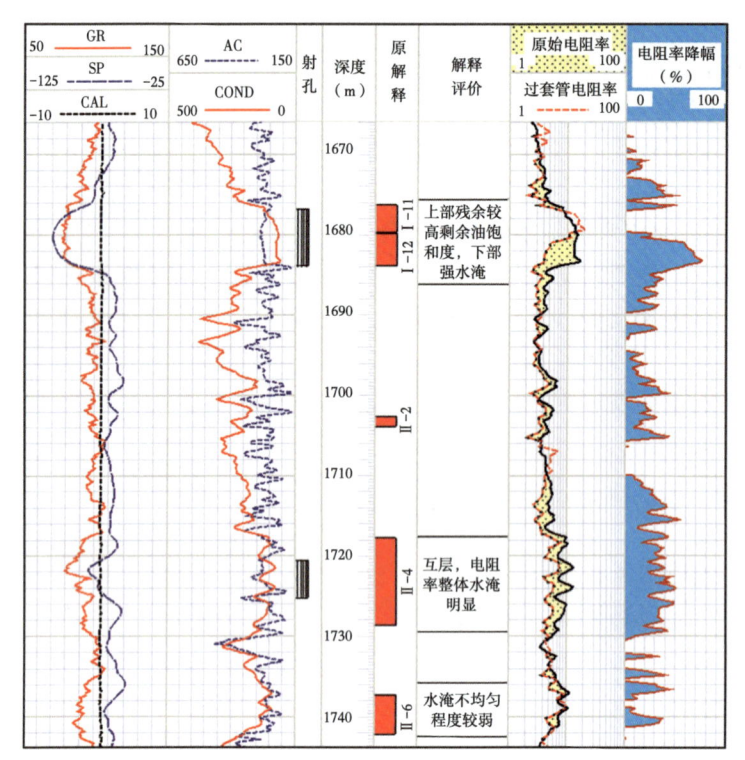

(a）YⅡ264井Ⅰ—Ⅱ油组过套管电阻率测井解释

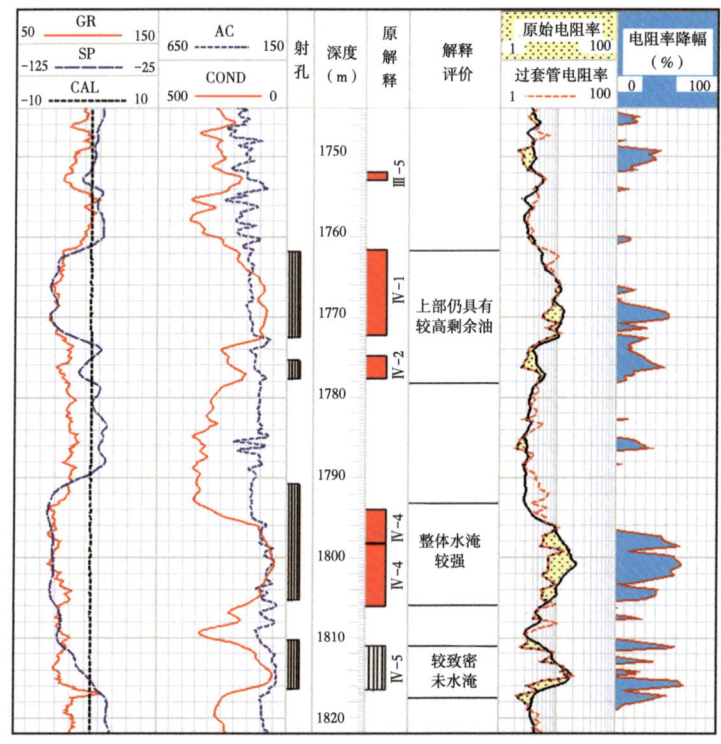

(b）YⅡ264井Ⅲ—Ⅳ油组过套管电阻率测井解释

图4-48　YⅡ264井过套管电阻率测井解释

长时间的产能,在 2007 年 8 月的产液剖面测量中,该层段处于中等水淹级别。

2007 年 7 月进行过套管电阻率测井时,综合含水达到 99%,表明各个层段产油能力都是比较低的。但通过过套管电阻率测井,可以看到主力层段水淹程度不一,存在高剩余油层段,极有可能是水驱过程形成高渗透水流通道,造成高剩余油层段产液能力下降。

其中 I-11 号小层剩余油饱和度较高,电阻率下降不明显,I-12 小层电阻率下降幅度 65% 以上,为强水淹段,此类小层可以考虑封堵下部,提高整个小层的原油贡献。

II-4 小层电阻率整体下降,下降幅度为 40% 左右,考虑到这是一段互层,高渗透层段产水应该明显,整体为中—强水淹特征。

II-6 小层电阻率整体下降不明显,但对应砂体物性好的部位,电阻率下降 30%~40%,已经见到注水水洗影响(表 4-10)。

表 4-10　YII264 井过套管电阻率测井解释

层号	射孔顶底深(m)		厚度(m)	2006-05-09 测量			2007-08-10 测量		
				油(t)	水(m³)	含水(%)	油(t)	水(m³)	含水(%)
I-11+12	1676.8	1684.0	7.2	4.1	5.5	57.1	4.4	4.3	49.6
II-4	1720.6	1725.4	4.8	0.1	0.7	90.2	1.3	1.7	56.1
IV-1	1761.8	1772.6	10.8	0	0.9	100	0.2	1.2	87.5
IV-2	1775.4	1777.8	2.4	0.1	0.1	58.3	0.9	11.4	93
IV-4	1790.8	1805.4	14.6	0.2	4.1	95.8	0.1	5.6	98.1
IV-5	1810.3	1816.5	6.2	0	0	0	0	0	0

IV-1 小层为正韵律特征,底部水淹明显,电阻率下降 50% 左右,极可能存在较高渗透性的水流通道。该井在 2005 年 11 月综合含水达到 88.2%,后封堵 IV-1 小层,综合含水一度下降至 29.3%,表明当时该层水淹严重。但是,目前过套管电阻率测井则显示,随着水力驱动下油气的运移,这个封堵的井周附近,可能形成油气的再次富集。

IV-4 小层电阻率整体下降 55% 左右,强水淹等级,是主要的产水层段。

通过跃 II264 井过套管电阻率测井资料分析,表明储层水淹层状况不一、均匀程度差,对高剩余油层段应进行合理的措施挖潜。另外,开发过程中油气运移状况认识比较困难,过套管电阻率测井提供了比较好的检测信息,如何应用这些信息,在开发工作中对高含水层段进行间歇采油,提高原油产量,是值得进一步深入研究的内容。

4.5.4　剩余油平面分布规律研究

通过测井资料解释,为认识整个开发层系平面注采状况和水淹特征奠定了基础。在近年新井资料较为丰富的区域,通过平面上的水淹层分布状况,认识剩余油分布特征,为进一步调整注采方案提供依据。在此以尕斯库勒油田中浅层上盘 I 下、II 下两个层系为例,在平面上分析其水驱效果和剩余油分布特征,如图 4-49 至图 4-51 所示。

4.5.4.1　剩余油分布影响因素

该区剩余油的形成一方面受沉积砂体的平面非均质性所控制,同时还受注采系统与其

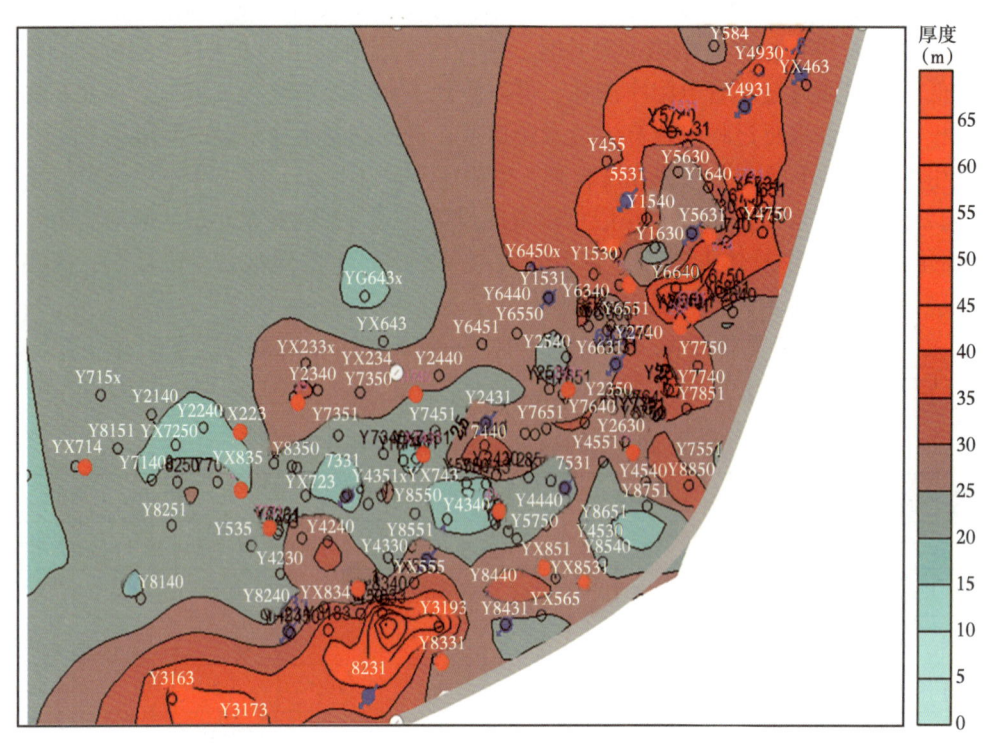

图4-49　上盘Ⅱ下层系砂体厚度平面分布图

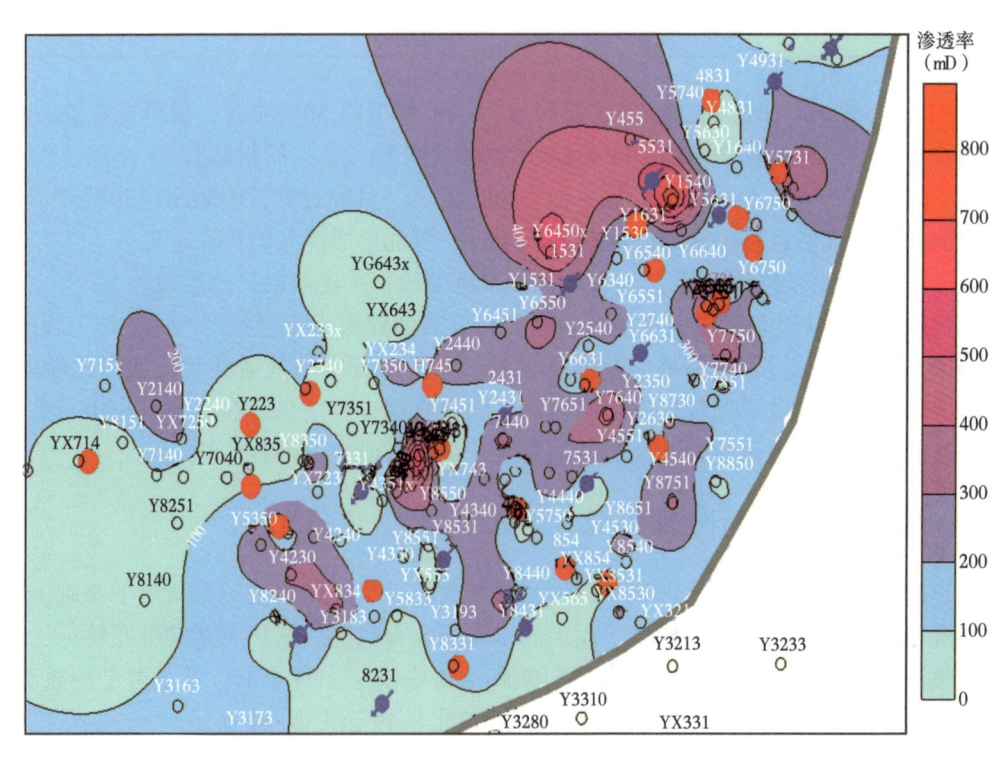

图4-50　上盘Ⅱ下层系砂体渗透率平面分布图

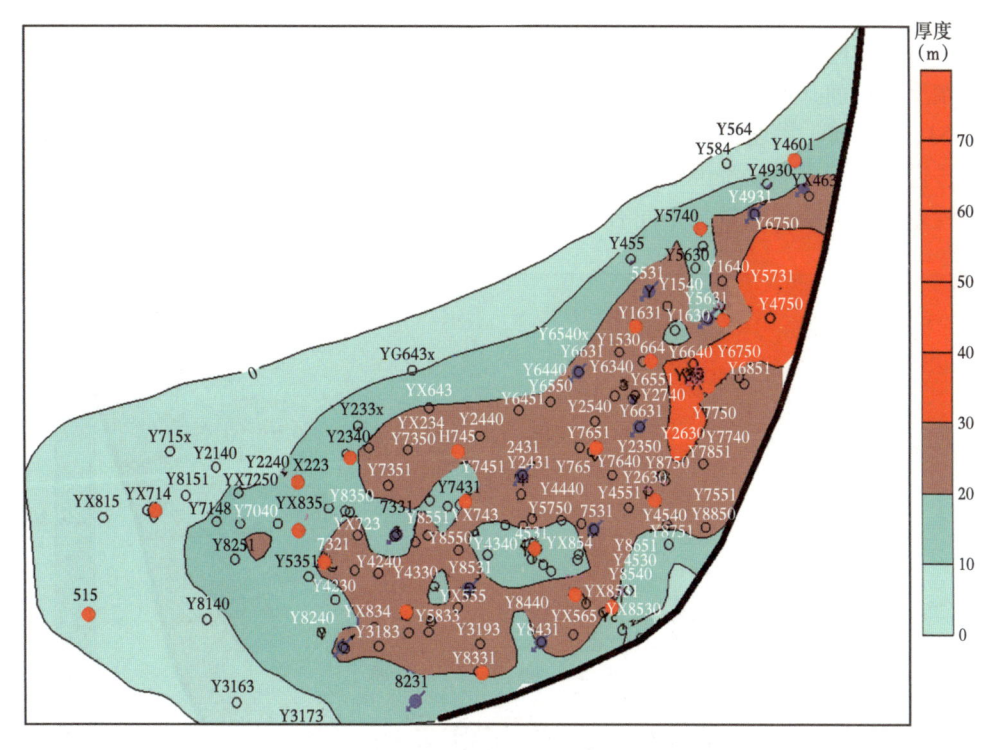

图 4-51　Ⅱ下原始油层厚度平面图

相互的配置关系和适应性等的影响，既受地质因素也受人为因素的双重影响。

（1）沉积相对剩余油分布的影响主要表现为注入水的运动受沉积相的控制，其运动规律是，处于主河道主体部位的油井，水淹较快，形成强水淹区；而处于主河道边部以及薄层砂地区的油井，注入水推进慢，水淹较弱。

（2）平面非均质性可减小水淹面积系数，这是由于各单油层在平面上往往呈不连续分布的原因，并造成注水开发时油层边角处的和被钻井漏掉的"死油区"。此外由于平面上渗透率的差异，使注入水沿着平面上的高渗透带迅速"舌进"。而中—低渗透带相对受注水驱动减小，因而降低了水淹面积系数。

（3）注采系统对剩余油分布的影响：注采系统的完善程度，注采井距的大小，都影响着剩余油分布，注采系统不完善，离注水井远，受效方向少的地区，水淹程度低，剩余油饱和度高。而注采系统相对完善，离注水井近，多向受效的部位，水淹程度高，剩余油饱和度低。

油层水驱及剩余油分布较为复杂，现主要通过精细深入研究沉积微相，从油层成因入手，识别单砂体及其非均质性，从而认识Ⅱ类、Ⅲ类油层的水淹及剩余油分布规律。

通过目的层平面微相及单砂体精细研究，为掌握油田注采系统、地下油水运动规律、宏观注水政策制定、研究储层剩余油分布规律及措施挖潜、油田未加密区及已加密区调整部署高效井位提供极其重要的依据。

4.5.4.2　尕斯库勒油田中浅层上盘Ⅱ下层系平面水淹特征分析

Ⅱ下层系砂体厚度展现为东北、西南两侧厚，中部东西方向存在薄的条带。渗透率分布特征上看，以东北侧较为发育，高渗透连片性较好。平面水淹层解释分析表明，水淹程度受到储层物性、油藏高度、注水井位置的影响和控制。

该层系油层原始厚度基本自西向东变厚，同时在很大程度上受到构造高度控制，向断层位置增厚。目前，该区域采油井平面上含水差异较大，如图4-52所示。其中在Y7531井—Y5531井方向，渗透性高、油层厚度大，周边注水井多，且形成从高部位到低部位的水流推进通道，形成高水洗区带，目前含水率高；同时东侧总体上含水高于西侧，这也与两侧物性差异造成的注水效果不同有关。

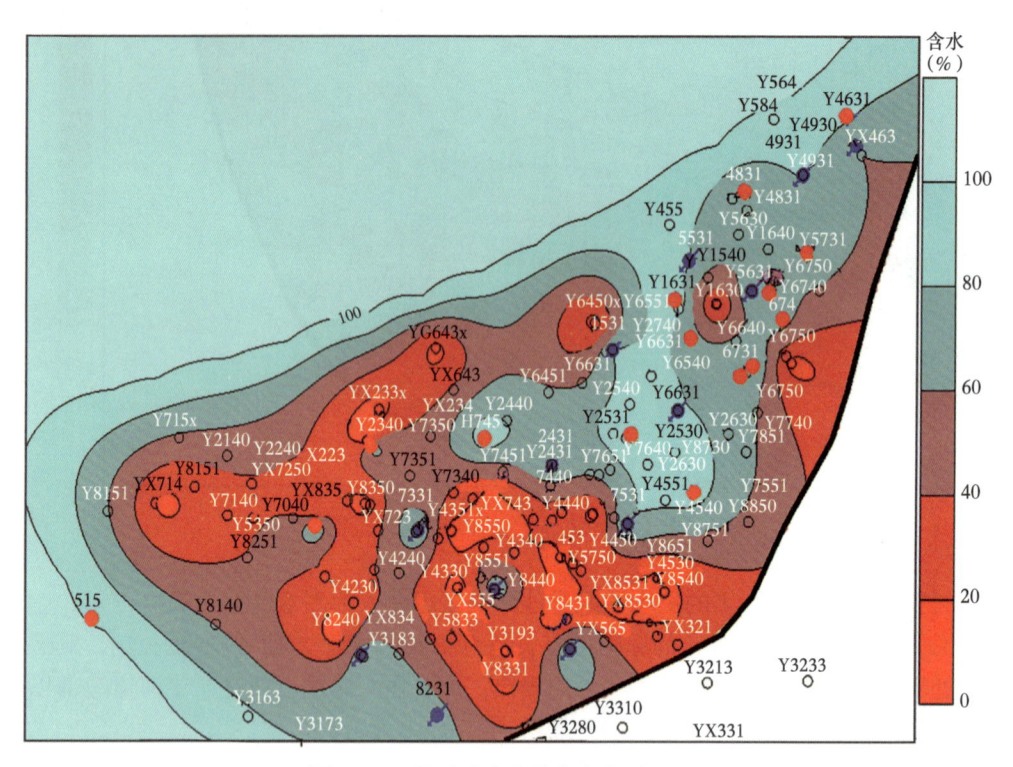

图 4-52 Ⅱ下采油井综合含水平面图

图4-53是利用近年完钻测井资料解释绘制的剩余油层厚度比例平面图，其特征与采油井目前含水状况比较吻合。在该图上，显示Ⅱ下层系西侧、南部、靠近断层一侧等3个区域水洗比例较低。

（1）西侧为油砂层厚度小、渗透性低的区带，以边水推进为主，注水影响较小。

（2）南部为油砂体厚度较大、但平面渗透性不均匀的区域，加之油藏位置较高，未水淹油层厚度比例较大。

（3）东部靠近断层区域，渗透率较低，构造位置高，注水波及不到的区域。

在Y7531井—Y5531井方向，水淹油层的比例较大，与采油井综合含水状况一致。

当然，在边部区域由于井控程度较低，局部一些井点的可靠性下降，在边界上，一些连通性差的小层仍可能保持未水洗状态。如PNN测井表明Y715x、Y4930等边缘井点，仍可能有一定厚度的油层。

在水淹级别较低的区域，由于长期开采造成产能下降，综合含水波动。在南部靠近Y321井—Y453（斜）井之间，Y8531井采出位置为Ⅱ下层系（图4-54），射孔层段为Ⅴ-

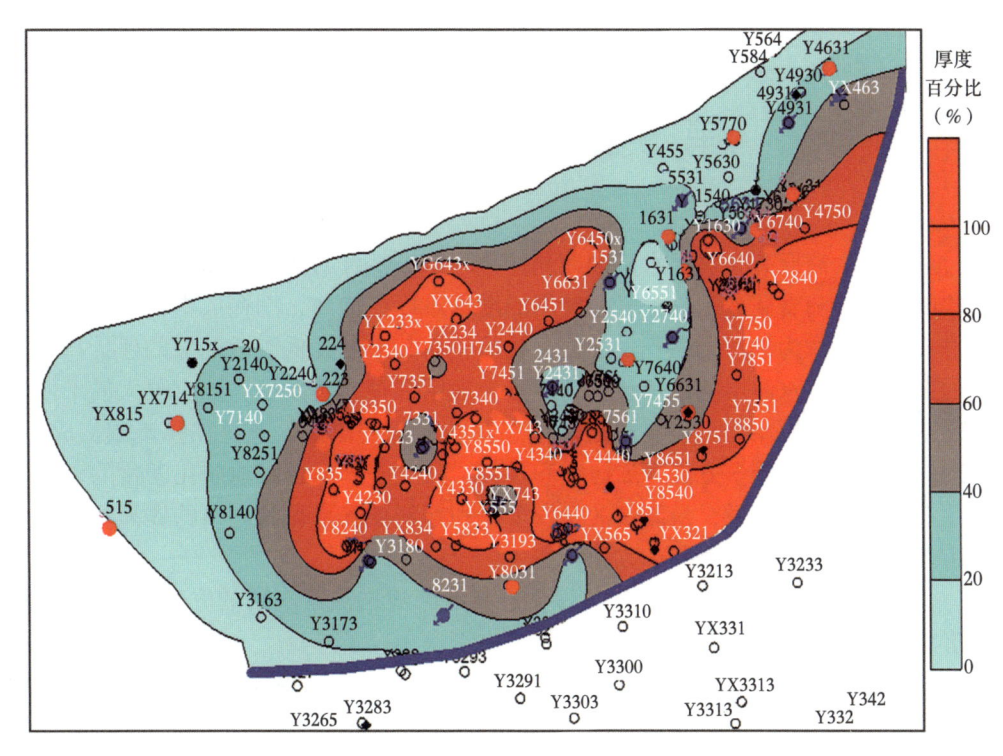

图 4-53　Ⅱ下未水洗油层厚度百分比例分布图

18、V-22+23、V-24、V-25、V-25、V-26、V-26、V-28 小层，射孔层段代表性强。从开采历史来看，该井日均产液能力从 10m³ 左右逐步下降，关井前日产液能力在 1m³ 左右，含水率仍在 20% 以下，显示没有受到注水影响，仅表现为储层供油能力的严重下降，说明该区域未受到注水波及。

图 4-54　Y8531 井日产液生产曲线图

第5章 应用实例

通过对柴达木高原咸化盆地水淹油藏测井解释研究,针对高原咸化湖盆复杂岩性储层测井面临的难题,随着柴达木盆地复杂储层的勘探难度的增加,勘探成本更多地依赖评价技术的进步。测井作为油田勘探开发的关键技术,而其中低孔低渗透储层的评价技术、复杂流体的识别技术、水淹层的评价技术,在各个地区都存在着共性,也有很大的不同。本书理论联系实际,高原咸化湖盆复杂岩性储层测井面临的难题,通过加强基础实验研究,从基础理论、评价技术等多方面开展研究和攻关,建立一套适合高原咸化湖盆的复杂岩性储层测井解释评价技术体系,最终使油气发现率和解释准确率得到大幅的提高。该技术成果的应用效果主要体现在以下三个方面:

(1) 低孔低渗透储层精细评价技术对小梁山地区浅层高产气层的发现、$4000 \times 10^4 t$ 探明储量落实以及老区稳产增产发挥了技术支撑作用;

(2) 非电法测井储层流体性质判识技术,解决了3个复杂断块的油水系统的识别难题,解释符合率达到83.7%,累计新增探明和控制石油地质储量$1 \times 10^8 t$,研究区已建成原油年产能 $50 \times 10^4 t$;

(3) 高矿化度背景下的水淹层评价体系指导了老油田的注采调控工作,老井措施挖潜416口,增加可采储量 $113 \times 10^4 t$。

5.1 低渗透储层测井评价实例

在对小梁山地区、南翼山地区岩心分析资料与测井资料进行分析建模后,基于上述各种模型和关系进行重点井的处理与解释,以加深对地区测井响应的认识,检验与完善解释模型与方法。

5.1.1 小梁山油田应用效果

基于ECS约束的定量参数模型所得到的岩性剖面相对较合理,利用成像测井岩性识别库对本区的混积岩储层岩性判别起到了很好的辅助作用,同时发现开展微观结构分析,利用孔隙结构因子Q进行分类评价对于本区储层有效性评价起到了很好的效果。研究中对小梁山地区重点探井进行岩性识别、储层分类及参数求取,并结合流体判别图版对试油层位进行重点分析。图5-1为梁101井取心段应用地区模型刻度的处理成果图,由图可知,取心井段碳酸盐含量、泥质含量、孔隙度、渗透率处理结果与岩心分析资料吻合情况较好,反映出模型较好的适应性。

将8口重点试油井进行综合处理,图5-2为梁103井的处理结果,其中54号、55号、56号层GR明显低值,孔隙度中等,平均约为28.4%;感应电阻率均有明显增大,达到$0.5\Omega \cdot m$以上,含油饱和度达到40%,结合小梁山地区的流体识别标准,3层均解释为油水

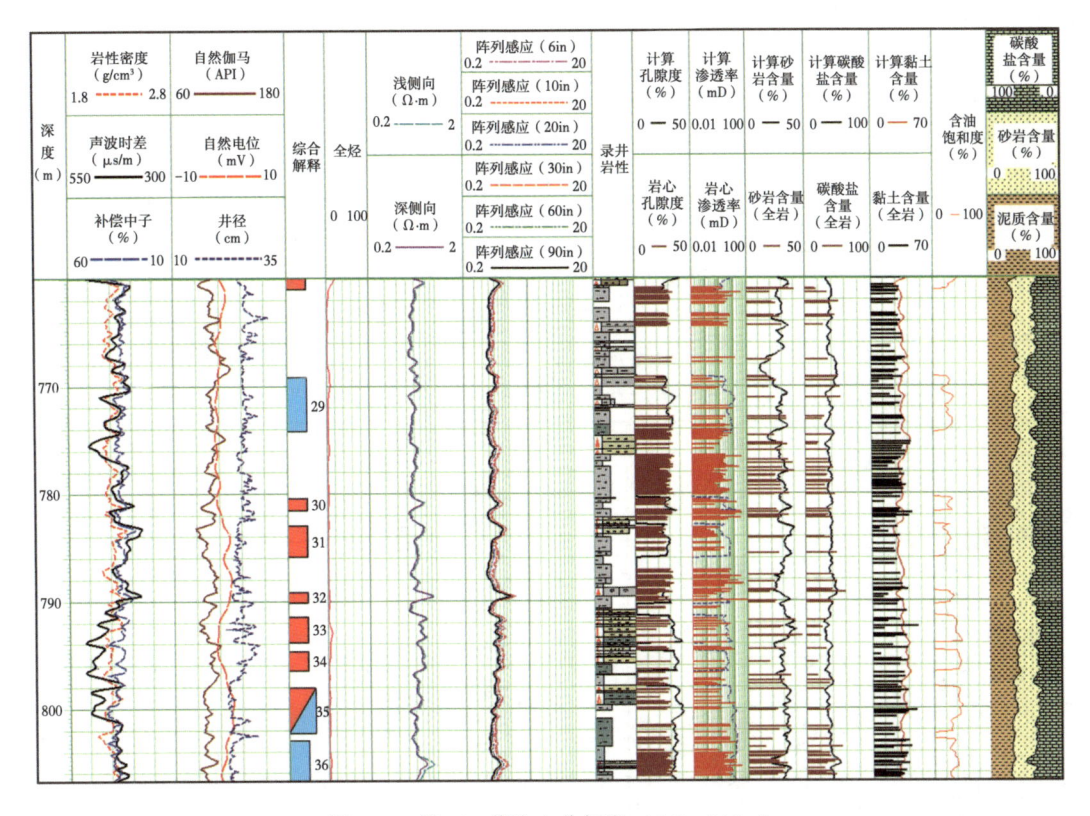

图 5-1 梁 101 井取心分析段（760~810m）

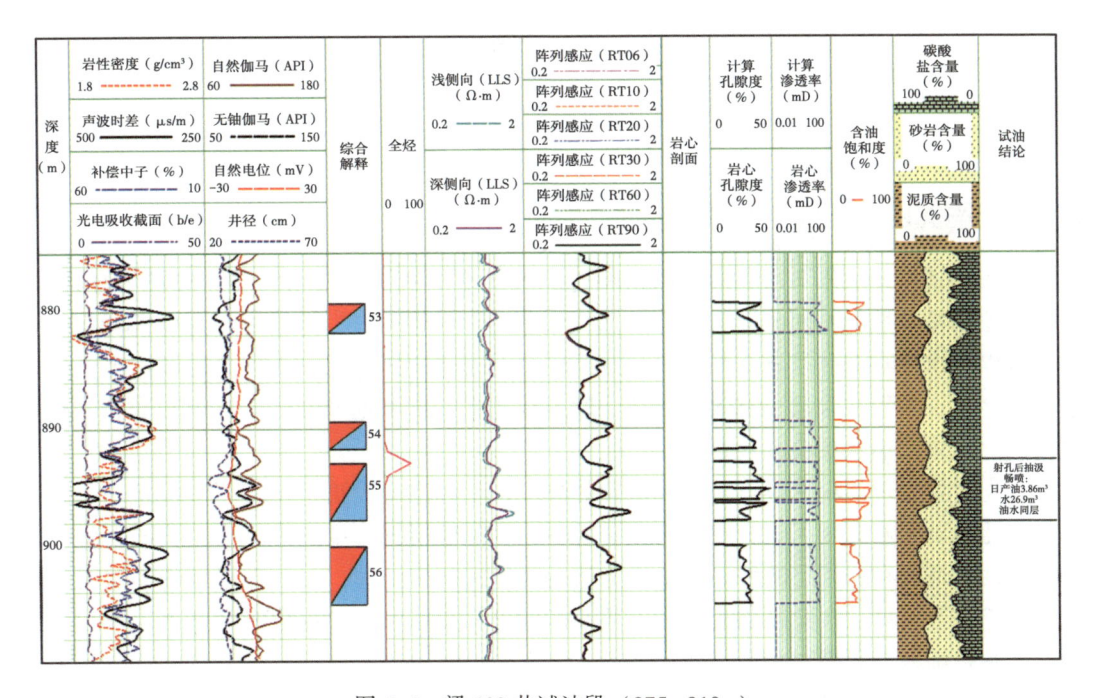

图 5-2 梁 103 井试油段（875~910m）

同层。射孔后抽汲畅喷，日产油3.85t，日产水26.9m³，解释结果与试油结论相符。对梁107井进行综合解释，整体含油性较差，少数油水同层，几乎不存在较好的油层。如图5-3所示，15号层孔隙度主要分布在20%~30%，计算含油饱和度小于50%，解释为油水同层；13号、14号层孔隙度主要分布在15%~25%，计算含油饱和度小于40%，解释为含油水层。

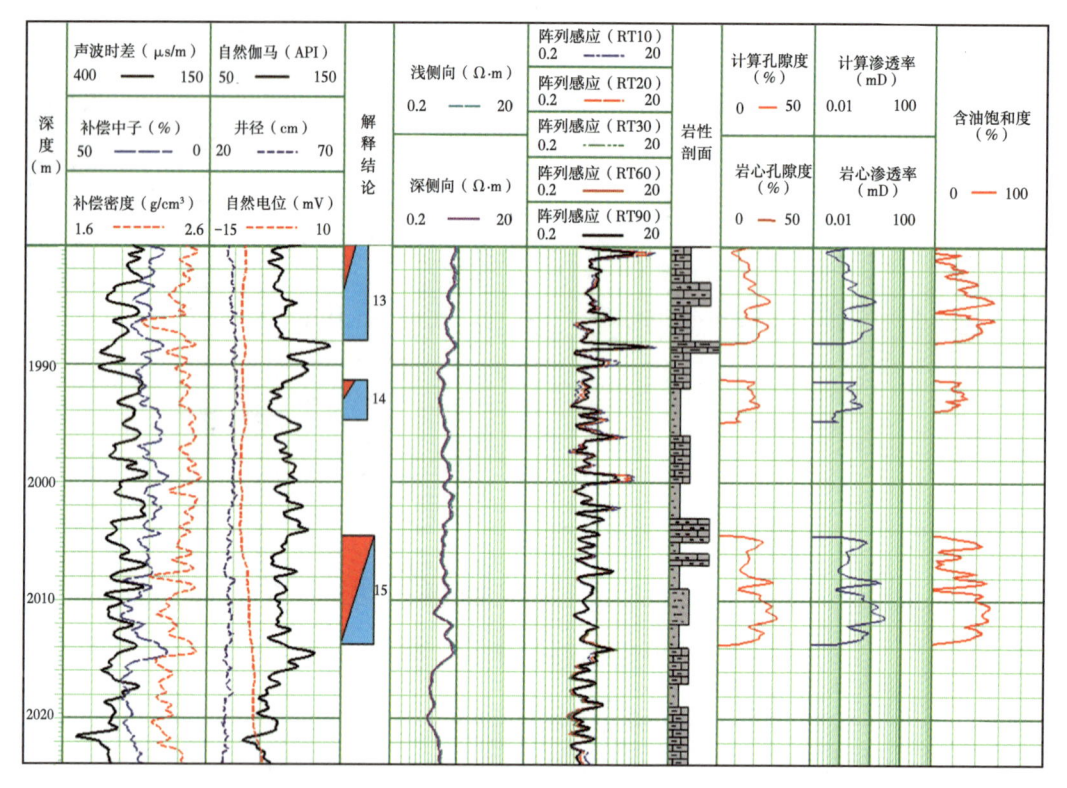

图5-3 梁107井测井综合解释图（1980~2024m）

5.1.2 南翼山油田应用效果

利用上述研究成果对南翼山油田浅层油藏V油组编制了测井精细逐点处理解释程序，同时考虑到测井系列不同分有、无中子曲线编制两套处理程序，挂接到卡奔软件操作平台中，可以一次性对全井段进行精细处理解释，编写程序代码近2000行，处理输出成果包括泥质含量、碳酸盐含量、有效孔隙度、空气渗透率、含水饱和度、岩性识别成果、有效厚度划分成果及油水层自动判别成果。

首先对要处理的单井进行测井数据预处理，包括标准化校正、声波压实校正和薄层校正，在此基础上修改成固定的图件格式，并对以往的储层划分结论进行核实修改，生成新的解释结论道，在新划层的解释结论道上进行程序的加载处理，对处理得到的油水层结论进行人工交互解释，在此基础上进行有效厚度划分、夹层扣除和有效厚度分类工作，最后输出单井精细解释成果图和表。

如图5-4所示，Ⅱ-2号层物性较好，电阻率值较高，含油饱和度最高达到75%，综合解释为油层，划为Ⅰ类储层，Ⅱ-10号层，物性电性稍差，含油饱和度在50%左右，综合解释为同层，划为Ⅱ类储层。Ⅱ-2号、Ⅱ-4号、Ⅱ-10号、Ⅱ-11号层合试，日产油0.96t，日产水0.135m³，为含水油层。

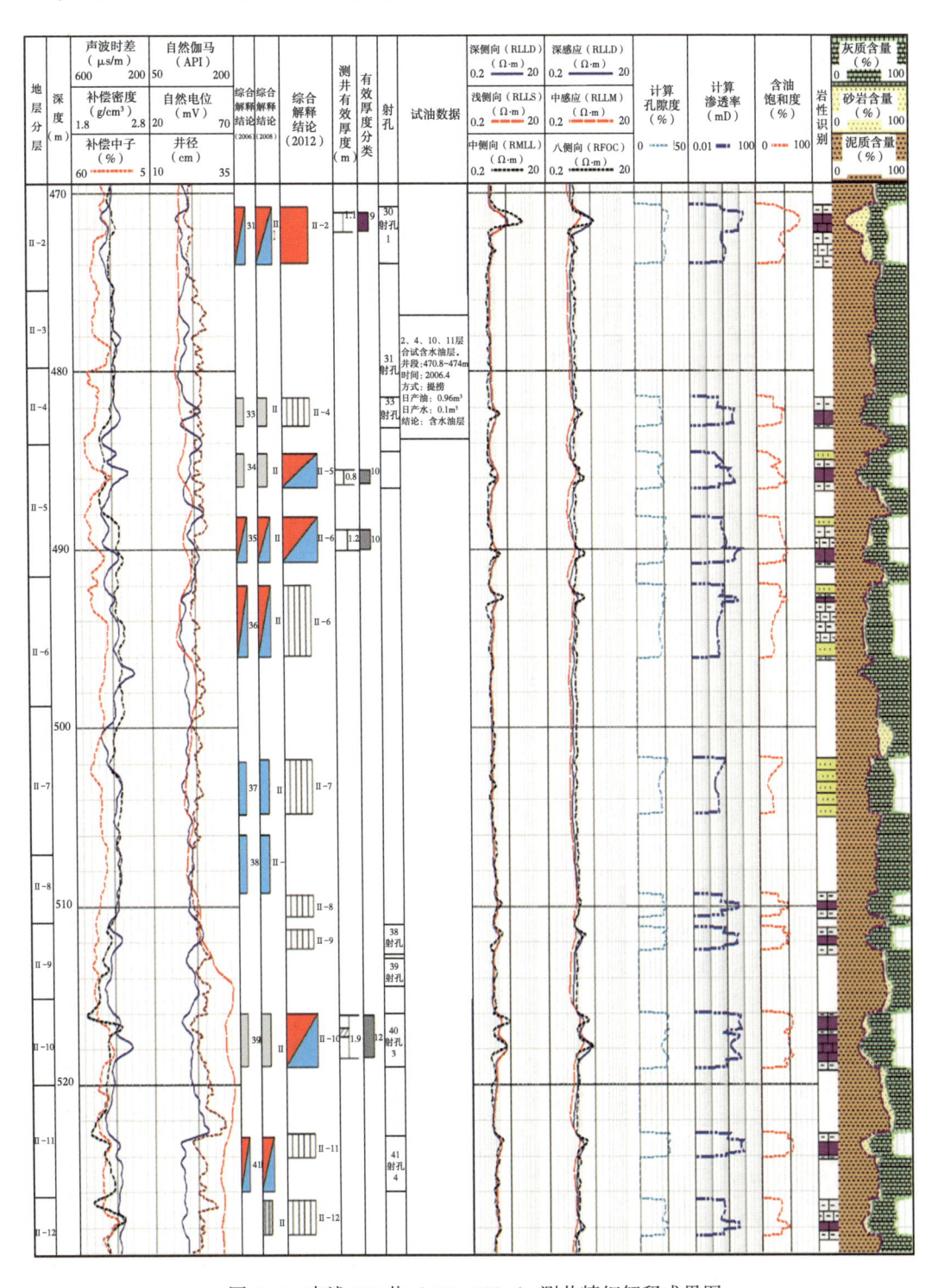

图5-4 南浅639井（470~530m）测井精细解释成果图

如图 5-5 所示，Ⅳ-49 号层岩性识别为藻灰岩，物性电性较好，综合解释为同层或含水油层，划为Ⅰ类储层，Ⅳ-50 号和Ⅳ-53 号层，物性电性稍差，综合解释为同层，划为Ⅱ类储层，Ⅳ-50 号层单试日产油 1.39t，日产水 5.943.5m³，Ⅳ-53 号层单试日产油 1.13t，日产水 0.2435m³。

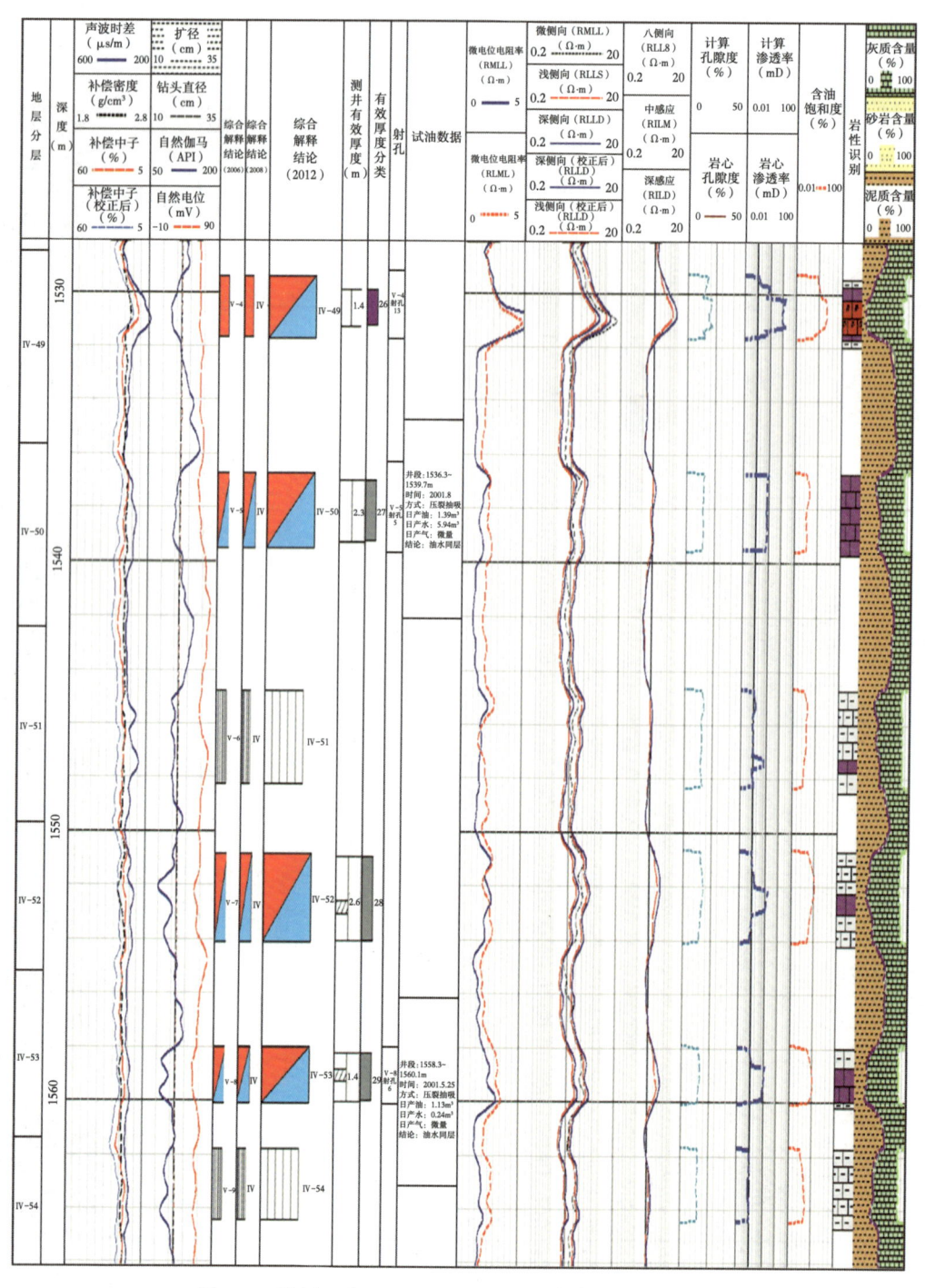

图 5-5　浅评 1 井（1530~1570m）测井精细解释成果图

如图 5-6 所示，浅 3-09 井 V-7 号层，RILD = 4.9Ω·m，ϕ = 11.3%，K = 5.2mD，S_w = 53.3%，测井解释为同层。压裂抽吸日产油 3.86t，日产水 8.28m³，为 I 类储层。V-12 号层，RILD = 2.6Ω·m，ϕ = 16.6%，K = 4.3mD，S_w = 31.3%，测井解释为同层。压裂抽吸日产油 1.65t、日产水 33.5m³，为 II 类储层。

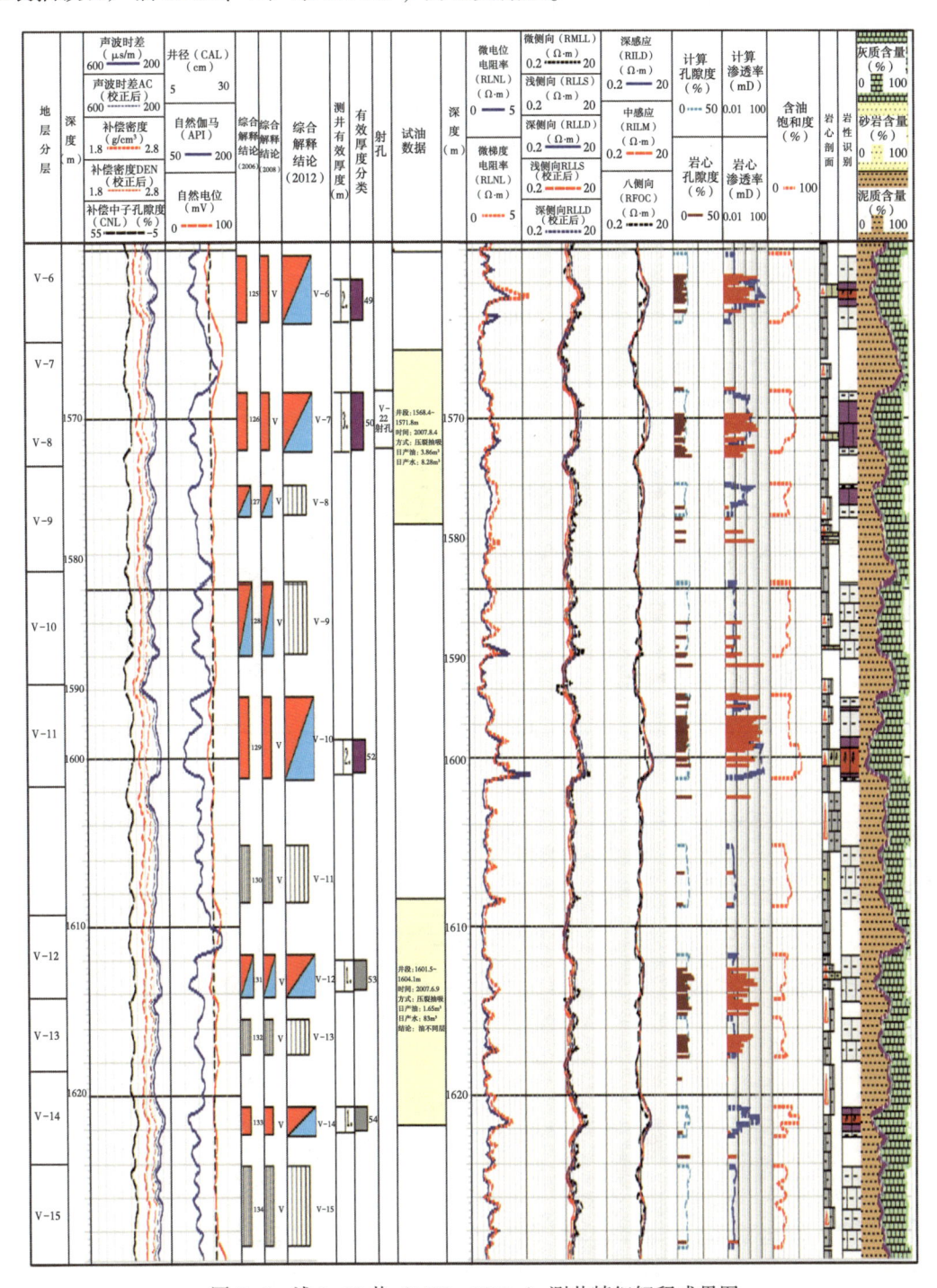

图 5-6　浅 3-09 井（1560~1620m）测井精细解释成果图

5.2 复杂断块油气藏测井评价实例

研究成果不仅提高了该区解释成果精度，扩大了含油气面积，为增储上产提供了技术支持，并对英东油田后续勘探开发起到了积极作用。

测井攻关的主要目的是为油藏服务，认识油藏，剖析油藏是勘探开发中的永恒的主体之一。利用现解释模型和标准，对新钻英东108井进行了解释。完井后2012年6月对2926~2928m井段射孔，进行试油，使用8mm油嘴放喷，日产油5.98t，试油结论和解释结论相吻合，如图5-7所示。2012年9月对1416~1418m井段和1420.5~1424.5m井段试油，使用4mm油嘴放喷，日产油7.98t，试油结论和解释结论相吻合，如图5-8所示。

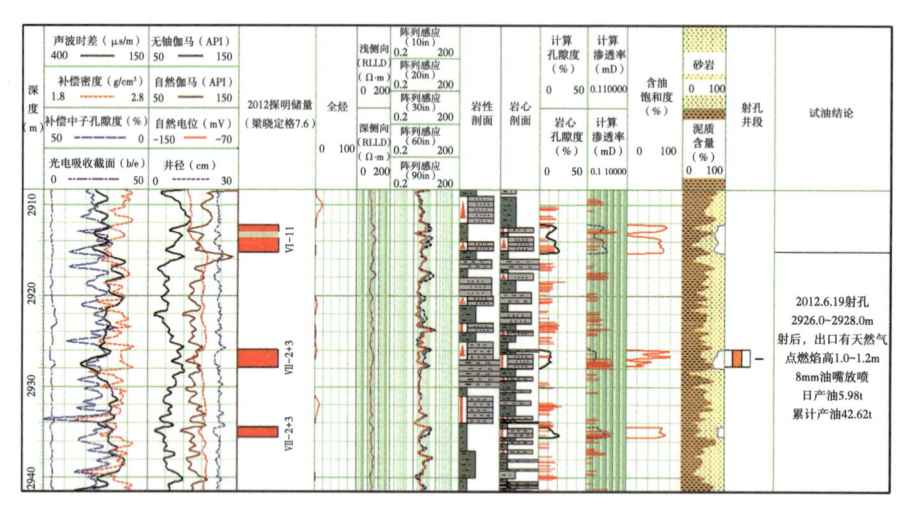

图 5-7 英东108井射孔Ⅰ层组测井曲线

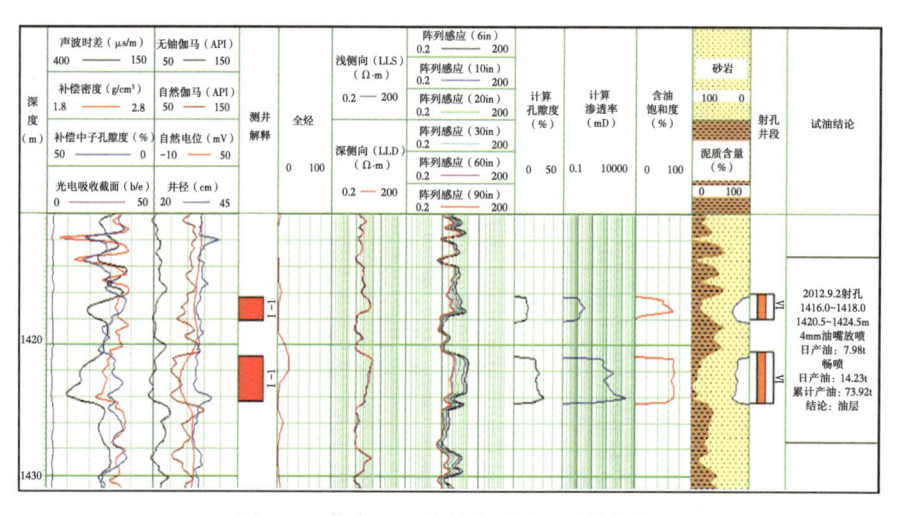

图 5-8 英东108井射孔Ⅵ层组测井曲线

英东103井中将Ⅴ-1号、Ⅴ-2号、Ⅴ-3号、Ⅴ-4号、Ⅴ-5号层解释为油层，如图5-9所示。新版标准建立后，利用新标准重新对这几层进行了处理解释，可以看到，这几层落在孔隙度与感应电阻率、感应电阻率/侧向电阻率与阵列感应电阻率差值图版的水区（图5-10、图5-11），因此精细解释为水层 2012 年 5 月 5 日对 1420.5~1425m 井段试油，日产水 1.2m³；2012 年 5 月 8 日对 1426.2~1428.2m 井段补孔抽汲，日产水 1.2m³；试油证实为水层。

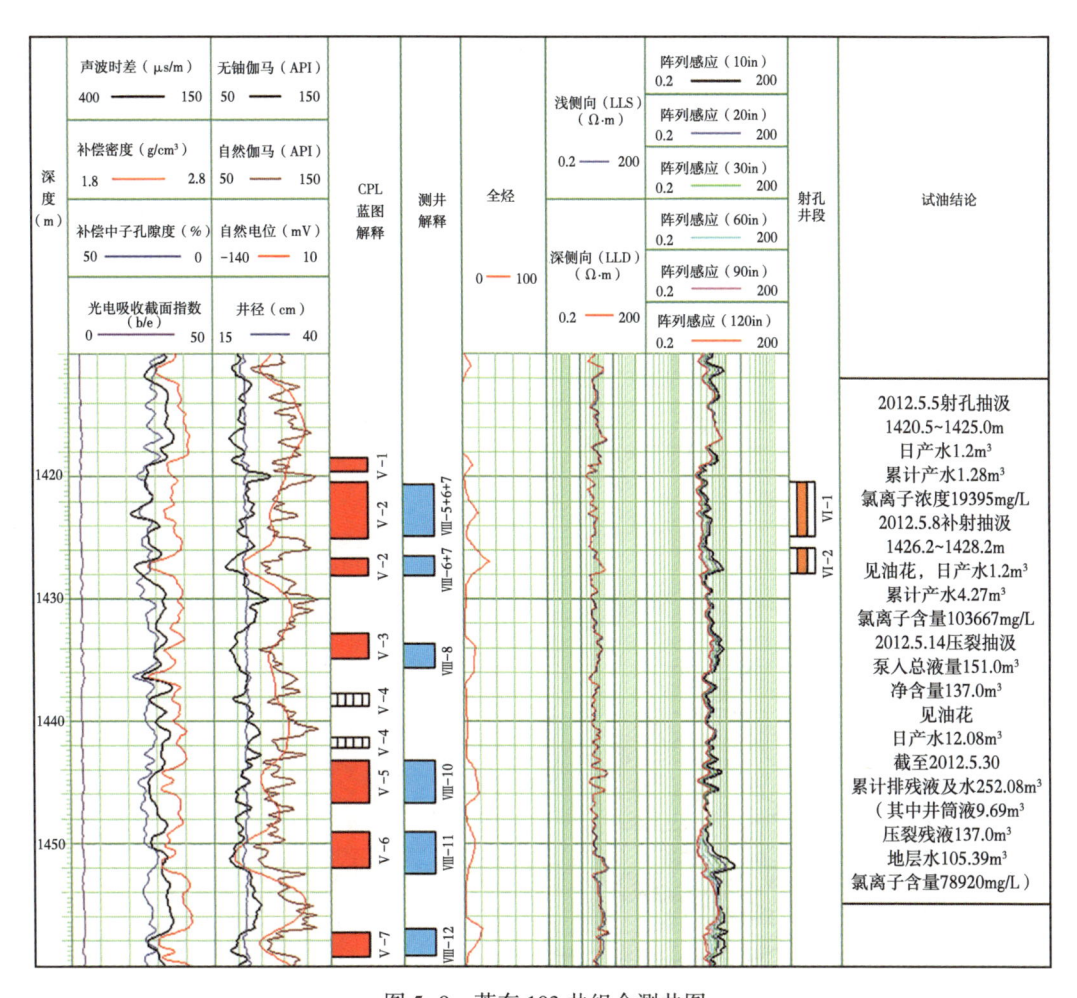

图 5-9 英东 103 井组合测井图

英试 4-1 井中将 117 号、118 号、119 号、121 号层解释为油层，如图 5-12 所示。新版标准建立后，利用新标准重新对这几层进行了处理解释，可以看到，这几层落在孔隙度与感应电阻率图版油水混合区（图 5-13），落在感应电阻率/侧向电阻率与阵列感应电阻率差值图版的水区（图 5-14），因此精细解释为水层。

在砂 41 井 1642.0~1646.0m 井段，原解释图版以电阻率 2Ω·m 为油气层下限，当时解释为油层，如图 5-15 所示。新解释图版同时考虑不同探测深度感应电阻率，该层落在深浅感应电阻率比值与感应电阻率交会图版的水域，如图 5-16 所示。因此精细解释为水层。测试结果也是出水。证实精细解释与试油结论相吻合。

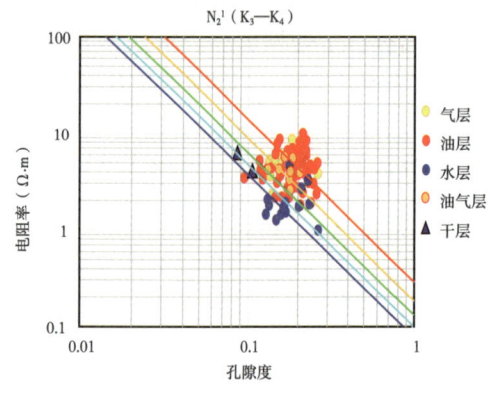

图 5-10 孔隙度与电阻率交会图

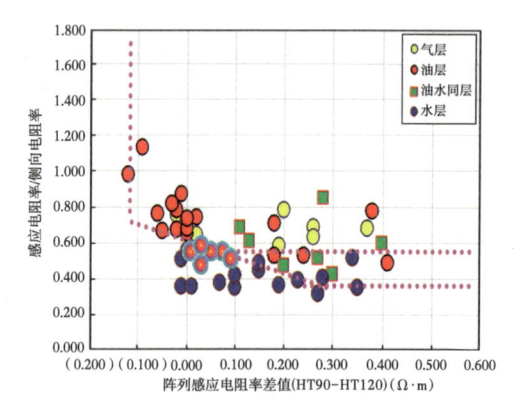

图 5-11 感应电阻率/侧向电阻率与阵列感应电阻率差值交会图

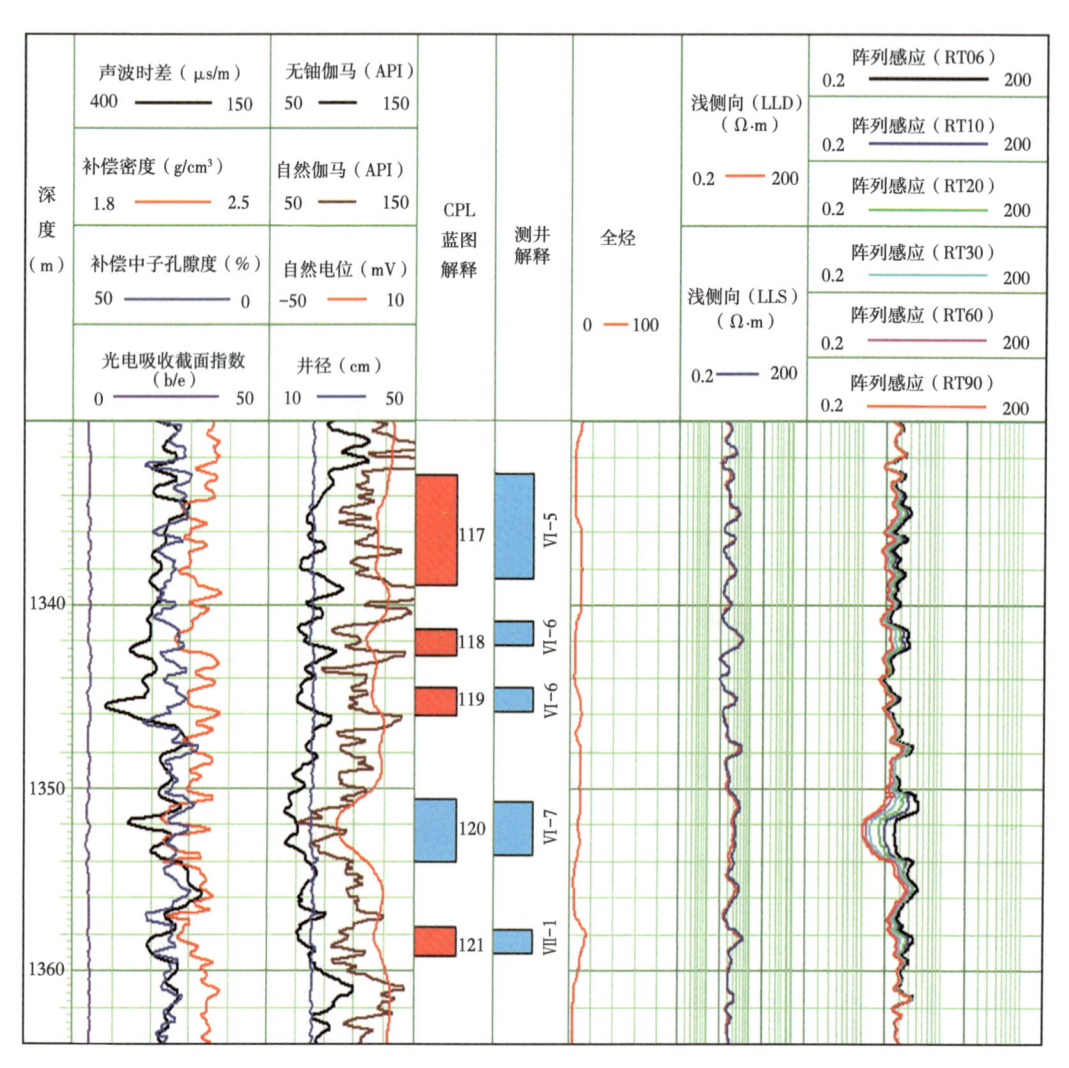

图 5-12 英试 4-1 测井曲线图

第 5 章 应用实例

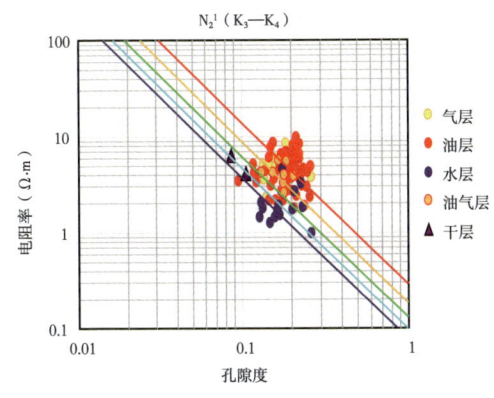

图 5-13 孔隙度与电阻率交会图

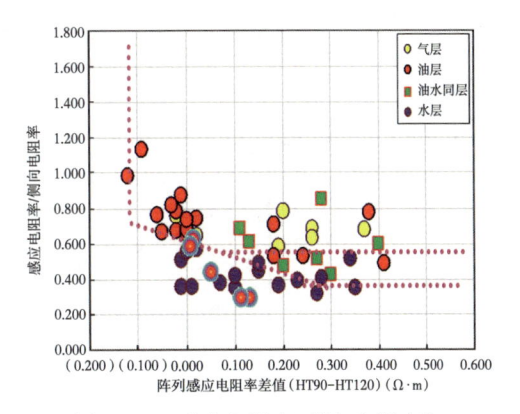

图 5-14 感应电阻率/侧向电阻率与阵列感应电阻率差值交会图

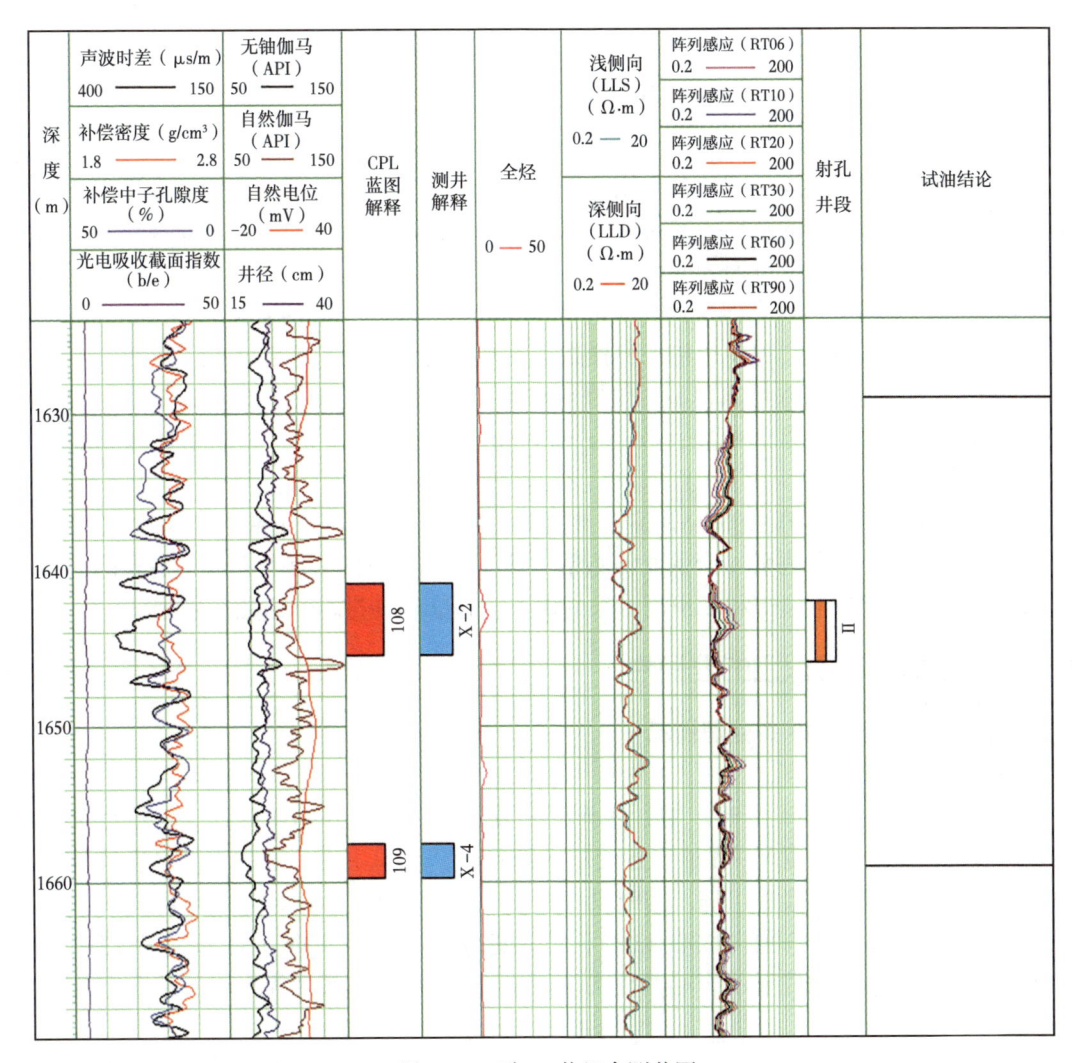

图 5-15 砂 41 井组合测井图

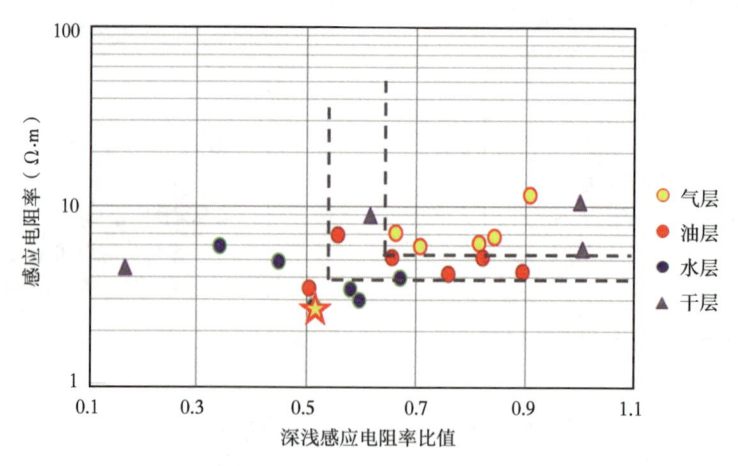

图 5-16 深浅感应电阻率比值与感应电阻率交会图

5.3 主力油田水淹层测井评价实例

通过对柴达木盆地高原咸化盆水淹油藏测井解释研究，形成了一套针对高原咸化湖盆油气藏清污混注水淹层的定性、定量评价体系，并应用于剩余油的平面展布及预测。主要研究成果应用在以下几个方面：

（1）通过对研究区块水淹层测井响应特征的分析，总结了不同岩性、不同物性、不同水淹程度的储层在水淹过程中的特征，提高了水淹层定性识别的准确性；

（2）提出动态地层水计算模型，较好地解决了水淹层混合地层水电阻率求取的难题，提高了剩余油饱和度计算的精度；改进了相对渗透率的计算方法，提高了产水率的计算精度；

（3）采用基于遗传算法的 PNN 测井参数优化技术，提高了剩余油饱和度的计算精度；

（4）采用动态、静态相结合的水淹指数方法，避免了单因素评价剩余油的缺陷，克服了测井时间不同给剩余油饱和度预测带来的误差，并能辅助进行水淹层级别划分。

5.3.1 提高水淹层识别的准确性

5.3.1.1 检查井跃 7640 井处理情况

（1）基本情况。

跃 7640 井是为了调整新建产能，完善该区域Ⅲ层系注采井网而设计。为检查尕斯库勒油田 N_1—N_2^1 油藏上盘Ⅵ+Ⅶ油组各油层水洗状况，认识主力油层的水洗厚度和驱油效率，针对跃 7640 井Ⅵ+Ⅶ油组进行密闭取心工作。该井 2008 年 6 月 24 日开钻，7 月 26 日完井，在 1712~1892m 范围内取心 22 筒，钻井进尺 135.0m，钻取岩心长度为 131.57m，收获率为 97.5%，见油气显示岩心长度为 81.19m。该井测井系列为 LogIQ 系列完井全套测井。

钻前设计分析表明，该区小层油层发育稳定且连通性较好，根据邻井产液、吸水剖面及生产动态等资料确定取心井段，以检查主力小层的水淹状况及次主力小层的开发状况。

至跃7640井完钻日，邻井基本动态情况如下（表5-1）。

①跃854井：采油井，当时日产油1.55t，含水49.89%；该井投产于1990年12月，采油小层：Ⅵ-3、5、6、8、10、12、Ⅶ-8、11、15、16、17，历史综合含水18.2%。

②跃2640井：采油井，日产油13.32t，含水30.79%。该井2006年12月投产，历史综合含水28.3%，采油小层：Ⅵ-8、11、13、15、16。

③跃新764井：注水井，该井2001年6月投产，日注水43m³。

④2007-2008年完钻投产的2540井、2740井，当时含水分别为24.8%、8.1%。

⑤跃454井：采油井（2008年6月转注），转注前含水12.4%，历史综合含水15.7%。该井投产小层Ⅵ-1、2、3、5、7、8、11、12、15、16。

⑥跃7540井：2007年投产Ⅵ13、14、15、16小层，至2008年6月时综合含水上升到81%。

表5-1 跃7640井邻井生产数据表（2008年7月数据）

	井号	采油小层（m）	层系	日产油（t）	累计产油（t）	含水（%）
采油井	跃854	Ⅵ-3/5/6/8/10/12，Ⅶ-8/11/15/16/17	Ⅲ	1.55	64013	49.89
	跃2640	Ⅵ-8/11/13/15/16	Ⅲ	13.32	5657	30.79
	2540	Ⅵ-1/2/4/5/7/9，Ⅶ11/12/1314/15/16	Ⅲ	9.6		24.8
	2740	Ⅵ-2/6/8/9/11/12	Ⅲ	24.1		8.1
	井号	注水井段（m）	层系	日注量（m³）	累计注量（m³）	注水方式
注水井	跃新764	1720.3~1783	Ⅲ	43	146325	分注

从邻井生产数据分析，至跃7640井完钻时，周边Ⅲ层系水淹级别较弱，其中跃2540井射孔小层为Ⅵ-1、2、4、5、7、9，Ⅶ11、12、13、14、15、16，井段较长，对跃7640井附近Ⅵ、Ⅶ油组水淹状况具有较强代表性。

（2）跃7640井水淹状况分析。

基于本书确定的水淹层评价方法，对跃7640井资料处理解释，认识到的水淹状况基本与邻井反映情况吻合。该井基本情况如下。

①整口井的水淹情况。

累计解释油砂体93个层段，厚度216.25m。其中油层厚度160.1m，占74.1%，弱淹以上的水淹层厚度35.11m，占16.2%；中淹Ⅱ级以上水淹严重的层段13.7m，占6.3%。显示当时整体水淹程度较低（表5-2）。

②主力层段Ⅵ+Ⅶ油组的水淹情况。

该井评价的主要层段为Ⅵ—Ⅶ油组，解释结果显示Ⅵ+Ⅶ油组水淹层厚度16.52m，占Ⅵ+Ⅶ油组油砂层厚度的23.48%，但仅有4.7m水淹级别较高（中淹Ⅱ级以上），占这两个油组总油层厚度6.7%。

③解释同层17.8m，基本是物性差、含油饱和程度较低的储层。分析认为这些层段主要是原始饱和状况较差的油水层。

表 5-2　跃 7640 井各类水淹级别小层参数平均值统计

含油类别	层数	厚度（m）	厚度比例（%）	电阻率（Ω·m）	孔隙度（%）	渗透率（mD）	束缚水饱和度（%）	含水饱和度（%）	解释含水率（%）
油层	67	160.1	74.1	6.41	19.4	414.1	28.6	30.2	14.5
差油层	3	3.2	1.5	4.1	12.9	8.7	48.2	56.7	42.2
同层	10	17.8	8.2	2.12	18.0	84.7	40.4	57.1	79.4
弱淹	6	16.2	7.5	5.25	20.5	546.6	24.9	29.9	26.5
中淹Ⅰ级	2	5.2	2.4	3.2	21.2	593.4	28.6	33.9	41.6
中淹Ⅱ级	4	12.2	5.6	2.57	16.2	60.5	43.3	55.2	69.9
强淹	1	1.5	0.7	1.6	20.7	634.4	30.0	62.5	98.9
水层	12	35.2		2.23	17.5	110.5	39.4	64.7	90.8

④该井多个厚度大、物性好的层段出现高阻异常特征，主要为Ⅵ2-7 号、Ⅵ2-10 号、Ⅵ2-13 号、Ⅶ2-11 号小层，这些小层厚度都在 3.0m 以上，感应电阻率在 20Ω·m 左右，侧向电阻率在 20~30Ω·m，符合注水波及造成的电性异常特征响应。而从电阻率变化特征上看，Ⅵ2-13 号小层底部已经有见水迹象，只是由于整个层段含油饱和度较高，造成电阻率整体抬升，使底部水淹段在电阻率上反映的不甚清晰。但从电阻率整体形态上，已经出现明显的下部下降，峰态向上偏移。此类储层一旦见水后，会出现含水快速上升的特征。

跃 7640 井在 2008 年 8 月 14 日新投Ⅵ-2 号小层，日产油 0.2t、水 16.9m³，含水 99.0%。该层厚度小、物性差，与投产后产液能力不相匹配，产水来源待进一步分析。原始饱和程度较低。2008 年 8 月 31 日补射Ⅵ-14 号小层，日产油 10.3t、水 5.7m³，含水 35%，与Ⅳ-14 号小层解释油层吻合。后期产液能力保持 15m³ 以 16 个月时间，含水率在 5%~60% 波动（有 5 个月持续保持含水率低于 10%），也进一步证实Ⅵ-14 号小层是产能较高的油层，但迹象表明存在产水能力较强层段，因此不排除Ⅵ-13 号小层串通的可能性。

2010 年 3 月补射Ⅵ-7 号、Ⅵ-10 号、Ⅵ-13 号小层，日产油 18t、水 25.8m³，含水 70%，油水产液量都升高，说明后期打开层段中应有部分水淹可能。由于补孔时间距离测井日期约 20 个月，测井资料已经不具有时效性，但从完井时资料来看，Ⅵ-13 号小层下部已经出现水淹迹象，可能是率先水淹层段。

该井Ⅵ-12 号（1780.2~1782.5m）、Ⅵ-13 号（1790.2~1793.1m）小层就电性特征而言，电阻率在 7~11Ω·m，解释含水率较低，结合电阻率与储层的岩性发育匹配形态分析，显示下部存在水淹可能性，结合计算的饱和度和含水率，认为下部反了水淹特征，但是厚度很小。在水淹早期水洗厚度很小、水洗界面和厚度不清晰的情况下，综合定量解释参数和电性定性分析，才能有效避免初期水淹层段的解释遗漏。

5.3.1.2　水淹初期的识别

如图 5-17 所示，Ⅵ-12 号、Ⅵ-13 号小层处于水淹初期，水淹厚度较小，小层整体电阻率高，使得计算的剩余油饱和度高、产水率低。这类储层在水淹层解释中很容易漏失，若后期对这类小层进行补孔，产水率很有可能较高，水淹程度较强，且会导致合采的其他油层被压死。因此，这类储层在解释时要特别注意。

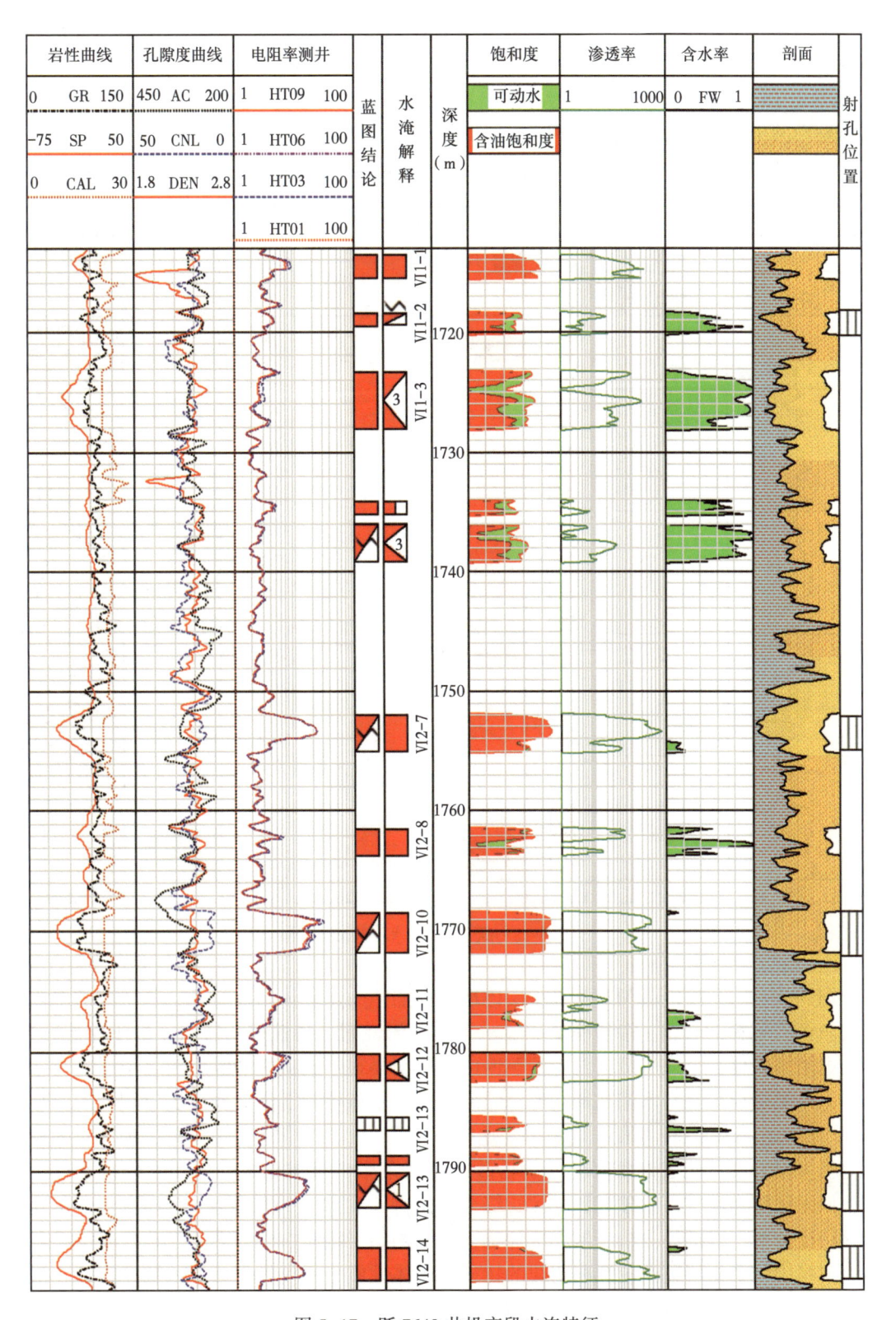

图 5-17 跃 7640 井投产段水淹特征

油层初期水淹（弱淹）状态下，电性特征绝对值变化一般并不显著，解释中更应结合电性形态综合判断。

图 5-18 中跃 2630 井 Ⅴ-19 号小层，由于储层物性好、原始饱和度高、电阻率较大，水淹初期的电性变化常常会被忽视。

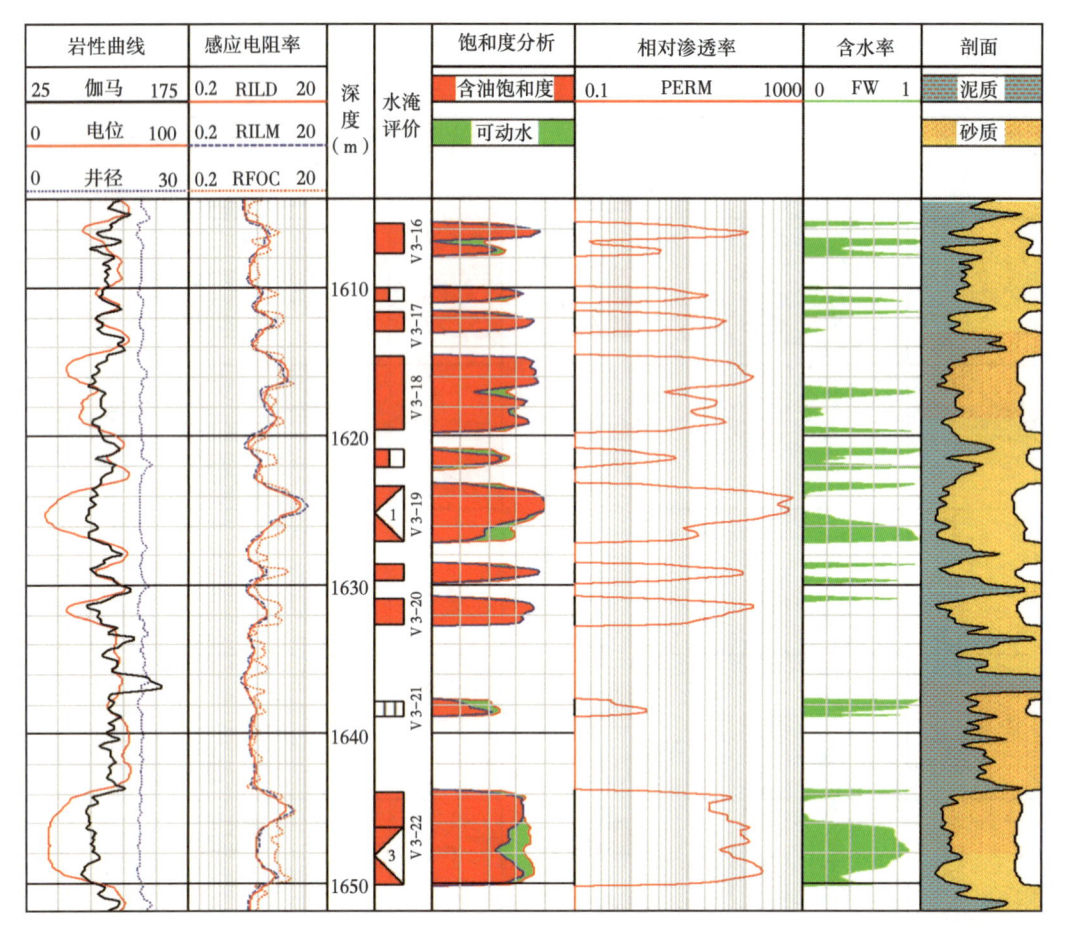

图 5-18　跃 2630 井水淹层评价

图 5-19 中跃 7240 井Ⅶ1-4 号小层体现了反韵律的薄砂体岩性特征，其对应的电阻率尽管较低，解释的岩相、渗透率变化显示了上部岩性粗、物性好的特点，由于储层较薄，感应电阻率较低，形态平缓，对应的侧向电阻率明显显示出良好的匹配性。

有一类储层容易与水淹初期局部电阻率下降的水淹层相混淆。如图 5-20 所示，跃 3-15 井 1885.6~1893.0m 井段，电阻率变化幅度较大，出现局部电阻率降低，但通过岩性剖面分析可以看到，储层为含多套泥质粉砂或泥岩条带的互层构成，饱和度分析不含可动水，低阻区域为泥质、粉砂互层导致，综合评价并不含水（原解释油水同层）。定量化的岩性特征分析、渗透性分析、饱和度评价，为判别储层流体性质提供多方面的可靠依据。

解释中结合储层物性及沉积韵律的特征为流体性质分析提供了参考。粒序特征、沉积韵律、渗透性特征参数形成合理可靠的匹配关系，结合电性特征和量化结果，提高了在复杂岩性类型储层中判别流体的适用性。

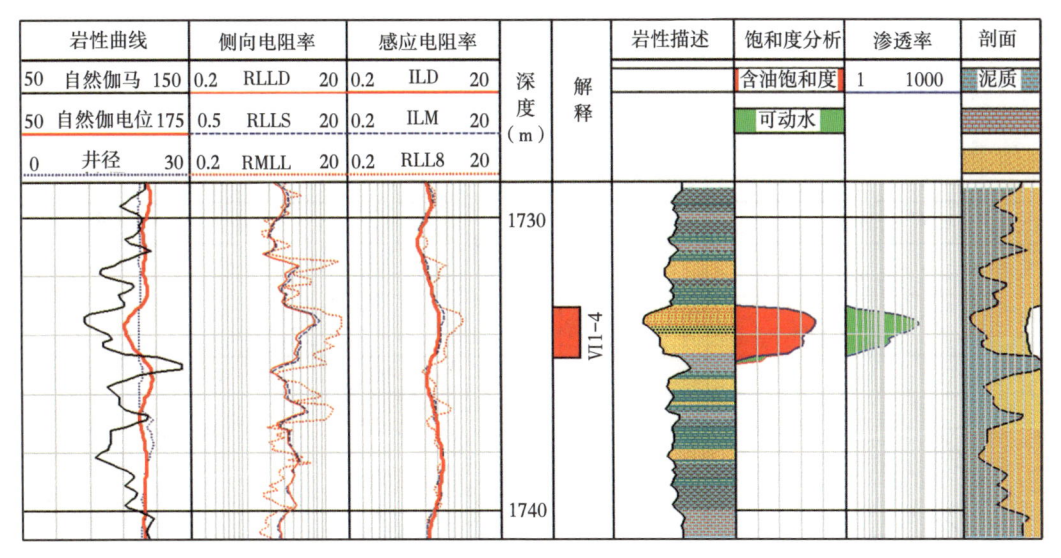

图 5-19 跃 7240 井水淹层评价

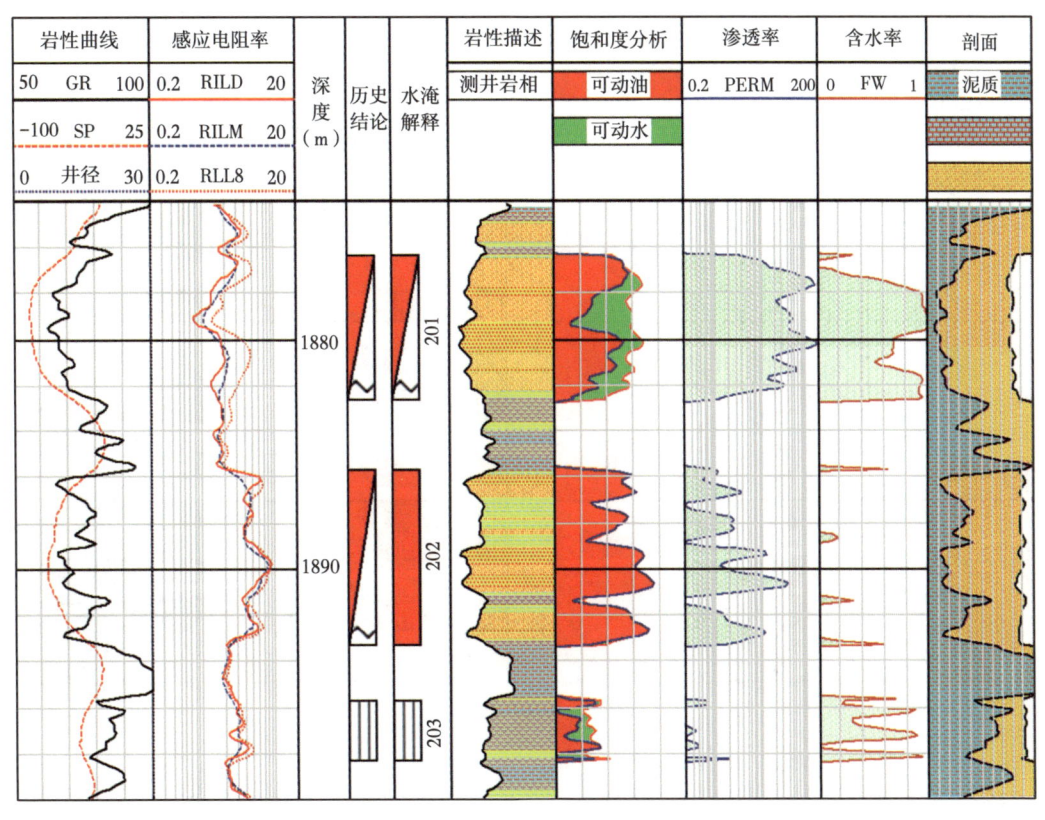

图 5-20 跃 3-15 井水淹层评价

5.3.1.3 水淹井段的挖潜、堵水

对于目的层段水淹程度比较严重的井，水淹井段的挖潜和堵水在提高单井产油量上尤为重要。一般注入水水淹具有岩性、物性的选择性：岩性越粗、物性越好的层段越容易水

205

淹。所以，水淹井段挖潜的主要对象为物性相对较差和有夹层阻挡的层段。

如图5-21所示，跃5740井Ⅲ13—Ⅲ14号小层上下部位水淹明显，但中间薄砂体仍具有较高剩余油饱和度，泥质夹层起到了较为明显的分隔作用。

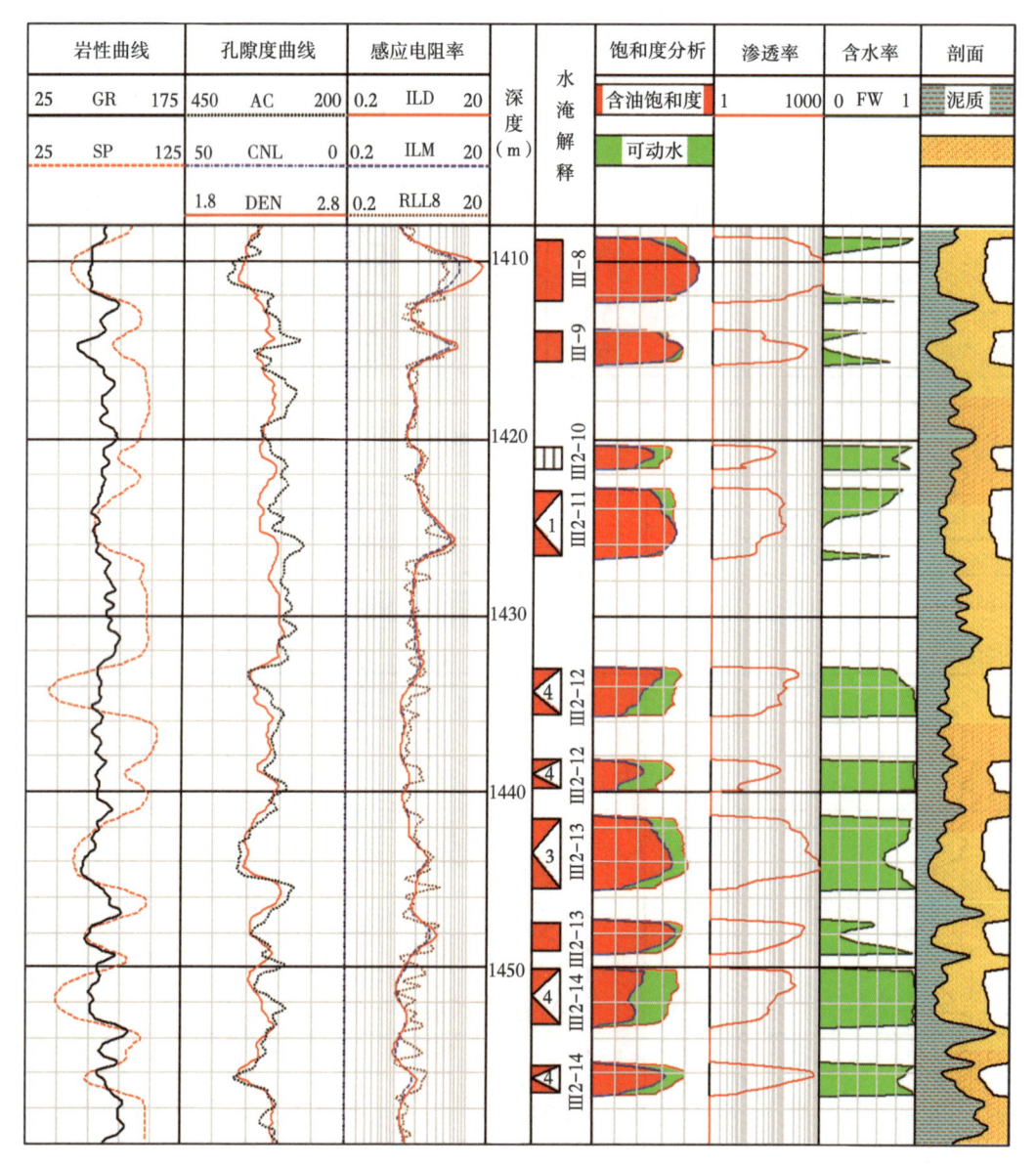

图 5-21 跃 5740 井水淹层评价

水淹级别差异明显的小层在合采时，由于产液贡献受地层压力、产液能力等多种因素影响，可能会造成含水状况的不稳定，可以考虑对渗透性好、水淹严重，已形成水淹通道的小层进行封堵。

跃7430井投产4个层段中（表5-3），以油层为主，仅Ⅴ11号小层为中级水淹，投产初期2个月含水在10%以下，后阶段性快速升高到80%以上，但多次出现明显波动。2009

年5月投产以来26个月统计（图5-22、图5-23）显示，有6个月含水在10%左右，4个月含水在40%左右，16个月含水在70%以上。

表5-3 跃7430井射孔数据

层号	顶深 （m）	底深 （m）	厚度 （m）	电阻率 （Ω·m）	孔隙度 （%）	渗透率 （%）	原始油饱和度 （%）	目前油饱和度 （%）	含水率 （%）	结论
V1-6	1550.6	1554.0	3.4	9.4	20.3	228.4	75.5	73.6	7.0	油层
V1-8	1567.4	1569.9	2.5	2.5	22.5	360.8	76.1	75.5	9.4	油层
V2-11	1585.4	1587.8	2.4	3.6	19.2	167.5	68.7	60.6	48.1	中淹1级
V2-12	1589.2	1591.2	2.0	8.7	20.6	132.0	78.3	77.0	4.3	油层

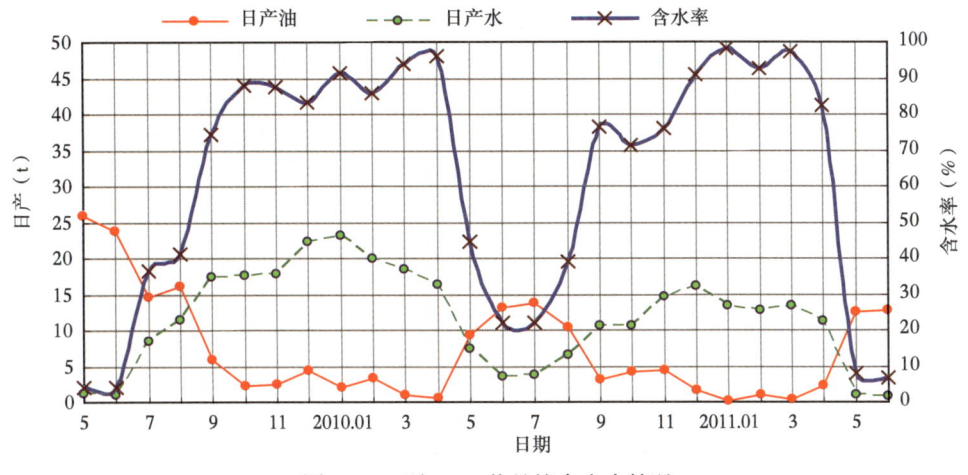

图5-22 跃7430井月综合含水情况

分析认为，V-11号小层投产初期已经水淹，后期水淹强度增加的可能性很大。从波动情况看，该层和其他油层产液能力可能存在互相压制的可能性，可以考虑首先封堵。

5.3.2 精细裸眼井剩余油评价、细化水淹级别

应用本书的成果，实现了裸眼井剩余油的精细评价，细化了水淹级别，为下一步开发在投产和措施方案的制定时进一步对层内不均匀水淹状况做出应对提供依据。

图5-24为跃9512井解释成果图，该井三层合采，其中厚度最大、物性最好的Ⅷ-1号小层解释为二级水淹（边水淹），预测含水率为57.7%，应该是主要的产液层段（其含水率与本井投产含水率接近）。从渗透性分析，Ⅶ-19号小层贡献可能很小，但由于采用3个层的平均值，计算含水率较低为41.6%，实际含水63.1%，且保持了约半年稳产，证明当时总体水淹程度介于中等偏弱的程度。

图5-25为跃962井解释成果图，该井为试油求产，V16+27号、Ⅵ-3号小层都解释为边水水淹，水淹为中淹2级，计算含水率为73.5%，且厚度计10.7m，仅下部Ⅵ-15号小层为油层，有效厚度为2.2m，试油投产维持含水率为50%附近数日，即上升到82%，与解释情况吻合。后期封堵Ⅵ-3号小层，含水仍未下降，表明V-26+27号小层水淹也十分严重。3个层计算的含水率平均为50%左右，低于投产情况，其含水应主要来自高含水层段。

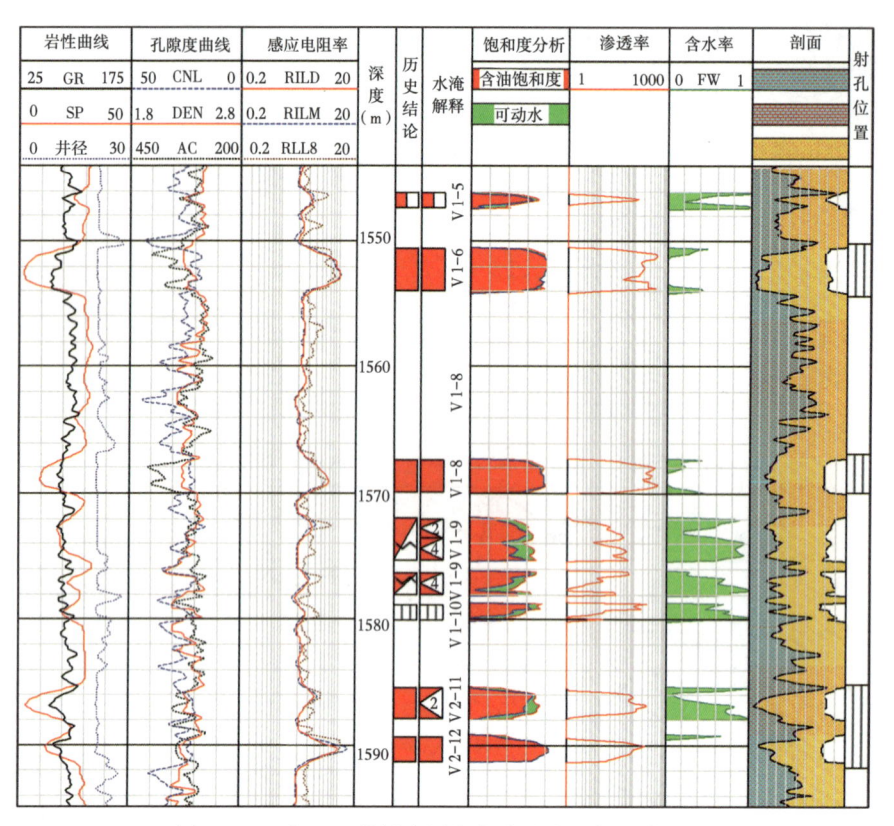

图 5-23 跃 7430 井投产层段水淹层处理解释成果图

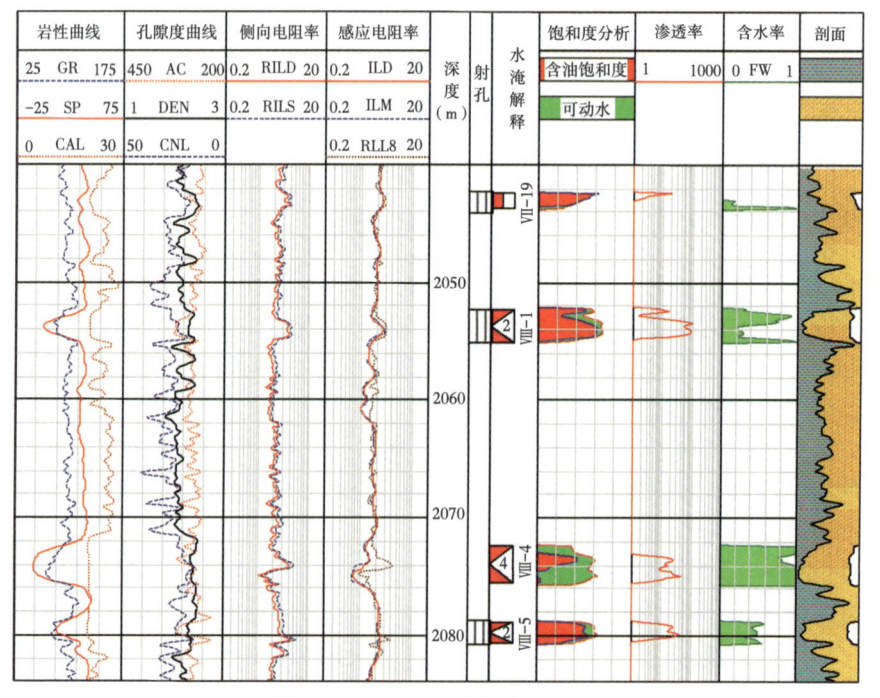

图 5-24 跃 9512 井解释成果图

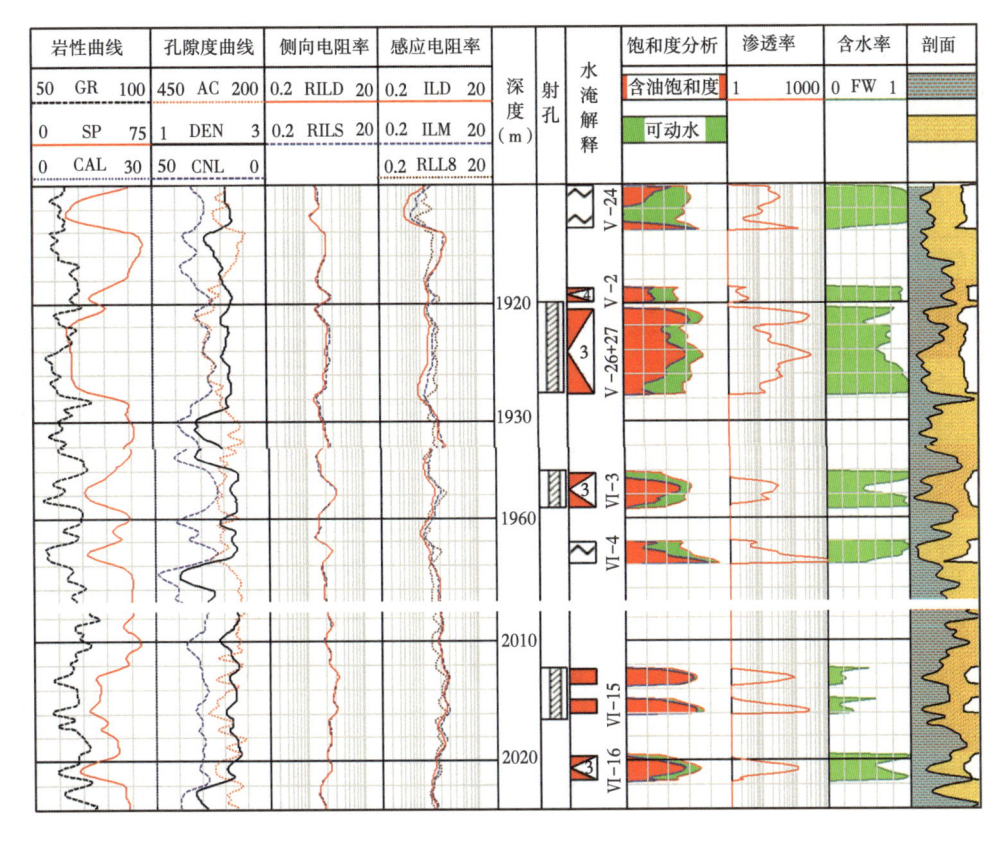

图 5-25 跃 962 井试油段处理结果（边水淹）

如图 5-26 所示，跃Ⅱ1-11 井 N_2^1 627.4～631.8m 井段，原解释油水同层（水淹层），现解释油层。投产后当月日平均产油 6.27t、水 2.54m³，含水 28.8%，随着进一步开采，含水率稳中有降，最低含水曾降低至 12.6%，表明该层没有明显水淹特征。

图 5-26 跃Ⅱ1-11 井试油段处理解释成果图

209

如图 5-27 所示，跃Ⅱ1-13 井 N_2^1 651.3~655.7m 井段，原解释差油层，现解释油层。投产后当月日平均产油 6.61t、水 3.1m³，次月日平均产油 7.85t、水 1.13m³，含水 12.55%，并在后期保持稳定，表明该层没有明显水淹。根据产能分析，该层是物性比较好，原评价为差油层结论偏低。现测井解释孔隙度为 27.4%，渗透率为 117mD，含油饱和度为 67%，也与产能相当。

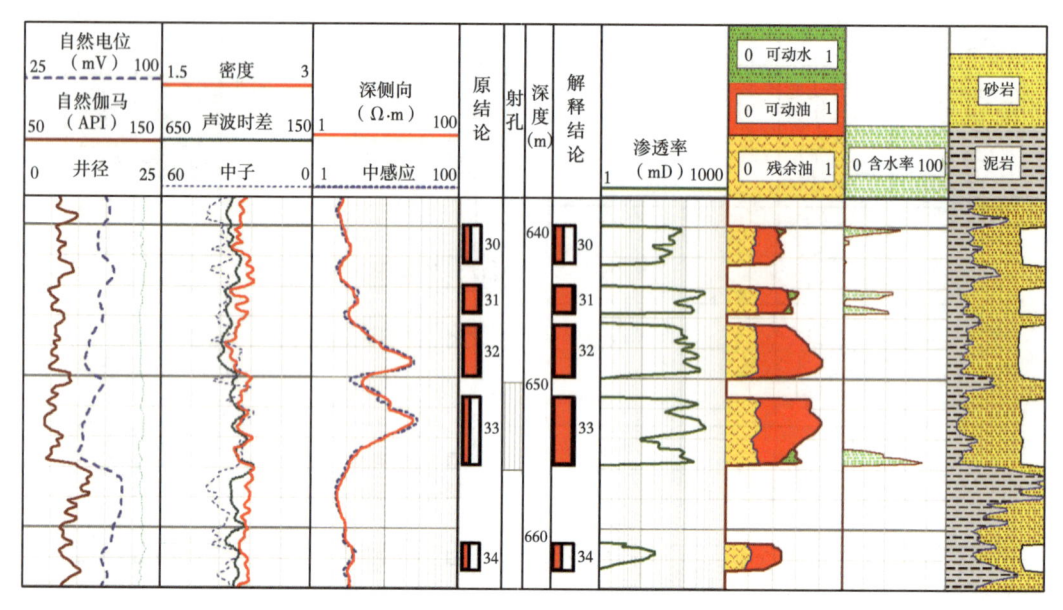

图 5-27　跃Ⅱ1-13 井试油段处理解释成果图

5.3.3　PNN 测井剩余油评价

PNN 测井是进行套管井剩余油评价的重要方法，针对造成 PNN 测井解释精度低的原因，进行了标准层法的地区参数优化及逐点法地层水俘获截面的计算。通过对 PNN 测井参数的优化，提高了剩余油饱和度的计算精度。

图 5-28 为跃新 743 井的 PNN 测井解释成果图，该井裸眼井于 2006 年完井，目的产层为Ⅰ开发层系。完井 2006 年后分三次射孔 17 个小层。2010 年进行 PNN 测井，并对已经射开小层进行封堵。PNN 测井显示之前射开小层水淹严重，剩余油主要集中在 $Ⅰ^{上}$ 开发层系的上部。2010 年对上部的Ⅲ-4、Ⅲ-5、Ⅲ-6、Ⅲ-16+17 号小层进行射孔，投产后日产油 19.6t，含水 3.5%。从 PNN 测井解释可以看出，这些小层的 PNN 测井解释剩余油饱和度与裸眼井解释饱和度相近，表明该层段没有受到水驱开发的影响，是剩余油的富集段。

跃 2631 井是一口完钻于 2006 年 5 月的采油井，于 2006 年 5 月射孔投产，后出现高含水，2011 年 2 月进行了 PNN 测井，目的是高含水期找堵水。

跃 2631 井裸眼井完井于 2006 年（表 5-4），射孔层段在 2007 年的试油数据已显示产水 54%。根据 PNN 测井定性分析和定量计算结果，与该井相邻的注水井跃 7531 井近两年吸水剖面解释结论显示，2009 年Ⅴ2-18 号、Ⅴ3-26 号小层为绝对主力吸水层，2010 年这两个小层吸水量也较多，见表5-5。而跃2631井V3-26号小层温度负异常，应为主产液层。结合裸眼井资料、邻井动态资料综合分析，已射孔层位均为强水淹层，建议封堵已射孔层位。

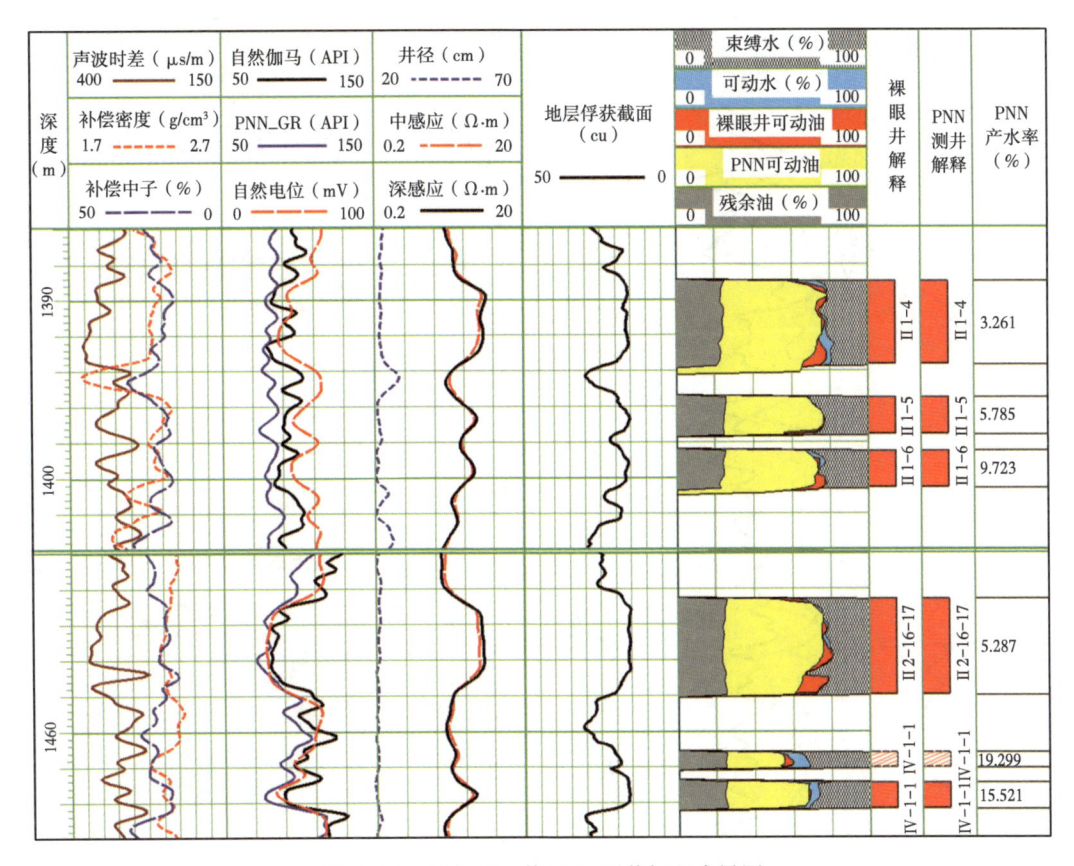

图5-28 跃新743井PNN测井解释成果图

表5-4 跃2631井射孔层位

小层	顶深（m）	底深（m）	厚度（m）	有效厚度（m）
V2-19	1652.0	1654.6	2.6	2.6
V2-20	1659.4	1661.8	2.4	2.4
V3-22	1671.6	1673.8	2.2	2.2
V3-26	1689.7	1693.3	3.6	3
V3-29	1703.5	1707.4	3.9	2.9

从2011年2月进行PNN测井，由PNN测井解释结论可见，V1-7号、V1-8号小层剩余油饱和度下降趋势较慢，建议可调整至Ⅱ上层系生产，优先补射V1-7号、V1-8号小层射孔生产，后期可以补射V2-11号、V2-15号小层射孔生产，如图5-29所示。

综合来看，该井Ⅰ、Ⅱ、Ⅲ、Ⅳ油组裸眼井、PNN测井解释结论相近，其中Ⅰ油组高含水，Ⅱ、Ⅳ油组中高含水、Ⅲ油组低含水。

211

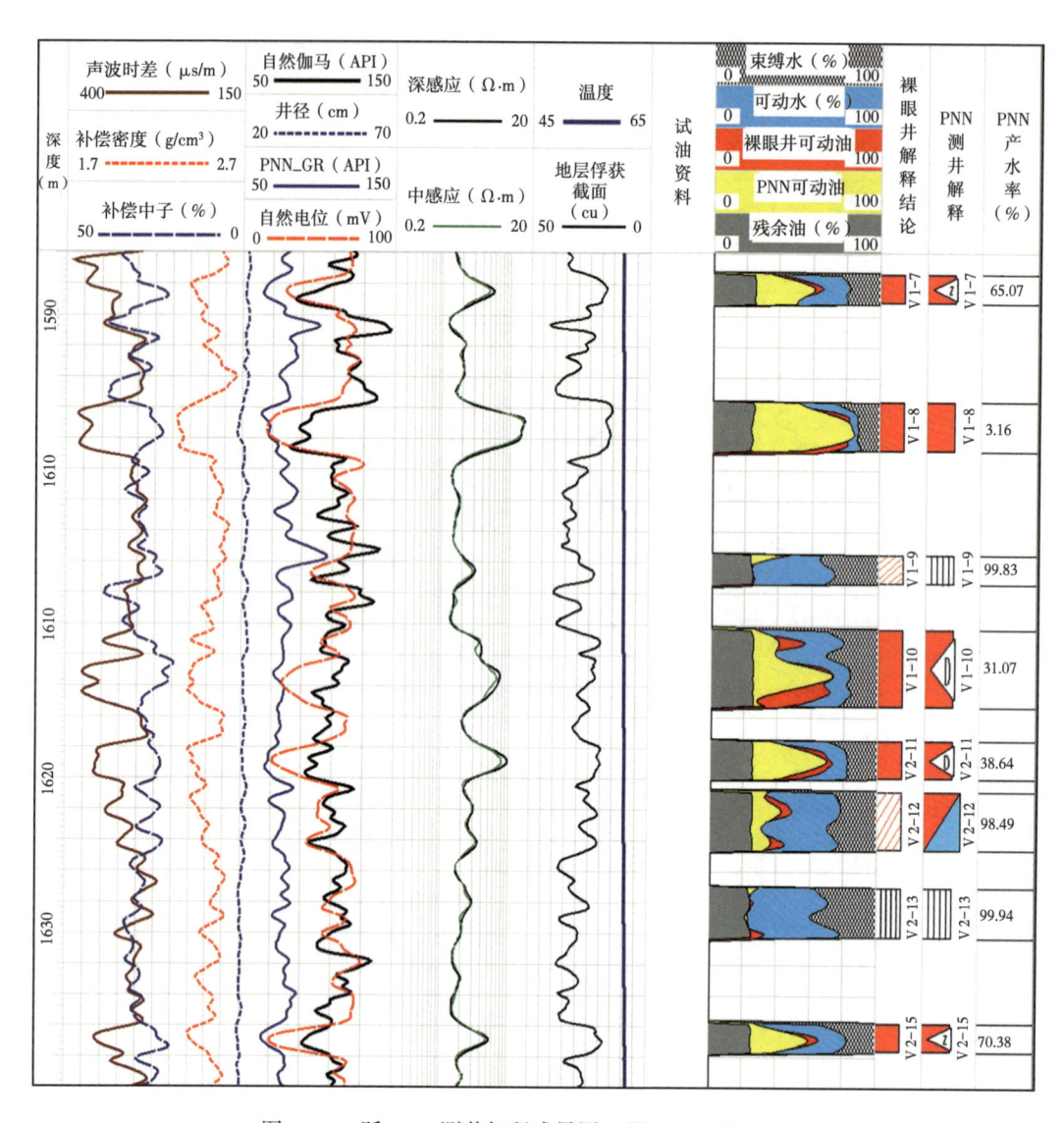

图 5-29 跃 2631 测井解释成果图（Ⅴ1-7 至 Ⅴ2-15）

表 5-5 跃 7531 井吸水剖面解释结论

基本参数			2009 年 7 月吸水剖面		2010 年 7 月吸水剖面	
序号	小层编号	射孔井段（m）	相对吸水量（%）	绝对注入量（m³/d）	绝对注入量	相对吸水量
1	Ⅴ2-18	1644.8~1646.2	49.23	27.08	18.8	29.5
2	Ⅴ2-19	1650.4~1652.5	0	0	9.5	12.5
3	Ⅴ2-20	1661.0~1662.3	0	0	0	0
4	Ⅴ3-23+24	1674.6~1679.9	0	0	28.7	21.9
5	Ⅴ3-26	1685.1~1687.6	50.77	27.92	29.3	22.3
6	Ⅴ3-29	1703.1~1705.2	0	0	0	0
7	Ⅴ3-30	1706.7~1708.9	0	0	0	0
	合计		100	55	76.2	100

跃8751井于2007年11月投产，初期日产油4.4t，日产水3m³，含水40.41%。2008年4月补孔转注，转注后由于反洗井不通换封。转注前累计产油566t，累计产水529m³。2009年4月换封。2011年5月因套管错断换封失败，下混注完井。目前该井套管错断停注。截至2011年9月底累计注水5.2344×10⁴m³。2012年2月PNN测井在套管井条件下完成，测量井段内包含砂岩、泥岩及泥质砂岩储层序列（图5-30）。

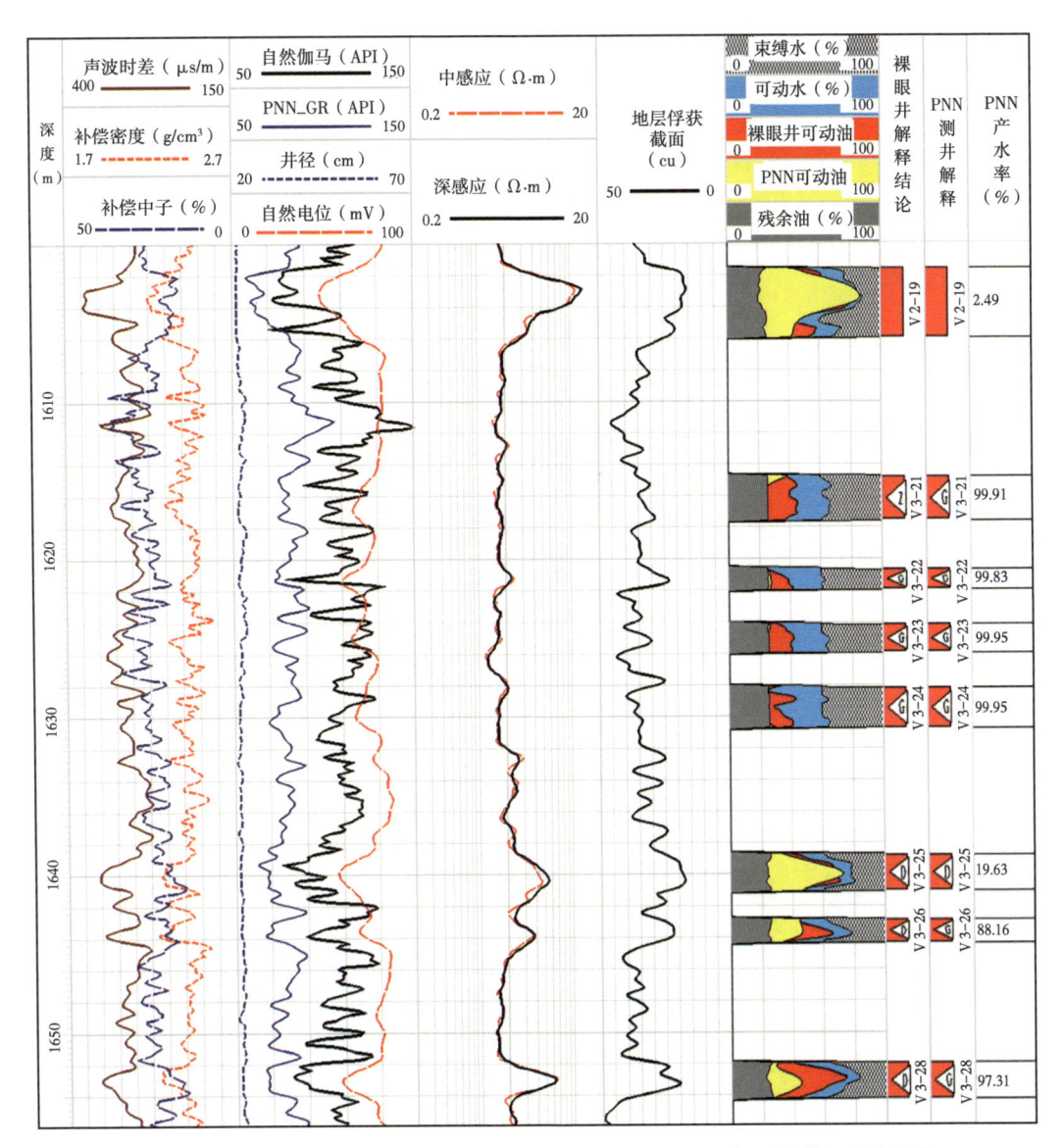

图5-30 跃8751井PNN（裸眼井，2007年；PNN，2012年）测井解释成果图

根据饱和度测井解释结果分析，V2-19号、V3-25号、V3-26号三小层地层宏观俘获截面分别为16.1cu、18.2cu、22.4cu，分别为低俘获值、中等俘获值、较高俘获值，PNN测井解释含油饱和度分别为66%、62.6%、45.38%，水淹解释分别为未水淹、低水淹、高水淹。

213

根据饱和度测井解释结果分析，V3-28号小层地层宏观俘获截面为20.4cu，为中高俘获值，但该层较V3-26号小层孔隙度高，岩石骨架对地层宏观俘获截面的贡献更小，因此PNN测井解释含油饱和度为39.35%。该层温度呈异常反应，该层下面围岩段地层宏观俘获截面呈异常高值，因该井1670m处套管错段，疑为该段水泥环缺失，注入水从错段处进入上窜至该层，水淹解释为高水淹层。

该井进行PNN测试检查各小层剩余油分布情况，根据定性分析和定量解释计算结果，并结合裸眼井资料、邻井动态资料综合分析，建议射开V-19号、V-25号、V-26号小层生产。

参 考 文 献

程华国, 袁祖贵. 2005. 用地层元素测井 (ECS) 资料评价复杂地层岩性变化. 核电子学与探测技术, 25 (3): 233-238.

邓乃扬, 田英杰. 2004. 数据挖掘中的新方法——支持向量机. 北京: 科学出版社.

高松洋. 2010. 支持向量机方法在海拉尔盆地复杂油水层识别中的应用. 国外测井技术, (6): 27-29.

郭睿. 2004. 储层物性下限值确定方法及其补充. 石油勘探与开发, 31 (5): 140-143.

韩济全. 2005. 用孔隙度与含水饱和度交会图识别储层流体性质. 勘探地球物理进展, 28 (4): 294-296.

郝建中, 梁波, 陈友莲, 等. 2004. 川中八角场气田香四气藏储层孔隙度地层覆压校正模型. 天然气开发, 27 (2): 47-49.

李厚义. 1996. 对油层水电阻率的思考. 测井技术, 20 (4): 303-307.

李周波. 2004. 利用测井方法识别复杂油气储层的流体性质. 石油与天然气地质, 25 (4): 356-362.

廖东良, 孙建孟, 马建海, 等. 2004. 阿尔奇公式中 m、n 取值分析. 新疆石油学院学报, 16 (3): 16-19.

刘传平, 郑建东, 杨景强. 2006. 徐深气田深层火山岩测井岩性识别方法. 石油学报, 27 (增刊): 62-65.

刘洪涛. 2004. 葡萄花油田储层参数解释方法研究. 大庆石油地质与开发, 23 (1): 67-71.

刘伟, 林承焰, 等. 2009. 酒泉子油田低渗透储层特征分析及岩性识别. 测井技术, 33 (1): 47-51.

罗晓兰, 应忠才仁, 等. 2010. 南翼山浅层油藏储层非均质特征研究. 青海石油, 28 (4): 25-31.

马彬. 2011. 四性关系研究在奈曼油田的应用. 石油地质与工程, 25 (4): 39-41.

马建海, 刘知国, 等. 2007. 薄气层的测井评价技术. 石油天然气学报, 29 (6): 95-98.

强平, 曾伟, 陈景山. 1997. 利用主成分分析对储层进行分类和评价. 西南石油学报, 19 (1): 27-29.

全俊兆, 刘淑侠, 李群德, 等. 2008. 尕斯库勒油田灰岩储层四性关系及油水层识别研究. 内蒙古石油化工, (10): 232-234.

王金伟. 2011. 大庆长垣地区测井曲线标准化研究. 国外测井技术, (2): 16-18.

闫家宁. 2007. 葵花岛油田储层流体识别方法研究. 石油地质与工程, 21 (2): 24-26.

闫伟林, 田中元, 马陆琴. 2008. 利用毛管压力和测井资料评价 H 油田碳酸盐岩储层的含油饱和度. 大庆石油地质与开发, 27 (3): 121-123.

闫伟林, 张剑风, 等. 2008. 巴彦塔拉油田南屯组、铜钵庙组岩性识别方法研究. 上海地质, (2): 63-65.

杨青山, 艾尚君, 钟淑敏. 2000. 低电阻率油气层测井解释技术研究. 大庆石油地质与开发, 19 (5): 33-36.

杨通佑, 范尚炯, 陈元千, 等. 1998. 石油及天然气储量计算方法. 北京: 石油工业出版社.

雍世和, 张超谟. 2002. 测井数据处理与综合解释. 东营: 石油大学出版社.

张审琴, 魏学斌, 张永梅. 2006. 概率统计法在尕斯 N_1—N_2^1 油藏储层物性下限确定中的应用. 青海石油, 24 (1): 46-47.

Munish Kumar, Tim J Senden. 2010. Variations in the Archie's Exponent: Probing Wettability and Low S_w Effects. SPWLA 51st Annual Logging Symposium.